Herbert Bernstein

# Grundschaltungen
## der Elektronik

Theorie und Praxis mit Multisim

Elektor Verlag GmbH

© 2014: Elektor Verlag GmbH, Aachen.
1. Auflage 2014
Alle Rechte vorbehalten.

Die in diesem Buch veröffentlichten Beiträge, insbesondere alle Aufsätze und Artikel sowie alle Entwürfe, Pläne, Zeichnungen und Illustrationen sind urheberrechtlich geschützt. Ihre auch auszugsweise Vervielfältigung und Verbreitung ist grundsätzlich nur mit vorheriger schriftlicher Zustimmung des Herausgebers gestattet.

Die Informationen im vorliegenden Buch werden ohne Rücksicht auf einen eventuellen Patentschutz veröffentlicht. Die in diesem Buch erwähnten Soft- und Hardwarebezeichnungen können auch dann eingetragene Warenzeichen sein, wenn darauf nicht besonders hingewiesen wird. Sie gehören dem jeweiligen Warenzeicheninhaber und unterliegen gesetzlichen Bestimmungen.

Bei der Zusammenstellung von Texten und Abbildungen wurde mit größter Sorgfalt vorgegangen. Trotzdem können Fehler nicht vollständig ausgeschlossen werden. Verlag, Herausgeber und Autor können für fehlerhafte Angaben und deren Folgen weder eine juristische Verantwortung noch irgendeine Haftung übernehmen.

Für die Mitteilung eventueller Fehler sind Verlag und Autor dankbar.

Koordination: Rolf Hähle
Korrektorat: Kurt Diedrich, Aachen
Umschlaggestaltung: etcetera, Aachen
Satz und Aufmachung: InterMedia – Lemke e. K., Ratingen
Foto Cover, Mitte: ©iStock.com/Goodluz
Foto Cover, unten rechts und Rückseite: ©iStock.com/nullplus
Druck: WILCO, Amersfoort (NL)

Printed in the Netherlands

ISBN 978-3-89576-286-4

Elektor-Verlag GmbH, Aachen
www.elektor.de

139016-1/D

# Inhalt

**Vorwort** .................................................. 7

**1 Messgeräte für die Grundschaltungen der Elektronik** ............ 9
    1.1 Multimeter ............................................ 12
        1.1.1 Messung eines Gleichstromes .................... 14
        1.1.2 Messung einer Wechselspannung .................. 14
        1.1.3 Messung eines ohm'schen Widerstandes ........... 15
        1.1.4 Messung des Dezibelwertes ...................... 18
        1.1.5 Multimeter-Definitionen ........................ 19
    1.2 Funktionsgenerator .................................... 20
    1.3 Zweikanal-Oszilloskop ................................. 23
    1.4 Definitionen von Spannungen und Strömen ............... 27
        1.4.1 Effektivwerte .................................. 28
        1.4.2 Arithmetischer Mittelwert ...................... 30
        1.4.3 Brummspannung .................................. 34

**2 Schaltungen mit Dioden** ................................... 35
    2.1 Arbeiten mit Dioden ................................... 37
        2.1.1 Statischer und dynamischer Innenwiderstand ..... 38
        2.1.2 Aufbau von Datenblättern ....................... 40
        2.1.3 Einweggleichrichter ............................ 41
        2.1.4 Einweggleichrichter zur Leistungsreduzierung ... 44
        2.1.5 Einweggleichrichter mit Ladekondensator ........ 45
        2.1.6 Brückengleichrichter ........................... 48
        2.1.7 Brückengleichrichter mit Ladekondensator ....... 49
    2.2 Dioden als elektronischer Schalter .................... 50
        2.2.1 Dioden als Polwechsler ......................... 51
        2.2.2 Dioden als Entkoppler .......................... 53
        2.2.3 Freilaufdiode .................................. 54
    2.3 Digitale Verknüpfungen mit Dioden ..................... 57
        2.3.1 ODER-Glied ..................................... 59
        2.3.2 UND-Glied ...................................... 61
    2.4 Dioden als Spannungsbegrenzer ......................... 62
        2.4.1 Begrenzerschaltung mit Dioden .................. 63
        2.4.2 Impulsformung .................................. 64
    2.5 Z-Diode ............................................... 65
        2.5.1 Kennlinie der Z-Diode .......................... 66
        2.5.2 Messschaltung mit Z-Dioden ..................... 69
        2.5.3 Stabilisierungsschaltung mit Z-Dioden .......... 70
        2.5.4 Nullpunktunterdrückung ......................... 74
        2.5.5 Z-Diode als Brummsiebung ....................... 75
    2.6 Leuchtdioden (LED) .................................... 76
        2.6.1 Kontrolllampe mit LED .......................... 78
        2.6.2 Schutzschaltungen mit Kontroll-LED ............. 79
        2.6.3 7-Segment-Anzeige .............................. 81
        2.6.4 Bar-Anzeige .................................... 83
    2.7 Optokoppler ........................................... 84

# INHALT

**3 Verstärkerschaltungen** .................................... **89**
   3.1 Transistorverstärker .................................... 90
      3.1.1 Kleinsignalverstärker .............................. 93
      3.1.2 Thermische Arbeitspunktstabilisierung ............... 96
      3.1.3 Emitterschaltung .................................. 100
      3.1.4 Einstufiger Verstärker ............................. 102
      3.1.5 Kollektorschaltung ................................ 103
      3.1.6 Mehrstufige Verstärker ............................ 105
      3.1.7 Direkte Gleichstromkopplung ....................... 106
      3.1.8 Zweistufiger Verstärker ........................... 108
      3.1.9 Zweistufiger Verstärker mit Gegenkopplung ........... 111
   3.2 Leistungsverstärker ................................... 117
      3.2.1 Leistungsverstärker im A-Betrieb ................... 117
      3.2.2 Leistungsverstärker im B-Betrieb ................... 125
      3.2.3 Leistungsverstärker im AB-Betrieb .................. 127
   3.3 Wechselstromeigenschaften von Verstärkern ................ 130
      3.3.1 Emitterschaltung .................................. 133
      3.3.2 Frequenzverhalten der Emitterschaltung ............. 137
      3.3.3 Ansteuerung mit Rechtecksignalen ................... 141
      3.3.4 Gegenkopplung bei der Emitterschaltung ............. 145
      3.3.5 Ausgangswiderstand bei Stromgegenkopplung .......... 150
   3.4 Verstärker mit Feldeffekttransistoren .................... 159
      3.4.1 FET-Sourceschaltung ............................... 161
      3.4.2 Wechselstromgegenkopplung ......................... 164
   3.5 Differenzverstärker als Gleichspannungsverstärker ......... 166
      3.5.1 Arbeitsweise eines Differenzverstärkers ............. 167
      3.5.2 Brückenspannungsverstärker ........................ 169
      3.5.3 Differenzverstärker mit einem Ausgang .............. 170
      3.5.4 Interne Gegenkopplung ............................. 173
      3.5.5 Spannungsverstärkung von Differenzverstärkern ....... 176
   3.6 Operationsverstärker ................................... 178
      3.6.1 Grundprinzip und Kennwerte ........................ 179
      3.6.2 Kenndaten eines Operationsverstärkers .............. 182
      3.6.3 Übertragungskennlinie ............................. 183
      3.6.4 Komparator ........................................ 184
      3.6.5 Invertierender Operationsverstärker (Umkehrverstärker) ... 187
      3.6.6 Invertierender Verstärkerbetrieb ................... 187
      3.6.7 Nicht invertierender Operationsverstärker ........... 190
      3.6.8 Kompensation von Störgrößen ....................... 193
      3.6.9 Wechselspannungsverstärker ........................ 196
      3.6.10 Operationsverstärker mit Leistungsendstufe ......... 198
      3.6.11 Umkehrverstärker mit nicht linearen Bauelementen
           im Rückkopplungszweig ............................ 201
      3.6.12 Addierer (Invertierender Addierer) ................ 203
      3.6.13 Subtrahierer (Differenzverstärker) ................ 205
      3.6.14 Integrator mit frequenzabhängiger Gegenkopplung .... 208
      3.6.15 Differenzierer ................................... 210

# INHALT

**4 Transistor als elektronischer Schalter** . . . . . . . . . . . . . . . . . . . . . . . . **213**
    4.1 Arbeitsweise einer Transistorschaltstufe . . . . . . . . . . . . . . . 214
        4.1.1 Übersteuerter Transistorbetrieb. . . . . . . . . . . . . . . . . . . 215
        4.1.2 Zeitliches Schaltverhalten des Transistors . . . . . . . . . . . . . 217
        4.1.3 Verlustleistung eines Transistors . . . . . . . . . . . . . . . . . 220
    4.2 Transistorschalter mit komplementären Transistoren . . . . . . . . . . 224
        4.2.1 Berechnungsbeispiel eines einfachen Transistorschalters . . . . 225
        4.2.2 Störspannungsabstand beim Transistorschaltverstärker . . . . 226
        4.2.3 Übersteuerungsfaktor . . . . . . . . . . . . . . . . . . . . . . . 228
    4.3 Kippschaltungen . . . . . . . . . . . . . . . . . . . . . . . . . . . . . 230
        4.3.1 Bistabile Kippschaltung. . . . . . . . . . . . . . . . . . . . . . . 230
        4.3.2 RS-Flipflop mit statischen Eingängen. . . . . . . . . . . . . . . 232
        4.3.5 Signalpegel und Logikzustände . . . . . . . . . . . . . . . . . 235
        4.3.4 Schaltsymbol . . . . . . . . . . . . . . . . . . . . . . . . . . . . 237
        4.3.3 Kippschaltung mit Vorzugslage . . . . . . . . . . . . . . . . . . 238
        4.3.6 Verbessertes RS-Flipflop . . . . . . . . . . . . . . . . . . . . . 238
        4.3.7 Flipflop mit dynamischen Eingängen . . . . . . . . . . . . . . . 239
        4.3.8 Flipflops mit dynamischen Eingängen und
              Vorbereitungseingängen . . . . . . . . . . . . . . . . . . . . . 241
        4.3.9 Symbol für RS-Kippglieder . . . . . . . . . . . . . . . . . . . . 246
        4.3.10 T-Kippglied (Binärteiler) . . . . . . . . . . . . . . . . . . . . . . 247
        4.3.11 T-Kippglied als Frequenzteiler . . . . . . . . . . . . . . . . . . 249
        4.3.12 JK-Kippglieder mit Flankensteuerung . . . . . . . . . . . . . . 249
        4.3.13 Kippglieder mit statischer und dynamischer Steuerung . . . . 254
    4.4 Monostabile Kippschaltung. . . . . . . . . . . . . . . . . . . . . . . . 254
        4.4.1 Arbeitsweise eines Monoflops . . . . . . . . . . . . . . . . . . 255
        4.4.2 Flankensteuerung bei einem Monoflop . . . . . . . . . . . . . 257
        4.4.3 Monoflop mit Vorbereitungssignal . . . . . . . . . . . . . . . . 259
        4.4.4 Schaltsymbol. . . . . . . . . . . . . . . . . . . . . . . . . . . . . 260
        4.4.5 Erholzeit eines Monoflops . . . . . . . . . . . . . . . . . . . . . 262
        4.4.6 Anwendungsbeispiele. . . . . . . . . . . . . . . . . . . . . . . . 263
    4.5 Astabile Kippschaltung (Multivibrator). . . . . . . . . . . . . . . . . . 264
        4.5.1 Grundschaltung einer astabilen Kippschaltung . . . . . . . . . 264
        4.5.2 Multivibrator mit Operationsverstärker. . . . . . . . . . . . . . 268
        4.5.3 Multivibrator für positive Rechteckspannungen . . . . . . . . 272
        4.5.4 Frequenzeinstellung . . . . . . . . . . . . . . . . . . . . . . . . 275
        4.5.5 Einstellung des Impuls-Pausen-Verhältnisses . . . . . . . . . . 277
        4.5.6 Anwendungs- und Dimensionierungsbeispiel. . . . . . . . . . 279

**5 Signalgeneratoren** . . . . . . . . . . . . . . . . . . . . . . . . . . . . . . . **281**
    5.1 Generator und Oszillator . . . . . . . . . . . . . . . . . . . . . . . . . 282
        5.1.1 Rechteckgeneratoren mit Transistoren
             (astabile Kippschaltung) . . . . . . . . . . . . . . . . . . . . . . 282
        5.1.2 Astabile Kippstufe mit Operationsverstärkern. . . . . . . . . . 283
    5.2 Sägezahngenerator. . . . . . . . . . . . . . . . . . . . . . . . . . . . . 285
        5.2.1 Prinzip der Sägezahnspannung . . . . . . . . . . . . . . . . . . 285
        5.2.2 Einfacher Sägezahngenerator mit Unijunktiontransistor. . . . 286
        5.2.3 Sägezahngenerator mit UJT und Konstantstromquelle. . . . . 288
        5.2.4 Erzeugung von Sägezahnspannungen mit Integratoren . . . . 289
        5.2.5 Integrator mit Operationsverstärker . . . . . . . . . . . . . . . 291

5.2.6 Dreieck-Rechteck-Generator . . . . . . . . . . . . . . . . . . . . . . . 293
  5.2.7 Sperrschwinger . . . . . . . . . . . . . . . . . . . . . . . . . . . . . . . 294
 5.3 Sinusgenerator . . . . . . . . . . . . . . . . . . . . . . . . . . . . . . . . . . . . . 296
  5.3.1 Prinzip der Mitkopplung . . . . . . . . . . . . . . . . . . . . . . . . . 297
  5.3.2 LC-Oszillatoren . . . . . . . . . . . . . . . . . . . . . . . . . . . . . . . 301
  5.3.2.1 Meißner-Oszillator . . . . . . . . . . . . . . . . . . . . . . . . 301
  5.3.2.2 Colpitts-Oszillator . . . . . . . . . . . . . . . . . . . . . . . . 303
  5.3.2.3 Hartley-Oszillator . . . . . . . . . . . . . . . . . . . . . . . . 304
  5.3.3 Sinusgeneratoren mit RC-Gliedern. . . . . . . . . . . . . . . . . . 305
  5.3.4 Phasenschiebergenerator . . . . . . . . . . . . . . . . . . . . . . . . 307
  5.3.5 Sinusgenerator mit Wien-Robinson-Brücke . . . . . . . . . . . . 309
  5.3.6 Wiengenerator mit zweistufigem Transistorverstärker . . . . . . 312
  5.3.7 Sinusgenerator mit Wien-Robinson-Brücke. . . . . . . . . . . . . 313
 5.4 Oszillatoren mit Quarz . . . . . . . . . . . . . . . . . . . . . . . . . . . . . . . . 314
  5.4.1 Eigenschaften von Quarzen . . . . . . . . . . . . . . . . . . . . . . . 315
  5.4.2 Operationsverstärker und Quarz . . . . . . . . . . . . . . . . . . . 317
  5.4.3 Quarzoszillatoren mit TTL-Schaltkreisen. . . . . . . . . . . . . . 318
  5.4.4 Quarzoszillatoren mit Transistoren. . . . . . . . . . . . . . . . . . 320

# 6 Impulsformer mit Schmitt-Trigger und Komparator . . . . . . . . . . . . . . . 321
 6.1 Schmitt-Trigger. . . . . . . . . . . . . . . . . . . . . . . . . . . . . . . . . . . . . 321
  6.1.1 Einfacher Schmitt-Trigger . . . . . . . . . . . . . . . . . . . . . . . 322
  6.1.2 Emittergekoppelter Schmitt-Trigger . . . . . . . . . . . . . . . . . 322
  6.1.3 Schmitt-Trigger als Rechteckimpulsformer . . . . . . . . . . . . . 326
  6.1.4 Schmitt-Trigger mit FET-Eingang . . . . . . . . . . . . . . . . . . 328
  6.1.5 Schmitt-Trigger mit Spannungs-Mitkopplung. . . . . . . . . . . . 328
  6.1.6 Schmitt-Trigger mit einstellbaren Triggerpegeln . . . . . . . . . 332
 6.2 Schaltungsbeispiele. . . . . . . . . . . . . . . . . . . . . . . . . . . . . . . . . . 335
  6.2.1 Dämmerungsschalter . . . . . . . . . . . . . . . . . . . . . . . . . . 335
  6.2.2 Temperaturüberwachung . . . . . . . . . . . . . . . . . . . . . . . . 335
  6.2.3 Symbol des Schmitt-Triggers . . . . . . . . . . . . . . . . . . . . . 336
  6.2.4 Schmitt-Trigger mit Operationsverstärker . . . . . . . . . . . . . 336
 6.3 Nicht invertierender Schmitt-Trigger mit Operationsverstärker . . . . . 339
 6.4 TTL-Schmitt-Trigger 74132 . . . . . . . . . . . . . . . . . . . . . . . . . . . . 342
  6.4.1 Rechteckgenerator mit CMOS-NICHT-Gattern . . . . . . . . . . 345
 6.5 Begrenzerschaltungen. . . . . . . . . . . . . . . . . . . . . . . . . . . . . . . . 347
  6.5.1 Amplitudenbegrenzer mit Dioden . . . . . . . . . . . . . . . . . . . 347
  6.5.2 Amplitudenbegrenzer mit Z-Dioden . . . . . . . . . . . . . . . . . 349
  6.5.3 Amplitudenbegrenzer mit Transistoren. . . . . . . . . . . . . . . 350
 6.6 Differenzier- und Integrierschaltungen . . . . . . . . . . . . . . . . . . . . 350
  6.6.1 Differentiation mit RC-Gliedern . . . . . . . . . . . . . . . . . . . 352
  6.6.2 Differentiator mit Operationsverstärker . . . . . . . . . . . . . . 354
  6.6.3 Integrierglieder . . . . . . . . . . . . . . . . . . . . . . . . . . . . . 354
  6.6.4 Integrator mit Operationsverstärker . . . . . . . . . . . . . . . . 355

# Vorwort

Die Elektronik dringt in immer weitere Gebiete von Wissenschaft und Technik vor. Sie beschränkt sich längst nicht mehr auf Kommunikationstechnik und Informatik allein, sondern ist überall dort unentbehrlich geworden, wo es etwas zu messen, zu steuern oder zu regeln gilt. Das vorliegende Buch soll helfen, die Wirkungsweise fertiger Schaltungen zu verstehen und auch selbstständig neue entwerfen zu können.

Das Buch ist in mehrere Teile gegliedert. Bei der Schaltungsanalyse wurden untergeordnete Effekte vernachlässigt. Dadurch soll dem Leser ein qualitatives Verständnis der wesentlichen Zusammenhänge ermöglicht werden. Dieses Verständnis ist die Grundvoraussetzung für eine kreative Entwicklungsarbeit und damit viel wichtiger als eine besonders genaue Schaltungsberechnung, die angesichts der beträchtlichen Fertigungstoleranzen ohnehin kaum sinnvoll ist.

Das Buch ist anwendungsorientiert gegliedert und soll den in der Praxis stehenden Fachleuten sowie den Studierenden höherer Semester eine ausführliche und kritische Übersicht über die vielfältigen Schaltungsmöglichkeiten bieten. Dabei steht der Einsatz integrierter Schaltungen im Vordergrund. Bei der Digitaltechnik muss man dem Umstand Rechnung tragen, dass für viele Anwendungen hochintegrierte Spezialbausteine erhältlich sind.

Die sechs Kapiteln sind so abgefasst, dass sie unabhängig voneinander gelesen werden können. Damit soll sich der etwas fortgeschrittene Leser in die Lage versetzen, sich bei Bedarf schnell in die verschiedenen Teilgebiete einzuarbeiten. Um dabei auf möglichst kurzem Wege zur praktischen Realisierung zu gelangen, wurden die verschiedenen Schaltungsprinzipien anhand typischer Lösungsbeispiele erläutert, deren Funktionsfähigkeit anhand eigener Laborversuche überprüft wurde. Alle Schaltungen wurden mit Multisim überprüft und optimiert.

Das Buch entstand aus meinen Manuskripten (1. bis 4. Semester) an der Technikerschule in München und ist geeignet für Berufsschulen, Berufsakademien, Meisterschulen, Technikerschulen und Fachhochschulen.

Meiner Frau Brigitte danke ich für die Erstellung der Zeichnungen.

Herbert Bernstein                                                                                           Frühjahr 2014

# 1 Messgeräte für die Grundschaltungen der Elektronik

Wer elektronische Schaltungen entwickeln möchte, benötigt am Anfang mindestens drei Messgeräte, und zwar ein Multimeter, einen Funktionsgenerator und ein Zweikanal-Oszilloskop.

Mit einem Multimeter lassen sich Spannung, Strom, Widerstand und Dämpfung messen. Dieses Instrument, das vor 20 Jahren noch ein Drehspul-Messwerk mit zahlreichen Widerständen enthielt, wird heute durch ein digitales Messgerät mit LCD-Anzeige ersetzt. Für den normalen Anwender reicht ein Multimeter mit 3½-Stellen aus. Für den professionellen Laborbereich werden bis zu 6½-Stellen verwendet. Das in diesem Buch besprochene, im PC simulierte Multimeter hat je nach Messung eine drei- oder vierstellige Digitalanzeige.

Ein realer Funktionsgenerator erzeugt eine sinusförmige Wechselspannung im Bereich von etwa 1 Hz bis 10 MHz, aber ein simulierter Funktionsgenerator ist mit einem Frequenzbereich von 1 mHz bis 1 GHz ausgestattet. Neben einem Sinussignal werden meistens noch Rechteck- und Dreiecksignale erzeugt. Bei der Rechteckspannung kann man das Tastverhältnis von 1 % bis 99 % stufenlos einstellen. Bei einem Dreiecksignal lassen sich die ansteigenden und abfallenden Flanken stufenlos einstellen, was einem Sägezahngenerator mit einem Verhältnis von 1 % bis 99 % entspricht. Im Gegensatz zum realen Funktionsgenerator hat der virtuelle Generator einen Innenwiderstand von 0 Ω.

Das in diesem Buch beschriebene Simulationssystem *Multisim* bietet, wie dies auch bei Produkten anderer Hersteller der Fall ist, analoge Zwei- und Vierkanal-Versionen an. Normalerweise arbeitet man in der Praxis mit einem Zweikanal-Oszilloskop. Ein Oszilloskop ist wesentlich komplizierter als ein Multimeter oder ein Funktionsgenerator. Zum Betrieb der Kathodenstrahlröhre sind eine Reihe elektronischer Systeme nötig; unter anderem eine spezielle Spannungsversorgung für die Heizspannung und die Hochspannung von etwa 2000 Volt. Die Punkthelligkeit wird durch eine negative Vorspannung gesteuert – die Punktschärfe durch die Höhe der Gleichspannung an der Elektronenoptik. Eine Gleichspannung sorgt für die Möglichkeit zur Punktverschiebung in vertikaler, eine andere für Verschiebung in horizontaler Richtung. Die sägezahnförmige Kippspannung wird in einem eigenen Oszillator erzeugt. Außerdem ist je ein Verstärker für die Messspannung in X- und in Y-Richtung eingebaut.

An die Sägezahnspannung werden hohe Anforderungen gestellt. Sie soll den Strahl gleichmäßig in waagerechter Richtung über den Bildschirm führen und dann möglichst rasch zurückeilen. Der Spannungsanstieg muss linear verlaufen, der Rücksprung soll sehr kurz sein. Außerdem muss die Kippspannung in ihrer Frequenz weitgehend veränderbar sein. Im Prinzip beruhen alle Kippgeräte auf der linearen Aufladung eines Kondensators über eine Konstantstromquelle und eine schnelle Entladung über einen ohm'schen Widerstand. Zur Grobeinstellung der Kippfrequenz wechselt man den Kondensator, zur Feineinstellung verändert man den Widerstand an der Konstantstromquelle. Der Anstieg der Ladespannung am Kondensator ist abhängig von der Größe des Kondensators und dem Verhalten der Konstantstromquelle. Bei niedrigen Werten ist der Anstieg kurz, bei hohem Wert dauert die Ladung lange. Dann beginnt ein erneuter Vorgang.

Das Netzteil muss die gut gesiebten und geglätteten Gleichspannungen für den Betrieb der Röhren im Verstärker, Kippgerät und elektronischen Schalter sowie für den Betrieb der Kathodenstrahlröhre liefern.

Bei periodischen Vorgängen, zum Beispiel bei den Spannungskurven einer Wechselspannung, erscheint auf dem Bildschirm nur dann ein stehendes Bild, wenn der stets wiederholte Vorgang immer an der genau gleichen Stelle abgebildet wird, das heißt, wenn die Frequenz der Kippspannung genau mit der Messfrequenz übereinstimmt. Da das nie exakt zu erreichen ist, ist eine sogenannte Synchronisierung vorgesehen, eine Einrichtung, die den Gleichlauf zwangsweise herstellt. Dabei kann wahlweise mit der Messspannung selbst, mit einer Fremdspannung oder mit Netzfrequenz synchronisiert werden.

Nicht alle Messverfahren, die in diesem Abschnitt behandelt werden, sind allein der Elektronik vorbehalten, doch werden sie bevorzugt dort angewendet. So ist zum Beispiel die hochohmige Spannungsmessung vorwiegend in Systemen mit geringen Strömen und gering belastbaren Spannungsquellen von Bedeutung. Wird an einem Spannungsteiler der Spannungsfall gemessen, verfälscht das Messinstrument mit seinem Eigenwiderstand die Messung umso mehr, je mehr sich dieser den Werten der Teilerwiderstände nähert. Diese Tatsache ist wichtig für die richtige Wahl des Messinstrumentes und des Messbereichs. Ein Zahlenbeispiel zeigt die Fehler bei einem Messwerk mit 1 k$\Omega$ und einem zweiten mit 10 k$\Omega$ pro Volt. Je höher der Innenwiderstand des Messwerks ist, desto geringer bleibt der Fehler.

Die gleichen Grundsätze gelten für die Messung der Spannung von hochohmigen Spannungsquellen. Als grober Richtwert gilt, dass der Messgerätewiderstand mindestens zehnmal so groß sein soll wie der Innenwiderstand. Der Fehler beträgt dann etwa 10 % und die Messung ist noch brauchbar. Bei einem nur fünfmal so großen Messgerätewiderstand ist die Messung mit einem Fehler von rund 20 % bereits ungenau. Ist der Messgerätewiderstand dagegen etwa gleich dem Innenwiderstand der Spannungsquelle beziehungsweise dem Widerstand, an dem gemessen wird, ist die Messung mit einem Fehler von 50 % unbrauchbar.

Vielfachinstrumente (mit Drehspul-Messwerk) haben Innenwiderstände zwischen 1 k$\Omega$ und 10 k$\Omega$, während elektronische Multimeter einen Innenwiderstand zwischen 100 k$\Omega$ und 10 M$\Omega$ aufweisen. Beide Gerätearten sind normalerweise für Effektivwerte mit Sinusform geeignet. Bei der Spannungsmessung von Wechselspannungen in der Elektronik kommt hinzu, dass die Kurvenformen sehr unterschiedlich sind. Multimeter findet man daher bei Effektiv- und Maximalwert-Messungen. Bei Oszilloskopen wird gewöhnlich in Spitze-Spitze-Werten gemessen. Ihr Eingangswiderstand liegt meist zwischen 1 M$\Omega$ und 10 M$\Omega$.

Bei der gleichen Wechselspannung entstehen verschiedene Spannungsangaben. In der Starkstromtechnik ist das unerheblich, da bei Sinusform ein gesetzmäßiger Zusammenhang besteht. Die Maximalspannung $U_{max}$ wird von der Nulllinie bis zur Spitze einer Halbwelle gemessen. Die Effektivspannung, von der in der Starkstromtechnik ausschließlich gesprochen wird, ist niedriger und entspricht bei Sinusform 70,7 % der Maximalspannung. Schließlich kann noch die Spitze-Spitze-Spannung bestimmt werden, was besonders bei einem Oszilloskop sehr einfach ist. Bei pulsierenden Gleichspannungen, also Spannungen, die ihre Größe, nicht aber ihre Richtung ändern, können ebenfalls der Maximalwert und der Effektivwert gemessen werden. Der elektrolytische Mittelwert $U_m$ ist für die elektrolytische Wirkung dieser Spannungsform maßgebend. Bei Einweg-Gleichrichtung einer Sinuskurve beträgt z. B. der Effektivwert 35,4 %, der elektrolytische Mittelwert dagegen nur 31,8 % der Maximalspannung.

Für einen regelmäßigen Kurvenverlauf einfacher Form lassen sich die Beziehungen rechnerisch erfassen; so zum Beispiel für die Rechteckform oder die Dreieckform. Bei ungleichmäßigem Kurvenverlauf kann nur die Messung über Effektivwerte oder die häufig interessierenden Maximal- oder Spitze-Spitze-Werte Auskunft geben.

Oszilloskopische Spannungsmessungen werden am besten mit einer Vergleichsspannung durchgeführt. Die waagerechte Ablenkung ist ausgeschaltet und der Elektronenstrahl schreibt einen senkrechten Strich, dessen Länge von der angelegten Spannung und von der Einstellung des verwendeten Vorverstärkers abhängig ist. Die Strichlänge entspricht der doppelten Amplitude. Dies ist besonders dann von Bedeutung, wenn es sich um andere Kurvenformen handelt, deren Effektivwertmessung keinerlei Bild über die tatsächliche Spannungshöhe im Maximum gibt.

Frequenz- und Phasenwinkelmessungen lassen sich mit einem Oszilloskop außerordentlich genau durchführen. Dazu werden die unbekannte Frequenz und die Normalfrequenz den horizontalen bzw. vertikalen Eingängen zugeführt, so dass sie um 90 Grad gedreht aufeinander einwirken. Der Elektronenstrahl wird entsprechend den augenblicklichen Spannungswerten der beiden Wechselspannungen abgelenkt und zeichnet bei periodischen Vorgängen charakteristische Kurvenbilder auf den Bildschirm, die sogenannten Lissajous-Figuren. Bei gleicher Amplitude, gleicher Frequenz und gleicher Phasenlage wird beispielsweise ein nach rechts um 45° geneigter Strich gezeichnet, bei 90° Phasenverschiebung ein Kreis usw. Bei ganzzahligen Vielfachen der Vergleichsfrequenz entstehen verschlungene Kurvenbilder, die zum Teil an rotierende Gebilde aus Draht erinnern. Die Auswertung kann durch gedachte, angelegte Tangenten an die Figur erfolgen. Im Beispiel hat eine senkrechte Tangente einen, eine waagerechte Tangente zwei Berührungspunkte, das Frequenzverhältnis ist dann 1 zu 2. Nach diesem Verfahren ist eine Kontrolle bzw. Justierung unterschiedlicher Phasenlagen sehr genau möglich.

Die Aufnahme von Diagrammen und Kennlinien ist gewöhnlich mit einer langwierigen Messreihe verbunden. In vielen Fällen kann das gleiche Diagramm oszillografisch aufgezeichnet werden. Man muss erreichen, dass der Elektronenstrahl mit ständig wiederholten Spannungen abgelenkt wird, die den Werten der X- und Y-Achse des Diagramms entsprechen.

Die oszillografische Aufzeichnung von Resonanzkurven ist in der Fertigung und im Service von elektronischen Systemen heute allgemein üblich. Dem Prüfling wird ein Signal zugeführt, dessen Frequenz sich periodisch um den Nennwert herum von unten nach oben verändert, das also in ihrer Frequenz moduliert (gewobbelt) ist. Im gleichen Takt der Wobbelung wird der Elektronenstrahl geführt, so dass er bei niedrigster Frequenz am linken Bildrand, bei höchster Frequenz am rechten Bildrand steht. Die Vertikalablenkung erfolgt einfach durch die Spannung am Resonanzkreis. Auf dem Bildschirm entsteht die voll ausgeschriebene Fläche der Resonanzkurve. Durch Gleichrichtung kann die Hüllkurve für sich allein sichtbar gemacht werden. Bei zwei aufeinander gekoppelten Kreisen, die sich gegenseitig beeinflussen, entsteht eine Bandfilterkurve. Beim Bandfilterabgleich für elektronische Geräte leistet das Oszilloskop die besten Dienste. Weiterhin können die Bandbreite und damit der Gütefaktor des Schwingkreises leicht aus dieser Kurve bestimmt werden. Jede Veränderung am Schwingkreis wird sofort im Bild sichtbar, ohne dass eine neue Messreihe aufgenommen werden muss.

## 1.1 Multimeter

Mit einem Multimeter (Vielfach-Messgerät) lassen sich Gleich- oder Wechselstrom, Gleich- oder Wechselspannung sowie Widerstand und Dämpfungsfaktor zwischen zwei Punkten in einer Schaltung messen. Da moderne Multimeter eine automatische Messbereichsumschaltung besitzen, ist es nicht erforderlich, einen Messbereich anzugeben. Der Innenwiderstand und der Messstrom sind auf annähernd ideale Werte voreingestellt und können durch Klicken auf Definieren geändert werden. Abb. 1.1 zeigt Symbol, Vergrößerung und Einstellfenster des Multimeters.

**Abb.1.1:** Symbol, Vergrößerung und Einstellfenster des Multimeters

Wenn man in der Leiste der Instrument-Bauteilbibliothek das Symbol für Multimeter anklickt, muss man das Symbol in die Arbeitsfläche ziehen. Das Symbol wird in der Arbeitsfläche positioniert und angeschlossen. Bevor man mit der Simulation beginnt, muss man das Symbol doppelklicken, worauf es sich vergrößert. Danach wählt man aus den vier Messoptionen den passenden Einstellbereich aus. Man kann zwischen der Stromart, also AC (Alternating Current, Wechselstrom) oder DC (Direct Current, Gleichstrom) wählen. Möchte man die Einstellungen ändern, ist das Definieren-Fenster zu öffnen.

## A (Strommessung)

Mit dieser Option wird der Strom durch die Schaltung an einem Knoten gemessen. Das Multimeter muss hierzu wie ein reales Amperemeter in Serie mit der Last geschaltet werden. Um den Strom an einem anderen Punkt in der Schaltung zu messen, müssen Sie das Multimeter wieder in Serie anschließen und die Schaltung erneut aktivieren. Beim Einsatz des Multimeters als Amperemeter ist dessen Innenwiderstand sehr klein. Mit der Schaltfläche Definieren können Sie diesen Widerstandswert ändern. Hinweis: Um den Strom an mehreren Punkten in der Schaltung zu messen, fügen Sie mehrere Amperemeter aus der Anzeigen-Bauteilbibliothek hinzu, wobei deren Anzahl nahezu unbegrenzt ist.

## V (Spannungsmessung)

Mit dieser Option können Sie die Spannung zwischen zwei Punkten messen. Klicken Sie auf V, und schließen Sie das Voltmeter parallel (Nebenschluss) zur Last an. Nachdem die Schaltung aktiviert wurde, können Sie die Voltmeteranschlüsse beliebig verschieben, um die Spannung zwischen weiteren Punkten zu messen. Beim Einsatz des Multimeters als Voltmeter ist dessen Innenwiderstand sehr hoch (1 G$\Omega$). Klicken Sie auf Schaltfläche Definieren, um diesen Widerstandswert zu ändern. Hinweis: Um die Spannung an zahlreichen Punkten in der Schaltung zu messen, fügen Sie mehrere Voltmeter aus der Anzeigen-Bauteilbibliothek hinzu. Auch hier ist deren Anzahl nahezu unbegrenzt.

Um die Multimetereinstellungen anzuzeigen, klicken Sie auf Schaltfläche Definieren. Daraufhin erscheint Tabelle 1.1 mit Grundeinstellungen.

| Formelzeichen | Multimetereinstellungen | Standard | Wertebereich |
|---|---|---|---|
| $R_A$ | Amperemeter Shunt-Widerstand | 1 n$\Omega$ | p$\Omega$ bis $\Omega$ |
| $R_V$ | Voltmeter Innenwiderstand | 1 G$\Omega$ | $\Omega$ bis T$\Omega$ |
| I | Ohmmeter-Messstrom | 10 nA | µA bis $\Omega$ |
| U | Dezibel-Standard | 774,597 mV | µV bis mV |

***Tabelle 1.1:*** *Grundeinstellungen des Multimeters*

## $\Omega$ (Widerstandsmessung)

Mit dieser Option können Sie den Widerstand zwischen zwei Punkten messen. Die Messpunkte (und alles was zwischen den Messpunkten liegt), werden als *Netzwerk* bezeichnet. Um ein genaues Messergebnis bei der Widerstandsmessung zu erzielen, stellen Sie sicher, dass

- sich keine Quelle im Netzwerk befindet
- das Bauteil oder Netzwerk mit Masse verbunden ist
- das Multimeter auf DC eingestellt ist
- kein anderes Bauteil parallel zu dem zu messenden Bauteil oder Netzwerk geschaltet ist

Das Ohmmeter erzeugt einen Messstrom von 1 mA. Sie können den Messstrom über die Schaltfläche Definieren ändern. Nachdem Sie das Ohmmeter an andere Messpunkte angeschlossen haben, müssen Sie die Schaltung erneut aktivieren, um eine Anzeige zu erhalten.

### 1.1.1 Messung eines Gleichstromes

Abb. 1.2 zeigt eine Messung für den Gleichstrom. Die Spannung der Gleichspannungsquelle ist auf 5,65 V eingestellt und über den Widerstand fließt ein Strom von 5,65 mA.

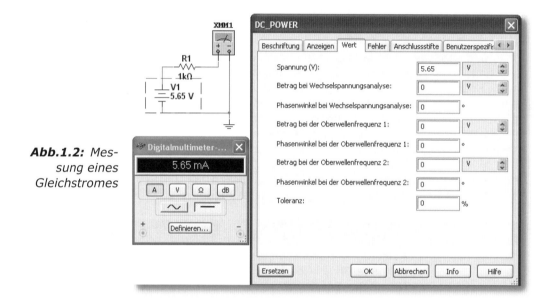

**Abb.1.2:** Messung eines Gleichstromes

Die Spannungsquelle in der Schaltung wurde auf 5,65 V eingestellt und der Widerstand hat einen Wert von 1 kΩ. Das Digitalmultimeter zeigt einen Strom von 5,65 mA an. Der Wert der Spannungsquelle kann jederzeit geändert werden. Das Gleiche gilt auch für den Widerstand. Am Einstellfenster für die Spannungsquelle lassen sich zahlreiche Einstellungen vornehmen.

### 1.1.2 Messung einer Wechselspannung

Für diesen Versuch benötigt man eine Wechselspannung von 12 V/50 Hz. Wenn die Wechselspannungsquelle eingestellt ist, kann man mit dem Digitalmultimeter diese Spannung als Effektivwert ablesen. Abb. 1.3 zeigt den entsprechenden Screenshot.

Die Wechselspannungsquelle zeigt den Wert 12 Vrms an. Die Bezeichnung rms steht für root mean square – und V für Spannung. Hier handelt es sich also um einen effektiven Spannungswert.

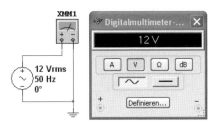

***Abb. 1.3:*** *Messung einer Wechselspannung*

Beim Digitalmultimeter muss im Fenster Digitalmultimeter das Symbol für Wechselspannung angeklickt werden. Geschieht das nicht, erfolgt eine Fehlermessung.

## 1.1.3 Messung eines ohm'schen Widerstandes

Eine unmittelbare Messung von Widerständen ist nicht ohne weiteres möglich. Es gibt eine ganze Reihe verschiedener Messverfahren, von denen das einfachste die Bestimmung eines Widerstandes durch Messung von Strom und Spannung ist. Wenn Widerstände nicht gemessen, sondern nur geprüft werden sollen (vorwiegend auf vorhandenen Stromdurchgang), dann genügen ganz einfache Methoden: Eine Spannungsquelle von 1,5 V bis 4,5 V und ein Strom-Indikator (z.B. Piezo-Tweeter) sind alles, was für einen Durchgangsprüfer benötigt wird.

Bei der Kombination von Strom- und Spannungsmessung wird im gleichen Stromkreis der Strom durch den Widerstand und die Spannung am Widerstand gemessen. Dabei besteht bei einer zeitlich aufeinander folgenden Messung mit einem einzigen Messinstrument die Gefahr, dass sich in der Zwischenzeit der andere Wert, zum Beispiel die Spannung, verändert haben kann. Man bevorzugt daher die gleichzeitige Ablesung mit zwei getrennten Messinstrumenten. Hierbei ist wieder zu berücksichtigen, dass das zweite Messinstrument einen bestimmten Eigenverbrauch hat. In der mittleren Schaltung zeigt der Strommesser zusätzlich den Strom durch den Spannungsmesser an. Bei der Messung hoher Widerstände können beide Teilströme in gleicher Größenordnung liegen. Die Schaltung ist daher besonders zur Bestimmung niedriger Widerstände geeignet. Bei der rechten Schaltung zeigt der Spannungsmesser zusätzlich noch den Spannungsfall am Strommesser an. Diese Anordnung ist daher für Bestimmung hoher Widerstände zu bevorzugen. Die Fehlanzeigen können bei bekannten Messwerksdaten korrigiert werden.

Wenn ein Vergleichswiderstand enger Toleranz in der gleichen Größenordnung zur Verfügung steht, kann man den unbekannten Widerstand durch Stromvergleich ermitteln. Wie bei allen anderen dieser Methoden ist keine direkte Anzeige möglich. In jedem Falle müssen die Messergebnisse rechnerisch ausgewertet werden. Der Spannungsfall an einem Widerstand kann auch durch einen Strommesser bestimmt werden. Der Strom im Messkreis wird so eingestellt, dass der parallel zum Prüfling liegende Strommesser Vollausschlag zeigt. Damit ist der Spannungsfall am Widerstand bestimmt, wenn die Messwerksdaten bekannt sind.

Auch bei der Methode des Spannungsvergleichs muss ein bekannter Normalwiderstand vorhanden sein. Die Spannungsfälle an den beiden Widerständen entsprechen dem Widerstandsverhältnis. Der Spannungsmesser kann hier direkt in Ohm justiert werden, wenn vor der Messung der Strom so eingestellt wird, dass die Anzeige am bekannten Widerstand richtig ist. Das Messinstrument muss hochohmig gegenüber den beiden Messwiderständen sein, da andernfalls die Messung verfälscht wird.

Bei der Methode des Widerstandsvergleichs wird ein veränderbarer Normalwiderstand, zum Beispiel ein Dekadenwiderstand, so eingestellt, dass bei Umschaltung von einem unbekannten Strom der gleiche Strom fließt. Bei dieser Einstellung ist der unbekannte gleich dem bekannten Widerstand.

Selbst durch reine Spannungsmessung kann ein unbekannter Widerstand bestimmt werden. Der Innenwiderstand des Voltmeters muss hierbei bekannt sein. Man misst zuerst die Gesamtspannung ohne den Prüfling. In einer zweiten Messung liegt der Prüfling als Vorwiderstand im Stromkreis und das Messinstrument zeigt die Gesamtspannung abzüglich des Spannungsfalls am Prüfling. Aus den beiden Messwerten kann der unbekannte Widerstand ermittelt werden. Der unbekannte Widerstand sollte dabei im Idealfall ungefähr in der Größenordnung des Voltmeterwiderstandes liegen.

Direkt anzeigende Ohmmeter beruhen auf Strommessung bei bekannter, konstant bleibender Spannung. Der Spannungswert wird vor der eigentlichen Messung kontrolliert. In der einfachsten Form wird ein Vorwiderstand in den Stromkreis geschaltet, so dass das Messinstrument bei der gegebenen Spannung Vollausschlag hat. Die Überprüfung erfolgt durch Kurzschluss der Anschlussklemmen für den unbekannten Widerstand. Wird dieser in den Stromkreis gelegt, geht der Zeigerausschlag bei dem Messgerät zurück. Als Spannungsquelle dient im Allgemeinen bei derartigen Messeinrichtungen eine Batterie von etwa 4,5 V. Zum Ausgleich der schwankenden Batteriespannung kann der Messwerksausschlag durch einen magnetischen Nebenschluss im Messwerk korrigiert werden. Besser ist der Ausgleich durch einen einstellbaren Vorwiderstand. Mit der auf der Frontseite vorhandenen Prüftaste werden die Klemmen überbrückt.

Die Skala eines solchen Ohmmeters ist von rechts nach links angeordnet. Der unbekannte Widerstand hat den Wert $R_x = 0\ \Omega$, wenn der Strom seinen Höchstwert hat. Die Milliampère- oder Volt-Bezeichnungen werden beibehalten und die Ohmskala zusätzlich aufgetragen. Die Ohmwerte drängen sich auf der Skala gegen Ende stark zusammen. Niedrige Widerstände werden daher genauer gemessen. Der ablesbare Bereich endet gewöhnlich etwa bei 50 $\Omega$, wenn eine Batteriespannung von 4 V verwendet wird, reicht aber, je nach Messwerk, auch manchmal bis 1 M$\Omega$. Der Endwert $\infty\ \Omega$ deckt sich mit dem Nullpunkt der Voltskala. Weil die Spannungsquelle, das Messwerk und der Prüfling in Reihe geschaltet sind, nennt man die Schaltung Reihen-Ohmmeter. Gewöhnlich werden Gleichspannungsquellen und Drehspulmesswerke verwendet. Zur Nulleinstellung ist auch die Spannungsteilerschaltung möglich, die vor allem dann verwendet wird, wenn verschiedene Spannungsquellen Verwendung finden sollen.

Bei einem Parallel-Ohmmeter liegen Spannungsquelle, Messwerk und Prüfling parallel zueinander. Hier wird der Spannungsfall am Prüfling bestimmt. Die Skala der Ohmwerte verläuft gleichsinnig mit der Spannungsskala, da bei 0 $\Omega$ auch 0-V-Spannungsfall herrscht.

Die volle Spannung ist dann vorhanden, wenn die Klemmen offen sind, also bei unendlich hohem Widerstand. Der Abgleich auf die Sollspannung, für die die Skala vorbereitet ist, wird durch einen parallel zum unbekannten Widerstand liegenden Nebenwiderstand vorgenommen, Bei Messwerken mit unterdrücktem Nullpunkt können gleichmäßig geteilte Bereiche erzielt werden.

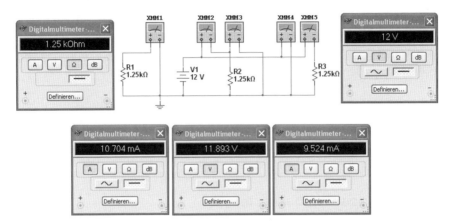

**Abb. 1.4:** Messung eines Widerstandes durch Multimeter

Abb. 1.4 zeigt die Messung eines Widerstandes mit R = 1,25 kΩ. Die Messung kann auf drei verschiedene Arten bestimmt werden. Die linke Schaltung bezieht sich auf Messungen mit dem Ohmmeter, die mittlere Schaltung ist für niederohmige Widerstände und die rechte für hochohmige geeignet.

Die Widerstände $R_1$, $R_2$ und $R_3$ wurden auf 1,25 kΩ eingestellt und sind identisch mit dem Wert des Einstellfensters. Das Multimeter arbeitet mit 4½ Stellen. Eine Seite des Multimeters muss mit Masse verbunden sein. Die vier Anzeigen (Digits) rechts neben dem Dezimalpunkt sind volle Stellen, die Anzeige links von dem Dezimalpunkt ist eine halbe Stelle, da diese nur 0 oder 1 anzeigen kann.

Der Innenwiderstand der Volt- und Amperemeter wurde auf $R_V$ = 10 kΩ und $R_A$ = 10 Ω über das Fenster Definieren eingestellt.

Die mittlere Schaltung eignet sich für niederohmige Widerstände. Das Amperemeter zeigt den Strom durch das Voltmeter zuviel an. Die Berechnung ohne Fehlerkorrektur lautet:

$$R_2 = \frac{U}{I} = \frac{11,89V}{10,7mA} = 1,11 k\Omega$$

Die rechte Schaltung eignet sich für hochohmige Widerstände. Das Voltmeter zeigt einen höheren Wert an, der durch den Spannungsfall durch das Amperemeter bedingt ist. Die Berechnung ohne Fehlerkorrektur lautet:

$$R_3 = \frac{U}{I} = \frac{12V}{9,524mA} = 1,26 k\Omega$$

Wo die Grenze für nieder- und hochohmige Widerstandswerte liegt, hängt von den verwendeten Volt- und Amperemetern ab.

Das Einstellfenster bietet fünf Möglichkeiten. Der Animationsverzögerungsfaktor bestimmt die Rechengenauigkeit und ist auf den Wert 5 eingestellt. Jede Veränderung bringt für das Programm Vor- und Nachteile. Anschließend wird der ohm'sche Wert des Widerstandes bestimmt. Die Wert lassen sich in Ω, kΩ und MΩ einstellen. Die maximale Leistung des hier gezeigten Widerstandes ist 0,25 W. Überschreitet die Leistung den Wert, wird der Widerstand zerstört und das Symbol besteht aus zwei Teilen. Nach dem Start der Simulation wird das Symbol wieder hergestellt und der Widerstand kann mit 0,25 W belastet werden.

Die Umgebungstemperatur des Widerstandes beträgt 27 °C. Ändert man den Temperaturkoeffizienten, ändert sich der Temperaturverlauf des Widerstandes und damit auch die Schaltung.

### 1.1.4 Messung des Dezibelwertes

Mit dieser Option können Sie den Dämpfungsfaktor zwischen zwei Punkten in einer Schaltung messen. Die Standardbasis für die Dezibelmessung ist auf 774,597 mV voreingestellt. Sie können diesen Wert über die Schaltfläche Definieren auf 1 V für die Messung ändern.

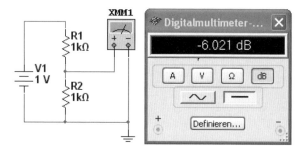

***Abb. 1.5:*** *Schaltungsaufbau für eine Dezibelmessung*

Die Eingangsspannung der Messschaltung von Abb. 1.5 zeigt die typische Methode zur Dezibelmessung. Der dB-Relativwert ist auf 1 V eingestellt.

### Stromart (AC oder DC)

Mit der Sinus-Schaltfläche können Sie die Effektivspannung oder den Effektivstrom eines Wechselspannungssignals messen. Die eventuell im Signal vorhandenen DC-Anteile werden unterdrückt, so dass nur der AC-Signalanteil gemessen wird. Mit der DC-Schaltfläche wird der Strom- oder Spannungswert eines DC-Signals gemessen.

# 1.1 MULTIMETER

**Hinweis:** Um die Effektivspannung in einer Schaltung mit AC- und DC-Anteilen zu messen, schließen Sie ein AC-Voltmeter und zusätzlich ein DC-Voltmeter zwischen die zu messenden Knoten an. Berechnen Sie den Dezibelwert mit der Gleichung:

$$a_{dB} = 20 \cdot \log_{10}\left(\frac{U_a}{U_e}\right) = 20 \cdot \log_{10}\left(\frac{0,5V}{1V}\right) = 20 \cdot \log_{10}\left(0,5\right) = -6,02 dB$$

Dies ist keine allgemein gültige Gleichung. Sie wird nur in der Simulation mit Multisim verwendet.

## 1.1.5 Multimeter-Definitionen

Ein Messgerät in einer Schaltung, das sich nicht auf die Schaltung auswirkt, wird als ideal bezeichnet. Ein ideales Voltmeter müsste einen unendlich großen Widerstand besitzen, so dass kein Strom hindurchfließt. Ein ideales Amperemeter besitzt keinen Widerstand. Da diese Eigenschaften in der Praxis nicht erreichbar sind, weichen alle realen Messergebnisse von den theoretischen bzw. rechnerischen Werten einer Schaltung ab.

Das Multimeter in *Multisim* ist, wie ein reales Multimeter, lediglich nahezu ideal. Die voreingestellten Multimeterwerte sind so weit an die Idealwerte unendlich bzw. null angenähert, dass die Software annähernd ideale Messergebnisse erzielt. Bei Sonderfällen können Sie das Messgeräteverhalten verändern, indem Sie die zur Modellierung des Multimeters verwendeten Werte ändern. Die Werte müssen jedoch größer als 0 sein.

Es wird empfohlen, bei einer Spannungsmessung in einer Schaltung mit sehr großem Widerstand den Voltmeter-Innenwiderstand zu erhöhen. Bei einer Strommessung in einer Schaltung mit sehr niedrigem Widerstand sollte der Amperemeter-Shunt-Widerstand noch weiter verkleinert werden. Hinweis: Ein sehr niedriger Amperemeter-Shunt-Widerstand in einer hochohmigen Schaltung kann zu mathematischen Rundungsfehlern führen.

Bei den Voltmetern ist der Innenwiderstand auf 1 MΩ voreingestellt; ein Wert, der sich in der Regel nicht auf die Schaltung auswirkt. Wenn Sie jedoch innerhalb einer Schaltung messen, die selbst einen sehr großen Eigenwiderstand besitzt, können Sie durch die Erhöhung des Innenwiderstandes genauere Messergebnisse erzielen. Wenn jedoch ein Voltmeter mit einem extrem hohen Innenwiderstand in einer Schaltung mit geringem Eigenwiderstand eingesetzt wird, kann dies zu einem Rundungsfehler bei der Messwertberechnung führen. Den Innenwiderstand können Sie mit den entsprechenden Symbolen zwischen 1 Ω und 999.99 TΩ einstellen.

Das Voltmeter kann Gleichspannung (DC-Betrieb) oder Wechselspannung (AC-Betrieb) messen. Bei der Einstellung auf DC werden eventuell vorhandene Wechselspannungsanteile unterdrückt, sodass der DC-Anteil gemessen wird. Im Modus AC zeigt das Voltmeter den Effektivwert des Spannungssignals an.

Schließen Sie das Voltmeter parallel zur Last an, indem Sie die Anschlüsse mit den Verbindungspunkten an beiden Seiten der zu messenden Last anschließen. Nachdem die Schaltung aktiviert wurde, wird deren Verhalten simuliert und das Voltmeter zeigt die Spannung über die Messpunkte an. Das Voltmeter zeigt gegebenenfalls Zwischenwerte an, die bis zum Erreichen der konstanten Betriebsspannung auftreten. Wenn Sie das Voltmeter nach der Simulation verschieben, aktivieren Sie die Schaltung erneut, um eine Anzeige zu erhalten.

Bei den Amperemetern ist der Innenwiderstand auf 1 nΩ voreingestellt; ein Wert, der sich in der Regel nicht auf die Schaltung auswirkt. Wenn Sie jedoch innerhalb einer Schaltung messen, die selbst einen geringen Eigenwiderstand hat, können Sie durch die Verringerung des Innenwiderstandes genauere Messergebnisse erzielen. Wenn jedoch ein Amperemeter mit einem extrem geringen Innenwiderstand in einer Schaltung mit einem sehr kleinen Eigenwiderstand eingesetzt wird, kann dies zu einem Rundungsfehler bei der Messwertberechnung führen. Den Innenwiderstand können Sie zwischen 1 pΩ und 999.99 Ω einstellen, wenn Sie den Button mit dem Ω-Symbol anklicken.

Das Amperemeter kann Gleichspannung (DC-Betrieb) oder Wechselspannung (AC-Betrieb) messen. Bei der Einstellung auf DC werden eventuell vorhandene Wechselstromanteile unterdrückt, so dass der DC-Anteil gemessen wird. Im Modus AC zeigt das Amperemeter den Effektivwert des Stromsignals an.

Schließen Sie das Amperemeter in Reihe zur Last (davor oder dahinter). Nachdem die Schaltung aktiviert wurde, wird deren Verhalten simuliert und das Amperemeter zeigt den Strom zwischen den Messpunkten an. Das Amperemeter zeigt gegebenenfalls Zwischenwerte an, die bis zum Erreichen des konstanten Betriebsstromes auftreten. Wenn das Amperemeter nach der Simulation verschoben wird, aktivieren Sie die Schaltung erneut, um eine Anzeige zu erhalten.

## 1.2 Funktionsgenerator

Der Funktionsgenerator ist eine Spannungsquelle, die Sinus-, Dreieck- und Rechtecksignale mit unterschiedlichem Tastverhältnis und einstellbare Ausgangssignale erzeugen kann. Mit diesem Generator werden die Schaltungen einfach und praxisgerecht mit Spannung versorgt. Signalform sowie Frequenz, Amplitude und Tastverhältnis lassen sich in weiten Grenzen einstellen. Der Frequenzbereich des Funktionsgenerators ist so groß, dass nicht nur sehr niederfrequente Signale, Spannungen und Ströme, sondern auch Audio- und Radiofrequenzen erzeugt werden können. Abb. 1.6 zeigt das Symbol und das geöffnete Fenster des Funktionsgenerators als Sinusgenerator.

Der Funktionsgenerator besitzt drei Anschlüsse, über die die Signale in die Schaltung eingespeist werden. Der Anschluss Common stellt den Bezugspegel für das Signal bereit. Wenn die Masse den Bezug für ein Signal bilden soll, verbinden Sie Anschluss Common mit dem Bauteil Masse. Der positive Anschluss (+) speist eine in positiver Richtung

## 1.2 FUNKTIONSGENERATOR

verlaufende Kurvenform ein im Hinblick auf den Bezugsanschluss. Der negative Anschluss (-) speist eine in negativer Richtung verlaufende Kurvenform ein.

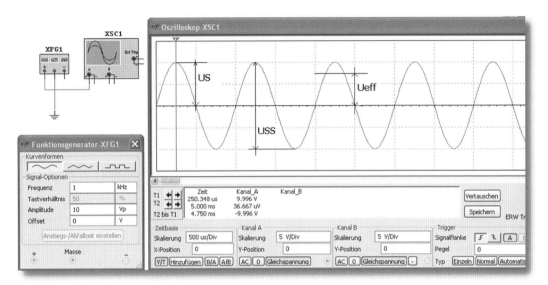

**Abb. 1.6:** *Symbol und geöffnetes Fenster des Funktionsgenerators (Sinusgenerator)*

### Signalform
Um eine Signal- bzw. Kurvenform zu wählen, klicken Sie auf die entsprechende Sinus-, Dreieck- oder Rechteckschaltfläche. Das Tastverhältnis des Dreieck- und Rechtecksignals können Sie beliebig ändern und damit auch bei dem Dreiecksignal die steigende bzw. fallende Flanke einstellen.

### Signaloptionen:
Mit dieser Option bestimmen Sie die Periodenanzahl (Frequenz von 1 mHz bis 9,99 GHz) des vom Funktionsgenerator gelieferten Signals.

### Tastverhältnis (1 % bis 99 %)
Mit dieser Option stellen Sie das Verhältnis von ansteigendem und abfallendem Kurvenanteil beim Dreiecksignal bzw. das Puls-Pausenverhältnis beim Rechtecksignal ein. Das Tastverhältnis wirkt sich nicht auf ein Sinussignal aus.

### Amplitude (1 µV bis 999 kV):
Mit dieser Option stellen Sie den Betrag der Signalspannung vom Nulldurchgang bis zum Spitzenwert ein. Wenn die Einspeisungspunkte der Schaltung mit dem Anschluss Common und dem positiven oder negativen Anschluss des Funktionsgenerators verbunden sind, beträgt der Spitze-Spitze-Wert das Zweifache der Amplitude. Wenn das Ausgangssignal dagegen über den negativen und positiven Anschluss eingespeist wird, entspricht der Spitze-Spitze-Wert dem Vierfachen der Amplitude. Die Messungen erfolgen mittels des Oszilloskops mit $U_{SS}$ (Spannung-Spitze-Spitze), $U_S$ (Spannung-Spitze) und $U_{RMS}$ (Effektivwert, Root Mean Square).

# 1 MESSGERÄTE FÜR DIE GRUNDSCHALTUNGEN DER ELEKTRONIK

***Offset (-999 kV bis 999 kV):***
Mit dieser Option verschieben Sie den Gleichspannungspegel, der dem Nulldurchgang des Signals entspricht. Beim einem Offset von 0 ist die Signalkurve symmetrisch zur X-Achse des Oszilloskops angeordnet (vorausgesetzt dessen Y-Position ist auf 0 eingestellt). Ein positiver Offsetwert verschiebt die Kurve nach oben, ein negativer nach unten. Der Offsetwert besitzt die Einheit, die für die Amplitude eingestellt wurde. Der Funktionsgenerator im gezeigten Beispiel erzeugt eine Spannung von $U_S = 10$ V und eine Frequenz von 1 kHz. Die Offsetspannung beträgt 0 V, d. h. die Nulllinie wird auf einem Niveau von 0 V im Oszilloskop angezeigt.

In Abb. 1.6 sind die Spannungen $U_{SS}$, $U_S$ und $U_{eff}$ eingezeichnet. Normalerweise arbeitet man mit dem Oszilloskop mit $U_{SS}$-Werten und rechnet dann die beiden anderen Spannungen aus:

$$U_{eff} = U = \frac{U_{SS}}{2\sqrt{2}}$$

Wenn man noch ein Multimeter einschaltet, zeigt dieses U = 14,14 V an, denn das Oszilloskop hat eine Skalierung von 5 V/Div, also $U_{SS}$ = 20 V oder $U_S$ = 10 V.

Wenn man noch ein Multimeter einschaltet, zeigt dieses U = 7,07 $V_{eff}$ an.

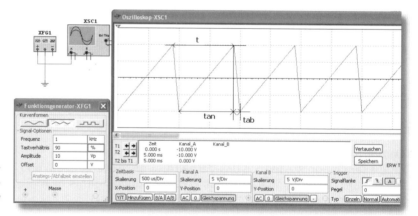

**Abb. 1.7:** Messung der Dreieckspannung

Abb. 1.7 zeigt eine Messung der unsymmetrischen Dreieckspannung, die man auch als Sägezahnspannung bezeichnet. Das Tastverhältnis ist auf 90 % eingestellt, d. h. 90 % der Zeit t ist die Anstiegszeit (ansteigende Flanke) und 10 % ist die Abfallzeit (absteigende Flanke).

Abb. 1.8 zeigt die Messung der Rechteckspannung. Die Periodendauer der Rechteckspannung wird mit t, die Länge des Impulses mit $t_i$ und die Impulspause mit $t_p$ bezeichnet.

## 1.3 ZWEIKANAL-OSZILLOSKOP

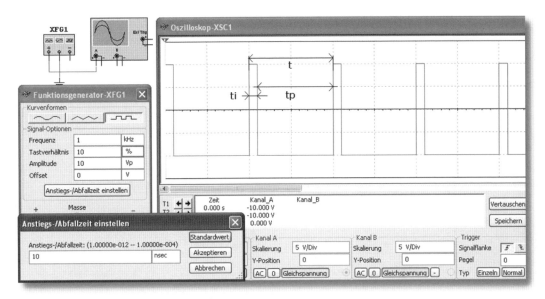

**Abb. 1.8:** Messung der Rechteckspannung

Die Frequenz wurde auf f = 1 kHz, das Tastverhältnis auf 10 %, die Amplitude auf 10 $V_S$ und der Offset auf 0 V eingestellt. Über die Anstiegs- und Abfallzeit kann man die gewünschten Werte für die Impuls- und Pausendauer einstellen. Die Standardwerte sind auf 10 ns eingestellt.

## 1.3 Zweikanal-Oszilloskop

Das Zweikanal-Oszilloskop zeigt die Spannungs- und Frequenzverläufe elektrischer Signale an. Es kann die Amplitude eines oder zweier Signale zeitabhängig darstellen und ermöglicht den Vergleich der beiden Signalkurven miteinander. Abb. 1.9 zeigt ein Oszilloskop mit zwei Funktionsgeneratoren zur Spannungs- und Frequenzmessung.

Nachdem Sie die Schaltung aktiviert haben und das Schaltungsverhalten simuliert wurde, können Sie die Oszilloskopanschlüsse an andere Messpunkte in der Schaltung anschließen. Das Oszilloskop zeigt die Signale an den neuen Messpunkten automatisch an. Sie können sowohl während als auch nach der Simulation eine Feinabstimmung der Oszilloskopeinstellungen vornehmen; auch in diesem Fall stellt das Oszilloskop die Signale automatisch neu dar. Tipp: Wenn Sie die Oszilloskopeinstellungen oder Analyseoptionen so ändern, dass mehr Details angezeigt werden, erscheinen die Kurven möglicherweise unregelmäßig oder zerhackt. Aktivieren Sie in einem solchen Fall die Schaltung erneut. Sie können die Signalgenauigkeit auch erhöhen, indem Sie die Anzahl der Simmulationszeitschritte erhöhen.

# 1 MESSGERÄTE FÜR DIE GRUNDSCHALTUNGEN DER ELEKTRONIK

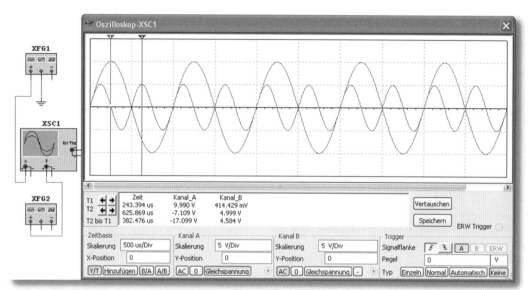

**Abb. 1.9:** *Oszilloskop mit Funktionsgenerator zur Spannungs- und Frequenzmessung*

Der Frequenzgenerator G1 im gezeigten Beispiel aus Bild 1.9 erzeugt eine Spannung von $U_S = 10$ V und eine Frequenz von $f = 1$ kHz – und der Frequenzgenerator G2 erzeugt eine Spannung von $U_S = 5$ V und eine Frequenz von $f = 2$ kHz. Beide Frequenzgeneratoren sind auf Sinus eingestellt. Die beiden Cursor zeigen die entsprechenden Zeiten und die Spannungen. Cursor 1 befindet sich auf dem Maximum von $U_S = 10$ V und es wird der Wert 9,990 V angezeigt. Es ergibt sich eine Zeitmessung von 243,394 µs. Theoretisch muss sich eine Zeitmessung von 250 µs ergeben, wenn der Cursor 1 nachgestellt wird. Cursor 2 befindet sich auf dem Maximum von $U_S = 5$ V und es wird ein Wert von 4,999 V angezeigt. Hier ergibt sich eine Zeitmessung von 625,869 µs. Theoretisch muss sich eine Zeitmessung von 625 µs ergeben, wenn der Cursor 2 nachgestellt wird.

### Zeitbasis (0,10 ns/Div bis 1 s/Div)
Mit den Zeitbasiswerten wird die Skalierung der (horizontalen) X-Achse des Oszilloskops eingestellt. Um eine sinnvolle Darstellung zu erhalten, stellen Sie die Zeitbasis umgekehrt proportional zur Frequenz des Funktionsgenerators oder der AC-Quelle in der Schaltung ein, d. h. je höher die Frequenz, desto kleiner (stärker vergrößernd) ist die Zeitbasis einzustellen. Wenn Sie beispielsweise eine Periode eines 1-kHz-Signals darstellen wollen, sollte die Zeitbasis ca. 500 µs betragen. Für die Darstellung einer 10-kHz-Periode, müssen Sie für die Zeitbasis ca. 50 µs einstellen.

### X-Position (-5,00 bis 5,00)
Dieser Wert legt den Signalstartpunkt auf der X-Achse fest. Bei der X-Position 0 beginnt die Signaldarstellung am linken Bildschirmrand. Ein positiver Wert verschiebt den Startpunkt nach rechts und ein negativer Wert verschiebt den Startpunkt nach links.

### Darstellungsmodus (Y/T, A/B, B/A)
In der Darstellung können Sie zwischen folgenden beiden Modi wählen: Darstellung des Betrags über die Zeit (Y/T) oder Darstellung eines Kanals über den jeweils anderen Kanal

(A/B oder B/A). Mit dem letzteren Modus lassen sich Frequenz- und Phasenlage (Lissajous-Figuren) oder Hysterese-Schleifen darstellen. Wenn Sie das Eingangssignal von Kanal A mit dem von Kanal B vergleichen (A/B), bestimmt die Einstellung von Volt pro Teilstrich für Kanal B die Skalierung der X-Achse (und umgekehrt bei B/A). Tipp: Wenn Sie eine Signalkurve genau untersuchen wollen, klicken Sie im Register Instrumente des Dialogfelds Schaltung/Analyseoptionen auf Pause nach jedem Bildschirm oder wählen Sie Analyse/Pause. In beiden Fällen können Sie die Simulation fortsetzen, indem Sie Analyse/Fortsetzen wählen oder F9 drücken.

### *Masseanschluss*
Der Anschluss des Oszilloskops an Masse ist nicht unbedingt erforderlich, wenn die Schaltung, in der gemessen wird, bereits mit Masse verbunden ist.

### *Volt pro Teilstrich (0,01 mV/Div bis 5 kV/Div)*
Mit dieser Einstellung wird die Skalierung der Y-Achse festgelegt. Im Darstellungsmodus A/B oder B/A bestimmt dieser Wert auch die Skalierung der X-Achse. Passen Sie die Skalierung an die Eingangsspannung des Kanals an, um sinnvolle Anzeigen zu erhalten. Beispielsweise füllt ein AC-Signal mit einer Spannung von 3 V den Oszilloskop-Bildschirm vertikal aus, wenn die Y-Achse auf 1 V/Div eingestellt ist. Wenn Sie den Wert für V/Div erhöhen, wird die Kurve kleiner dargestellt. Wenn der Wert dagegen verringert wird, erscheint die Kurve oben und unten abgeschnitten.

### *Y-Position (-3.00 bis 3.00)*
Mit dieser Einstellung wird die Position des Signals auf der Y-Achse festgelegt. Bei der Y-Position 0,00 bewegt sich der simulierte Strahl des Oszilloskops bei einer Eingangsspannung von 0 V genau auf der Null-Linie der Y-Achse – also auf der vertikalen Mittellinie des Bildschirms. Wenn die Y-Position auf 1,00 erhöht wird, verschiebt sich die Null-Linie auf den ersten Teilstrich oberhalb der X-Achse. Eine Verringerung der Y-Position auf -1,00 verschiebt die Null-Linie zum ersten Teilstrich unterhalb der X-Achse.

Der Vergleich der beiden Signale für Kanäle A und B kann erleichtert werden, indem die Werte für die jeweiligen Y-Positionen gegeneinander verschoben werden. Im folgenden Beispiel werden zwei Signale dargestellt, die sich bei gleichem Y-Positionswert für Kanal A und B fast überlagern würden. Nach Erhöhung des Y-Positionswertes für Kanal A und Verringerung für Kanal B sind die beiden Kurven nun deutlich voneinander getrennt.

### *Eingangskopplung (AC, 0, DC)*
Bei auf AC eingestellter Eingangskopplung wird nur der AC-Anteil eines Signals dargestellt. Durch diese Einstellung wird die gleiche Wirkung erzielt wie mit einem mit der Messeingangsleitung in Reihe geschalteten Kondensator. Wie bei einem realen Oszilloskop mit AC-Eingangskopplung ist die Anzeige der ersten Periode nicht korrekt. Während der ersten Periode wird der DC-Anteil des Signals berechnet und dann unterdrückt, so dass die nachfolgenden Perioden korrekt angezeigt werden.

Die Einstellung der Eingangskopplung auf DC bewirkt, dass das vollständige Signal (Summe aus AC- und DC-Anteil) angezeigt wird. Die Einstellung 0 führt zu einer geraden Bezugslinie durch den Startpunkt, der durch den Y-Positionswert vorgegeben ist. Damit lässt sich die eingestellte Y-Position überprüfen und gegebenenfalls nachjustieren.

**Hinweis:** Fügen Sie in Ihrer Schaltung keinen Kopplungskondensator in die Leitung zwischen Messpunkt und Messeingang ein. Das Oszilloskop kann in diesem Fall keinen Strompfad bereitstellen, und die Schaltungsanalyse würde ergeben, dass der Kondensator falsch angeschlossen ist. Klicken Sie stattdessen auf AC.

### *Trigger*
Mit *Trigger definieren* legen Sie fest, wie und wann die Kurvendarstellung auf dem Oszilloskop ausgelöst wird.

### *Auslösende Flanke*
Damit die Anzeige mit der positiven Flanke bzw. dem ansteigendem Signal beginnt, klicken Sie auf das Symbol Ansteigende Flanke. Damit die Anzeige mit der negativen Flanke bzw. dem abfallenden Signal beginnt, klicken Sie auf Symbol Abfallende Flanke.

### *Triggerpegel (-3.00 bis 3,00)*
Der Triggerpegelwert ist die Schwelle auf der Y-Achse des Oszilloskops, die das Signal überschreiten muss, damit die Anzeige ausgelöst wird. Der Pegelwert kann zwischen -3.00 (unterer Bildschirmrand) und +3,00 (oberer Bildschirmrand) eingestellt werden. Tipp: Bei einer flankenlosen Signalform wird der Triggerpegel nicht durchlaufen. Zur Anzeige eines solchen Signals muss für das Triggersignal AUTO eingestellt werden.

### *Triggersignal*
Die Triggerung kann intern über das Signal an Kanal A oder B erfolgen, oder extern über ein Signal am externen Triggeranschluss. Diesen Anschluss finden Sie auf dem Oszilloskopsymbol unter dem Masseanschluss. Wenn Sie ein lineares/flankenloses Signal messen wollen oder Signale sehr schnell dargestellt werden sollen, stellen Sie als Triggersignal AUTO ein.

Am Schaltungssymbol des Oszilloskops sind die Anschlüsse mit A (Kanal A oder YA) und B (Kanal B oder YB) markiert. Der Masseanschluss ist mit Masse (Erde) zu verbinden, was aber nicht unbedingt erforderlich ist. Liegt keine Masse an, ist das Messgerät bereits mit Masse verbunden. An dem T-Eingang wird das externe Triggersignal angeschlossen.

Nachdem die Schaltung aktiviert und das Schaltungsverhalten simuliert wurde, können Sie die Oszilloskopanschlüsse an andere Messpunkte in der Schaltung anschließen.

Das Oszilloskop zeigt die Signale an den neuen Messpunkten automatisch an. Sie können sowohl während als auch nach der Simulation eine Feinabstimmung der Oszilloskopeinstellungen vornehmen; auch in diesem Fall stellt das Oszilloskop die Signale automatisch neu dar. Abb. 1.10 zeigt Einstellungsmöglichkeiten für das Zweikanal-Oszilloskop.

Die Einstellung der Kanäle A und B erfolgt mit Scale und Volt pro Teilstrich von 0,01 mV/Div bis 5 kV/Div. Mit dieser Einstellung wird die Skalierung der Y-Achse festgelegt. Im Darstellungsmodus A/B oder B/A bestimmt dieser Wert auch die Skalierung der X-Achse. Passen Sie die Skalierung an die angenommene Eingangsspannung des Kanals an, um sinnvolle Anzeigen zu erhalten.

# 1.4 DEFINITIONEN VON SPANNUNGEN UND STRÖMEN

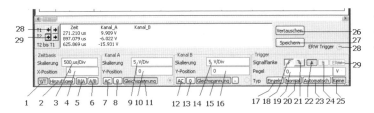

**Abb. 1.10:** Einstellungsmöglichkeiten für das Zweikanal-Oszilloskop

1) Achsenbelegung des Oszilloskops (Y/T = Betrag über Zeit)
2) Addition von Kanal A und Kanal B
3) Skalierung für die Zeitablenkung in s/Div, ms/Div, µs/Div und ns/Div
4) X-Position für den Offset
5) Darstellung eines Kanals über den anderen Kanal (B/A)
6) Darstellung eines Kanals über den anderen Kanal (A/B)
7) AC (Alternating Current)
8) Nulllinienabgleich
9) Skalierung von Kanal A
10) Y-Position von Kanal A
11) DC (Direct Current)
12) AC (Alternating Current)
13) Nulllinienabgleich
14) Skalierung von Kanal B
15) DC (Direct Current)
16) Y-Position von Kanal B
17) Einzel-Triggerung
18) Normal-Triggerung = positive Flanken-Triggerung
19) Pegel des Eingangssignals für die Triggerung
20) Pegel für Triggerung
21) Negative Flanken-Triggerung
22) Triggerung von Kanal A
23) Auto-Triggerung
24) Triggerung von Kanal B
25) Triggerung vom externen Signal
26) Schwarz- oder Weißbildschirm
27) Speichern
28) Anschluss für die externe Triggerung
29) Aufruf der externen Triggerung
30) Verschiebung des Cursors T1 nach links oder rechts
31) Verschiebung des Cursors T2 nach links oder rechts

Beispielsweise füllt ein Wechselspannungssignal mit einem Wert von 3 V den Oszilloskop-Bildschirm vertikal aus, wenn die Y-Achse auf 1 V/Div eingestellt ist. Wenn Sie den Wert für V/Div erhöhen, wird die Kurve kleiner dargestellt. Wenn Sie den Wert für V/Div verringern, wird die Kurve größer dargestellt und oben bzw. unten abgeschnitten.

Mit der Y-Position wird der Startpunkt des Signals auf der Y-Achse festgelegt. Bei der Y-Position 0.00 beginnt die Signalkurve im Schnittpunkt mit der X-Achse. Wenn die Y-Position auf 1.00 erhöht wird, verschiebt sich der Nullpunkt (Startpunkt) auf den ersten Teilstrich oberhalb der X-Achse. Eine Verringerung der Y-Position auf −1.00 verschiebt den Nullpunkt zum ersten Teilstrich unterhalb der X-Achse.

## 1.4 Definitionen von Spannungen und Strömen

Zum Verständnis der einzelnen elektrischen Größen und deren Formelbuchstaben wird noch einmal ein Vergleich zwischen Gleich- und Wechselstrom durchgeführt. Dazu betrachten wir die Wirkungen (Effekte) von beiden Stromarten. Zu den Wirkungen des Stromes innerhalb der Strombahn gehören die Wärme- und Lichtwirkungen. Als vergleichbare Größe muss deshalb die elektrische Arbeit (W) herangezogen werden. Nach der Formel ist Arbeit das Produkt aus Leistung und Zeit.

# 1 MESSGERÄTE FÜR DIE GRUNDSCHALTUNGEN DER ELEKTRONIK

$$W = U \cdot I \cdot t \quad \text{oder} \quad W = P \cdot t$$

Ersetzt man die Spannung U durch das Produkt (I × R), so erhält man

$$W = I^2 \cdot R \cdot t$$

Die Wirkung des elektrischen Stromes wächst bei linearer Zunahme des Stromes quadratisch.

## 1.4.1 Effektivwerte

Bei Gleichstrom ist die Amplitude zu verschiedenen Zeitpunkten konstant. Die damit ebenfalls zeitlich unverändert verlaufende Leistung P lässt sich als gerade Linie nach Abb. 1.11 darstellen. Die elektrische Arbeit W bildet in Abhängigkeit von der Zeit $t_1$ eine Rechteckfläche (schraffiert in Abb. 1.11).

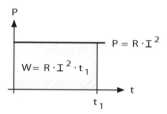

**Abb. 1.11:** *Leistung und Arbeit im Gleichstromkreis*

Bei Wechselstrom ändern sich die Amplitudenwerte periodisch mit der Zeit. Man bezeichnet diesen Vorgang auch als Schwingung. In vielen Anwendungsfällen werden sinusförmige Ströme und Spannungen verwendet. Als Sonderfälle sollen auch Rechteck- und Dreieckverläufe behandelt werden. Für Wechselstrom (Abb. 1.12) gilt: $W = R \cdot I^2 \cdot t$.

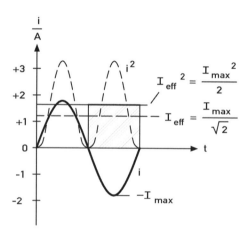

**Abb. 1.12:** *Effektivwert eines sinusförmigen Wechselstromes*

Die Fläche der sich periodisch ändernden i²-Linie wandelt man in ein flächengleiches Rechteck der Höhe $I_{eff}^2$ um. Aus dieser Umwandlung erhält man

$$I_{eff} = \frac{I_{max}}{\sqrt{2}} = 0{,}707 \cdot I_{max}$$

als Stromstärke, die den gleichen Effekt wie ein mit gleichbleibender Stärke fließender Gleichstrom hervorruft.

Das Gleiche gilt auch für die Spannung:

$$U_{eff} = \frac{U_{max}}{\sqrt{2}} = 0{,}707 \cdot U_{max}$$

## 1.4 DEFINITIONEN VON SPANNUNGEN UND STRÖMEN

Für dreieckförmige Verläufe (Abb. 1.13) muss ebenfalls die Fläche unter der i²-Kurve in einen gleichbleibenden Wert umgewandelt werden.

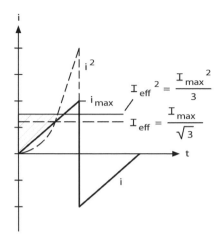

Die mathematischen Berechnungen werden wie folgt ausgeführt:

$$I_{eff} = \frac{I_{max}}{\sqrt{3}} = 0{,}577 \cdot I_{max}$$

$$U_{eff} = \frac{U_{max}}{\sqrt{3}} = 0{,}577 \cdot U_{max}$$

**Abb. 1.13:** *Effektivwert von dreieckförmigen Stromverläufen*

Einfacher liegen die Dinge bei der Rechteckspannung (Abb. 1.14). Hier ist:

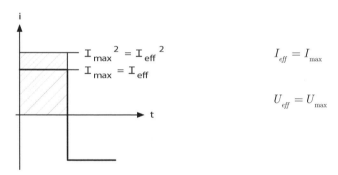

**Abb. 1.14:** *Effektivwert von rechteckförmigen Strömen*

Zu beachten ist, dass nur Dreheisenmesswerke und elektrodynamische Messwerke den Effektivwert direkt anzeigen. Der Zeigerausschlag dieser Messwerke ist proportional dem Quadrat des Stromes und damit auch stromrichtungsunabhängig. Drehspulmesswerke zeigen den arithmetischen Mittelwert an.

Nur sinusförmige Ströme werden richtig dargestellt. Kurvenformfehler bringen verzerrte Messgrößen.

## 1.4.2 Arithmetischer Mittelwert

Legt man an einen Leiter eine Gleichspannung U, so fließt ein Strom I, für den charakteristisch ist, dass er zu jedem Zeitpunkt die gleiche Größe und die gleiche Richtung hat.

Die in der Zeit $t_1$ transportierte Ladungsmenge Q ist dann $Q = I \cdot t_1$

und wird in Abb. 1.15 durch das schraffierte Rechteck dargestellt. Ein Akku oder ein Kondensator würde also durch einen Gleichstrom in der Zeit $t_1$ diese Ladungsmenge aufnehmen.

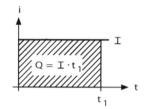

**Abb. 1.15:** Ladungsmenge Q bei Gleichstrom

Zur Erklärung des arithmetischen Mittelwertes von sinusförmigen Spannungen und Strömen wird ebenfalls von der Ladungsmenge ausgegangen.

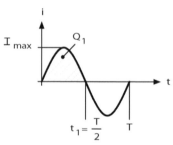

**Abb. 1.16:** Ladungsmenge bei sinusförmigem Wechselstrom

### Ströme

Während einer Halbwelle des Wechselstromes (siehe Abb. 1.16: positive Halbwelle) fließt der Strom nur in einer Richtung. Die in dieser Zeit ($t_1$ = T/2) transportierte Ladungsmenge $Q_1$ ist hier nicht mehr so einfach zu berechnen wie in obigem Beispiel, weil der Strom zu jedem Zeitpunkt einen anderen Wert hat. Um komplizierte mathematische Berechnungsverfahren zu umgehen, bedienen wir uns einem einfachen Näherungsverfahren. Dazu wird die Zeit $t_1$ in viele kleine Zeitintervalle Δt aufgeteilt; die Halbwelle der Sinuskurve wird also als Aneinanderreihung vieler kleiner Rechtecke angesehen (Abb. 1.17).

**Abb. 1.17:** Näherungsverfahren zur Ermittlung der Ladungsmenge bei sinusförmigem Strom

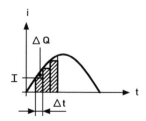

## 1.4 DEFINITIONEN VON SPANNUNGEN UND STRÖMEN

Jedes Rechteck hat die Breite ∆t und die Höhe I; daraus kann die während der Zeit ∆t transportierte Ladungsmenge ∆Q ermittelt werden: $\Delta Q = I \cdot \Delta t_1$.

Die Gesamtladungsmenge $Q_1$ ergibt sich aus der Aufsummierung aller Teilladungsmengen ∆Q. Macht man die Zeiten ∆t sehr klein, so wird man ein Ergebnis mit hinreichender Genauigkeit erhalten. Mit dieser Überlegung wird deutlich, dass die in Abb. 1.16 schraffierte Fläche die Ladungsmenge $Q_1$ darstellt.

Diese schraffierte Fläche kann man nun durch ein Rechteck mit der Länge $t_1$ ersetzen. Die Höhe $\underline{I}$ ist der Mittelwert aus allen Stromwerten der Teilladungsmengen. Dieses Rechteck stellt demnach ebenfalls die Ladungsmenge $Q_1$ dar. Dafür gilt: $Q_1 = \underline{I} \cdot t_1$.

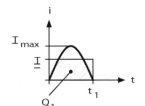

**Abb. 1.18:** Arithmetischer Mittelwert einer sinusförmigen Halbwelle

$\underline{I}$ ist somit der arithmetische Mittelwert der positiven Halbwelle des sinusförmigen Wechselstromes. Das zeigt auch folgende Überlegung: Sollen ein Kondensator oder Akku die Ladungsmenge $Q_1$ erhalten, so ist es gleichgültig, ob er diese durch die in Abb. 1.16 dargestellte Fläche $Q_1$, durch die Summe der in Abb. 1.17 angedeuteten Teilflächen oder durch die in Abb. 1.18 dargestellte Rechteckfläche $Q_1$ erhält, wenn nur in allen drei Fällen die Flächen gleichgroß sind. Eine sinusförmige Stromhalbwelle mit dem Wert $I_{max}$ transportiert also die gleiche Ladung $Q_1$ wie ein Gleichstrom $\underline{I}$, der über die Halbwellendauer $t_1$ fließt.

Der arithmetische Mittelwert $\underline{I}$ einer sinusförmigen Stromhalbwelle steht immer in einem bestimmten Verhältnis zu ihrem Maximalwert $I_{max}$. Dieses Verhältnis lässt sich mathematisch ableiten; auf das Verfahren wird jedoch hier nicht eingegangen. Danach ergibt sich $\underline{I} = 0{,}636 \cdot I_{max}$.

**Hinweis:** Nach dem in Abb. 1.17 gezeigten Näherungsverfahren lässt sich der arithmetische Mittelwert bestimmen, indem alle Stromwerte der Teilladungsmengen addiert und durch die Anzahl der Stromwerte dividiert werden.

Wird in die obige Gleichung für $I_{max}$ der Effektivwert I des sinusförmigen Stromes eingesetzt, so erhält man:

$$\underline{I} = 0{,}636 \cdot \sqrt{2} \cdot I \qquad I_{max} = I \cdot \sqrt{2} \qquad \underline{I} = 0{,}9 \cdot I.$$

$\underline{I}$ ist der arithmetische Mittelwert einer Halbwelle des sinusförmigen Wechselstromes.

Reiht man mehrere gleichpolige Halbwellen (in Abb. 1.19 z.B. positive Halbwellen einer Doppelweggleichrichtung) aneinander, so erhält man für die gesamte Stromkurve den gleichen arithmetischen Mittelwert wie für jede Halbwelle.

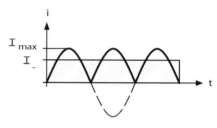

**Abb. 1.19:** Arithmetischer Mittelwert des Stromes bei Doppelweggleichrichtung

Daraus schließt man: Der arithmetische Mittelwert der gesamten Stromkurve bei Doppelweggleichrichtung beträgt wie bei einer einzeln betrachteten Halbwelle

$\underline{I} = 0{,}9 \cdot I$   Arithmetischer Mittelwert des Stromes bei einer Doppelweggleichrichtung

$I = \dfrac{I_{max}}{\sqrt{2}}$   Effektivwert der vollen Sinusschwingung

**Anmerkung:** Der arithmetische Mittelwert einer vollen Sinusschwingung ist immer gleich 0, weil sich die positiven Mittelwerte bei den positiven Halbwellen mit den negativen Mittelwerten bei den negativen Halbwellen aufheben.

Fehlt wie in der Abb. 1.20 jede zweite Halbwelle (dies ist bei einer Einweggleichrichtung der Fall), so muss die durch die erste positive Halbwelle dargestellte Ladungsmenge $Q_1$ (Abb. 1.18) jetzt in ein Rechteck mit der Länge T umgewandelt werden.

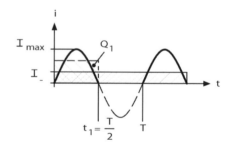

**Abb. 1.20:** Arithmetischer Mittelwert des Stromes bei Einweggleichrichtung

Da dieses Rechteck die doppelte Länge wie das Rechteck in Abb. 1.20 hat, wird seine Höhe nur halb so groß sein. Damit erhält man für den arithmetischen Mittelwert des Stromes nach Abb. 1.20:

$$\underline{I} = \dfrac{0{,}636}{2} \cdot I_{max} = \dfrac{0{,}9}{2} \cdot I \qquad I = \dfrac{I_{max}}{\sqrt{2}} = \text{Effektivwert}$$

$\underline{I} = 0{,}318 \cdot I_{max} = 0{,}45 \cdot I$   Arithmetischer Strommittelwert bei Einweggleichrichtung

## 1.4 DEFINITIONEN VON SPANNUNGEN UND STRÖMEN

## Spannungen

Bei Betrachtung der Spannungen ergeben sich folgende Verfahren. Abb. 1.21, Abb. 1.22 und Abb. 1.23 zeigen die unterschiedlichen arithmetischen Mittelwerte.

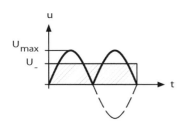

**Abb. 1.21:** Arithmetischer Mittelwert einer Spannung bei Doppelweggleichrichtung

Für Abb. 1.21 gilt: $\underline{U} = 0{,}636 \cdot U_{max} = 0{,}9 \cdot U$

$U = \dfrac{U_{max}}{\sqrt{2}}$   Effektivwert der vollen Sinusschwingung

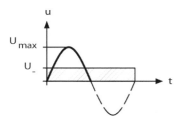

**Abb. 1.22:** Arithmetischer Mittelwert einer Spannung bei Einweggleichrichtung

Für Abb. 1.22 gilt: $\underline{U} = 0{,}318 \cdot U_{max} = 0{,}45 \cdot U$

$U = \dfrac{U_{max}}{\sqrt{2}}$   Effektivwert der vollen Sinusschwingung

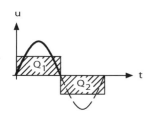

**Abb. 1.23:** Arithmetischer Mittelwert einer sinusförmigen Wechselspannung

Während der positiven Halbwelle wird in Abb. 1.23 ein Akku oder Kondensator $C_1$ mit der Ladungsmenge $Q_1$ aufgeladen und während der negativen Halbwelle um die Ladungsmenge $Q_2$ entladen. Die während einer vollen Periode aufgenommene Ladungsmenge ist demzufolge $Q = 0$.

Der arithmetische Mittelwert einer reinen Sinusspannung oder eines reinen Sinusstromes ist immer gleich 0.

**Anmerkung:** Ein Drehspulmesswerk misst den arithmetischen Mittelwert von Strömen. Soll damit eine reine sinusförmige Wechselspannung oder ein reiner sinusförmiger Wechselstrom gemessen werden, so würde der Zeiger 0 anzeigen, da in beiden Fällen der arithmetische Mittelwert 0 ist. Erst durch Verwendung eines Gleichrichters ergibt sich ein arithmetischer Mittelwert nach den Gleichungen

$\underline{I} = 0{,}9 \cdot I$ bei Doppelweggleichrichtung $\underline{I} = 0{,}45 \cdot I$ bei Einweggleichrichtung
$\underline{U} = 0{,}9 \cdot U$ bzw. $\underline{U} = 0{,}45 \cdot U$

Dieser Mittelwert ruft einen entsprechenden Zeigerausschlag hervor. Zu beachten ist, dass die Skala des Messinstrumentes für sinusförmige Verläufe in Effektivwerten geeicht ist.

## 1.4.3 Brummspannung

Die in den Abbildungen 1.21 und 1.22 dargestellten Spannungen (Ausgangsspannung der Doppelweg- und Einweggleichrichtung) sind sogenannte Mischspannungen (pulsierende Gleichspannungen), die man in zwei Komponenten zerlegen kann. Einmal ist dies eine Gleichspannung $\underline{U}$ (arithmetischer Mittelwert) und zum anderen eine Wechselspannung (Welligkeitsspannung), die der Gleichspannung überlagert ist (Abb. 1.23).

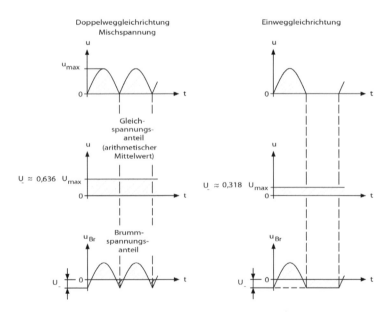

**Abb. 1.24:** *Zerlegung der gleichgerichteten Spannungen*

Diese Wechselspannung kann in Verstärkern einen unangenehmen Brummton erzeugen, weshalb der Begriff Brummspannung $U_{Br}$ geprägt wurde. In Abb. 1.24 sind für Doppelweg- und Einweggleichrichtung die Gleichspannungen und ihre Komponenten dargestellt. Die Mischspannung ist die Summe aus Gleichspannungsanteil und Brummspannung.

# 2 Schaltungen mit Dioden

Dioden sind elektronische Bauelemente, durch die der elektrische Strom nur in einer Richtung fließen kann. Sie werden daher in großem Umfang als Gleichrichter, elektronische Schalter, Impulsformer sowie als Schutzvorrichtung eingesetzt. Die Bezeichnung Diode ist aus der griechischen Silbe di (zwei) und der Endung des Wortes Elektrode zusammengesetzt. Dieses Kunstwort weist darauf hin, dass Dioden zwei Elektroden, also zwei elektrische Anschlüsse besitzen.

Die heute in elektronischen Schaltungen eingesetzten Dioden werden aus Halbleiterwerkstoffen hergestellt. Es handelt sich hierbei um Materialien, deren spezifischer Widerstand sich im Bereich zwischen metallischen Leitern und Isolatoren bewegt.

Die wichtigsten Halbleiterwerkstoffe sind heute Silizium (Si). Früher wurde Germanium (Ge) bzw. Selen (Se) verwendet. Reines Silizium und reines Germanium weisen unter normalen Bedingungen nur wenige frei bewegliche Elektronen auf. Sie sind daher als schlechte elektrische Leiter zu bezeichnen. Durch gezielte Verunreinigungen des reinen Ausgangsmaterials lassen sich aber Halbleiter herstellen, die entweder einen Überschuss an negativen Ladungsträgern (Elektronen) oder einen Überschuss an positiven Ladungsträgern (Löchern) haben. Durch diese Verunreinigungen beim Herstellungsprozess ist es möglich, Art, Anzahl sowie Beweglichkeit der Ladungsträger und damit auch den spezifischen Widerstand von Halbleitermaterial in weiten Grenzen zu variieren.

Diese Halbleiter-Werkstoffe werden entsprechend ihrem Leitungsmechanismus als n-Halbleiter (mit negativen Ladungsträgern) und p-Halbleiter (mit positiven Ladungsträgern) bezeichnet. Sowohl in den n-Halbleitern als auch in den p-Halbleitern hängt aber die Stromrichtung wie bei einem metallischen Leiter nur von der Polarität der angelegten Betriebsspannung ab. Wird jedoch ein n-Halbleiter mit einem p-Halbleiter nahtlos zusammengefügt, so entsteht ein elektronisches Bauelement, durch das der Strom nur noch in eine Richtung fließen kann, also eine Halbleiterdiode. Der elektrische Anschlusskontakt am p-Material wird als Anode, der Anschluss am n-Material als Kathode bezeichnet.

Die Hersteller von Halbleiterdioden geben zu jedem Diodentyp ein Datenblatt heraus, in dem die wichtigsten Kennwerte und Grenzwerte sowie mehrere Kennlinien enthalten sind. Grenzwerte dürfen auf keinen Fall überschritten werden, weil die Diode sonst zerstört wird und damit nicht mehr funktionsfähig ist. Kennwerte sind Daten, mit denen die Diode im normalen Einsatz betrieben werden soll. Diese Werte werden auch als charakteristische oder typische Kennwerte bezeichnet. Die Kenn- und Grenzwerte reichen aber nicht aus, um das Verhalten und die Eigenschaften der entsprechenden Diode bei den unterschiedlichsten Betriebsbedingungen ausführlich genug zu beschreiben. Daher sind in jedem Datenblatt auch noch mehrere Kennlinien angegeben, in denen die gegenseitigen Abhängigkeiten von zwei oder drei Variablen dargestellt sind.

# 2 SCHALTUNGEN MIT DIODEN

Die Typenvielfalt ist bei den Dioden außerordentlich groß. So gibt es Dioden für Ströme von wenigen Milliampère, die dann aber besonders gut für einen Einsatz bei sehr hohen Frequenzen geeignet sind. Andererseits werden aber auch Leistungsdioden für Ströme von mehreren 1000 Ampere gefertigt. Schon hieraus ergeben sich zwangsläufig sehr unterschiedliche Bauformen von Dioden. Aber auch die Technologie und die Herstellungsverfahren der Dioden unterscheiden sich beträchtlich. So werden zum Beispiel Spitzendioden für den Einsatz in Hochfrequenzschaltungen gefertigt. Flächendioden dagegen eignen sich dagegen wegen ihrer größeren Eigenkapazitäten nur für niederfrequente Gleichrichterschaltungen. Die meisten der heute eingesetzten Dioden werden in Planartechnik hergestellt und lassen sich sowohl in Gleichrichterschaltungen als auch in Impulsschaltungen verwenden. Bei den großen Leistungsdioden für Netzgleichrichter sind dagegen wieder andere Herstellungsverfahren notwendig.

Außer den Halbleiterdioden für die Gleichrichtung und für Schaltbetrieb wurden aber auch noch eine Reihe von Halbleiterdioden mit speziellen Eigenschaften entwickelt, wie z. B. Z-Diode, Kapazitätsdiode, Schottky-Diode, Tunneldiode, PIN-Diode, Fotodiode und Leuchtdiode. Abb. 2.1 zeigt die genormten Schaltzeichen der Halbleiterdioden.

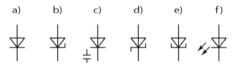

**Abb. 2.1:** Schaltzeichen von Dioden:
a) Gleichrichterdiode, b) Z-Diode,
c) Kapazitätsdiode (Varaktordiode),
d) Schottky-Diode (nicht genormt),
e) Tunneldiode, f) Leuchtdioden

Z-Dioden werden zur Konstanthaltung oder Stabilisierung von Gleichspannungen eingesetzt. Haupteinsatzgebiet der Kapazitätsdioden ist die Ab- oder Nachstimmung von Schwingkreisen. Sie sind heute in fast allen Geräten der Unterhaltungselektronik zu finden. Schottky-Dioden werden aufgrund ihrer speziellen Eigenschaften als schnelle Schalter eingesetzt. Die Kennlinie von Tunneldioden weicht stark von den Kennlinien aller anderen Halbleiterdioden ab. Sie wird zur Schwingungserzeugung im Mikrowellenbereich (>1 GHz) benutzt. PIN-Dioden haben im Bereich von 10 MHz bis 1 GHz einen nahezu idealen ohm'schen Widerstand. Aufgrund dieser Eigenschaft werden sie als regelbare Hochfrequenz-Abschwächer in Fernseh-Kanalwählern eingesetzt. Da es sich bei den Tunnel- und PIN-Dioden um Spezialdioden handelt, die nur in der Hoch- und Höchstfrequenztechnik eingesetzt werden, wird hier nicht näher auf sie eingegangen.

Die Typenbezeichnung von Halbleiterdioden erfolgt entweder nach dem JEDEC- oder dem Pro-Electron-Bezeichnungsschema. In beiden Fällen werden sowohl Buchstaben als auch Ziffern zur Typenbezeichnung verwendet. Bei den kleineren Diodengehäusen erfolgt die Typenangabe meistens durch eine zugehörige Farbringcodierung.

# 2.1 Arbeiten mit Dioden

Wird die Diode in Durchlassrichtung (Vorwärtsrichtung) betrieben, wenn die Anode positiv gegenüber der Kathode ist, dann nimmt der Durchlassstrom $I_D$ oder $I_F$ (Forward) mit zunehmender Durchlassspannung $U_D$ oder $U_F$ zu. Entsprechend nimmt der Wert des Durchlasswiderstandes der Diode mit zunehmender Spannung ab.

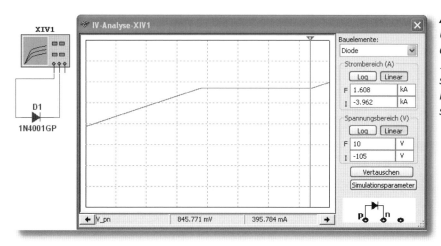

**Abb. 2.2:** *Untersuchung der Diode 1N4001 mit simuliertem Kennlinienschreiber*

Abbildung 2.2 zeigt einen Kennlinienschreiber mit der Diode 1N4001. Rechts in dem Bildschirm wird die Durchlassrichtung, und links die Sperrrichtung gezeigt.

Die Durchlassspannung für die 1N4001 beträgt 845,771 mV bei einem Durchlassstrom von 395,784 mA. Die Berechnung ergibt sich wie folgt:

$$R_i = \frac{U}{I} = \frac{845\,mV}{395\,mA} = 2,14\,\Omega$$

Die Berechnung ergibt einen Innenwiderstand von 2,14 Ω für die Durchlassrichtung.

Für die Dioden 1N4001 bis 1N4007 gelten folgende Sperrspannungen:

| | |
|---|---|
| 1N4001 | $U_S$ = 50 V |
| 1N4002 | $U_S$ = 100 V |
| 1N4003 | $U_S$ = 200 V |
| 1N4004 | $U_S$ = 400 V |
| 1N4005 | $U_S$ = 600 V |
| 1N4006 | $U_S$ = 800 V |
| 1N4007 | $U_S$ = 1000 V |

Die Kennlinie aus Abb. 2.3 zeigt das unterschiedliche Verhalten einer Diode im Durchlassbereich und im Sperrbereich. Im Durchlassbereich nimmt der Durchlassstrom $I_D$ mit zunehmender Durchlassspannung $U_D$ zu. Betrachtet man den Sperrbereich, hat der Sperrstrom $I_S$ zunächst einen sehr geringen Wert, der sich mit zunehmender Sperrspannung $U_S$ auch nur wenig ändert. Entsprechend hochohmig ist daher auch der Sperrwiderstand. Wenn die Sperrspannung jedoch die Durchbruchspannung überschreitet, erfolgt ein steiler Anstieg des Sperrstromes. Es kommt zum lawinenartigen Durchbruch und häufig zur unweigerlichen Zerstörung der Diode.

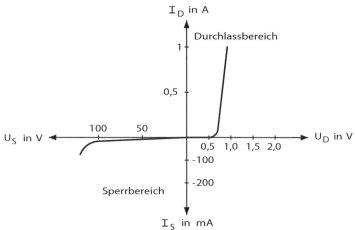

**Abb. 2.3:** Kennlinie der Diode 1N4002

Eine weitere Ursache von Durchbrüchen in Sperrrichtung sind Einschlüsse von Verunreinigungen; z. B. von Schwermetallatomen, welche in Regelmäßigkeit das Kristallgitter in der Sperrschicht um den pn-Übergang erheblich stören. Man spricht von einem weichen Durchbruch. Es entsteht eine Degradierung der Durchbruchspannung, jedoch ist dabei die Lage des Einschlusses entscheidend. Einschlüsse in der Raumladungszone um den pn-Übergang (ohne diesen zu durchdringen) verursachen weiche Durchbrüche, d. h. es fließt bereits ein beträchtlicher Leckstrom in Sperrrichtung, lange bevor die eigentliche Durchbruchspannung erreicht ist. Besonders Einschlüsse von Kupfer- oder Eisenatomen innerhalb der Raumladungszone führen zu weichen Durchbrüchen.

## 2.1.1 Statischer und dynamischer Innenwiderstand

Setzt man eine Diode in der Praxis ein, unterscheidet man zwischen dem statischen und dem dynamischen Innenwiderstand. Arbeitet man mit Gleichstrom, ergibt sich aus einer Spannungs- und Strommessung der statische Innenwiderstand $R_i$ aus

$$R_i = \frac{U}{I}$$

Aus der Kennlinie von Abbildung 2.4 lässt sich aus den beiden Arbeitspunkten AP jeweils der statische Innenwiderstand für den Durchlassbereich und für den Sperrbetrieb errechnen:

## 2.1 ARBEITEN MIT DIODEN

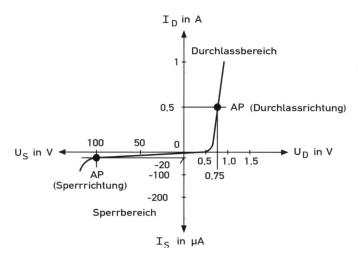

**Abb. 2.4:** Kennlinie der 1N4002 zur Bestimmung des statischen Innenwiderstandes

$$R_i = \frac{U_D}{I_D} = \frac{0,77V}{0,5A} = 1,54\Omega \qquad R_i = \frac{U_S}{I_S} = \frac{-100V}{-20\mu A} = 5M\Omega$$

Betreibt man eine Diode an Wechselspannung, die einer Gleichspannung überlagert ist, lässt sich der dynamische Innenwiderstand bzw. differentielle Widerstand einer Diode bestimmen.

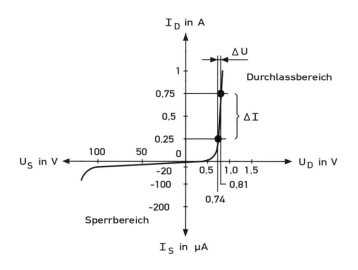

**Abb. 2.5:** Kennlinie der 1N4002 zur Bestimmung des dynamischen Innenwiderstandes

Aus der Kennlinie von Abbildung 2.5 lässt sich der dynamische Innenwiderstand berechnen aus

$$r_i = \frac{\Delta U}{\Delta I} = \frac{0,81V - 0,74V}{0,75A - 0,25A} = \frac{0,07V}{0,5A} = 0,14\Omega$$

Der statische Innenwiderstand ergibt sich aus der angelegten Gleichspannung und dem entsprechenden Gleichstrom. Je nachdem, wo man den Arbeitspunkt auf der Kennlinie einträgt, ändert sich entsprechend der Innenwiderstand. Unter dem dynamischen Innenwiderstand versteht man den Widerstandswert, der sich aus der Spannungs- und Stromänderung ergibt. Dieser Wert stellt gewissermaßen den Wechselstromwiderstand des Bauelements dar.

### 2.1.2 Aufbau von Datenblättern

Die Untergliederung der Datenblattangaben entspricht folgendem Schema:
- Kurzbeschreibung
- Abmessungen (mechanische Daten)
- absolute Grenzdaten
- thermische Kenngrößen, Wärmewiderstände
- elektrische Kenngrößen

Falls es in der Praxis erforderlich ist, sind die Datenblätter mit entsprechenden Vermerken zu versehen, die zusätzliche Informationen über den beschriebenen Typ vermitteln.

In der Kurzbeschreibung sind neben der Typenbezeichnung die verwendeten Halbleitermaterialien, die Zonenfolge, die Technologie, die Art des Bauelements und gegebenenfalls der Aufbau gezeigt. Stichwortartig werden die typischen Anwendungen und die besonderen Merkmale aufgeführt.

Für jeden Typ sind in einer Zeichnung die wichtigsten Abmessungen und die Reihenfolge der Anschlüsse dargestellt. Ein Schaltbild ergänzt diese Information. Bei den Gehäuseabbildungen werden die DIN-, JEDEC-, bzw. handelsüblichen Bezeichnungen aufgeführt. Das Gewicht des Bauelements ergänzt diese Angaben.

Wenn keine Maßtoleranzen eingetragen sind, gilt Folgendes: Die Werte für die Länge der Anschlüsse und für die Durchmesser der Befestigungslöcher sind Minimalwerte. Alle anderen Maße sind dagegen Maximalwerte.

Die genannten Grenzdaten sind absolute Werte und bestimmen die maximal zulässigen Betriebs- und Umgebungsbedingungen. Wird eine dieser Bedingungen überschritten, kann das zur Zerstörung des betreffenden Bauelements führen. Soweit nicht anders angegeben, gelten die Grenzdaten mit einer Umgebungstemperatur von 25 °C. Die meisten Grenzdaten sind statische Angaben. Für den Impulsbetrieb werden die zugehörigen Bedingungen genannt.

Die Grenzdaten sind voneinander unabhängig, d. h. ein Gerät, das Halbleiterbauelemente enthält, muss so dimensioniert sein, dass die für die verwendeten Bauelemente festgelegten, absoluten Grenzdaten auch unter ungünstigsten Betriebsbedingungen nicht überschritten werden. Diese können durch folgende Änderungen hervorgerufen werden:

- an der Betriebsspannung (intern durch einen defekten Spannungsregler, nicht richtig dimensionierter Ausgangsleistung oder durch externe Netzstörungen verursacht)
- den Eigenschaften der übrigen elektrischen bzw. elektronischen Bauelemente im Gerät
- den Einstellungen innerhalb des Geräts
- der Belastung am Ausgang oder durch Umwelteinflüsse (Wärme, Feuchtigkeit usw.)
- der Ansteuerung am Eingang und zusätzliche elektrische und mechanische Störungen auf das gesamte System
- den verschiedenen Umgebungsbedingungen
- der Eigenschaften der Bauelemente selbst (z. B. durch Alterung, Verschmutzung oder Verunreinigung durch unsachgemäßen Einbau oder Service, Feuchtigkeit, elektrische bzw. magnetische Einstrahlungen)

Einige thermische Größen, z. B. die Sperrschichttemperatur, der Lagerungstemperaturbereich und die Gesamtverlustleistung, begrenzen den Anwendungsbereich. Daher sind sie im Abschnitt Absolute Grenzdaten der Datenblätter aufgeführt. Für die Wärmewiderstände ist ein gesonderter Abschnitt in den Datenblättern vorgesehen. Die Temperaturkoeffizienten sind bei den zugehörigen Parametern unter Kenngrößen eingeordnet.

Die für den Betrieb und die Funktion des Bauelements wichtigsten elektrischen Parameter (Minimal-, typische und Maximalwerte) werden in den Datenblättern mit den zugehörigen Messbedingungen und ergänzenden Kurven aufgeführt. Besonders wichtige Parameter sind mit AQL-Werten (Acceptable Quality Level) ergänzt.

Sind Datenblätter mit vorläufigen technischen Daten versehen, so wird mit dieser Angabe darauf hingewiesen, dass sich einige der für den betreffenden Typ angegebenen Daten noch geringfügig ändern können. Sind Datenblätter dagegen mit dem Hinweis nicht für Neuentwicklungen versehen, sind diese Bauelemente für die laufende Serie erhältlich. Neuentwicklungen sollten damit nicht vorgenommen werden.

## 2.1.3 Einweggleichrichter

Gleichrichterdioden lassen sich in Klein- und Leistungsgleichrichterdioden unterteilen. Als Kleingleichrichterdioden werden in der Regel Dioden mit höchstzulässigen Durchlassströmen von einigen mA bis zu etwa 5 A bezeichnet. Der Bereich der Leistungsgleichrichterdioden erstreckt sich von etwa 5 A bis 10 kA. Das Haupteinsatzgebiet der Klein- und Leistungsgleichrichterdioden ist die Gleichrichtung niederfrequenter Wechselspannungen, insbesondere Netzspannungen. Für die Gleichrichtung von hochfrequenten Wechselspannungen werden wegen ihrer sehr kleinen Sperrschichtkapazität überwiegend Germanium-Spitzendioden eingesetzt. Sie werden daher auch als Hochfrequenzdioden bezeichnet. Schaltdioden weisen besonders kleine Sperrverzögerungszeiten auf. Sie ermöglichen ein schnelles Schalten bei Impulsbetrieb und werden deshalb in großem Umfang in der Digitaltechnik verwendet. Universaldioden lassen sich als Kleingleichrichterdioden sowie als HF-Dioden bis zu Frequenzen von einigen MHz einsetzen. Sie sind aber auch als Schaltdioden verwendbar, sofern keine solch kleine Schaltzeiten wie bei speziellen Schaltdioden notwendig sind.

# 2 SCHALTUNGEN MIT DIODEN

Im Allgemeinen benötigen elektronische Schaltungen als Stromversorgung eine oder mehrere Gleichspannungsquellen. Bei höherem Energiebedarf ist die Verwendung von Batterien unwirtschaftlich und es erfolgt eine Speisung aus dem Wechselspannungsnetz. Hierbei ist neben einer Abwärtstransformation (z. B. 230 V auf 12 V) auch eine Gleichrichtung der Wechselspannung erforderlich. Dioden sind hierfür wegen ihrer kleinen Durchlassspannung, ihrer hohen Belastbarkeit und ihres großen Verhältnisses zwischen Sperrwiderstand und Durchlasswiderstand sehr gut geeignet.

Für die Dimensionierung von Gleichrichterschaltungen ist die Kenntnis des mittleren Durchlassstromes, des Spitzenstromes und der maximalen Sperrspannung unbedingt erforderlich. Diese Werte hängen u. a. auch davon ab, ob die Gleichrichtung mit Hilfe einer Einweggleichrichterschaltung oder einer Zweiweggleichrichterschaltung erfolgt.

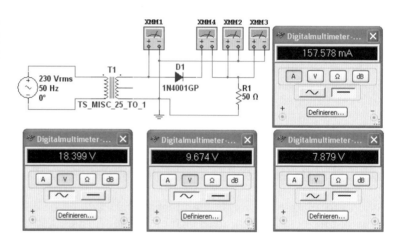

**Abb. 2.6:** Einweggleichrichter mit Messinstrumenten

Bei der in Abb. 2.6 angegebenen Schaltung ist die Diode nur während der positiven Halbwellen der vom Transformator gelieferten Wechselspannung leitend. Daher fließt auch nur während der positiven Halbwellen ein Strom durch den Lastwiderstand. An diesem Lastwiderstand kann aber nur dann eine Spannung auftreten, wenn der Spitzenwert der Wechselspannung größer als die Schleusenspannung der Diode ist.

Der Spannungsverlauf am Lastwiderstand $R_1$ entspricht der positiven Halbwelle der Transformatorspannung, vermindert um die Schleusenspannung ($U_D \approx 0{,}7$ V) der Diode. Da die Diode während der negativen Halbwelle der Wechselspannung gesperrt ist, liegt während dieser negativen Halbwelle die gesamte Transformatorspannung $U_e$ an der Diode. Wird die Diode in der Schaltung nach Abb. 2.6 umgepolt, so ist sie während der positiven Halbwelle gesperrt und während der negativen Halbwelle leitend. Die Spannung am Lastwiderstand ist dann negativ gegenüber Masse, da der Strom in anderer Richtung durch den Widerstand $R_1$ fließt.

In der Schaltung aus Abbildung. 2.6 ist die Netzspannung durch eine Quelle von 230 V und 50 Hz repräsentiert. Es folgt ein Transformator, dessen Ausgangsspannung 18,4 V beträgt. Wichtig für das Messgerät ist, dass es auf Wechselspannungsmessung eingestellt ist. Diese Spannung liegt an der Diode 1N4001. An der Diode wird eine Wech-

## 2.1 ARBEITEN MIT DIODEN

selspannung von $U_{AC}$ = 9,67 V und eine Gleichspannung von $U_{DC}$ = 7,88 V gemessen. Der Gleichstrom beträgt $I_{DC}$ = 157,58 µA. Hieraus kann man den Lastwiderstand $R_L$ berechnen:

$$R_L = \frac{U}{I} = \frac{7,88V}{0,157mA} = 50\Omega$$

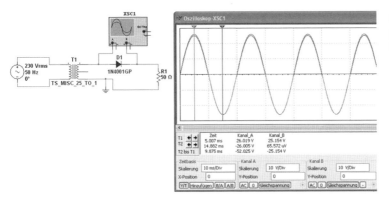

**Abb. 2.7:** Einweggleichrichter mit Oszilloskop

Wie die Schaltung von Abb. 2.7 zeigt, lässt sich auch ein Oszilloskop zur Messung verwenden. Die Eingangsspannung $U_e$ hat einen $U_{SS}$-Wert von 52 V und einen $U_S$-Wert von 26 V. Die effektive Spannung errechnet sich aus

$$U_{eff} = U = \frac{U_{SS}}{2 \cdot \sqrt{2}} = \frac{52V}{2 \cdot \sqrt{2}} = 18,38V$$

Wenn man die beiden Sinuskurven betrachtet, ist die Ausgangsspannung um 0,7 V geringer und daher sind Ein- und Ausgangsspannung unterschiedlich. Der arithmetische Mittelwert ist

$$\underline{U} = 0,45 \cdot U = 0,45 \cdot 18,38V = 8,27V$$

$$\underline{U} = 0,318 \cdot U_S = 0,318 \cdot 26V = 8,32V$$

Die Ausgangswerte bezeichnet man als Effektivwert der Eingangsspannung $U_e$, wobei $U_e = \frac{U_{max}}{\sqrt{2}}$ ist.

Es ergeben sich mit den bereits erworbenen Erkenntnissen ausgangsseitig folgende Werte:

Spitzenwert der Ausgangsspannung: $\quad U_{gl\,max} = U_{max} = \sqrt{2} \cdot U_e$

Arithmetischer Mittelwert: $\quad \underline{U} = 0,318 \cdot U_{max} = 0,45 \cdot U_e$

Spitze-Spitze-Wert der Brummspannung: $\quad U_{BrSS} = U_{max} = \sqrt{2} \cdot U_e$

Frequenz der Brummspannung: $\quad f_{Br} = f_e$

wobei die Frequenz der Eingangsspannung $u_e$ verwendet wird.

Der maximale Ausgangsstrom wird mit $I_{FM}$ bezeichnet. Mit *Eingangsstrom* $I_e$ wird in den nachfolgenden Abhandlungen der Effektivwert des Stromes bezeichnet, der sich ergeben würde, wenn die Spannung $u_e$ direkt, also ohne Verwendung der Diode, an dem Widerstand $R_1$ angeschlossen wäre.

Spitzenwert des Ausgangsstromes:
$$I_{FM} = \frac{\sqrt{2} \cdot U_e}{R_1}$$

Arithmetischer Mittelwert:
$$\underline{U} = 0{,}318 \cdot I_{FM} = 0{,}45 \cdot I_e = \frac{\underline{U}}{R_1} \quad \text{mit} \quad I_e = \frac{U_e}{R_1} = \frac{I_{FM}}{\sqrt{2}}$$

Bei sämtlichen Gleichrichterschaltungen ist darauf zu achten, dass die Dioden nicht überlastet werden. Es sind deshalb folgende Werte zu beachten:

Spitzenwert des Stromes in Durchlassrichtung:
$$I_{FM} = \frac{\sqrt{2} \cdot U_e}{R_1}$$

Spitzenwert der Spannung in Sperrrichtung:
$$U_{RM} = \sqrt{2} \cdot U_e$$

## 2.1.4 Einweggleichrichter zur Leistungsreduzierung

Die kondensatorlose Einweggleichrichtung findet man in der Praxis relativ selten. Die aus den 50-Hz der Brummspannung abgeleiteten Impulse werden in manchen Fällen zur Synchronisierung von netzabhängigen Geräten benutzt.

Bei Geräten zur Wärmeerzeugung benutzt man die Schaltung häufig zur einfachen Umschaltung der Leistung. Durch Einschalten einer Diode in den ursprünglichen Wechselstromkreis wird die im Verbraucher umgesetzte Leistung halbiert. Das folgende Beispiel soll dies verdeutlichen.

**Abb. 2.8:** *Leistungsreduzierung durch Einweggleichrichtung*

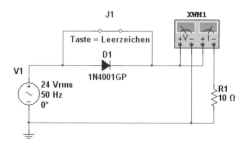

In Abbildung 2.8 ist parallel zur Diode ein Schalter vorhanden. Ist der Schalter offen, wirkt die Diode zur Leistungsreduzierung. Ist der Schalter geschlossen, wird am Widerstand die volle Leistung umgesetzt. Das simulierte Wattmeter zeigt die Wirkungsweise des Schalters. Der Schalter lässt sich über die Leerzeichen-Taste des Rechners steuern.

Ist der Schalter geschlossen, wird an dem Widerstand die Leistung
$$P = \frac{U^2}{R} = \frac{(24V)^2}{10\Omega} = 57{,}6W$$

umgesetzt. Öffnet man den Schalter, zeigt das Wattmeter P = 14,4 W an. Die Diode lässt nur die positive Halbwelle der Wechselspannung durch und die negative wird gesperrt. Während einer 50-Hz-Halbwelle (t = 10 ms) wird folgende Arbeit verrichtet:

$$W = P \cdot t = 28{,}8\ W \cdot 10\ ms = 288\ mWs$$

Diese Arbeit verteilt sich bei der Einweggleichrichtung auf die Zeit von zwei Halbwellen (hier: t' = 20 ms). Damit ergibt sich folgender Wert für P'

$$P' = \frac{W}{t'} = \frac{288mWs}{20ms} = 14{,}4\ W \quad \text{oder} \quad P = \frac{U^2}{R} = \frac{(12V)^2}{10\Omega} = 14{,}4\ W$$

Die Leistung P' ist also gegenüber der Leistung P nur 25 %.

Dimensionierungsbeispiel: Ein Netzlötkolben (230 V/50 W) soll während der Lötpausen auf reduzierte Leistung geschaltet werden. Es ist dafür die erforderliche Diode zu bestimmen.

Stromaufnahme des Lötkolbens: $\quad I = \frac{P}{U} = \frac{50W}{230V} = 0{,}217A \qquad I_{max} = \sqrt{2} \cdot 0{,}217A = 0{,}307A$

Daraus und aus dem Maximalwert der Netzspannung ergeben sich die zu fordernden Diodenwerte:

$$I_{FM} \geq 0{,}307\ A \qquad U_{RM} \geq U_{max} = \sqrt{2} \cdot 230\ V = 325\ V$$

## 2.1.5 Einweggleichrichter mit Ladekondensator

Will man die Spannungs- und Stromverläufe am Ausgang von Gleichrichtern mit Ladekondensator richtig deuten, so muss man die Vorgänge, wie sie in den Gleichrichterschaltungen ablaufen, etwas genauer betrachten als dies in den vorangegangenen Abschnitten der Fall war. Ausdrücklich vernachlässigt wurde dort jeweils der Spannungsfall an den Dioden; außerdem wurde auf den Innenwiderstand $R_i$ der Wechselspannungsquelle überhaupt nicht eingegangen. Unter Einbeziehung dieser beiden Gesichtspunkte wird nun der Einweggleichrichter untersucht.

Für den zu untersuchenden Einweggleichrichter (Abb. 2.9) werden zwei unterschiedliche Fälle angenommen:

a) Ausgang unbelastet ($R_1 = \infty$) : Während der positiven Halbwelle wird sich der Ladekondensator $C_1$ auf die Leerlaufspannung des Transformators $U_{max}$ abzüglich des

**Abb. 2.9:** Einweg-gleichrichter mit Ladekondensator $C_1$

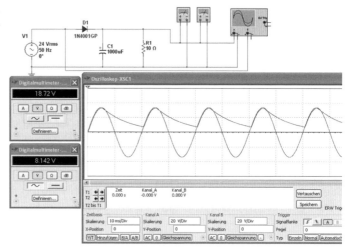

Spannungsfalles $U_D$ an der Diode aufladen. Sobald die Eingangsspannung unter die Ladespannung des Kondensators absinkt, sperrt die Diode, der Kondensator $C_1$ kann sich somit nicht mehr entladen. Ausgangsseitig ergibt sich demzufolge eine Gleichspannung $U_1$ mit dem folgenden Wert:  $U_{gl} = U_{max} - U_D$.

Wenn $U_D$ gegenüber $U_{gl}$ sehr klein ist – das kann in den meisten Fällen angenommen werden – ergibt sich näherungsweise $U_{gl} \approx U_{max}$.

b) Ausgang belastet: Während der Sperrzeiten der Diode entlädt sich der Kondensator $C_1$ über den Widerstand $R_1$. Die Größe der Entladung (Abnahme der Ausgangsspannung) hängt hierbei von der Zeitkonstanten dieses Entladestromkreises ab ($\tau = R_1 \cdot C_1$).

Je kleiner beispielsweise der Widerstand $R_1$ ist, umso kleiner ist die Zeitkonstante $\tau$ und umso mehr sinkt die Ausgangsspannung ab. Überschreitet die Eingangsspannung $u_e$ den Wert der Ausgangsspannung $U_{gl}$, wird der Kondensator $C_1$ wieder aufgeladen. Welche Spannung $U_{glmax}$ dabei erreicht wird, hängt vom Innenwiderstand $R_i$ der Spannungsquelle und dem Spannungsfall an der Diode ab, da die Leerlaufspannung $U_{max}$ vom Innenwiderstand, der Diode und der Parallelschaltung aus $C_1$ und $R_1$ beeinflusst wird.

Da am Ausgang der Kondensator $C_1$ parallel zur ohm'schen Last $R_1$ geschaltet ist (wodurch eine kapazitive Impedanz vorliegt, die wiederum mit dem Innenwiderstand $R_i$ und dem Widerstand der Diode in Reihe liegt) wird die Ausgangsspannung $u_{gl}$ der Eingangsspannung nacheilen. Der zeitliche Verlauf $u_e$ und $u_{gl}$ ist in Bild 2.9 dargestellt. Auf eine ausführliche Betrachtung der Kurvenform der Ausgangsspannung während der Aufladephase wird an dieser Stelle auf Grund der Komplexität des Themas verzichtet.

Bei der Ausgangsspannung $u_{gl}$ handelt es sich wiederum um eine Mischspannung, die in einen Gleichspannungsanteil U (arithmetischer Mittelwert) und eine Brummspannung $u_{Br}$ zerlegt werden kann. Aus dem Zeitsignal (Oszillogramm) ist zu entnehmen, dass die Schwingungsdauer $T_e$ der Eingangsspannung gleich der Schwingungsdauer $T_{Br}$ der Brummspannung ist. Für die Frequenz (f = 1/T) der Brummspannung ergibt sich somit

$$f_{Br} = \frac{1}{T_{Br}} = \frac{1}{T_e} = f_e$$

Der Stromverlauf im Lastwiderstand $R_1$ ist proportional der an diesem Widerstand abfallenden Spannung und wird somit die gleiche Kurvenform wie $u_{gl}$ aufweisen.

$$i_L = \frac{u_{gl}}{R_1}$$

Über die Diode fließt immer nur dann ein Strom $i_D$, wenn die Ausgangsspannung $u_{gl}$ kleiner als die Eingangsspannung $u_e$ ist. Der Stromverlauf $i_D$ kann näherungsweise als glockenförmig angenommen werden. Der Ausgangsstrom $i_{R1}$ setzt sich wie $i_{gl}$ aus dem Gleichstromanteil I (arithmetischer Mittelwert) und einem Wechselstromanteil zusammen.

Im Einschaltmoment ist der Kondensator $C_1$ ungeladen. Es kann deshalb zu einer großen Stromspitze kommen, die die Diode zerstören kann. Im ungünstigsten Fall fällt (unter Vernachlässigung des Diodenwiderstandes) am Innenwiderstand $R_i$ die gesamte Leerlaufeingangsspannung $U_{max}$ ab.

$$i_{FM} = \frac{U_{max}}{R_i}$$

Der ungefähre Wert des Einschaltspitzenstromes entspricht dem Zehnfachen des Einweggleichrichter-Spitzenstroms (Berechnung ohne Ladekondensator).

Ausgangswerte für die Brummspannung:

$$U_{Br}/V = \frac{4{,}8 \cdot 10^{-3} \cdot I/A}{C_1/F}$$

$U_{Br}$: Effektivwert in V
I: Arithm. Mittelwert des Laststromes in A

Frequenz der Brummspannung: $f_{Br} = f_e$    $f_e$: Frequenz der Eingangsspannung in Hz

**Beispiel:** Welchen Wert muss ein Ladekondensator haben, wenn die Brummspannung $f_{Br} = 0{,}5$ V und der arithmetische Strom I = 500 mA beträgt?

$$C_1/F = \frac{4{,}8 \cdot 10^{-3} \cdot I/A}{U_{Br}/V} = \frac{4{,}8 \cdot 10^{-3} \cdot 0{,}5A}{0{,}5V} = 4800\mu F$$

Der Kondensator hat einen Wert von 4700 µF.

*Bemessung der Diode:* Der Spitzenstrom in Durchlassrichtung soll etwa zehn Mal so hoch sein wie im Einweggleichrichter ohne Kondensator $C_1$:

$$U_{FM} \approx 10 \cdot \sqrt{2} \cdot \frac{U_e}{R_1}$$

*Spitzenspannung in Sperrrichtung:* Der Kondensator $C_1$ lädt sich während der positiven Halbwelle im unbelasteten Fall ($R_1$ unendlich) fast auf die Leerlaufeingangsspannung $U_{max}$ auf und behält diese Spannung bei. Erreicht nun die Wechselspannung ihren negativen Scheitelwert, so errechnet sich die Sperrspannung über der Diode wie folgt:

$$U_{RM} = 2 \cdot U_{max} = 2 \cdot \sqrt{2} \cdot U_e$$

Im belasteten Fall wird, da die Spannung des Kondensators durch die Belastung absinkt, die Spitzensperrspannung etwas geringer sein. Zur Dimensionierung der Diode sollte aber trotzdem obiger Wert angenommen werden.

## 2.1.6 Brückengleichrichter

In der Praxis verwendet man hauptsächlich Brückengleichrichter. Daneben ist auch der Einsatz so genannter Doppelweggleichrichter möglich – eine Schaltungsvariante, auf die nicht zuletzt auf Grund der dazu erforderlichen, speziellen Transformatoren jedoch häufig verzichtet wird.

**Abb. 2.10:** Schaltung mit Brückengleichrichter

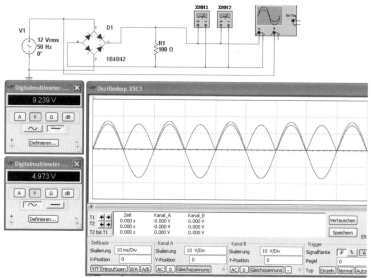

Abbildung 2.10 zeigt eine Schaltung mit Brückengleichrichter. Bei den nachfolgenden Betrachtungen wird der Spannungsfall über den Dioden vernachlässigt.

Ausgangswerte: Mit dem Effektivwert der Eingangsspannung $U_e = 1/\sqrt{2} \cdot U_{max}$ und den Erkenntnissen ergeben sich:

Spitzenwert der Ausgangsspannung: $\quad U_{glmax} = U_{max} = \sqrt{2} \cdot U_e$

Arithmetischer Mittelwert: $\quad \underline{U} = 0{,}635 \cdot U_{max} = 0{,}45 \cdot U_e$

Brummspannung (Spitze-Spitze-Wert): $\quad U_{BrSS} = U_{max} = \sqrt{2} \cdot U_e$

Frequenz der Brummspannung: $\quad f_{Br} = 2 \cdot f_e$

wobei die Frequenz der Eingangsspannung $u_e$ gilt.

Der Ausgangsstrom ist in der Abb. 2.10 dargestellt. Er gilt, wie die Spannungen auch, für die Doppelweg-Gleichrichterschaltungen.

Spitzenwert des Ausgangsstromes: $\quad I_{FM} = \dfrac{\sqrt{2} \cdot U_e}{R_1}$

Arithmetischer Mittelwert: $\quad \underline{I} = 0{,}636 \cdot I_{FM} = 0{,}45 \cdot I_E \quad$ mit $\quad I_e = \dfrac{\sqrt{2} \cdot U_e}{R_1}$

## 2.1 ARBEITEN MIT DIODEN

*Bemessung der Dioden:* Der Spitzenwert des Stromes in Durchlassrichtung ergibt sich für beide Schaltungen aus der maximalen Spannung $U_{max}$ und dem Lastwiderstand $R_1$:

$$I_{FM} = \frac{U_{max}}{R_1} = \frac{\sqrt{2} \cdot U_e}{R_1}$$

Um die an den Dioden auftretenden Spitzenspannungen in Sperrrichtung zu ermitteln, müssen die beiden Schaltungen getrennt betrachtet werden.

### 2.1.7 Brückengleichrichter mit Ladekondensator

Die Vorgänge, die sich hier abspielen, entsprechen im Prinzip genau denen des vorher behandelten Einweggleichrichters; lediglich die Entladezeit des Kondensators $C_1$ ist hier kürzer, da dieser auch durch die gleichgerichtete negative Halbwelle der Eingangswechselspannung $u_e$ wieder aufgeladen wird. Dies bedingt, dass die Welligkeit der Ausgangsspannung $u_{gl}$, geringer wird.

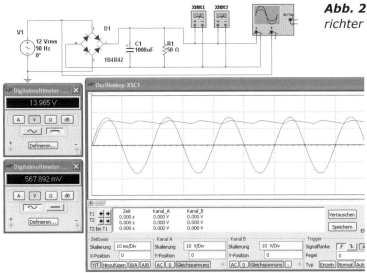

**Abb. 2.11:** Brückengleichrichter mit Ladekondensator $C_1$

Die Strom- und Spannungsverläufe sind in Abb. 2.11 dargestellt.

## Ausgangswerte:

Ausgangswerte für die Brummspannung:

$$U_{Br}/V = \frac{1{,}8 \cdot 10^{-3} \cdot I/A}{C_1/F}$$

$U_{Br}$: Effektivwert in V
$I$: Arithm. Mittelwert des Laststromes in A

Frequenz der Brummspannung: $f_{Br} = 2 \cdot f_e$    $f_e$: Frequenz der Eingangsspannung in Hz

## 2 SCHALTUNGEN MIT DIODEN

**Beispiel:** Welchen Wert muss ein Ladekondensator haben, wenn die Brummspannung $U_{Br}$ = 0,5 V und der arithmetische Strom I = 500 mA beträgt?

$$C_1/F = \frac{1{,}8 \cdot 10^{-3} \cdot I/A}{U_{Br}/V} = \frac{1{,}8 \cdot 10^{-3} \cdot 0{,}5A}{0{,}5V} = 1800\mu F$$

Der Kondensator hat einen Wert von 1800 µF.

*Bemessung der Dioden im Brückengleichrichter:* Der Spitzenstrom in Durchlassrichtung soll etwa den zehnfachen Wert des Doppelweggleichrichter-Stroms ohne $C_1$ aufweisen und demnach folgenden Wert besitzen:

$$U_{FM} \approx 10 \cdot \sqrt{2} \cdot \frac{U_e}{R_1}$$

*Spitzenspannung in Sperrrichtung:* Bei unbelasteter Mittelpunktschaltung lädt sich der Kondensator während der positiven Halbwelle ungefähr auf die Leerlaufeingangsspannung $U_{max}$ auf und behält diese Spannung bei. Erreicht die Eingangswechselspannung ihren negativen Scheitelwert, so hat die Sperrspannung über der Diode einen Wert von:

$$U_{RM} = 2 \cdot U_{max} = 2 \cdot \sqrt{2} \cdot U_e$$

### Brückenschaltung

Während der positiven Halbwelle der Eingangswechselspannung lädt sich auch hier der Kondensator auf etwa $U_{max}$ auf und behält diese Spannung bei, wenn $R_1$ unendlich groß ist. Hierbei sind beide Dioden leitend, während die beiden anderen gesperrt sind. Während der negativen Halbwelle sind die beiden anderen Dioden leitend. Demzufolge liegt der Trafoanschluss auf Masse. Über die jeweils in Sperrrichtung gepolte Diode fällt deshalb folgende Spitzensperrspannung ab:

$$U_{RM} = U_{max} = \sqrt{2} \cdot U_e$$

Bei belasteter Schaltung wird sich dieser Wert geringfügig verringern.

## 2.2 Dioden als elektronischer Schalter

Anhand der Kennlinie einer Diode kann man zwei deutlich verschiedene Zustände hinsichtlich ihres Verhaltens feststellen:

a) Die in Durchlassrichtung geschaltete Diode wird niederohmig, sobald die anliegende Spannung den Wert der Diffusionsspannung geringfügig überschreitet. Eine Siliziumdiode geht also oberhalb von etwa 0,6 Volt, eine Germaniumdiode schon oberhalb von etwa 0,2 Volt in den niederohmigen Zustand über.

## 2.2 DIODEN ALS ELEKTRONISCHER SCHALTER

b) Ist die Spannung, die an einer in Durchlassrichtung geschalteten Diode liegt, kleiner als die Diffusionsspannung oder wird sie umgepolt, so ist die Diode hochohmig.

Man kann die beiden in Bezug auf den Widerstand sehr unterschiedlichen Zustände einer Diode mit denen eines mechanischen Schalters vergleichen: Ein geschlossener Schalter ist – wie die in Durchlassrichtung geschaltete Diode – niederohmig. Andererseits ist der geöffnete Schalter ähnlich wie eine gesperrte Diode äußerst hochohmig. Eine Diode kann somit als Schalter eingesetzt werden.

Der Vergleich zwischen mechanischem Schalter und Diode ist jedoch etwas unkorrekt. Bei genauer Untersuchung stellt man fest, dass der Widerstand eines geschlossenen Schalters in der Größenordnung von tausendstel Ohm, der Widerstand einer durchlässig geschalteten Diode immerhin noch in der Größenordnung von einigen Ohm liegt. Der geöffnete mechanische Schalter hat einen praktisch unendlich hohen Widerstand, während die Diode einen Sperrwiderstand in der Größenordnung Megaohm besitzt. Eine Diode ist also bezüglich ihres Durchlass- und Sperrwiderstandes kein idealer Schalter. Sie weist aber gegenüber mechanischen und elektromechanischen Schaltern Vorzüge auf, die zu einer inzwischen breiten Anwendung in der Elektrotechnik und Elektronik geführt haben. Zu den Vorteilen einer Diode als Schalter (kurz als Schalterdiode bezeichnet) gegenüber einem mechanischen Schalter gehört die wesentlich kürzere Ein- und Ausschaltzeit. Mit Dioden erreicht man Schaltzeiten von weniger als 100 ns, während die Schaltzeit mechanischer Schalter in der Größenordnung von 10 ms (100 mal schalten pro Sekunde) liegt.

Bei mechanischen Schaltern können Prellungen auftreten, die auf Massenträgheit und Elastizität der Kontakte, Kontaktarme und Kontaktfedern beruhen. Prellungen sind darauf zurückzuführen, dass der Kontakt beim Schließen noch ein oder mehrere Male zurückprellt und nicht gleich fest geschlossen ist.

Insbesondere die kurzen Schaltzeiten und die Prellfreiheit der Schalterdioden ermöglichen in der Datenverarbeitung und elektronischen Vermittlungstechnik eine ganz erhebliche Verkürzung des Funktionsablaufs und Verbesserung der Betriebssicherheit.

### 2.2.1 Dioden als Polwechsler

Wir wollen die Wirkungsweise wieder an einer einfachen Schaltung mit Dioden und Glühlampen untersuchen, wie die Schaltung aus Abb. 2.12 zeigt.

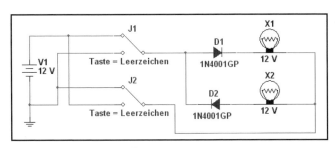

**Abb. 2.12:** *Dioden als Schalter*

Steht der Polwechsler in Schalterstellung 1 (Schalter oben), so liegt an der oberen Leitung das Pluspotential der Spannungsquelle, an der unteren das Minuspotential. Stromdurchlässig ist jetzt nur die Diode $D_1$, und deshalb leuchtet auch nur die Signallampe 1 auf, während Diode $D_2$ gesperrt ist. Wird der Polwechsler in Stellung 2 (Schalter unten) gebracht, so ist die Diode $D_2$ stromdurchlässig, während die Diode $D_1$ in Sperrrichtung betrieben wird. Darum leuchtet jetzt die Signallampe 2.

In der Schaltungspraxis wird die Steuerung häufig nicht – wie in der vereinfachten Versuchsschaltung – durch mechanische Schalter, sondern durch Rechteckwechselspannungen vorgenommen.

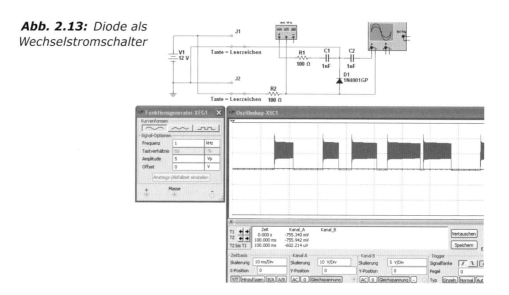

**Abb. 2.13:** Diode als Wechselstromschalter

In der Schaltung von Abb. 2.13 dient eine Diode als Wechselstromschalter. Die Diode ist parallel zum Verbraucher geschaltet und schließt ihn im Schaltzustand EIN kurz. Der als Verbraucher dienende Kleinlautsprecher ist über die Kondensatoren $C_1$ und $C_2$ sowie einem Schutzwiderstand R mit einem Tongenerator verbunden. Parallel zum Hörer ist eine Diode geschaltet. Über zwei besondere Zuleitungen kann mit Hilfe eines Polwechselschalters eine Spannung mit wechselnder Polarität angelegt werden. In einer dieser Leitungen liegt ebenfalls ein Schutzwiderstand $R_2$. Die Schutzwiderstände sollen verhindern, dass die Gleichspannungsquelle oder der Tongenerator kurzgeschlossen bzw. die Diode überlastet wird.

Steht der Polwechselschalter (Schalterstellung oben) auf EIN, so wird die Diode gesperrt. Somit ist im Kleinlautsprecher deutlich ein Ton hörbar. Beim Umschalten liegt die Diode für die Gleichspannung in Durchlassrichtung. Die Diode ist niederohmig und schließt den Kleinlautsprecher (Oszilloskop) kurz. Die Lautstärke, mit der der Ton wahrnehmbar ist, geht deutlich zurück. Er verschwindet jedoch nicht vollständig, weil der Durchlasswiderstand der Diode nicht Null wird.

## 2.2 DIODEN ALS ELEKTRONISCHER SCHALTER

Man kann mit Hilfe dieser Schaltung den Kleinlautsprecher über beliebig lange Leitungen sehr einfach ein- und ausschalten. Im Prinzip entspricht diese Schaltung einem Modulator, wie er in der Trägerfrequenztechnik verwendet wird.

Dioden können als Schalter in Reihe zum Verbraucher geschaltet werden und haben die Funktion eines üblichen EIN-AUS-Schalters. Sie können aber auch parallel zum Verbraucher geschaltet werden und schließen diesen im Durchlasszustand kurz. Infolge der Nebenschlussschaltung ergibt sich, dass der Verbraucher außer Betrieb ist, wenn der Diodenschalter geschlossen ist und dass er sich im Betriebszustand befindet, wenn die Diode gesperrt – also der Schalter geöffnet ist. Damit ergibt sich ein im Vergleich zu einem üblichen Schalter entgegengesetztes Verhalten. Man spricht auch von einer Umkehrschaltung.

### 2.2.2 Dioden als Entkoppler

Die Ventilwirkung von Dioden kann auch zur Entkopplung von Stromkreisen genutzt werden. Dabei soll verhindert werden, dass trotz galvanischer Verbindung unerwünscht Strom in benachbarte Stromkreise abfließen kann. Zur Veranschaulichung soll eine Schaltung mit zwei Relais, zwei Dioden und drei Schaltern dienen. Die Schaltung soll folgende Funktionen ermöglichen: Die beiden Relais K1 und K2 sollen mit Hilfe der drei Schalter 1, 2 und 3 so gesteuert werden, dass der Schalter 1 das Relais K1, der Schalter 2 beide Relais und der Schalter 3 nur das Relais K2 einschaltet.

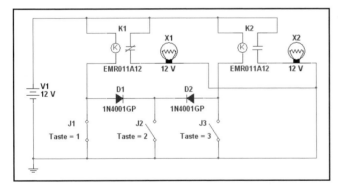

**Abb. 2.14:** Dioden als Entkoppler

In der Schaltung von Abb. 2.14 verhindert die Diode $D_1$ bei geschlossenem Schalter 1 den Anzug des K2-Relais und sinngemäß die Diode $D_2$ bei geschlossenem Schalter 3 den Anzug des K1-Relais. Beide Dioden sind nur dann gleichzeitig leitend, wenn Schalter 2 geschlossen ist, so dass nur durch den Schalter 2 beide Relais eingeschaltet werden können.

Zur Vertiefung unserer Erkenntnisse wollen wir die Schaltung von Abb. 2.15 betrachten, die als schematisierter Auszug aus einer in der Datenverarbeitung gebräuchlichen Schaltung anzusehen ist. Mit Hilfe der Schalter 1 bis 7 sollen drei Lampen so geschaltet werden, dass die binäre Interpretation ihrer Zustände (leuchten oder nicht leuchten) mit der Nummer eines (einzeln) betätigten Schalters übereinstimmt.

## 2 SCHALTUNGEN MIT DIODEN

**Abb. 2.15:** Wertigkeiten für eine Codierschaltung

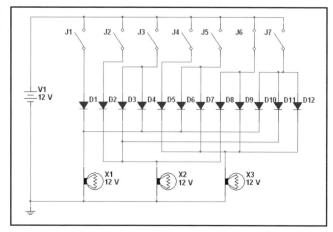

Zur Funktionsbeschreibung kann man die einfache Tabelle 2.1 aufstellen:

| Nummer des geschlossenen Schalters | Nummer der eingeschalteten Lampen | Dargestellte Binärzahl |
|---|---|---|
| 1 | 1 | 001 (1) |
| 2 | 2 | 010 (2) |
| 3 | 1 + 2 | 011 (3) |
| 4 | 3 | 100 (4) |
| 5 | 1 + 3 | 101 (5) |
| 6 | 2 + 3 | 110 (6) |
| 7 | 1 + 2 + 3 | 111 (7) |

**Tabelle 2.1:** Wertigkeiten für eine Kodierschaltung

Diese Schaltung ermöglicht in einfacher Weise die Umsetzung von Dezimalzahlen in Dualzahlen. Sie wird auch als Kodierschaltung (kodieren = verschlüsseln) bezeichnet.

Ein wesentlicher Vorteil, der sich aus der Anwendung von Entkopplerdioden ergibt, ist die erhebliche Einsparung von Schalterkontakten.

Wollte man die obige Kodierschaltung ohne Entkopplerdioden – also nur mit Schalterkontakten – verwirklichen, so müssten die Schalter 3, 5, 6 und 7 bereits zwei bzw. drei voneinander isolierte Kontakte enthalten. In größeren Schaltungen würde der Bedarf an Kontakten und damit auch der Raumbedarf zu hoch, um solche Schaltungen wirtschaftlich herstellen zu können.

### 2.2.3 Freilaufdiode

Der Einsatz von Halbleiterbauelementen in elektronischen Schaltungen kann problematisch werden, wenn in den zu schaltenden Stromkreisen Kapazitäten, Induktivitäten oder

## 2.2 DIODEN ALS ELEKTRONISCHER SCHALTER

Glühlampen enthalten sind. Die als Schalter verwendeten Halbleiterbauelemente können selbst zerstört werden, wenn nicht entsprechende Schaltungsmaßnahmen zur Verhinderung unzulässig hoher Ströme und Spannungen vorgesehen werden.

Kapazitäten stellen im Einschaltmoment einen Widerstand von null Ohm – also einen Kurzschluss – dar. Der Widerstand des Schaltstromkreises muss notfalls durch zusätzliche Schutzwiderstände so groß gewählt werden, dass der Einschaltstromstoß unterhalb der zulässigen Strombelastbarkeit des Halbleiterbauelements liegt.

Beim Ausschalten eines kapazitiven Stromkreises wirkt der geladene Kondensator wie eine Spannungsquelle. Er entlädt sich – der Größe der Zeitkonstante entsprechend – oftmals unerwünscht langsam. In solchen Fällen muss durch Parallelschalten von Widerständen zur Kapazität für eine schnellere Entladung gesorgt werden.

Induktivitäten verursachen im Moment des Einschaltens eine zeitliche Verzögerung des Einschaltstroms. Diese Verzögerung kann – wie wir noch beim Transistorschalter sehen werden – für einen elektronischen Schalter nachteilig sein. Die unerwünschte Verzögerung des Einschaltstromes kann z. B. mit Hilfe eines Beschleunigers abgeschwächt werden.

Werden induktiv belastete Stromkreise ausgeschaltet, so entsteht an der Induktivität eine Selbstinduktionsspannung, deren Höhe weit über der angelegten Betriebsspannung liegen kann. Um Halbleiterbauelemente in geschalteten induktiv belasteten Stromkreisen vor der Zerstörung durch die hohe Selbstinduktionsspannung zu schützen, können in der Praxis zum Beispiel folgende Schaltungsmaßnahmen angewandt werden:

- Parallelschalten eines VDR-Widerstandes zur Induktivität. (Mit zunehmender Spannung sinkt der Widerstandswert des VDR-Widerstandes)
- Parallelschalten einer sogenannten Freilaufdiode. Die Freilaufdiode liegt für die Betriebsspannung in Sperrrichtung und ist damit für diese unwirksam. Für die Selbstinduktionsspannung liegt sie in Durchlassrichtung und schließt die Induktivität daher kurz.

Der Vollständigkeit halber soll noch kurz auf das Schalten von Glühlampenstromkreisen eingegangen werden. Der Metallfaden einer Glühlampe hat im kalten (ausgeschalteten) Zustand einen wesentlich geringeren Widerstand als im Betriebszustand. Bei der Berechnung von Glühlampenstromkreisen wird leicht der Fehler gemacht, dass nur der Widerstand im Betriebszustand berücksichtigt wird. Er ergibt sich aus den Angaben Spannung und Strom oder Spannung und Leistung. Der Kaltwiderstand liegt jedoch etwa in der Größenordnung von 1/10 des Widerstandes im Betriebszustand. Der dadurch bedingte hohe Einschaltstromstoß kann ein als Schalter verwendetes Halbleiterbauelement zerstören. Hier gilt es, ein Halbleiterbauelement mit ausreichend hoher Strombelastbarkeit für die Verwendung als Schalter auszuwählen.

Der Einsatz von Induktivitäten (Relais) in der Elektronik ist nicht ohne Probleme realisierbar. Schaltet man ein Relais jedoch durch einen elektronischen Schalter ein, ergeben sich in der Praxis kaum Schwierigkeiten, selbst wenn durch die Induktivität eine Stromverzögerung auftreten sollte.

Eine Änderung des magnetischen Flusses induziert nicht nur in anderen Leitern eine Spannung (Prinzip des Transformators), sondern auch in der das magnetische Feld erzeugenden Spule selbst. Diese Erscheinung bezeichnet man als Selbstinduktion. Unter Selbstinduktion versteht man das Entstehen einer zusätzlichen Induktionsspannung in den eigenen Windungen einer von nicht konstantem Strom durchflossenen Spule. Bestimmt man die Richtung der induzierten Spannung, ergibt sich: Die durch Selbstinduktion entstehenden Spannungen wirken verzögernd auf die sich extern erzeugenden Stromstärkeänderungen. Für die in der Spule selbst induzierte Spannung gilt das Induktionsgesetz von Faraday:

$$U = -N \frac{\Delta \Phi}{\Delta t}$$

Das Minuszeichen bedeutet, dass die Induktionsspannung bzw. der Induktionsstrom der sich extern erzeugenden Flussänderung entgegenwirkt (Lenzsche Regel). Bei einer Zunahme des magnetischen Flusses fließt der induzierte Strom also entgegengesetzt zu der sich aus der Schraubendreherregel ergebenden Richtung. Die Änderung des magnetischen Flusses $\Delta \Phi$ ist aber in jedem Fall der Änderung des Stromes $\Delta I$ im Stromkreis proportional. Die induzierte Spannung errechnet sich aus

$$U = -L \frac{\Delta I}{\Delta t}$$

wenn die Änderungsgeschwindigkeit der Stromstärke konstant ist.

Schaltet man den durch eine Spule fließenden Strom aus, entsteht an der Spule eine Selbstinduktionsspannung, deren Amplitude weit über der angelegten Betriebsspannung liegen kann. Schaltet man ein Relais über einen Schaltkontakt aus, erkennt man an der Funkenbildung am Schaltkontakt, dass eine Selbstinduktion aufgetreten ist. Durch die Funkenbildung am Kontakt verringert sich die Lebensdauer eines mechanischen Schalters erheblich. Bei einem elektronischen Schalter (Transistor) sind die Folgen einer Selbstinduktionsspannung noch gravierender, da der Transistor unweigerlich zerstört wird.

Jede Stromänderung in einer Induktivität hat eine Magnetfeldänderung zur Folge. Das sich ändernde Magnetfeld induziert eine Spannung, die der Stromänderung entgegenwirkt. Die induzierte Spannung ist dabei umso größer, je größer die Induktivität der Spule ist und je schneller sich der Strom ändert. Da sich beim Abschalten der Strom sehr schnell ändern kann, entsteht eine große Spannung, die bis zu einigen kV betragen kann. An einem mechanischen Kontakt entsteht ein unerwünschter Überschlagsfunke. Um diese Selbstinduktion wirksam zu unterdrücken, schaltet man parallel zur Induktivität eine Diode, die man als Freilaufdiode bezeichnet.

In der Schaltung von Abb. 2.16 liegt parallel zur Relaisspule eine Freilaufdiode, die sich mit der Taste a hinzuschalten und wieder entfernen lässt. Dadurch lässt sich die Wirkungsweise der Freilaufdiode untersuchen.

Ist keine Freilaufdiode zum Relais parallel geschaltet, tritt eine Überspannung auf, wie das Oszillogramm zeigt. Beim Ausschalten entsteht im Relais eine Selbstinduktionsspan-

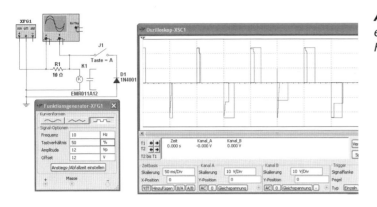

**Abb. 2.16:** *Untersuchung eines Relais mit und ohne Freilaufdiode*

nung, die den Stromfluss aufrechterhalten will. Durch den Spannungsverlauf der Selbstinduktion erkennt man, dass sich die Polarität geändert hat. Bei mechanischen Schaltern schaltet man parallel zum Kontakt einen Kondensator, der als Funkenlöschkondensator dient. Verwendet man dagegen einen Transistor, ist die Wirkungsweise eines Kondensators zu langsam.

Wenn eine Freilaufdiode parallel zu einer Induktivität geschaltet wird, ergibt sich ein wirksamer Schutz für ein im Schaltkreis zusätzlich enthaltenes Halbleiterbauelement. Tritt eine Selbstinduktion auf, schließt die Diode sehr schnell diese Spannung kurz und die Selbstinduktion kann nicht größer als 0,7 V werden. Die Freilaufdiode verhindert die Selbstinduktion. Beim Einschalten des Relais wird die Freilaufdiode in Sperrrichtung betrieben und hat daher keinen Einfluss auf die Schaltung.

## 2.3 Digitale Verknüpfungen mit Dioden

Verknüpfungen, die man auch als logische Schaltungen oder Gatterschaltungen bezeichnet, dienen in der Elektronik für digitale Steuerungstechnik und Datenverarbeitung (Informatik). Sie ordnen die eingehenden Signale nach ganz bestimmten, festgelegten mathematischen Regeln einander zu, indem sie für ankommende Signale gewissermaßen die Weichen stellen. Auf diese Weise ermöglichen sie zum Beispiel bestimmte Rechenoperationen wie Addition, Subtraktion, Multiplikation usw. In entsprechenden Schaltungen ist immer eine Vielzahl von Verknüpfungsgliedern zu sinnvollen Kombinationen zusammengefasst. Von ihrer Funktion her sind Verknüpfungsglieder eigentlich nichts besonders Neuartiges, denn sie erfüllen ähnliche Aufgaben wie Relaiskontakte. Mit der Entwicklung der Halbleitertechnik, insbesondere der integrierten Schaltungen, wurde es jedoch erst möglich, kompliziertere Aufgaben in der digitalen Steuerungstechnik und Informatik zu lösen. Relais hätten dafür einen viel zu großen Raum beansprucht.

Die Funktion der verschiedenen Verknüpfungsglieder lässt sich ohne Einschränkungen mit Relaiskontakten vergleichen. Verknüpfungsglieder können durch Relais oder aktive elektronische Bauelemente gebildet werden. Grundsätzlich besitzen alle Verknüpfungsglieder einen oder mehrere Eingänge, aber nur einen Ausgang. Während elektromechanischer Glieder in der Schaltungstechnik im Allgemeinen als Relais, Kontakte, Widerstände usw. in Schaltplänen dargestellt werden, gibt es für die Darstellung von Verknüpfungsgliedern genormte Schaltsymbole.

Verknüpfungsglieder sind Schaltungen, die, wie Kippschaltungen, nur zwischen zwei deutlich voneinander abweichenden Schaltzuständen unterscheiden. Somit lassen sich nur binäre Signale verarbeiten. Die Vereinbarung der Zustände:

- es liegt ein positives Potential an bzw. es fließt Strom

und

- es liegt kein (bzw. ein niedriges) positives Potential an bzw. es fließt kein (bzw. geringer) Strom

entspricht eindeutig den Zuständen 1 und 0 in der Logik der Booleschen Algebra und den Programmiersprachen. Algorithmen von Computern und digitalen Logikschaltungen wurden auch als positive Logik oder H-Logik bezeichnet.

Für den Ingenieur und Techniker ist es weniger wichtig, welche Signalvereinbarung einer Schaltung für die digitale Steuerungstechnik und Datenverarbeitung zugrunde gelegt wird. Ihn interessieren in erster Linie die tatsächlich messbaren Größen (z. B. Spannungen). Da in Schaltungen der digitalen Steuerungstechnik und Informatik nur zwischen zwei Zuständen mit verhältnismäßig großem Toleranzbereich unterschieden wird, müssen die zur Signalverarbeitung verwendeten Spannungen nicht genau gemessen werden. Es genügt vielmehr, die beiden Zustandsbereiche innerhalb der zulässigen Toleranzen eindeutig zu erfassen. Aus diesem Grund kann zur Kennzeichnung der beiden Signalzustände auch der Signalpegel dienen. Dabei wird nur zwischen den H-Pegeln ($\triangleq$ High) und L-Pegeln ($\triangleq$ Low) unterschieden. Der H-Pegel kennzeichnet immer ein gegenüber dem L-Pegel höheres (positiveres) Potential. So können in der Elektronik z. B. folgende Pegelzuordnungen gelten:

| H | L | H | L | H | L | H | L | H | L |
|---|---|---|---|---|---|---|---|---|---|
| +5 V | 0 V | +12 V | +2 V | +2 V | -3 V | 0 V | -5 V | -2 V | -12 V |

Geht man von der Voraussetzung aus, dass die positive Logik als vereinbart gilt, so können die beiden für die Signalverarbeitung maßgebenden Zustände einer digitalen Schaltung auf drei Arten angegeben werden. Im folgenden Beispiel wird zur Veranschaulichung ein einfaches UND-Glied gezeigt. Dabei bedeuten $E_1$ und $E_2$ die beiden Eingänge. A ist der Ausgang. 0 und 1 sind die vereinbarten Signale als L- und H-Pegel.

| Spannungen (elektr. Potentiale) | | | Wahrheitstabelle (binäre Variable bzw. Signale) | | | Arbeitstabelle (Signalpegel) | | |
|---|---|---|---|---|---|---|---|---|
| $E_1$ | $E_2$ | A | $E_1$ | $E_2$ | A | $E_1$ | $E_2$ | A |
| 0 V | 0 V | 0 V | 0 | 0 | 0 | L | L | L |
| 12 V | 0 V | 0 V | 1 | 0 | 0 | H | L | L |
| 0 V | 12 V | 0 V | 0 | 1 | 0 | L | H | L |
| 12 V | 12 V | 12 V | 1 | 1 | 1 | H | H | H |

## 2.3 DIGITALE VERKNÜPFUNGEN MIT DIODEN

Erst wenn an beiden Eingängen ein H-Pegel vorhanden ist, erscheint auch am Ausgang ein H-Pegel.

Zur Kennzeichnung des Zusammenhangs der Signalzustände digitaler Schaltungen werden in diesem Buch grundsätzlich die Signalpegel L und H in sog. Arbeitstabellen angegeben. Signalpegel – oder kurz Pegel genannt – lassen sich mit geeigneten Spannungsmessinstrumenten oder sog. High/Low-Prüflampen messtechnisch prüfen.

Die Schaltungen der High/Low-Prüflampen sind so ausgelegt, dass sie die Pegel innerhalb der festgelegten Toleranzbereiche eindeutig anzeigen (z. B. High = rot, Low = grün). Die Prüflampen sind nur jeweils zur Überprüfung ganz bestimmter digitaler Schaltungen geeignet.

Die Aufgabe der Verknüpfungsglieder besteht darin, zu ganz bestimmten Signalzuständen an den Eingängen eine bestimmte Änderung des Signalzustandes am Ausgang zu erzeugen. Zwischen den Signalzuständen an den Eingängen und dem Ausgang eines Verknüpfungsglieds besteht ein logischer Zusammenhang. Sämtliche in der elektronischen Datenverarbeitung und digitalen Steuerungstechnik vorkommenden Aufgaben lassen sich durch folgende drei Grundschaltungen lösen:

- 1. ODER-Glied
- 2. UND-Glied
- 3. NICHT-Glied

Das NICHT-Glied kann nicht mit Dioden realisiert werden, sondern nur mit einem Transistor.

Daneben gibt es eine Reihe von Kombinationen aus diesen Grundschaltungen, wie z. B. NAND-Glied (Kombination aus NICHT- und vorgeschaltetem UND-Glied) oder NOR-Glied (Kombination aus NICHT- und vorgeschaltetem ODER-Glied).

### 2.3.1 ODER-Glied

An dieser Stelle soll zunächst eine mit Schaltern oder Relais aufgebaute ODER-Schaltung betrachtet werden. Die beiden dazu benötigten Schalter oder Relais sind parallel geschaltet und mit jeweils einem Arbeitskontakt ausgestattet. Beide Kontakte sind parallel geschaltet. Beim Anlegen einer Spannung (12 V) an den Eingang $E_1$ zieht das X-Relais an, schließt seinen x-Kontakt und damit den Stromkreis, in dem der Verbraucher liegt. Am Ausgang A entsteht also ein H-Pegel. Das gleiche tritt ein, wenn nur an den Eingang $E_2$ eine Spannung gelegt wird. Das Y-Relais würde anziehen und mit seinem y-Kontakt den Stromkreis für den Verbraucher schließen. Am Ausgang A liegt damit eine Spannung, also ein H-Pegel. Ebenso würde am Ausgang ein H-Pegel erscheinen, wenn gleichzeitig an beiden Eingängen jeweils ein H-Pegel angeschlossen ist.

# 2 SCHALTUNGEN MIT DIODEN

Die Arbeitstabelle für ein ODER-Glied sieht wie folgt aus.

| $E_1$ | $E_2$ | A |
|---|---|---|
| L | L | L |
| H | L | H |
| L | H | H |
| H | H | H |

Die Funktionen sind zusammengefasst: Am Ausgang eines ODER-Glieds liegt ein H-Pegel, wenn am Eingang $E_1$ oder am Eingang $E_2$ ein H-Pegel liegt. Es gibt nur einen eindeutigen Zustand des ODER-Glieds, den man sich leicht merken kann: Ein ODER-Glied führt nur dann am Ausgang einen L-Pegel, wenn an sämtlichen Eingängen gleichzeitig ein L-Pegel liegt. Das ODER-Glied kann mit einer Parallelschaltung zweier oder mehrerer Kontakte verglichen werden.

Wie schon im vorhergehenden Abschnitt angedeutet, werden Verknüpfungsglieder heute ausschließlich mit Halbleiterbauelementen hergestellt. Wir wollen daher wieder ein ODER-Glied mit Dioden untersuchen, wobei die positive Logik als vereinbart gilt.

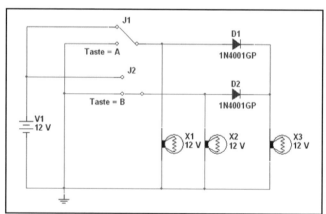

***Abb. 2.17:*** *ODER-Glied mit Schaltern und Dioden*

In der in Abb. 2.17 gezeigten Schaltung liegt an der Lampe X3 (Ausgang) keine Spannung an, wenn sich beide Schalter J1 und J2 auf Massepotential befinden, da die Potentialdifferenz zwischen den Eingängen und dem Masseanschluss der Lampe X3 null Volt beträgt. Wird an den Eingang $E_1$ (siehe Arbeitstabelle ODER-Glied) ein positives Potential gelegt, so ist die Diode $D_1$ in Durchlassrichtung geschaltet. Der Stromkreis +12 V, $E_1$, $D_1$, Lampe und Masse sind geschlossen, so dass an der Lampe X3 und damit auch am Ausgang A (siehe Arbeitstabelle ODER-Glied) eine Spannung liegt. Das Gleiche gilt auch für X3 und X1, wenn an den Eingang $E_2$ positives Potential gelegt wird. Die Schaltung hat also die gleiche Funktion wie die Relaisschaltung. Die Dioden dienen als Entkopplung für die Eingangsanzeigen der ODER-Funktion.

Ein ODER-Glied besitzt zwei oder mehrere Eingänge und einen Ausgang. Die Funktion eines ODER-Glieds lässt sich mit der Parallelschaltung von Kontakten vergleichen. Bei positiver Logik tritt am Ausgang eines ODER-Glieds der H-Pegel auf, wenn an den Eingang $E_1$ oder Eingang $E_2$ oder Eingang $E_3$ usw. ein H-Pegel vorhanden ist. Die Funktion wird aber besser gekennzeichnet durch die Aussage: Ein ODER-Glied zeigt nur dann am Ausgang den L-Pegel, wenn an sämtlichen Eingängen gleichzeitig ein L-Pegel vorhanden ist.

## 2.3.2 UND-Glied

Die Funktion des UND-Glieds wird deutlich, wenn man zunächst wieder die Schaltung (Abb. 2.18) mit Schaltern betrachtet. Beide Schalter müssen geschlossen sein, damit die Lampe leuchtet. Die Funktion der Schaltung kann also wie folgt beschrieben werden: Ein UND-Glied führt am Ausgang einen H-Pegel, wenn an sämtlichen Eingängen gleichzeitig H-Pegel liegen. Das UND-Glied kann mit einer Reihenschaltung zweier oder mehrerer Kontakte verglichen werden.

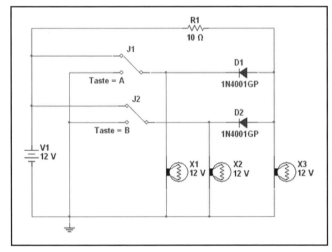

**Abb. 2.18:** UND-Glied mit Dioden

Die Funktion von Verknüpfungsgliedern wird zur besseren Übersicht in einer so genannten Arbeitstabelle dargestellt. Da es bei der digitalen Steuerungstechnik und Informatik weniger auf die für die Schaltung zufällig gewählte Betriebsspannung als auf die vereinbarten H- oder L-Pegel ankommt, werden in die Arbeitstabelle grundsätzlich nur die Pegelzustände der Eingänge und des Ausgangs eingetragen. Die entsprechende Arbeitstabelle für ein UND-Glied mit zwei Eingängen sieht wie folgt aus:

| $E_1$ | $E_2$ | A |
|---|---|---|
| L | L | L |
| H | L | L |
| L | H | L |
| H | H | H |

Liegt an beiden Eingängen ein L-Pegel (keinPotential), so sind beide Relaiskontakte geöffnet, sodass auch am Ausgang ein L-Pegel liegt. Durch Anlegen des H-Pegels an den Eingang $E_1$ wird zwar der x-Kontakt geschlossen. Der offene y-Kontakt bewirkt jedoch, dass am Ausgang A nach wie vor der Pegelzustand L besteht. Am Ausgangszustand ändert sich auch dann nichts, wenn der Eingang $E_1$ einen L-Pegel und der Eingang $E_2$ einen H-Pegel führt. Denn jetzt verhindert der offene x-Kontakt, dass Spannung (also ein H-Pegel) an den Ausgang gelangt. Erst wenn beiden Eingängen der Pegel H (also Spannung) zugeführt wird und beide Relaiskontakte geschlossen sind, ergibt sich am Widerstand R ein Spannungsfall und somit am Ausgang der H-Pegel.

Auf Grund der großen Packungsdichte bei integrierten Halbleiterschaltungen nehmen heute Hunderttausende von Logik-Gliedern weniger Platz ein, als früher von einem kleinen Relais beansprucht wurde.

Im Durchlasszustand sind beide Dioden ($D_1$ und $D_2$) für die Betriebsspannung (+12 V) in Durchlassrichtung geschaltet. Sie stellen somit einen Nebenschluss für den Ausgang A dar. Die Spannung am Ausgang beträgt nicht 0 Volt, sondern liegt in Höhe der Diffusionsspannung der verwendeten Dioden. Wir wollen jedoch der Einfachheit halber den Spannungsfall einer durchlässig geschalteten Diode mit 0 Volt annehmen. Erst wenn beide Eingänge den H-Pegel (hier +12 V) führen, sind auch beide Dioden hochohmig; denn zwischen ihren Anschlüssen herrscht in diesem Zustand keine Potentialdifferenz, also keine Spannung. Somit ist die Betriebsspannung über den Widerstand am Ausgang A wirksam, was gleichbedeutend mit H-Pegel ist. Für die Schaltung gilt die gleiche Arbeitstabelle wie für das UND-Glied mit Relais.

Fassen wir kurz zusammen: Ein UND-Glied enthält zwei oder mehrere Eingänge und einen Ausgang. Einfache Gedächtnisstütze für die Funktion eines UND-Glieds ist eine Reihenschaltung von Kontakten. Am Ausgang eines UND-Glieds tritt erst dann der H-Pegel auf, wenn sämtliche Eingänge – also Eingang $E_1$ und Eingang $E_2$ usw. auf H-Pegel liegen.

## 2.4 Dioden als Spannungsbegrenzer

Ein pn-Übergang wird in Durchlassrichtung erst leitend, wenn die angelegte Spannung größer als die Diffusionsspannung ist. Im Widerstandsverhalten äußert sich das so, dass der dynamische Widerstand einer Diode bis zum Kennlinienknick sehr groß (Größenordnung etwa 10 k$\Omega$ bis 100 k$\Omega$), darüber jedoch verhältnismäßig klein (Größenordnung etwa 1 $\Omega$ bis 10 $\Omega$) ist. Diese Eigenschaft macht man sich zunutze, um Spannungsschwankungen zu begrenzen. Eine Diode wird dazu immer parallel zum Verbraucher geschaltet.

## 2.4 DIODEN ALS SPANNUNGSBEGRENZER

### 2.4.1 Begrenzerschaltung mit Dioden

Als Diode wird eine Universaldiode auf Siliziumbasis, z. B. 1N4001, verwendet. Wird die sinusförmige Wechselspannung erhöht, so steigt die Spannung an der Diode bis ca. 0,6 Volt im gleichen Umfang wie die Wechselspannung. Eine weitere Erhöhung der Wechselspannung hat jedoch nur noch einen äußerst geringen Anstieg der Diodenspannung $U_F$ zur Folge. Während also die Versorgungsspannung von ca. 0,65 bis 4 Volt steigt, ändert sich die Diodenspannung und damit die Spannung am Verbraucher kaum noch. Abb. 2.19 zeigt eine positive Klipperschaltung mit Diode.

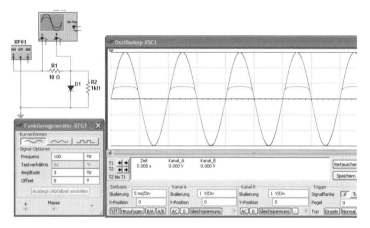

**Abb. 2.19:** Positive Klipperschaltung mit Diode

Tauscht man die Polarität der Diode, ergibt sich eine negative Klipperschaltung. Betreibt man zwei Dioden in Antiparallelschaltung, begrenzt man die positive und negative Wechselspannung, wie Abb. 2.20 zeigt.

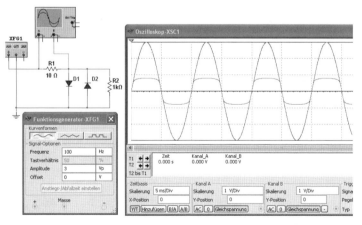

**Abb. 2.20:** Begrenzerschaltung für positive und negative Wechselspannung

Die Hörkapsel eines herkömmlichen Telefons benötigt für eine ausreichend lautstarke Wiedergabe eine Tonfrequenz-Wechselspannung von etwa 0,7 Volt effektiv. Der Spitzenwert einer sinusförmigen Wechselspannung von 1 $V_{eff}$ beträgt rd. 0,3 Volt. Treten in einer Fernsprechverbindung Störspannungen auf, so können diese erheblich höhere Werte erreichen (Knackgeräusche). Das menschliche Ohr ist gegenüber plötzlichen, lautstarken Schallstößen sehr empfindlich. Jeder hat schon einmal die Erfahrung gemacht, dass die Hörempfindung nach einem lauten Knall geringer wird; man hat dann das Gefühl, für kurze Zeit taub zu sein. Solche Erscheinungen würden die Verständlichkeit beim Fernsprechen stark beeinträchtigen. Da es sich beim Telefonieren um Wechselspannungsvorgänge handelt, werden parallel zur Hörkapsel zwei Dioden in entgegengesetzter Durchlassrichtung als sogenannte Gehörschutzgleichrichter (Abb. 2.21) geschaltet; man spricht bei dieser Schaltung auch von Antiparallelschaltung.

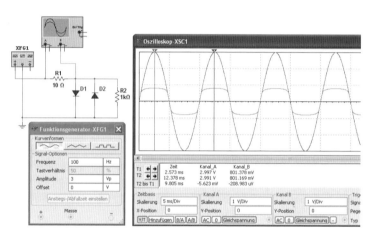

**Abb. 2.21:** Antiparallelschaltung

Für alle Spannungswerte, die die Diffusionsspannung überschreiten, stellen die Dioden einen niederohmigen Nebenschluss zur Hörkapsel dar. Als Gehörschutzgleichrichter eignen sich sehr gut Dioden auf Siliziumbasis, da ihre Diffusionsspannung etwa 0,6 Volt beträgt. Die zur Ansteuerung der Hörkapsel notwendige Spannung von 0,6 $V_{max}$, wird von den Siliziumdioden noch nicht beeinflusst. Da eine Begrenzerschaltung grundsätzlich nur wirksam ist, wenn ein Vorwiderstand vorhanden ist, fällt der Spannungsüberschuss an den in der Schaltung liegenden Reihenwiderständen ab.

## 2.4.2 Impulsformung

Die Begrenzereigenschaft von Dioden kann auch zur Impulsformung ausgenutzt werden. Von dieser Möglichkeit wird in der Elektronik sehr häufig Gebrauch gemacht. Eine einfache Versuchsschaltung für einen Impulsformer mit Begrenzerdiode zeigt Abb. 2.22.

Die angelegte Rechteckspannung an dem RC-Differenzierglied verursacht ein Auf- und Entladen des Kondensators über den Widerstand. Dabei entstehen am Ausgang des Differenzierglieds positive und negative Nadelimpulse (Spikes). Durch die beiden Dioden am Ausgang lassen sich die Spannungen am Ausgang entsprechend begrenzen. Über die Leertaste des Rechners wählt man, ob der positive oder negative Nadelimpuls auf

+0,7 V oder -0,7 V begrenzt wird. Mit dem Einsteller lässt sich die Lade- bzw. Entladezeit des Differenzierglieds beeinflussen.

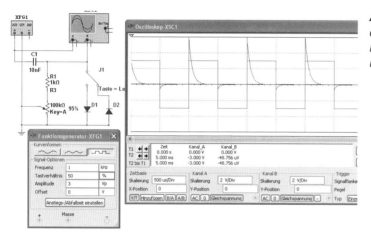

**Abb. 2.22:** Begrenzerdiode als Impulsformer mit einstellbaren Lade- und Entladezeiten

Durch den Einsatz von zwei Dioden kann man bei einem Differenzierglied die Lade- und Entladezeiten einstellen, wie die Schaltung zeigt. Entsteht durch den Funktionsgenerator ein positiver Eingangssprung, kann sich der Kondensator über die linke Diode entladen. Der Widerstand und der linke Einsteller sind in Reihe geschaltet und der Gesamtwiderstand der beiden Bauelemente bestimmt die Entladezeit. Erzeugt der Funktionsgenerator einen negativen Eingangssprung, kommt es zu einer Differenzierung und der Kondensator lädt sich über den rechten Zweig auf, da diese Diode nun den Strom passieren lässt. Die Größe des Stromes ist abhängig von der Einstellung des Potentiometers.

## 2.5 Z-Diode

Die bisher untersuchten Dioden werden im Sperrzustand sofort zerstört, wenn die zulässige Sperrspannung um einen geringen Betrag überschritten wird. Infolge der im Sperrzustand an der Sperrzone liegenden, hohen elektrischen Feldstärke werden dann plötzlich Elektronen aus ihren festen Bindungen gerissen (Z-Effekt). Jedes der so frei gewordenen Elektronen kann unter bestimmten Bedingungen durch das elektrische Feld so stark beschleunigt werden, dass es beim Auftreffen auf andere Atome dort mehrere Elektronen herausschlägt. Die Zahl der freien Elektronen nimmt daher lawinenartig zu. Diesen Prozess des lawinenartigen Durchbruchs nennt man Avalanche-Effekt. Seine Entdeckung wurde irrtümlicherweise dem amerikanischen Physiker Zener zugeschrieben, weshalb Dioden, die diesen Effekt ausgeprägt zeigen, Zenerdioden genannt wurden. Heute hat sich die Bezeichnung Z-Diode durchgesetzt.

Eine Z-Diode ist äußerlich wie eine Universaldiode aufgebaut und enthält einen n-Siliziumkristall, dem Aluminium (dreiwertig) einlegiert ist. Der dabei entstandene pn-Übergang zeigt gegenüber herkömmlichen pn-Übergängen besondere Eigenschaften. Wird die angelegte Spannung einer Z-Diode im Sperrbereich über die Durchbruchspannung hinaus erhöht, so tritt keine Zerstörung ein, solange eine bestimmte zulässige Verlustleistung nicht überschritten wird. Ein weiterer Unterschied zu Universaldioden besteht darin, dass der Stromanstieg beim Überschreiten der Durchbruchspannung sehr stark ist, der Widerstand also plötzlich sehr klein wird. Der Bereich des Stromanstiegs erfolgt im Arbeitsbereich, die Spannung, bei der der Durchbruch erfolgt, nennt man Arbeitsspannung im Durchbruchgebiet.

## 2.5.1 Kennlinie der Z-Diode

Es ist im Allgemeinen nur ein kleiner Übergangsbereich zwischen gesperrtem Zustand und dem Arbeitsbereich vorhanden. Wir wollen das Verhalten einer Z-Diode an ihrer Kennlinie veranschaulichen. Die Kennlinie kann übrigens mit der gleichen Messschaltung wie für den Sperrbereich einer Universaldiode aufgenommen werden. Sie ist in Abb. 2.23 für eine Z-Diode mit einer Arbeitsspannung von $U_Z = 4{,}7$ V und einer zulässigen Verlustleistung von $P_V = 100$ mW dargestellt.

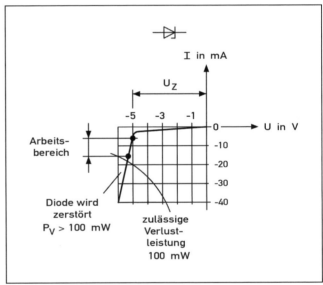

**Abb. 2.23:** Kennlinie der Z-Diode

Aus der Kennlinie lassen sich folgende Funktionen ableiten:
- Bis zur Höhe der Arbeitsspannung fließt ein sehr geringer Sperrstrom. Die Z-Diode ist noch sehr hochohmig bis zur Größenordnung von einigen Mega-Ohm.
- In der Nähe der Arbeitsspannung beginnt der Stromanstieg zunächst nur sehr langsam (Übergangsbereich).
- Beim Erreichen bzw. Überschreiten der Arbeitsspannung steigt der Strom stark an. Die große Steilheit der Kennlinie im Arbeitsbereich lässt auf einen sehr kleinen dynamischen Widerstand schließen. Dieser Widerstand wird auch als differentieller Widerstand bezeichnet und kann bis auf einen Wert von etwa 1 Ohm absinken.

## 2.5 Z-DIODE

Z-Dioden können für Arbeitsspannungen zwischen etwa 3 V und 1000 V hergestellt werden. Zur Lösung von Stabilisierungs- und Begrenzeraufgaben unterhalb 3 V verwendet man normale Dioden im Durchlassbereich und für größere Spannungswerte werden je nach Bedarf mehrere Z-Dioden in Reihe geschaltet.

Eine Z-Diode muss grundsätzlich mit einem Vorwiderstand betrieben werden. Legt man an die Schaltung eine Spannung, die größer als die Arbeitsspannung der Diode ist, fällt am Vorwiderstand $R_v$ die Spannungsdifferenz $U - U_Z = U_v$ ab, denn für Spannungen oberhalb der Arbeitsspannung ist die Z-Diode sehr niederohmig. Beim Fehlen des Vorwiderstandes würde die Z-Diode im angenommenen Schaltungsbeispiel überlastet und zerstört. Das Verhalten wird in der Versuchsschaltung von Abb. 2.24 nachgewiesen.

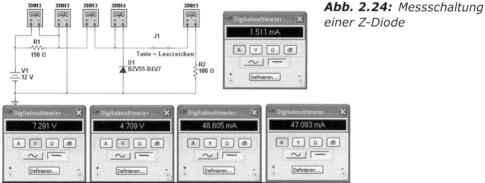

**Abb. 2.24:** Messschaltung einer Z-Diode

Z-Dioden werden grundsätzlich in Sperrrichtung betrieben. Sie dürfen im Gegensatz zu den anderen Dioden unter Beachtung der zulässigen Verlustleitung auch an Spannungen oberhalb der Durchlassspannung angeschlossen werden. Ihr dynamischer Widerstand ist im Arbeitsbereich sehr klein. Zum Betrieb einer Z-Diode gehört immer ein Vorwiderstand.

Folgende Größen kennzeichnen das Verhalten einer Z-Diode:

- die Arbeitsspannung im Durchbruchgebiet $U_Z$ (wird für einen bestimmten Wert des Gleichstroms im Durchbruchgebiet, z. B. 5 mA, 25 mA oder 100 mA angegeben)

- der differentielle Widerstand $r_Z$ (dynamischer Widerstand im Arbeitsbereich, meistens bei $I_Z = 5$ mA oder $I_Z = 100$ mA angegeben)

- die zulässige Verlustleistung $P_Z$ (Produkt aus anliegender Spannung und fließendem Strom)

- zulässige maximale Sperrschichttemperatur (sie beträgt fast ausschließlich 150 °C)

- Temperaturkoeffizient der Arbeitsspannung $\alpha_{UZ}$ (er ist ein Maß für die Temperaturabhängigkeit der Arbeitsspannung)

Die spannungsstabilisierende Wirkung einer Z-Diode ist, wie noch untersucht werden muss, umso besser, je kleiner ihr dynamischer Widerstand $r_Z$ im Arbeitsbereich ist. Er-

# 2 SCHALTUNGEN MIT DIODEN

mittelt man die dynamischen Widerstände einer bestimmten Typenserie mit verschiedener Arbeitsspannung, so ergibt sich, dass der dynamische Widerstand $r_Z$ für Z-Dioden mit Arbeitsspannungen zwischen etwa 5 V und 8 V am kleinsten ist. Sowohl für Z-Dioden mit kleineren als mit größeren Arbeitsspannungen ergeben sich weitaus größere dynamische Widerstände. Diese Eigenart beruht darauf, dass in Z-Dioden mit Arbeitsspannungen unterhalb von 8 V der Durchbruch überwiegend als Folge des Zenereffekts auftritt, während bei Dioden mit Arbeitsspannungen oberhalb von 5 V hauptsächlich der Avalanche-Effekt für den plötzlichen Stromanstieg verantwortlich ist. Man erkennt, dass im Bereich 5 V bis 8 V beide Effekte nebeneinander auftreten können. Darum ergibt sich hier beim Erreichen der Arbeitsspannung ein besonders steiler Stromanstieg. Z-Dioden, die einen Bereich von < 6 V aufweisen, haben einen negativen, und bei einem Bereich von > 8 V einen positiven Temperaturkoeffizienten. Zwischen dem Bereich von ungefähr 6 V bis 8 V tritt kein Temperaturkoeffizient auf.

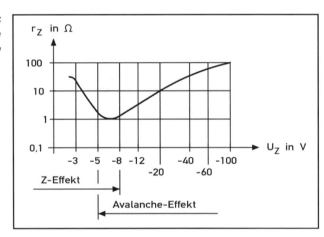

**Abb. 2.25:** Abhängigkeit des dynamischen Widerstands $r_Z$ von der Arbeitsspannung

Wegen ihres besonders kleinen dynamischen Widerstands werden für Stabilisierungsschaltungen bevorzugt Z-Dioden mit Arbeitsspannungen zwischen 5 V und 8 V verwendet. Für höhere Spannungen schaltet man vielfach Z-Dioden in Reihe.

Beispiel: Der dynamische Widerstand $r_Z$ der Z-Dioden aus der Typenserie BZY 92 hat bei 6 V einen Wert von 1 Ω, und bei 12 V einen Wert von 4 Ω.

Soll eine Spannung von 12 V stabilisiert werden, so könnte entweder eine 12-V-Diode oder die Reihenschaltung zweier 6-V-Dioden eingesetzt werden. Dabei ergeben sich folgende dynamischen Widerstände:

- für die 12-V-Diode ist $r_Z = 4$ Ω und
- für zwei in Reihe geschaltete 6-V-Dioden ist der Wert von $r_Z = 2$ Ω.

Trotz der Reihenschaltung ist der Widerstand bei Verwendung zweier 6-V-Dioden nur halb so groß wie der einer einzelnen 12-V-Diode.

## 2.5.2 Messschaltung mit Z-Dioden

Ihre verbreitetste Anwendung findet die Z-Diode bei der Stabilisierung von Spannungen. Für die folgenden Bemessungsbeispiele wird die Z-Diode BZV55-B4V7 zugrunde gelegt, über die das Datenblatt folgende Angaben enthält:

$$U_Z = 4{,}7\ V \pm 5\ \%$$
$$P_v = 0{,}5\ W$$
$$r_Z = 1\ \Omega$$
$$\vartheta_{zul} = 150\ °C$$

In der Messschaltung von Abb. 2.24 erzeugt die Gleichspannungsquelle eine Spannung von $U_e$ = 12 V. Über den Vorwiderstand $R_1$ liegt diese Gleichspannung an der Z-Diode und die Spannungen bzw. Ströme werden von den Digitalmultimetern gemessen. Das Messgerät 1 misst den Spannungsfall des Vorwiderstands $R_1$ und das Messgerät 2 zeigt die Spannung an den Z-Dioden an. Addiert man die beiden Spannungen, ergibt sich die Eingangsspannung. Mit Messgerät 3 wird der gesamte Strom durch die Z-Dioden und den Lastwiderstand $R_2$ gemessen. Die Verlustleitung der Z-Diode ergibt sich aus

$$P_{D1} = U_{M2} \cdot I = 4{,}7V \cdot 1{,}5mA = 0{,}7mW$$

Da der Schalter geschlossen ist, fließt durch den Lastwiderstand $R_2$ ein Strom von $I_L$ = 48,6 mA, d. h. am Lastwiderstand wird eine Leistung umgesetzt von:

$$P_{RL} = U_{M2} \cdot I = 4{,}7V \cdot 48{,}6mA = 0{,}23W$$

Öffnet man den Schalter, verändern sich die Strom- und Spannungswerte. Die Z-Spannung steigt von 4,7 V auf 4,8 V an. Da durch den Lastwiderstand kein Strom fließt, erhöht sich der Stromfluss durch die Z-Diode und der Strom steigt von 1,5 mA auf 47,9 mA. Dadurch kann man die Verlustleitung der Z-Dioden berechnen

$$P_{D1} = U_{M2} \cdot I = 4{,}8V \cdot 47{,}9mA = 0{,}23W$$

Der Wert von $P_{tot}$ = 500 mW wird nicht erreicht. Überschreitet man $P_{tot}$, wird die Z-Diode unweigerlich zerstört.

Der dynamische Widerstand $r_Z$ errechnet sich aus:

$$r_z = \frac{\Delta u_z}{\Delta i_z} = \frac{4{,}8V - 4{,}7V}{47{,}94mA - 1{,}51mA} = \frac{100mV}{46{,}43mA} = 2{,}15\Omega$$

## 2.5.3 Stabilisierungsschaltung mit Z-Dioden

Um die spannungsstabilisierende Wirkung einer Z-Diode besser zu verstehen, wollen wir ihre Kennlinie etwas genauer untersuchen. Die Sperrkennlinie einer Z-Diode zeigt, dass die an ihr liegende Spannung als nahezu konstant anzusehen ist, solange die Z-Diode im Arbeitsbereich betrieben wird. Damit sie jedoch nicht zerstört wird, darf die Diode nur bis zur zulässigen Leistungsgrenze (Leistungshyperbel) belastet werden. Ohne Gefahr für die Z-Diode bleibt die an ihr liegende Spannung nahezu gleich, wenn wir dafür sorgen, dass der Arbeitspunkt zwischen den Punkten A und B auf der Kennlinie liegt. Bei der Bemessung von Stabilisierungsschaltungen muss demnach von zwei Grenzfällen ausgegangen werden:

- Grenzfall A: Die Z-Diode nimmt praktisch keinen Strom auf, liegt aber an einer Spannung in Höhe von $U_Z$.
- Grenzfall B: Die Spannung an der Z-Diode liegt nur geringfügig höher als im Arbeitspunkt A, aber die Z-Diode nimmt hier den maximal zulässigen Strom auf.

Während also die Stromaufnahme von nahezu Null bis $I_{Zmax}$ steigt, ändert sich die Spannung nur um einige zehntel Volt. An der dargestellten Kennlinie ist auch leicht zu erkennen, dass die Spannungsänderung im Arbeitsbereich umso kleiner ist, je steiler die Kennlinie verläuft (je kleiner also der dynamische Widerstand $r_Z$ ist).

Die Z-Diode BZV55-B4V7 hat eine Z-Spannung von $U_Z$ = 4,7 V und eine Leistung von $P_{tot}$ = 500 mW. Die Regelwirkung der Z-Diode liegt zwischen $P_{max}$ = 0,9 · $P_{tot}$ (450 mW) und $P_{min}$ = 0,1 · $P_{tot}$ (50 mW). Dadurch ergeben sich folgende Ströme:

$$I_{Z\,max} = \frac{P_{max}}{U_Z} = \frac{450\,mW}{4,7\,V} = 95,8\,mA \qquad I_{Z\,min} = \frac{P_{min}}{U_Z} = \frac{50\,mW}{4,7\,V} = 10,6\,mA$$

Da die Wirkungsweise einer Spannungsstabilisierungsschaltung am einfachsten zu übersehen ist, wenn kein Verbraucher angeschlossen ist, soll zunächst eine einfache Schaltung untersucht werden. Sie könnte als Konstantspannungsquelle bezeichnet werden, wobei davon ausgegangen wird, dass die Eingangsspannung in weiten Grenzen schwankt.

Damit die Z-Diode nicht überlastet werden kann, muss der Vorwiderstand $R_1$ für den Grenzfall B ($I_{Zmax}$) bemessen werden. Bei voller Eingangsspannung $U_e$ = 12 V muss am Vorwiderstand der Spannungsüberschuss $U_v = U_e - U_Z$ abfallen. Dabei darf der Strom nicht größer als $I_{Zmax}$ sein.

$$R_1 = \frac{U_v}{I_{Z\,max}} \qquad U_v = U_e - U_Z = 12\,V - 4,7\,V = 7,3\,V$$

Für das folgende Bemessungsbeispiel (Z-Diode an veränderlicher Spannung mit angeschlossenem Verbraucher) wird wieder davon ausgegangen, dass die Versorgungsspannung in weiten Grenzen schwankt. Am Ausgang der Stabilisierungsschaltung liegt ein Verbraucher. In der Versuchsschaltung ist es der Widerstand $R_2$ von 80 Ω. Wie im ersten Beispiel soll die höchste Spannung 12 V betragen. Zur messtechnischen Untersuchung wird die Eingangsspannung mit einem Potentiometer eingestellt.

$$I_2 = \frac{U_Z}{R_2} = \frac{4,7V}{80\Omega} = 58,75 mA$$

Die Z-Diode nimmt den größten Strom auf, wenn die Eingangsspannung ihren Höchstwert (12 V) hat. Damit sie nicht zerstört wird, muss der Vorwiderstand $R_1$ für den Grenzfall B ($I_{Zmax}$) bemessen werden.

$U_v = U_e - U_Z = 12\ V - 4,7\ V = 7,3\ V$

$I_{max} = I_{Zmax} + I_{Lmin} = 95,8\ mA + 0\ mA = 95,8\ mA$

$$R_1 = \frac{U_{V\,max}}{I_{max}} = \frac{12V - 4,7V}{95,8mA} = 76,2\Omega = (82\Omega\ aus\ der\ E24-\text{Re}ihe)$$

$$P_{R1} = U_{v\,max} \cdot I_{max} = 7,3V \cdot 95,8mA = 0,7W$$

Der Vorwiderstand muss einen Wert von 43 Ω/2 W haben.

$I_{Zmin} = 10,6\ mA$

$$R_{1min} = \frac{U_{V\,max}}{I_{max}} = \frac{12V - 4,7V}{95,8mA - 10,6mA} = 85,7\Omega$$

$$R_{1max} = \frac{U_{V\,max}}{I_{Z\,min}} = \frac{12V - 4,7V}{10,6mA} = 688,6\Omega$$

In dieser Schaltung fließt auch Strom, wenn die Eingangsspannung unter die Arbeitsspannung $U_Z$ der Z-Diode absinkt, und zwar der Verbraucherstrom $I_{R2}$. Soll die Verbraucherspannung konstant bleiben, so darf die Eingangsspannung nicht bis auf 6 V sinken. Da der Verbraucherstrom an $R_2$ einen Spannungsfall hervorruft, muss die Eingangsspannung mindestens um diesen Spannungsfall größer sein. Die untere Grenze der Eingangsspannung kann für den Grenzfall A bestimmt werden, bei dem die Z-Diode zwar stromlos ist, der Verbraucherstrom aber nach wie vor fließt.

**Grenzfall A:** $U_{min} = U_Z + U_{Vmin}$
($U_Z = 0$) $U_{Vmin} = I_{R2} \cdot R_1$
$U_{Vmin} = 58,75\ mA \cdot 43\ \Omega = 2,52\ V$
$U_{min} = 4,7\ V + 3,36\ V = 8\ V$

Damit der Verbraucher grundsätzlich die Nennspannung 4,7 V erhält, darf die Eingangsspannung der Stabilisierungsschaltung nicht unter 8 V sinken.

**Ergebnis:** Die Verbraucherspannung bleibt nahezu konstant 4,7 V, wenn die Eingangsspannung von 12 V auf 8 V, also um 30 % fällt.

Dieses Bemessungsbeispiel lässt bereits die Tendenz erkennen, dass der Regelbereich einer Spannungs-Stabilisierungsschaltung mit Z-Diode bei Belastung kleiner wird.

Der Widerstand vieler Verbraucherschaltungen ändert sich im Betriebszustand in weiten Grenzen. So hängt beispielsweise der Widerstand von der Stromaufnahme ab. Da jede Stromquelle einen Innenwiderstand besitzt, treten infolge der schwankenden Stromentnahme auch Schwankungen der Klemmenspannung $U_{Kl}$ auf:

$$U_{Kl} = U_0 - I \cdot R$$

Je größer der Verbraucherstrom I bzw. der Innenwiderstand $R_i$ der Stromquelle ist, desto kleiner wird die Klemmenspannung $U_{Kl}$.

Eine Schwankung der Versorgungsspannung führt häufig zu unliebsamen Störungen im Betrieb eines Verbrauchers. In Transistorverstärkern treten bei schwankender Versorgungsspannung Verzerrungen auf, deren Ursache oft irrtümlich im Verstärker selbst gesucht wird. Bei der Abstimmung von Resonanzkreisen mit Kapazitätsdioden werden infolge Spannungsschwankungen auch Schwankungen in der Resonanzfrequenz auftreten.

Auch hier kann uns die Z-Diode gute Dienste leisten. Für das folgende Bemessungsbeispiel gilt, dass die Leerlaufspannung $U_0$ und der Innenwiderstand $R_i$ der Stromversorgung konstant bleiben, während sich der Verbraucherwiderstand ändert. Da Glühlampen am einfachsten an ihrer Helligkeit erkennen lassen, ob sich die anliegende Spannung ändert, verwenden wir die Versuchsschaltung von Abb. 2.26 mit den vier Glühlampen 6 V/0,1 W.

**Abb. 2.26:** Stabilisierung der Ausgangsspannung

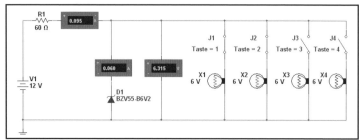

In dieser Schaltung nimmt die Z-Diode den größten Strom auf, wenn der Verbraucherwiderstand am hochohmigsten, bzw. wenn kein Verbraucher angeschlossen ist. Der Vorwiderstand $R_1$ muss also für diesen Grenzfall bemessen werden, damit die Z-Diode nicht überlastet wird. Die vier Glühlampen sind auf 6 V/0,1 W für die Simulation eingestellt. Der Strom errechnet sich aus

$$I = \frac{P}{U} = \frac{0,1W}{6V} = 16,6 mA$$

## 2.5 Z-DIODE

**Grenzfall B:**

$$R_1 = \frac{U_{V\max}}{I_{Z\max}} \qquad U_V = U - U_Z = 12\ V - 6{,}2\ V = 5{,}8\ V$$

$$I_{\max} = \frac{U_Z}{R_1} = \frac{6{,}2\ V}{60\ \Omega} = 103\ mA$$

Ist der Innenwiderstand der Stromversorgung nicht vernachlässigbar klein, so kann der Wert des zusätzlichen Vorwiderstands um $R_i$ verringert werden.

Werden jetzt nacheinander Glühlampen als Verbraucher eingeschaltet, so erhöht sich durch die Zunahme des Verbraucherstromes der Spannungsfall an $R_1$. Die Teilspannung an der Parallelschaltung der Z-Diode und den Verbraucher wird somit kleiner. Der Arbeitspunkt der Z-Diode wandert auf der Kennlinie von Punkt B zum Punkt A. Soll die Verbraucherspannung konstant bleiben, so darf der Grenzfall A nicht unterschritten werden. Der Verbraucherstrom, d. h. die Zahl der eingeschalteten Glühlampen, darf also nicht beliebig erhöht werden.

Wieviel Glühlampen dürfen nun eingeschaltet werden, ohne dass die Spannung merklich absinkt? Da im Arbeitspunkt bzw. Grenzfall A die Z-Diode selbst praktisch keinen Strom aufnimmt, wird der Spannungsfall an $R_1$ jetzt ausschließlich durch den Verbraucherstrom verursacht. Es ergeben sich folgende Messungen:

| | | | |
|---|---|---|---|
| $I_{R1}$ = 95 mA | $I_Z$ = 95 mA | $U_Z$ = 6,329 V | Keine Lampe |
| $I_{R1}$ = 95 mA | $I_Z$ = 77 mA | $U_Z$ = 6,329 V | X1 |
| $I_{R1}$ = 95 mA | $I_Z$ = 60 mA | $U_Z$ = 6,315 V | X1 + X2 |
| $I_{R1}$ = 95 mA | $I_Z$ = 42 mA | $U_Z$ = 6,305 V | X1 + X2 + X3 |
| $I_{R1}$ = 95 mA | $I_Z$ = 25 mA | $U_Z$ = 6,290 V | X1 + X2 + X3 + X4 |

**Grenzfall A:** Der Spannungsfall $U_V$ am Vorwiderstand darf nicht größer als 6 V sein. Da der Widerstandswert ($I_Z$ = 0) für $R_V$ mit 60 Ω festliegt, kann der höchstzulässige Verbraucherstrom berechnet werden:

$$I_{L\max} = \frac{U_{V\max}}{R_V} = \frac{5{,}8\ V}{60\ \Omega} = 96{,}6\ mA$$

Jede Lampe nimmt einen Strom von 16,6 mA auf.

Ergebnis: Die Ausgangsspannung der Stabilisierungsschaltung bleibt nahezu konstant, wenn der Verbraucherstrom zwischen 0 mA und 66,4 mA schwankt, also $I_{L\max} = I_{Z\max}$ ist.

Bei der Spannungsstabilisierung mit Z-Dioden sind im Einzelnen folgende Gesichtspunkte zu beachten:

a) Die spannungsstabilisierende Wirkung einer Z-Diode ist umso besser, je kleiner ihr dynamischer Widerstand $r_Z$ im Arbeitsbereich ist. Den kleinsten dynamischen Widerstand besitzen Z-Dioden einer bestimmten Typenserie für Arbeitsspannungen zwischen 5 V und 8 V.

b) Bei voller Ausnutzung des Arbeitsbereichs lässt sich die Spannungsschwankung am Ausgang von Z-Dioden-Schaltungen auf wenige Zehntel Volt begrenzen, selbst, wenn die Eingangsspannung sich in weiten Grenzen ändert.

c) In Stabilisierungsschaltungen tritt wegen des unbedingt erforderlichen Vorwiderstands zwangsläufig immer ein Spannungsverlust auf. Die Eingangsspannung muss daher immer größer als die Ausgangs- bzw. Verbraucherspannung sein. Als Richtwert gilt: Die Versorgungsspannung sollte etwa doppelt so hoch wie die Verbraucherspannung sein.

d) Die für Z-Dioden mit Metallgehäuse angegebenen Herstellerdaten über die zulässige Verlustleistung beziehen sich häufig auf die an ein Kühlblech (z. B. 100 · 100 · 2 $mm^3$ Aluminium) montierte Diode. Das gilt vorwiegend für Z-Dioden ab etwa 1 Watt Verlustleistung. Diese Tatsache ist beim Aufbau und bei der Bemessung von Stabilisierungsschaltungen unbedingt zu berücksichtigen.

e) Da die obere Leistungsgrenze handelsüblicher Z-Dioden bei etwa 10 Watt liegt, lassen sich mit Z-Dioden nur Stabilisierungsschaltungen mit verhältnismäßig geringer Strombelastbarkeit (ca. 0,5 A) verwirklichen. Soll die Spannung für Verbraucher größerer Leistungsaufnahme stabilisiert werden, muss man Stabilisierungsschaltungen mit Transistoren anwenden.

## 2.5.4 Nullpunktunterdrückung

Obgleich Z-Dioden vorwiegend für den Betrieb im Sperrbereich vorgesehen sind, werden sie vielfach im Durchlassbereich betrieben. Der Grund dafür liegt im sehr steilen Anstieg des Durchlassstroms oberhalb der Diffusionsspannung. In Durchlassrichtung betriebene Z-Dioden dienen vorwiegend als Spannungsbegrenzer für kleine Spannungen, z. B. zur Stabilisierung der Basis-Emitter-Spannung von Gegentakt-Verstärkerstufen mit Transistoren.

In der Messtechnik ist es häufig erforderlich, geringe Spannungsschwankungen in einem bestimmten Bereich genau zu messen. Nehmen wir z. B. an, eine Gleichspannung schwankt zwischen etwa 11 V und 12 V. Diese Spannungsänderung könnte auf der Skala eines 30-V-Zeigerinstruments nur ungenau abgelesen werden, da sich der Zeigerausschlag nur um 1/30 der Skalenlänge ändern würde.

Durch die Reihenschaltung einer Z-Diode zum Messinstrument lässt sich nun der nicht interessierende Spannungsbereich unterdrücken. Wir wählen eine Z-Diode mit einer Arbeitsspannung von 10 V und schalten in Reihe dazu ein Voltmeter mit dem Messbereich von 3 V. Der Zeiger des Spannungsmessers wird erst ausschlagen, wenn die Messspannung $U_{Mess}$ größer ist als die Arbeitsspannung (12 V), denn bis zu dieser Spannung ist die Z-Diode so hochohmig, dass praktisch kein Strom über das Instrument fließt. Auf der Skala des 3-V-Spannungsmessers müßte also jetzt die Zeigerruhelage mit 10 V und der Zeigervollausschlag mit 3 V geeicht werden. Da die Skala nicht beim Wert Null beginnt, wird diese Schaltungsmaßnahme als Nullpunktunterdrückung bezeichnet.

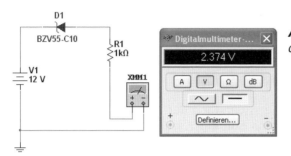

**Abb. 2.27:** Nullpunktunterdrückung bei einem Voltmeter

In dem Beispiel von Abb. 2.27 führt jetzt eine Spannungsänderung von 12 V auf 15 V zu einer Änderung des Zeigerausschlags um 1/3 im 3-V-Skalenbereich und kann daher 10 Mal genauer abgelesen werden als auf der 30-V-Skala.

## 2.5.5 Z-Diode als Brummsiebung

Eine Z-Diode kann aufgrund ihrer Begrenzerwirkung auch als Brummsiebung hinter Netzgleichrichtern eingesetzt werden. Schaltet man hinter einen Brückengleichrichter entsprechend Abb. 2.28 eine Z-Diode, so hat sie die ähnliche Wirkung wie ein Siebkondensator.

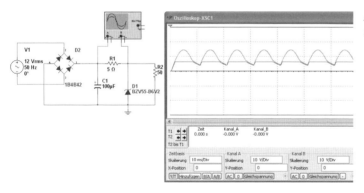

**Abb. 2.28:** Z-Diode als Brummsiebung

Die Arbeitsspannung der Z-Diode soll etwa gleich dem Effektivwert der gleichgerichteten Wechselspannung oder etwas kleiner sein. Da der Spitzenwert einer sinusförmigen Spannung um den Faktor 1,414 größer ist als der Effektivwert, begrenzt die Z-Diode die gleichgerichteten Spannungsimpulse. Die Sinushalbwellen werden somit stark abgeflacht und die Welligkeit der pulsierenden Gleichspannung herabgesetzt. Im zeitlichen Verlauf der pulsierenden Gleichspannung treten infolge der Begrenzerwirkung erheblich kürzere Lücken mit Spannungseinbruch auf. Diese kurzen Lücken werden durch den Ladekondensator C fast vollständig überbrückt. Das Oszillogramm zeigt nur noch ganz kurzzeitige Spannungsschwankungen.

Die Z-Diode als Brummsiebung ist mit einem Siebkondensator der Kapazität

$$C = \frac{1}{2 \cdot \pi \cdot f \cdot r_z}$$

vergleichbar, wobei vorausgesetzt wird, dass $U_Z \leq U_{eff}$ ist.

Beträgt also beispielsweise der dynamische Widerstand der Z-Diode 2 Ω und die Frequenz der Brummspannung 100 Hz (Brückenschaltung), so ergibt sich ein Kapazitätswert von

$$C = \frac{1}{2 \cdot \pi \cdot f \cdot r_z} = \frac{1}{2 \cdot 3{,}14 \cdot 100 Hz \cdot 2\Omega} \approx 800 \mu F$$

Neben dem geringen Raumbedarf gegenüber einem Kondensator gleicher Kapazität bietet die Z-Diode hier noch den Vorteil, dass sie gleichzeitig spannungsstabilisierend wirkt.

## 2.6 Leuchtdioden (LED)

Die Steuerung elektronischer Schaltungen durch Licht gewinnt immer mehr an Bedeutung. Glühlampen weisen jedoch als Lichtquellen in der modernen Lichtsteuerungselektronik eine Reihe von Nachteilen auf. Zu den Nachteilen der Glühlampen gehören neben einer viel zu großen Trägheit in Bezug auf die geforderten kurzen Schaltzeiten (ns) noch die geringe Lebensdauer in der Größenordnung etwa 1000 Brennstunden, die für fotoelektrische Empfänger ungünstige Wellenlänge des Glühlampenlichts, sowie die nicht lineare Helligkeitssteuerung.

In den letzten 40 Jahren wurden von der Halbleiterindustrie sogenannte Leuchtdioden entwickelt, die die für die Elektronik geforderten Bedingungen als Lichtsender weitaus besser erfüllen als Glühlampen. Leuchtdioden (auch LED (lichtemittierende Dioden) genannt) werden aus den Grundmaterialien Galliumphosphid (GaP), Galliumarsenphosphid (GaAsP) oder Galliumarsenid (GaAs) hergestellt. Durch Eindiffundieren einer p-Zone entsteht ein pn-Übergang. Wird an den pn-Übergang eine Spannung von ca. 1,3 V bis 3,9 V (je nach Typ) in Durchlassrichtung gelegt, so entsteht infolge Rekombination von Elektronen mit Löchern eine Lichtstrahlung. Die Stromstärke liegt dabei zwischen etwa 10 mA und 100 mA.

Da Elektronen nur durch Energiezufuhr von einer Elektronenschale entfernt werden können, geben sie diese zusätzlich aufgenommene Energie wieder ab, wenn sie auf eine gleichartige Schale zurückkehren. Die dabei frei werdende Energie kann je nach Aufbau des Materials z. B. Wärme oder Licht sein.

## 2.6 LEUCHTDIODEN (LED)

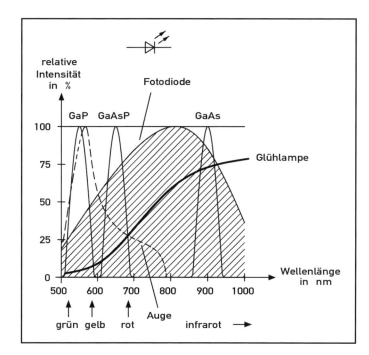

**Abb. 2.29:** Spektralkurven einiger Leuchtdioden

Die Farbe des von einer Leuchtdiode ausgestrahlten Lichts hängt vom verwendeten Ausgangsmaterial ab. In Abb. 2.29 sind für drei verschiedene typische Leuchtdioden die Spektralkurven dargestellt. Spektralkurven geben an, wie stark eine Lichtquelle bei einer bestimmten Lichtwellenlänge (Farbe) leuchtet.

Das Diagramm lässt erkennen, dass die Lichtfarbe der GaP-Dioden grün-gelb, der GaAsP-Dioden rot-orange und die der GaAs-Dioden infrarot ist. Durch Legierung in einem anderen Mischungsverhältnis lassen sich die Lichtfarben noch in gewissen Grenzen verändern.

Um den zweckmäßigen Einsatz der verschiedenen Leuchtdioden erkennen zu können, sind im Diagramm ebenfalls die Empfindlichkeitskurven für das menschliche Auge und für Silizium-Fotodioden enthalten. Da das menschliche Auge für grünes Licht die höchste Empfindlichkeit besitzt, sind für optische Signale Galliumphosphid-Dioden (grün-gelb) am besten geeignet. Dagegen sind z. B. für Lichtschranken mit Fotodioden Galliumarsenid-Dioden (infrarot) vorzuziehen. Interessant ist zum Vergleich die Spektralkurve des Glühlampenlichts. Sie zeigt, dass der überwiegende Anteil des Glühlampenlichts außerhalb des Empfindlichkeitsbereichs des menschlichen Auges oder der Fotodioden liegt. Die Spektralkurven der LED sind so schmal, dass man von praktisch einfarbigem Licht sprechen kann. So lassen sich ganz nach Bedarf durch bestimmte Leuchtdioden ganz bestimmte Lichtfarben erzielen, was bei Glühlampen nur mit besonderen Farbfiltern und schlechtem Wirkungsgrad erreicht werden kann.

Die Lebensdauer der Leuchtdioden beträgt etwa eine Million ($10^6$) Stunden gegenüber tausend ($10^3$) Stunden einer Glühlampe. Leuchtdioden reagieren so schnell, dass sie innerhalb von einer Sekunde über eine Million Mal ihre Helligkeit verändern können.

Ihre Anstiegszeit (Zeit zwischen Einschalten und voller Helligkeit) beträgt nur Nanosekunden. Der Wirkungsgrad ist mit etwa 4 % zwar gering, jedoch im Vergleich mit der Glühlampe noch recht gut. Die Verlustleistung liegt zwischen 50 mW und einigen Watt. Leuchtdioden sind besonders empfindlich gegen zu hohe Sperrspannungen (ca. 3 V) und müssen daher in vielen Anwendungsbereichen durch besondere Schaltungsmaßnahmen vor zu großer Sperrspannung geschützt werden, was sich vielfach durch Begrenzung mit einer Si-Diode erzielen lässt. Zu den besonderen Eigenschaften der Leuchtdioden muss auch ihre lineare Helligkeitssteuerung gerechnet werden, d. h., dass ihre Helligkeit praktisch linear mit der Durchlassstromstärke steigt. Damit lassen sie sich für genaue Regel- und Steuervorgänge verwenden.

Wie alle Halbleiterbauelemente zeigen leider auch Leuchtdioden eine starke Temperaturabhängigkeit. Entsprechende Diagramme aus den Datenblättern lassen erkennen, dass die Helligkeit bei einer Temperaturabnahme um 25 °C auf etwa 125 % steigt, dagegen bei einer Temperaturzunahme um 25 °C auf etwa 75 % des Werts bei 25 °C fällt.

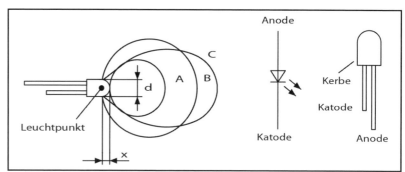

**Abb. 2.30:** Abstrahlwinkel und Anschlussschema einer Leuchtdiode

Abbildung 2.30 zeigt den Abstrahlwinkel und Anschlussschema von Leuchtdioden. Bei der Leuchtdiode wird der austretende Lichtstrahl vielfach durch eine eingeschmolzene Linse gebündelt.

Fasst man acht Leuchtdioden in ein gemeinsames Gehäuse zusammen, ergibt sich eine 7-Sement-Anzeige mit Dezimalpunkt.

## 2.6.1 Kontrolllampe mit LED

LED sind in unterschiedlichen Bauformen erhältlich. Da die Gehäuse der Standardformen mit den unterschiedlichsten Größen angeboten werden, lassen sie sich praktisch an jeder gewünschten Stelle einfügen, sogar auf gedruckten Schaltungen (Platinen). Damit ermöglichen sie die Überwachung der Funktionsfähigkeit bestimmter Schaltungsteile. Ebenso kann eine Vielzahl solcher Kontrolllampen auf kleinstem Raum an der Frontseite eines Gerätes untergebracht werden. Abb. 2.31 zeigt eine Kontrolllampe in ihrer Funktion.

## 2.6 LEUCHTDIODEN (LED)

Verschiedene LED-Bauformen:

- Durchmesser ab 3 mm
- Subminiatur-LEDs ab 1,9 mm Durchmesser
- Miniatur-LEDs ab 1,8 mm Durchmesser
- SMD-Bauteil

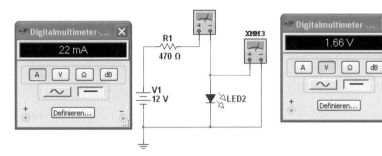

**Abb. 2.31:** LED als Kontrolllampe

Für den Betrieb einer LED ist eine Spannungsquelle und ein Widerstand zur Strombegrenzung erforderlich. Der Vorwiderstand ist vom Durchmesser der LED abhängig, wenn man Standardabmessungen von 3 mm und 5 mm verwendet.

Leuchtdioden mit einem Durchmesser von 3 mm: $I_D = 10$ mA
Leuchtdioden mit einem Durchmesser von 5 mm: $I_D = 20$ mA

Für die simulierte LED benötigt man einen Strom von 20 mA. Der Vorwiderstand errechnet sich aus

$$R_1 = \frac{U}{I} = \frac{12V - 1{,}66V}{20mA} = 517\Omega (470\Omega)$$

In der Schaltung fließt ein Strom von 22 mA. Dadurch ist die Leuchtdiode nicht gefährdet.

### 2.6.2 Schutzschaltungen mit Kontroll-LED

Hauptproblem bei transportablen Geräten ist eine Verpolung der Stromversorgung. Eine einfache Schutzschaltung für Verpolung der Betriebsspannung zeigt Abb. 2.32.

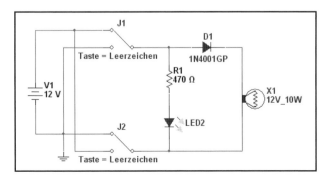

**Abb. 2.32:** Schutzschaltung mit Kontroll-LED

# 2 SCHALTUNGEN MIT DIODEN

Die Glühlampe in der Schaltung kann nur leuchten, wenn die Siliziumdiode 1N4001 einen Strom passieren lässt. In der Praxis befindet sich statt der Glühlampe ein transportables, elektronisches Gerät. Durch den Umschalter kann man die Polarität verändern. Bei richtiger Polung leuchtet die Leuchtdiode auf, da ein Strom fließt. Ändert man die Polarität, leuchtet die LED nicht mehr auf und die Siliziumdiode 1N4001 wird in Sperrrichtung betrieben. Die Glühlampe ist dunkel.

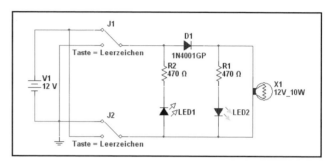

**Abb. 2.33:** Schutzschaltung mit zwei Kontroll-LEDs

Die Schutzschaltung von Abb. 2.33 ist mit zwei Leuchtdioden ausgerüstet. Ist die Polarität ordungsgemäß angeschlossen, kann der Strom über die Siliziumdiode 1N4001 fließen und die rechte Leuchtdiode (grün) emittiert ein Licht. Ändert man die Polarität, sperrt die Diode 1N4001 und die grüne Leuchtdiode wird dunkel. Die rote Leuchtdiode ist durch die Polarität in Durchlassrichtung geschaltet und emittiert Licht.

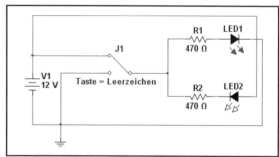

**Abb. 2.34:** Zweidioden-Tester für die Polarität

*Fall 1)* Der Umschalter in Abb. 2.34 befindet sich in der oberen Stellung und daher fließt durch den Widerstand und die LED1 ein Strom nach Masse und LED1 leuchtet. Das bedeutet: Ist die Eingangsspannung positiv, leuchtet die obere, rote LED1 auf.

*Fall 2)* Der Umschalter befindet sich in der unteren Stellung und daher fließt durch die LED2 und den Widerstand ein Strom Richtung Masse und LED2 leuchtet. Das bedeutet: Ist die Eingangsspannung 0 V oder negativ, leuchtet die untere, grüne LED auf.

## 2.6 LEUCHTDIODEN (LED)

### 2.6.3 7-Segment-Anzeige

Prinzipiell unterscheidet man zwischen zwei Typen bei den 7-Segment-Anzeigen:

- CA: Common Anode (mit gemeinsamer Anode)
- CC: Common Cathode (mit gemeinsamer Kathode)

Bei den CA-Typen sind die Anoden – und bei den CC-Typen die Kathoden – zu einem gemeinsamen Anschluss zusammengefasst. Hier muss man immer auf die Typenbezeichnung achten, da sonst die Anzeigen dunkel bleiben. Die Ansteuerung erfolgt bei den CA-Typen über die Kathode und bei den CC-Typen über die Anode. Während bei den CA-Typen die Betriebsspannung $+U_b$ immer an der gemeinsamen Anode liegt und die Kathoden gegen Masse geschaltet werden, liegt bei den CC-Typen die gemeinsame Kathode an Masse und die Anoden werden einzeln angesteuert. Daraus resultiert, dass bei einer Anzeige vom Typ CA der Strom in den Treiberbaustein hineinfließt. Wir sprechen hier von einer Stromsenke. Bei einem CC-Typ fließt der Strom aus dem Treiberbaustein heraus, d. h., in diesem Fall ist eine Stromquelle vorhanden.

Neben CC-Typen oder CA-Typen ist auch die Größe der Anzeige wichtig. Die Elektronik kennt Anzeigen mit einer Höhe von 8 mm, 13 mm, 16 mm, 20 mm und 26 mm.

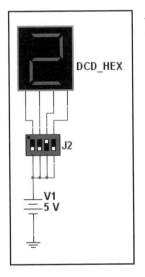

**Abb. 2.35:** 7-Segment-Anzeige mit internem Decoder

Normalerweise sind die 7-Segment-Anzeigen nicht mit einem internen Decoder ausgestattet, sondern benötigen einen zusätzlichen, externen Baustein, der den binären Code des Ansteuerungssignals in einen 7-Segment-Code umwandelt. Abb. 2.35 zeigt die Schaltung.

7-Segment-Anzeigen stehen in zahlreichen Varianten zur Verfügung. Der Status der 7-Segment-Anzeige wird während des Schaltungsbetriebs angezeigt und ist von den Segmentsignalen abhängig. Die sieben Anschlüsse steuern (von links nach rechts betrachtet) die Segmente a bis g. Durch die Ansteuerung der Segmente mit der entsprechenden Binärziffernfolge a bis g können Sie Ziffern von 0 bis 9 und Buchstaben von A bis F anzeigen. Tabelle 2.2 zeigt die Darstellung der Grundelemente des hexadezimalen Zahlensystems mit einer 7-Segment-Anzeige.

| Segmente | | | | | | | Dargestellte Ziffer |
|---|---|---|---|---|---|---|---|
| a | b | c | d | e | f | g | |
| 0 | 0 | 0 | 0 | 0 | 0 | 0 | keine |
| 1 | 1 | 1 | 1 | 1 | 1 | 0 | 0 |
| 0 | 1 | 1 | 0 | 0 | 0 | 0 | 1 |
| 1 | 1 | 0 | 1 | 1 | 0 | 1 | 2 |
| 1 | 1 | 1 | 1 | 0 | 0 | 1 | 3 |
| 0 | 1 | 1 | 0 | 0 | 1 | 1 | 4 |
| 1 | 0 | 1 | 1 | 0 | 1 | 1 | 5 |
| 1 | 0 | 1 | 1 | 1 | 1 | 1 | 6 |
| 1 | 1 | 1 | 0 | 0 | 0 | 0 | 7 |
| 1 | 1 | 1 | 1 | 1 | 1 | 1 | 8 |
| 1 | 1 | 1 | 1 | 0 | 1 | 1 | 9 |
| 1 | 1 | 1 | 0 | 1 | 1 | 1 | A |
| 0 | 0 | 1 | 1 | 1 | 1 | 1 | b |
| 1 | 0 | 0 | 1 | 1 | 1 | 0 | C |
| 0 | 1 | 1 | 1 | 1 | 0 | 1 | d |
| 1 | 0 | 0 | 1 | 1 | 1 | 1 | E |
| 1 | 0 | 0 | 0 | 1 | 1 | 1 | F |

***Tabelle 2.2:*** *Funktion einer 7-Segment-Anzeige*

Diese Anzeige kann die Ziffern 1 bis 9 und die Buchstaben A bis F anzeigen. Die Verwendung dieser Anzeige ist einfacher als bei der normalen 7-Segment-Anzeige, da nur vier Anschlüsse angesteuert werden müssen.

Die Ansteuerung der Eingänge erfolgt mit 4-Bit-codierten Werten und man erhält die Ziffernanzeige entsprechend der Wahrheitstabelle 2.3.

| Eingänge | | | | Dargestellte Ziffer |
|---|---|---|---|---|
| a ($2^3$) | b ($2^2$) | c ($2^1$) | d ($2^0$) | |
| 0 | 0 | 0 | 0 | 0 |
| 0 | 0 | 0 | 1 | 1 |
| 0 | 0 | 1 | 0 | 2 |
| 0 | 0 | 1 | 1 | 3 |
| 0 | 1 | 0 | 0 | 4 |
| 0 | 1 | 0 | 1 | 5 |
| 0 | 1 | 1 | 0 | 6 |
| 0 | 1 | 1 | 1 | 7 |
| 1 | 0 | 0 | 0 | 8 |

## 2.6 LEUCHTDIODEN (LED)

| Eingänge | | | | Dargestellte Ziffer |
|---|---|---|---|---|
| a ($2^3$) | b ($2^2$) | c ($2^1$) | d ($2^0$) | |
| 1 | 0 | 0 | 1 | 9 |
| 1 | 0 | 1 | 0 | A |
| 1 | 0 | 1 | 1 | b |
| 1 | 1 | 0 | 0 | C |
| 1 | 1 | 0 | 1 | d |
| 1 | 1 | 1 | 0 | E |
| 1 | 1 | 1 | 1 | F |

***Tabelle 2.3:*** *Funktion einer binär codierten 7-Segment-Anzeige*

## 2.6.4 Bar-Anzeige

Diese Anzeige besteht aus einem Array mit zehn nebeneinander liegenden LEDs. Mit diesem Bauteil können variierende Spannungen visuell angezeigt werden. Die zu messende Spannung muss mit Hilfe von Komparatoren in Stufen decodiert werden, die auch zur Ansteuerung der einzelnen LED verwendet werden. Die Anschlüsse auf der linken Anzeigenseite sind Anoden, und die auf der rechten Seite Kathoden. Eine LED leuchtet, wenn der Einschaltstrom durch die LED fließt. Im Register Wert des Dialogfelds Schaltung/Bauteileigenschaften können Sie den Spannungsfall einstellen. Tabelle 2.4 zeigt Parameter und Standardwerte.

| Formelzeichen | Parametername | Standard | Einheit |
|---|---|---|---|
| $U_f$ | Spannungsfall in Durchlassrichtung | 2 | V |
| $I_f$ | Strom in Durchlassrichtung | 30 | mA |
| $I_{ein}$ | Einschaltstrom | 10 | mA |

***Tabelle 2.4:*** *Parameter und Standardwerte der Balkenanzeige*

Diese dekodierte Anzeige besteht wie die normale Balkenanzeige aus einem Array mit 10 nebeneinander liegenden Leuchtdioden. Im Gegensatz zur normalen Balkenanzeige ist in der decodierten Balkenanzeige bereits ein Decodierer-Schaltkreis integriert, so dass nur noch die zu messende Spannung an die Anzeigenanschlüsse gelegt werden muss. Der integrierte Schaltkreis decodiert die Spannung und steuert die dem Spannungspegel entsprechende LED-Anzahl an. Abb. 2.36 zeigt Symbol und die Ansteuerung für die Balkenanzeige.

Insgesamt sind drei verschiedene Bar-Anzeigen vorhanden. In der Schaltung von Abb. 2.36 wird der Typ DCD verwendet. Die decodierte Balkenanzeige stellt für die Eingangsspannung einen sehr hohen Widerstand dar. Die für die unterste und oberste

## 2 SCHALTUNGEN MIT DIODEN

**Abb. 2.36:** Schaltung für eine Bar-Anzeige

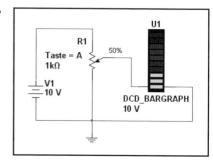

LED erforderliche Spannung können Sie im Register Wert des Dialogfelds Schaltung/Bauteileigenschaften einstellen. Die Spannung, bei der die jeweilige LED (von der untersten bis zur obersten) leuchtet, wird durch die folgende Gleichung bestimmt:

$$U_{ein} = U_1 + \frac{(U_{max} - U_{min})}{9} \cdot (n-1)$$

n = 1, 2 ... 10 (Anzahl der LEDs)

Die anderen in dieser Gleichung verwendeten Formelzeichen sind in Tabelle 2.5 definiert.

| Formelzeichen | Parametername | Standard | Einheit |
|---|---|---|---|
| $U_{min}$ | Mindestens erforderliche Einschaltspannung für das niedrigste Segment | 1 | V |
| $U_{max}$ | Mindestens erforderliche Einschaltspannung für das höchste Segment | 10 | V |

**Tabelle 2.5:** Parameter und Standardwerte der Balkenanzeige

## 2.7 Optokoppler

Unter dem Begriff Optokoppler versteht man optoelektronische Baugruppen, die zwei Stromkreise galvanisch trennen und als Übertragungsmedium Licht benutzen. Als Lichtsender werden Leuchtdioden verwendet, die zumeist einen Fototransistor in Form einer Fotoduodiode, also ohne Basisanschluss des Fototransistors, oder gar einen Fotothyristor bzw. TRIAC bestrahlen. Beide optischen Elemente sind in einem lichtdichten Gehäuse untergebracht, wobei die maximalen Durchschlagsspannungen, die zwischen Sender und Empfänger auftreten dürfen, im kV-Bereich liegen.

Wird eine Leuchtdiode mit einem lichtempfindlichen Fotohalbleiter kombiniert, so kann eine Signalübertragung mit Hilfe von Licht erfolgen. Sind dabei Sender und Empfänger in einem gemeinsamen, lichtdichten Gehäuse angeordnet, dann wird ein derartiges Bau-

## 2.7 OPTOKOPPLER

element als Optokoppler bezeichnet. Optokoppler (abb. 2.3.7) haben den großen Vorteil, dass zwischen dem Eingangskreis und dem Ausgangskreis eine vollkommene galvanische Trennung besteht.

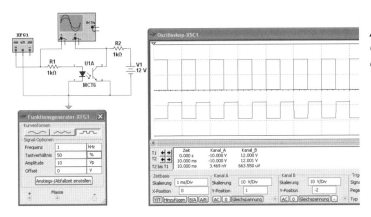

**Abb. 2.37:** Aufbau eines Optokopplers mit Ansteuerung

Die meisten Optokoppler arbeiten mit einer IR-Leuchtdiode als Sender und einem Si-Fototransistor als Empfänger. Leuchtdiode und Fototransistor werden auf einem gemeinsamen Träger hergestellt. Zwischen Sender und Empfänger ist ein transparenter Kunststoff angeordnet, der eine bessere Lichtübertragung ermöglicht.

Bezüglich des Abstandes zwischen Leuchtdiode und Fototransistor muss ein Kompromiss getroffen werden. Damit möglichst viel der erzeugten Strahlung auf den Fototransistor gelangt, muss der Abstand gering sein. Andererseits wird aber zur Erweiterung der Einsatzmöglichkeiten eine hohe Spannungsfestigkeit zwischen Eingangs- und Ausgangskreis gefordert, so dass ein großer Abstand von Vorteil ist. Optokoppler haben heute Spannungsfestigkeiten bis zu 10 kV.

Ein wichtiger Kennwert des Optokopplers ist sein Stromübertragungsverhältnis $V_I$ das von einigen Herstellern auch als Koppelfaktor K bezeichnet wird. Mit $V_I$ wird das Verhältnis des Ausgangsstromes zum Eingangsstrom bezeichnet. Daher gilt für einen Optokoppler mit Leuchtdiode und Fototransistor:

$$V_I = \frac{I_C}{I_F}$$ und für einen Optokoppler mit Leuchtdiode und Fotodiode $$V_I = \frac{I_{Fot}}{I_F}$$

Die Zusammenhänge zwischen Eingangs- und Ausgangsstrom werden meistens in Form einer Übertragungskennlinie angegeben. Bei den verschiedenen Typen der heute lieferbaren Optokoppler mit Fototransistor liegen die typischen Stromübertragungsverhältnisse etwa zwischen 0,5 und 3. Optokoppler mit Fotodiode haben kleinere Werte.

Das Ausgangskennlinienfeld eines Optokopplers gleicht weitgehend dem eines Fototransistors bzw. eines normalen Transistors, jedoch sind die Stromverstärkungsfaktoren B der im Optokoppler enthaltenen Fototransistoren meistens etwas niedriger.

## 2 SCHALTUNGEN MIT DIODEN

**Abb. 2.38:** Messschaltung für einen Optokoppler

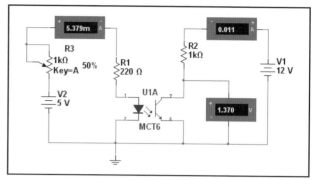

Für die Messschaltung in Abbildung 2.38 ergibt sich Tabelle 2.6.

| 100 % | 3,2 mA | 6,2 mA | 5,8 V |
|---|---|---|---|
| 80 % | 3,8 mA | 7,6 mA | 4,4 V |
| 60 % | 4,7 mA | 9,6 mA | 2,4 V |
| 50 % | 5,4 mA | 11 mA | 1,4 V |
| 40 % | 6,3 mA | 11 mA | 1,3 V |
| 20 % | 9,1 mA | 11 mA | 1,2 V |
| 0 % | 17 mA | 11 mA | 1,2 V |

**Tabelle 2.6:** Werte der Messschaltung

Mit dem Potentiometer stellt man den Durchlassstrom der internen Leuchtdiode ein. Entsprechend ändert sich der Strom. Auf der Seite des Fototransistors werden Kollektorstrom und Ausgangsspannung gemessen.

In welchen Grenzen ändert sich die Ausgangsspannung $U_a$, wenn bei der in Abb. 2.38 angegebenen Schaltung eines Optokopplers der Trimmer vom Anschlag a zum Anschlag b verstellt wird?

Berechnung der Eingangsströme $I_{F(a)}$ und $I_{F(b)}$:

$U_F = 1{,}7$ V
$$I_{F(a)} = \frac{U - U_F}{R_1} = \frac{5V - 1{,}7V}{220\Omega} = 15mA$$

$$I_{F(b)} = \frac{U - U_F}{R_1} = \frac{5V - 1{,}7V}{1k\Omega + 220\Omega} = 2{,}7mA$$

Ermittlung der Ausgangsspannung $U_a$: In das Ausgangskennlinienfeld ist bereits die Arbeitsgerade für $R_2 = 1$ k$\Omega$ eingetragen. Daher können in Näherung die Werte für $U_{CE}$ abgelesen werden und es gelten die Werte von Tabelle 2.6.

$$U_{a(a)} = U_{CE(a)} \approx 5{,}8 \text{ V} \qquad U_{a(b)} = U_{CE(b)} \approx 1{,}2 \text{ V}$$

## 2.7 OPTOKOPPLER

Kontrolle des Stromübertragungsverhältnisses $V_I$:

$$I_{C(a)} = \frac{U - U_{CE(a)}}{R_2} \approx \frac{12V - 5,8V}{1k\Omega} = 6,2mA$$

$$I_{C(b)} = \frac{U - U_{CE(b)}}{R_2} \approx \frac{12V - 1,2V}{1k\Omega} = 10,8mA$$

$$V_{I(a)} \approx \frac{I_C}{I_F} \approx \frac{6,2mA}{15mA} \approx 0,41 \qquad V_{I(b)} \approx \frac{I_C}{I_F} \approx \frac{10,8mA}{2,7mA} \approx 4$$

Die Werte $V_{I(a)}$ und $V_{I(b)}$ liegen innerhalb des für den simulierten Optokoppler typischen Wertebereiches $V_{I(typ)} \approx$ 0,5 bis 3.

# 3 Verstärkerschaltungen

Die Bezeichnungsweise für den Begriff Verstärker ist sehr unterschiedlich und führt häufig zu Unklarheiten. Der Ausdruck Transistorverstärker sagt sehr wenig aus. Ob er als Hochfrequenzverstärker oder als Leistungsverstärker ausgelegt ist, bleibt unbekannt. Abb. 3.1 zeigt eine praxisnahe Gliederung der gebräuchlichen Bezeichnungen.

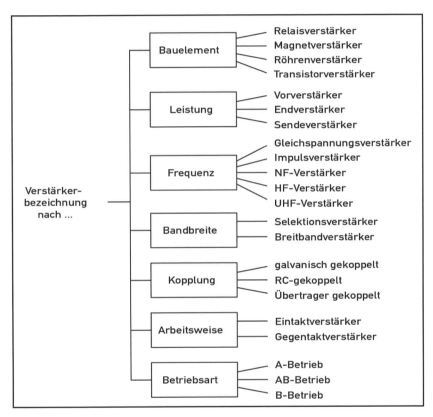

*Abb. 3.1:* Verstärkerbezeichnungen

Je mehr Merkmale bei der Verstärkerbeschreibung genannt werden, desto eindeutiger sind die Einsatzmöglichkeiten des Verstärkers. In den nachfolgenden Teilkapiteln werden die verschiedenen Verstärkerschaltungen mit Transistoren und Operationsverstärkern unter den verschiedenen Gesichtspunkten betrachtet.

Verstärkerschaltungen haben die Aufgabe, die Amplitude und/oder die Leistung eines Signals zu verändern. Dazu muss jeder Verstärkerschaltung zusätzlich Energie zugeführt

# 3 VERSTÄRKERSCHALTUNGEN

werden. Ein Teil dieser zugeführten Energie geht als Wärme verloren und wird als Verlustleistung bezeichnet.

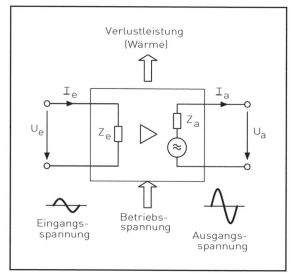

**Abb. 3.2:** Blockschaltung eines Verstärkers

In Abb. 3.2 ist das Prinzip eines Verstärkers dargestellt. Verstärkerschaltungen werden heute überwiegend mit Transistoren realisiert. Dabei verwendet man sowohl bipolare als auch Feldeffekttransistoren bzw. MOSFETs. In der NF-Technik findet mehr und mehr der Operationsverstärker als integriertes Verstärkerbauteil seine Anwendung.

Die Grundschaltungen sowohl der bipolaren als auch der Feldeffekttransistoren bzw. MOSFETs mit ihren Eigenschaften werden als bekannt vorausgesetzt. Auf diesen Kenntnissen soll im Rahmen der nachfolgenden Ausführungen aufgebaut werden, wobei auch der Operationsverstärker einer näheren Betrachtung unterzogen wird.

## 3.1 Transistorverstärker

In der Praxis gibt es drei Transistor-Grundschaltungen:

- Die Emitterschaltung wird in 95 % aller Fälle in der analogen und digitalen Schaltungstechnik eingesetzt.
- Die Basisschaltung gibt es nur im Antennenteil von Fernsehgeräten und Rundfunkgeräten.
- Die Kollektorschaltung eignet sich im Wesentlichen nur als Impedanzwandler.

## 3.1 TRANSISTORVERSTÄRKER

Abb. 3.3 zeigt die Grundschaltungen mit ihren typischen Richtwerten. Aus dieser Gegenüberstellung der einzelnen Grundschaltungen sind die Vorteile des Emitterbetriebes ersichtlich.

| | Emitterschaltung | Basisschaltung | Kollektorschaltung |
|---|---|---|---|
| Transistor-grund-schaltungen | 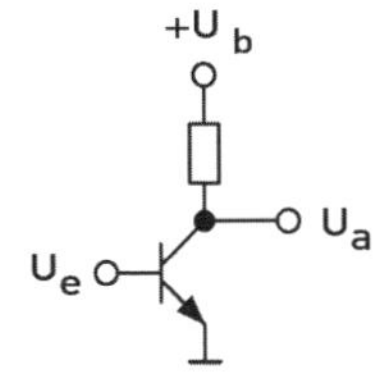 (Schaltbild mit $+U_b$, $U_e$, $U_a$) | 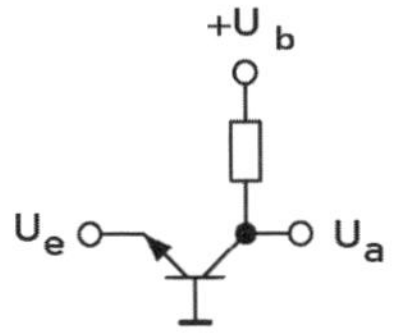 (Schaltbild mit $+U_b$, $U_e$, $U_a$) | 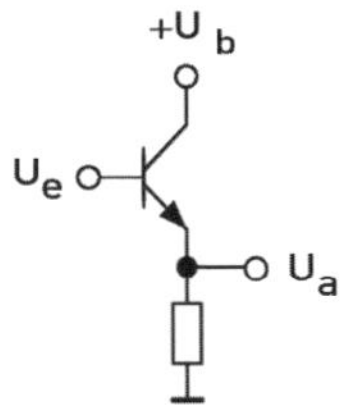 (Schaltbild mit $+U_b$, $U_e$, $U_a$) |
| Eingangs-impedanz $Z_e$ | Mittel ca. 100 Ω bis 10 kΩ | Klein ca. 10 Ω bis 100 Ω | Groß ca. 10 kΩ bis 100 kΩ |
| Ausgangs-impedanz $Z_a$ | Mittel ca. 1 kΩ bis 10 kΩ | Groß ca. 10 kΩ bis 100 kΩ | Klein ca. 10 Ω bis 100 Ω |
| Strom-verstärkung $\alpha$ $\beta$ $\gamma$ | Groß $\beta = \dfrac{\Delta I_C}{\Delta I_B}$ (10- bis 500 fach) | < 1 $\alpha = \dfrac{\Delta I_C}{\Delta I_E}$ (kleiner 1) | Groß $\gamma = \dfrac{\Delta I_E}{\Delta I_B}$ (10- bis 500fach) |
| Spannungs-verstärkung $V_u$ | Groß $V_{uE} = \dfrac{\Delta U_{CE}}{\Delta U_{BE}}$ (100- bis 1000 fach) | Groß $V_{uB} = \dfrac{\Delta U_{BC}}{\Delta U_{BE}}$ (100- bis 1000 fach) | < 1 $V_{uC} = \dfrac{\Delta U_{CE}}{\Delta U_{BC}}$ (kleiner 1) |
| Leistungs-verstärkung $V_p$ | Sehr groß $V_{pE} = \beta \cdot V_{uE}$ | Mittel $V_{pB} = \alpha \cdot V_{uB}$ | Klein $V_{pC} = \gamma \cdot V_{uC}$ |
| Phasenlage von $U_e$ und $U_a$ | $\varphi = 180°$ | $\varphi = 0°$ | $\varphi = 0°$ |
| Grenz-frequenz | Mittel $f_\beta$ bis ca. 10 MHz | Hoch $f_\alpha$ bis ca. 5 GHz $f_\alpha \approx \beta \cdot f_\beta$ | Mittel $f_\gamma$ bis ca. 10 MHz $f_\gamma \approx f_\beta$ |
| Anwendung für | NF-Verstärker und HF-Verstärker, Leistungs-verstärker, Schaltfunktionen | HF-Verstärker für hohe Frequenzen | Anpassungsstufen (sogenannte Impedanzwandler) |

**Abb. 3.3:** *Gegenüberstellung der drei Transistor-Grundschaltungen. Die angegebenen Werte stellen nur Richtwerte dar.*

Bei der Betrachtung der Eingangs- und Ausgangswiderstände muss zwischen dem statischen und dem dynamischen Widerstand unterschieden werden. In der analogen Schaltungstechnik sind nur die dynamischen Eingangs- und Ausgangswiderstände bzw. Impedanzen wichtig:

$$Z_{ein} = \frac{Eingangswechselspannung}{Eingangswechselstrom} \qquad z_{ein} = r_{ein} = \frac{\Delta U_{BE}}{\Delta I_B}$$

$$Z_{aus} = \frac{Ausgangswechselspannung}{Ausgangswechselstrom} \qquad z_{aus} = r_{aus} = \frac{\Delta U_{CE}}{\Delta I_C}$$

Die einzelnen Spannungen und Ströme sind direkt an den Transistoren zu messen.

Vergleicht man den Eingangs- bzw. Ausgangswiderstand eines Verstärkers im statischen und dynamischen Betrieb, so stellt man fest, dass der dynamische Wert erheblich kleiner als der statische Wert ist.

Je nach Art des Verstärkers muss zwischen einer großen Stromverstärkung, Spannungsverstärkung und Leistungsverstärkung unterschieden werden. Bei der Emitterschaltung ist die Stromverstärkung mit β gekennzeichnet, bei der Basisschaltung mit α und bei der Kollektorschaltung mit γ. Zur Bestimmung der Stromverstärkung in der Emitterschaltung setzt man die Kollektorstromänderung ins Verhältnis zur Basisstromänderung:

$$\beta = \frac{\Delta I_C}{\Delta I_B}$$

Ebenso ist bekannt, dass der Wechselstromverstärkungsfaktor β mit dem Gleichstromverstärkungsfaktor B fast identisch ist: $\beta = B$.

Während man bei der Emitter- und Kollektorschaltung eine große Stromverstärkung hat, ist bei der Basisschaltung die Stromverstärkung α < 1.

Die Spannungsverstärkung $V_U$ ist das Verhältnis der Ausgangsspannung zur Eingangsspannung, wobei die jeweiligen Anschlüsse von Abb. 3.3 exakt beachtet werden müssen. Die Emitter- und die Basisschaltung weisen große Faktoren für die Spannungsverstärkung auf, während bei der Kollektorschaltung $V_U$ < 1 ist.

In der Praxis ist oft eine große Leistungsverstärkung wichtig, besonders bei den Endstufen einer Schaltung. Da die Leistung das Produkt von Spannung und Strom ist, ergeben sich recht unterschiedliche Werte für die drei Grundschaltungen von Abb. 3.3. Mit der Emitterschaltung erreicht man eine sehr große Leistungsverstärkung, da bereits die Strom- und die Spannungsverstärkung groß sind.

Wichtig in der analogen Schaltungstechnik ist nicht immer nur eine hohe Leistungsverstärkung. Auch geringe Verzerrungen (Klirrfaktor), geringer Temperatureinfluss und eine optimale Anpassung an die nächste Transistorstufe sind von Bedeutung.

Bei der Emitterschaltung tritt zwischen Ein- und Ausgang eine Phasenverschiebung von φ = 180° auf. In der Praxis ist die Phasenverschiebung kein Nachteil. Vergrößert sich die Eingangsspannung, fließt ein höherer Basisstrom, der dann einen entsprechend verstärkten Kollektorstrom erzeugt. Durch die Stromerhöhung wird der Spannungsfall an dem Arbeitswiderstand größer und die Ausgangsspannung geringer.

Das Frequenzverhalten eines Transistors wird im Wesentlichen durch die Kapazität zwischen Basis und Emitter bestimmt. Bei Kleinsignaltransistoren treten nur geringe Kapazitäten auf. Speziell bei Leistungstransistoren muss man jedoch mit größeren Kapazitäten rechnen, die die Schaltung negativ beeinflussen. Diese Kapazitäten stellen einen Nebenschluss dar, der sich mit zunehmender Frequenz auf das Verhalten einer Schaltung auswirkt.

### 3.1.1 Kleinsignalverstärker

In der analogen Verstärkertechnik findet man von den drei Grundschaltungen des Transistors nur den Emitter- und den Kollektorbetrieb. Die Basisschaltung hat auf diesem Anwendungsgebiet keine Bedeutung erlangt. Die drei Grundschaltungen unterscheiden sich wesentlich in ihren Eigenschaften, woraus sich ihre Anwendungen ableiten.

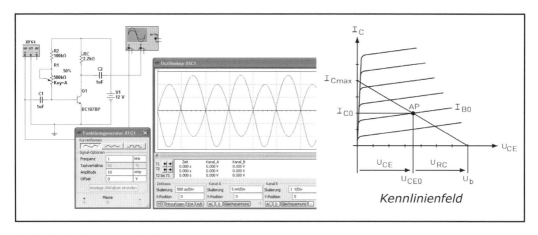

***Abb. 3.4:*** *Emitterschaltung*

Die Emitterschaltung von Abb. 3.4 stellt eine einfache und universelle Verstärkerschaltung dar. Man erreicht eine Spannungsverstärkung zwischen 100 bis 1000, einen Eingangswiderstand von 100 Ω bis 10 kΩ und einen Ausgangswiderstand von 100 Ω bis 10 kΩ. Die Signalspannung liegt am Eingang $U_e$ an und steuert über den Kondensator $C_1$ die Basis des Transistors an. Der Transistor verstärkt den Basisstrom $I_B$ entsprechend und dadurch fließt ein Kollektorstrom $I_C$, der über den Kollektorwiderstand $R_C$ einen Spannungsfall erzeugt. Als Ausgangsspannung $U_a$ steht die Spannung $U_{CE}$ vom Transistor zur Verfügung, die über den Kondensator $C_2$ ausgekoppelt wird.

# 3 VERSTÄRKERSCHALTUNGEN

Die Arbeitsgerade von Abb. 3.4 schneidet die Achsen in den Punkten:

$$U_{CE} = +U_b, \text{ wenn } I_C \approx 0 \text{ ist}$$

und $I_{C\max} = \dfrac{+U_b}{R_C}$ , wenn $U_{CE} \approx 0$ ist.

Die Gleichstrom- und Wechselstromverstärkung des Transistors errechnet sich aus

$$B = \frac{I_C}{I_B} \quad \text{oder} \quad \beta = \frac{\Delta I_C}{\Delta I_B} \quad \text{mit} \quad \beta \approx B$$

Bei einem Kleinsignalverstärker lässt sich der Basiswiderstand $R_2$ wie folgt berechnen:

$$R_2 = \frac{U_b - U_{BE0}}{I_{B0}} = \frac{B(U_b - U_{BE0})}{I_{C0}}$$

Beispiel: Für die Schaltung von Abb. 3.4 sind folgende Werte gegeben: $+U_b = 12$ V, $R_C = 1$ kΩ, $B = 200$ und $U_{BE} \approx 0{,}6$ V. Wie groß ist der Basiswiderstand $R_2$, wenn die Ausgangsspannung $U_a = 6$ V beträgt?

$$I_C = \frac{U_a}{R_C} = \frac{6V}{1k\Omega} = 6mA \qquad I_B = \frac{I_C}{B} = \frac{6mA}{200} = 30\mu A$$

$$R_2 = \frac{+U_b - U_{BE}}{I_B} = \frac{12V - 0{,}6V}{30\mu A} = 380k\Omega$$

Der Basiswiderstand $R_2$ muss einen Wert von 380 kΩ aufweisen. Mit dem Potentiometer lässt sich der Arbeitspunkt optimal einstellen.

Für eine analoge und verzerrungsfreie Verstärkung liegt der Arbeitspunkt AP etwa in der Mitte der Arbeitsgeraden. Durch den Einsteller lässt sich der Arbeitspunkt auf der Arbeitsgeraden verschieben, bis man die optimale Einstellung gefunden hat. Als Messgerät für die Einstellung des Arbeitspunktes eignet sich ein 2-Kanal-Oszilloskop.

Wie das Oszilloskop zeigt, liegt eine Eingangsspannung von $U_{eS} = 10$ m$V_S$ an der Schaltung. Die Ausgangsspannung wird mit $U_{aS} = 2{,}8$ $V_S$ gemessen und dies ergibt eine Spannungsverstärkung von 280.

In der Praxis setzt man keinen Basisvorwiderstand ein, sondern einen Spannungsteiler, wie Abb. 3.5 zeigt. Hat man nur einen Basisvorwiderstand, ergeben sich keine optimalen Abgleichbedingungen. Über den Widerstand $R_2$ des Spannungsteilers fließt ein Vorstrom $I_V$, der sich in den eigentlichen Basisstrom $I_B$ für den Transistor und den Querstrom

$I_q$ durch den Widerstand $R_1$ aufteilt. Der Querstrom soll einen Wert von $(3\ldots10) \cdot I_B$ aufweisen, damit im Verstärkerbetrieb nur eine kleine Spannungsänderung an der Basis des Transistors auftritt.

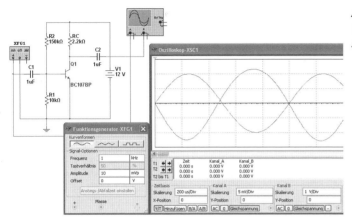

**Abb. 3.5a:** Kleinsignalverstärker in Emitterschaltung (Multisim)

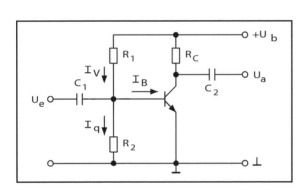

**Abb. 3.5b:** Kleinsignalverstärker in Emitterschaltung (regulärer Schaltplan)

**Beispiel:** Für die Schaltung von Abb. 3.5 sind folgende Werte gegeben: $+U_b = 12$ V, $R_C = 2{,}2$ kΩ und $B = 200$. Wie groß sind die beiden Widerstände $R_1$ und $R_2$, wenn die Ausgangsspannung $U_a = 6$ V beträgt und für $I_q = 5 \cdot I_B$ gewählt wird?

$$I_C = \frac{U_a}{R_C} = \frac{6V}{2{,}2k\Omega} = 2{,}72 mA \qquad I_B = \frac{I_C}{B} = \frac{2{,}72 mA}{200} = 13{,}63 \mu A$$

$$I_q = 5 \cdot I_B = 5 \cdot 13{,}63 \mu A = 68{,}18 \mu A \qquad I_v = I_B + I_q = 13{,}63 \mu A + 68{,}18 \mu A = 81{,}81 \mu A$$

$$R_1 = \frac{U_{BE}}{I_q} = \frac{0{,}6V}{68{,}18 \mu A} = 8{,}8 k\Omega \qquad R_2 = \frac{+U_b - U_{BE}}{I_v} = \frac{12V - 0{,}6V}{81{,}81 \mu A} = 139 k\Omega$$

Für den Widerstand $R_1$ ist ein Wert von 8,8 kΩ und für $R_2$ ein Wert von 139 kΩ erforderlich. In der Praxis setzt man für $R_1$ einen Wert von 10 kΩ, und für $R_2$ ein Trimmpoti von 100 kΩ ein. Damit ist die Schaltung für die optimale Einstellung des Arbeitspunktes AP geeignet.

Wie das Oszilloskop zeigt, liegt eine Eingangsspannung von $U_{eS} = 10$ mV$_S$ an der Schaltung. Die Ausgangsspannung wird mit $U_{aS} = 2,4$ V$_S$ gemessen. Dies ergibt eine Spannungsverstärkung von 240.

## 3.1.2 Thermische Arbeitspunktstabilisierung

Der Nachteil der Emitterschaltung ist der thermische Einfluss, wodurch sich der Arbeitspunkt entsprechend verändert. Mit jeder Temperaturänderung verschiebt sich der Arbeitspunkt auf der Geraden, und es kommt zu Verzerrungen der Ausgangsspannung. Bei steigender Temperatur werden beispielsweise in einem Halbleiter zusätzliche Ladungsträger frei. Dadurch erhöht sich vor allem die Eigenleitfähigkeit, aber auch die Restströme verändern sich erheblich. Bei einer Temperaturerhöhung an der Sperrschicht eines Siliziumtransistors von 25 °C auf 150 °C steigen die Restströme auf das 2000fache an.

Auf die Störstellenleitfähigkeit ist der Einfluss der Temperatur dagegen wesentlich geringer. Im Ausgangskennlinienfeld führt eine Temperaturerhöhung zu einer Verschiebung der Kennlinie nach oben, d. h., bei gleichen Spannungen fließen größere Ströme. Umgekehrt führt eine Temperaturerhöhung bei konstanten Strömen zu einer Verringerung der Spannung. Das Diagramm von Abb. 3.6 zeigt die Eingangskennlinie eines Transistors bei verschiedenen Temperaturen.

**Abb. 3.6:** Diagramm $I_C = f(U_{BE})$ der Eingangskennlinie eines npn-Transistors bei verschiedenen Temperaturen

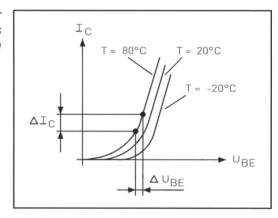

Wie aus dem Diagramm zu ersehen ist, steigt bei konstanter Basis-Emitter-Spannung $U_{BE}$ der Kollektorstrom $I_C$ bei Temperaturerhöhung um einen bestimmten Wert an. Diese Änderung des Kollektorstromes bei einer Temperaturschwankung führt zu einer Arbeitspunktverschiebung. Verschiebt sich der Arbeitspunkt auf der Arbeitsgeraden, kommt es zu einer Einengung der Signalspannung im positiven oder negativen Aussteuerungsbereich. Um dem entgegenzuwirken, setzt man die stromgegengekoppelte Transistorstufe ein, wie die Schaltung in Abb. 3.7 zeigt.

## 3.1 TRANSISTORVERSTÄRKER

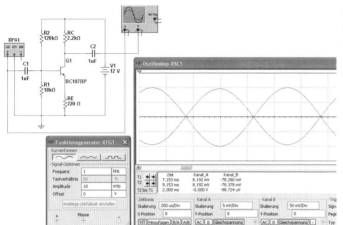

**Abb. 3.7a:** Transistorstufe mit Stromgegenkopplung (Multisim)

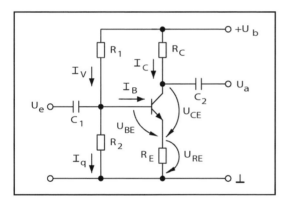

**Abb. 3.7b:** Transistorstufe mit Stromgegenkopplung (Stromverlauf)

Bei der stromgegengekoppelten Transistorstufe befindet sich zwischen dem Emitteranschluss und Masse der Emitterwiderstand $R_E$, der den Arbeitspunkt bei einer Temperaturänderung konstant hält. Erhöht sich die Temperatur am Transistor, nimmt der Kollektorstrom zu, und an dem Emitterwiderstand fällt eine größere Spannung ab. Dies führt zu einer Verringerung der Spannung $U_{BE}$, wodurch sich der Basisstrom entsprechend verringert. Durch die Reduzierung des Basisstromes ergibt sich auch ein kleinerer Kollektorstrom und daher ein geringerer Spannungsfall am Emitterwiderstand $R_E$. Die Spannung an der Basis verringert sich, und es kann wieder ein größerer Basisstrom fließen. Für die Basis-Emitter-Spannung bei einer Stromgegenkopplung gilt

$$U_{BE} = U_{R2} - I_E \cdot R_E$$

Bei steigender Temperatur nimmt der Emitterstrom zu, und damit erhöht sich der Spannungsfall um den Faktor $I_E \cdot R_E$. Es kommt zur Stromgegenkopplung eine Gleichstromgegenkopplung.

# 3 VERSTÄRKERSCHALTUNGEN

Die Bauteile der Schaltung lassen sich folgendermaßen berechnen:

$$R_C = \frac{U_b - U_{CE0} - (I_{C0} \cdot R_E)}{I_{C0}} \qquad R_E = \frac{U_{RE}}{I_{C0} + I_{B0}} = \frac{U_{RE} \cdot B}{I_{C0}(B+1)}$$

$$R_2 = \frac{U_b - U_{BE0} - U_{RE}}{I_{B0} + I_q} = \frac{(U_b - U_{BE0} - U_{RE}) \cdot B}{(1+n) \cdot I_{C0}} \qquad R_1 = \frac{U_{BE} - U_{RE}}{I_q} = \frac{(U_{BE0} - U_{RE}) \cdot B}{n \cdot I_{C0}}$$

$$I_q = n \cdot I_{B0} \quad mit \ n = 3...10$$

Die Spannungsverstärkung dieser Transistorstufe errechnet sich aus $V_U = \dfrac{R_C}{R_E}$

Durch diese Tatsache lassen sich die Toleranzen der Verstärkungsfaktoren B eines Transistors über das Verhältnis von Kollektorwiderstand zu Emitterwiderstand ohne großen Aufwand bestimmen.

Wie das Oszilloskop zeigt, liegt eine Eingangsspannung von $U_{eS}$ = 10 mV$_S$ an der Schaltung. Die Ausgangsspannung wird mit $U_{aS}$ = 100 mV$_S$ gemessen. Dies ergibt eine Spannungsverstärkung von 10:

$$V_U = \frac{2{,}2k\Omega}{220\Omega} = 10$$

Im Gegensatz zur Stromgegenkopplung, bei der eine dem Ausgangsstrom proportionale Spannung zum Eingang rückgekoppelt wird, koppelt man bei der Spannungsgegenkopplung einen Teil der gegenphasigen Ausgangsspannung zum Eingang zurück.

Bei der Spannungsgegenkopplung von Abb. 3.8 wird die Spannung für den Spannungsteiler nicht direkt an der Betriebsspannung abgegriffen, sondern am Kollektor des Transistors. Für die Basis-Emitter-Spannung gilt

$$U_{BE} = U_{CE} \cdot \frac{R_2}{R_1 + R_2}$$

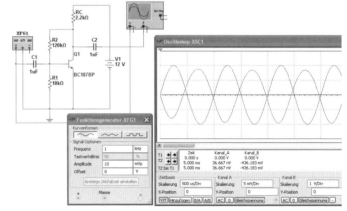

**Abb. 3.8a:** Schaltung einer Spannungsgegenkopplung (Multisim)

## 3.1 TRANSISTORVERSTÄRKER

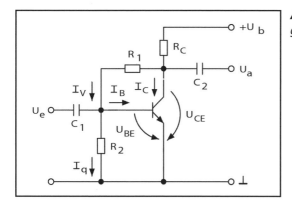

**Abb. 3.8b:** Schaltung einer Spannungsgegenkopplung (Stromverlauf)

Mit steigender Temperatur am Transistor vergrößern sich der Kollektorstrom und damit auch der Spannungsfall über den Widerstand $R_E$. Die Spannung $U_{CE}$ sinkt, und damit fließt über den Widerstand $R_1$ ein geringerer Strom für die Basis. Durch die Reduzierung des Basisstromes verringert sich der Kollektorstrom, und die Spannung $U_{CE}$ vergrößert sich. Damit erhöht sich wiederum der Basisstrom über den Widerstand $R_1$, und der Transistor verstärkt den Kollektorstrom entsprechend. Die Spannungsgegenkopplung wirkt der Eingangswechselspannung entgegen.

Die Berechnung der einzelnen Bauelemente ergibt sich aus

$$R_C = \frac{U_b - U_{CE0}}{I_{C0} + I_{B0} + I_q} = \frac{(U_b - U_{CE0}) \cdot B}{(1 + B + n) \cdot I_{C0}} \qquad R_2 = \frac{U_{CE0} - U_{BE0}}{I_{B0} + I_q} = \frac{(U_{CE0} - U_{BE0}) \cdot B}{(1 + n) \cdot I_{C0}}$$

$$R_1 = \frac{U_{BE0}}{I_q} = \frac{U_{CE0} \cdot B}{n \cdot I_{C0}} \qquad I_q = n \cdot I_{B0} \quad mit\ n = 3...10$$

Wie das Oszilloskop zeigt, liegt eine Eingangsspannung von $U_{eS} = 10\ mV_S$ an der Schaltung. Die Ausgangsspannung wird mit $U_{aS} = 1{,}8\ V_S$ gemessen und dies ergibt eine Spannungsverstärkung von 180.

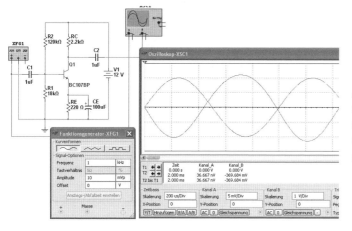

**Abb. 3.9a:** Emitterkondensator für eine Wechselstromgegenkopplung in einem Kleinsignalverstärker (Multisim)

**Abb. 3.9b:** *Emitterkondensator für eine Wechselstromgegenkopplung in einem Kleinsignalverstärker (Schaltplan)*

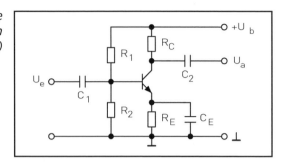

Wie das Oszilloskop zeigt, liegt eine Eingangsspannung von $U_{eS}$ = 10 mV$_S$ an der Schaltung. Die Ausgangsspannung wird mit $U_{aS}$ = 2,3 V$_S$ gemessen und dies ergibt eine Spannungsverstärkung von 230.

In der Verstärkertechnik arbeitet man mit einem Emitterkondensator $C_E$, denn neben einer Arbeitspunktstabilisierung soll auch die hohe Spannungsverstärkung erhalten bleiben. Dieser Emitterkondensator vermindert die frequenzabhängige Wechselspannungs-Gegenkopplung an dem Emitterwiderstand. Je größer die Kapazität, desto niedriger die Grenzfrequenz dieser Transistorschaltung.

Die Kapazität des Emitterkondensators $C_E$ von Abb. 3.9 errechnet sich aus

$$C_E = \frac{10}{2 \cdot \pi \cdot f_u \cdot R_E}$$

Der kapazitive Blindwiderstand des Kondensators soll bei der unteren Grenzfrequenz nur 1/10 des ohm'schen Emitterwiderstandes betragen.

Wie groß ist die untere Frequenz $f_u$ der Verstärkerstufe in Abb. 3.9?

$$f_u = \frac{10}{2 \cdot \pi \cdot R_E \cdot C_E} = \frac{10}{2 \cdot 3,14 \cdot 220\Omega \cdot 100\mu F} = 72,4 Hz$$

Der Blindwiderstand des Kondensators $C_E$ ist frequenzabhängig. Mit zunehmender Frequenz wird der kapazitive Blindwiderstand immer kleiner, und die gegengekoppelte Wechselstromwirkung des Kondensators hebt sich auf. Ab der unteren Grenzfrequenz $f_u$ bestimmt im Wesentlichen nur der Wert des ohm'schen Widerstandes $R_E$ den Verstärkungsfaktor.

## 3.1.3 Emitterschaltung

Die Emitterschaltung ist eine Universalverstärkerschaltung, die in der Praxis am häufigsten verwendet wird. Deshalb gelten ihr auch die in den Datenblättern angegebenen Kennwerte und Kennlinien. Ihr Hauptanwendungsgebiet liegt in der Niederfrequenztechnik (NF-Technik) zur Erzeugung hoher Spannungsverstärkung.

## 3.1 TRANSISTORVERSTÄRKER

Die Einstellung des Arbeitspunktes im Ausgangskennlinienfeld, in der Steuerkennlinie und in der Eingangskennlinie erfolgt nach bestimmten Gesichtspunkten, von denen die wichtigsten nachstehend aufgeführt sind:

- Der Arbeitspunkt liegt im Ausgangskennlinienfeld immer auf der Widerstandsgeraden (Arbeitsgeraden).

- Beim Großsignalverstärker muss im Gegensatz zum Kleinsignalverstärker die maximale Aussteuerbarkeit berücksichtigt werden. Soll die Betriebsspannung voll ausgenutzt werden, so muss der Arbeitspunkt in der Mitte des ausnutzbaren Teiles der Widerstandsgeraden liegen. Der ausnutzbare Teil der Widerstandsgeraden ist der Bereich, der zwischen dem Wert $U_{CEsät}$ und dem Punkt liegt, in dem die Widerstandsgerade die Kennlinie mit dem Parameterwert $I_B = 0$ schneidet ($U_{CE} \approx U_b$). Die Begrenzung der positiven und der negativen Amplitude des Ausgangssignals durch die Sättigungsspannung (Übersteuerung) bzw. die Betriebsspannung setzt dann beim gleichen Amplitudenwert ein. Dies ist gleichzeitig der größte Amplitudenwert, der bei einer vorgegebenen Betriebsspannung erreicht werden kann.

- Vorverstärker arbeiten mit sehr kleinen Eingangssignalen (µV- oder mV-Bereich) und müssen deshalb eine besonders kleine Rauschzahl haben. Die Herstellerfirmen geben hierfür die günstigsten Werte für den Kollektorstrom und die Kollektor-Emitter-Spannung an.

- Besonders bei Leistungsverstärkern stellt sich die Frage der Wirtschaftlichkeit der Schaltung. Durch entsprechende Wahl des Arbeitspunktes kann der Wirkungsgrad erhöht werden.

- $$Wirkungsgrad\ \eta = \frac{Leistung,\ die\ der\ Verbraucher\ benötigt}{Leistung, die\ der\ Gleichspannungsquelle\ entnommen\ wird}$$

- Die Verstärkung sollte möglichst linear sein, d. h., die Form des Ausgangssignals soll der des Eingangssignals entsprechen.

- Die maximal zulässige Verlustleistung $P_{Vmax}$ des Transistors muss berücksichtigt werden, d. h., die Arbeitsgerade darf die Verlustleistungshyperbel nicht schneiden. Außerdem dürfen unter Berücksichtigung der Wechselstrom- oder Wechselspannungsaussteuerung mit ihren Scheitelwerten die vom Hersteller angegebenen Maximalwerte für Kollektorstrom und Kollektor-Emitter-Spannung nicht überschritten werden.

- Bekannterweise wird der Arbeitspunkt von der Temperatur des Transistors beeinflusst, da die Transistorgrößen temperaturabhängig sind. Dies macht eine Arbeitspunktstabilisierung erforderlich, die durch Temperaturkompensation (beispielsweise Gegenkopplung) erreicht werden kann.

- Wechselspannungssignale enthalten positive und negative Spannungsteile, die durch die Schaltung in gleicher Weise verstärkt werden müssen. Auf Grund der vorangegangenen Ausführungen ergeben sich deshalb drei prinzipielle Möglichkeiten für die Wahl des Arbeitspunktes.

## 3.1.4 Einstufiger Verstärker

Bei einem einstufigen Verstärker wird die Eingangsspannung über den Kondensator $C_1$ eingekoppelt und über den Kondensator $C_2$ ausgekoppelt. Ein Kondensator stellt für eine Gleichspannung einen unendlich hohen kapazitiven Blindwiderstand dar, weshalb externe Gleichspannungsanteile die eingestellten Gleichspannungswerte in einer Verstärkerstufe nicht beeinflussen. Die Signalspannung kann diese Koppelkondensatoren jedoch ungehindert passieren.

Über den Spannungsteiler $R_1$ und $R_2$ wird die Basisvorspannung erzeugt. Über den Einsteller lässt sich der Arbeitspunkt im Gleichstrombereich einstellen. Die Signalspannung $U_e$ passiert den Koppelkondensator und überlagert sich der Gleichspannung. Dadurch entsteht ein Mischstrom, der durch den Transistor verstärkt wird.

Damit sich die internen Gleichspannungsverhältnisse am Ausgang nicht ändern, wird die Ausgangsspannung ebenfalls über einen Kondensator ausgekoppelt.

Bei der Ansteuerung eines Transistorverstärkers unterscheidet man zwischen der Basisspannungs- und der Basisstromansteuerung. Eine Spannungssteuerung liegt vor, wenn der Innenwiderstand des einspeisenden Generators kleiner ist als der Eingangswiderstand des Verstärkers. In diesem Fall hat man eine Spannungsanpassung, und die Ausgangsspannung des Generators ist identisch mit der Eingangsspannung des Verstärkers. Damit am Ausgang des Verstärkers eine unverzerrte Spannung entsteht, muss der Arbeitspunkt im geradlinigen Teil der Eingangskennlinie liegen.

Der Vergleich zwischen einer Spannungs- und Stromsteuerung ist in Abb. 3.10 gezeigt. Eine Stromsteuerung liegt vor, wenn der Innenwiderstand des angeschlossenen Generators groß ist gegenüber dem Eingangswiderstand der Verstärkerstufe. Damit hat man eine Stromanpassung.

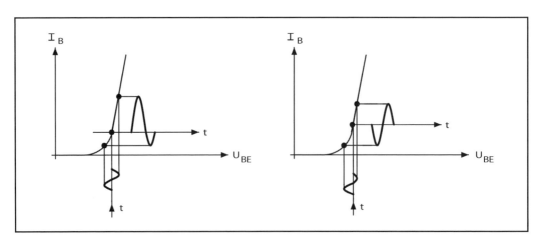

**Abb. 3.10:** *Verzerrungen in der Eingangskennlinie $I_B = f(U_{BE})$ bei einer Spannungssteuerung (linke Kennlinie) und einer Stromsteuerung (rechte Kennlinie)*

# 3.1 TRANSISTORVERSTÄRKER

In der Praxis liegt die Ansteuerung einer Transistorstufe meistens zwischen der Spannungs- und Stromsteuerung. Dabei versucht man, durch Messung der Eingangs- und Ausgangsspannung den Arbeitspunkt so einzustellen, dass die Verzerrungen am geringsten sind. Als Messgerät eignet sich ein 2-Kanal-Oszilloskop.

## 3.1.5 Kollektorschaltung

Die Verstärkung einer Emitterschaltung mit Stromgegenkopplung errechnet sich aus $V_U = R_C/R_E$. Werden der Kollektor- und der Emitterwiderstand gleich groß gewählt, ergibt sich ein Sonderfall in der analogen Schaltungstechnik, wie die Schaltung von Abb. 3.11 zeigt.

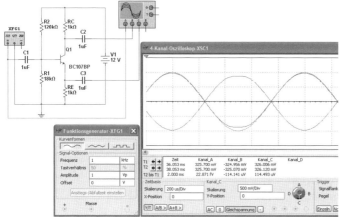

**Abb. 3.11a:** Phasenumkehrstufe mit zwei Ausgängen und einer Verstärkung von V = 1 (bei $R_C = R_E$) (Multisim)

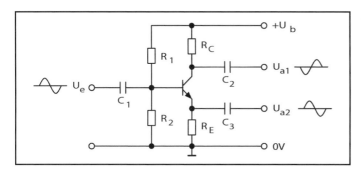

**Abb. 3.11b:** Phasenumkehrstufe (Schaltplan)

Die Spannungsverstärkung errechnet sich aus $V_U = \dfrac{R_C}{R_E}$

Da der Kollektor- und der Emitterwiderstand gleich groß sind, erhält man eine Verstärkung von V = 1. Zwischen der Eingangsspannung $U_e$ und den beiden Ausgängen ergibt sich keine Verstärkung, aber eine Phasenverschiebung. Während der Ausgang $U_{a1}$ eine

# 3 VERSTÄRKERSCHALTUNGEN

Phasenverschiebung von 180° hat, ist die Spannung am Ausgang $U_{a2}$ mit der Eingangsspannung identisch.

Entfällt bei diesem Sonderfall der Kollektorwiderstand und damit der Ausgang $A_1$, kommt man zur Kollektorschaltung, die eine Spannungsverstärkung von $V_0 < 1$ aufweist. Da die Ausgangsspannung am Emitter des Transistors der Eingangsspannung folgt, bezeichnet man diese Schaltung auch als Emitterfolger.

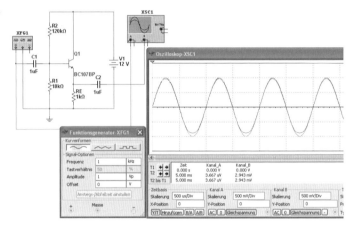

**Abb. 3.12a:** Aufbau einer Emitterfolger-Kollektorschaltung (Multisim)

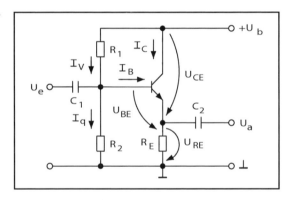

**Abb. 3.12b:** Aufbau einer Kollektorschaltung (Ströme und Spannungen)

Der Arbeitspunkt für die Kollektorschaltung von Abb. 3.12 wird im Allgemeinen so festgelegt, dass $U_{RE} \approx 0{,}5 \cdot U_b$ ist. Für die Berechnung gilt

$$R_E = \frac{U_{RE}}{I_{C0} + I_{B0}} = \frac{U_{RE} \cdot B}{I_{C0} \cdot (1+B)}$$

$$R_2 = \frac{U_b - U_{RE} - U_{BE0}}{I_{B0} + I_q} = \frac{(U_{CE} - U_{BE0}) \cdot B}{(1+n) \cdot I_{C0}}$$

$$R_1 = \frac{U_{BE0} + U_{RE}}{I_q} = \frac{(U_{BE0} + U_{RE0}) \cdot B}{n \cdot I_{C0}}$$

$$I_q = n \cdot I_{B0} \quad mit\ n = 3\ldots 10$$

Die Kollektorschaltung zeichnet sich durch einen hochohmigen Eingangswiderstand und einen niederohmigen Ausgangswiderstand aus.

## 3.1.6 Mehrstufige Verstärker

Wenn die Verstärkung einer einfachen Transistorstufe nicht mehr ausreicht, müssen mehrere Verstärkerstufen hintereinander geschaltet werden. Die Eingangssignalspannung wird in der ersten Verstärkerstufe um einen bestimmten Faktor erhöht, und es entsteht eine Ausgangsspannung, die dann in der nächsten Verstärkerstufe weiter erhöht wird. Die Gesamtverstärkung errechnet sich aus

$$V_{ges} = V_1 \cdot V_2 \cdot V_3 \cdot \ldots \cdot V_n$$

Es gibt verschiedene Möglichkeiten, die Ausgangswechselspannung einer Verstärkerstufe der nächsten zuzuführen. Die einfachste Art einer Kopplung von zwei Verstärkerstufen wird durch die RC-Kopplung erreicht. In diesem Fall wird die Ausgangswechselspannung der ersten Stufe über den Koppelkondensator $C_2$ direkt der nächsten Stufe zugeführt. Der Koppelkondensator hat hier die Aufgabe, dafür zu sorgen, dass die Gleichspannungsanteile der ersten Stufe nicht die der zweiten Stufe beeinflussen und umgekehrt. Abb. 3.13 zeigt die Schaltung.

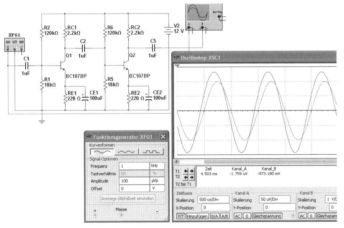

**Abb. 3.13a:** RC-Kopplung zwischen zwei Transistorstufen (Multisim)

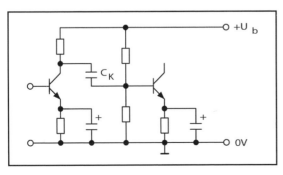

**Abb. 3.13b:** RC-Kopplung zwischen zwei Transistorstufen

Die Kapazität des Koppelkondensators $C_K$ ($C_2$) muss so groß sein, dass der kapazitive Blindwiderstand auch bei den niedrigsten zu übertragenden Frequenzen klein ist gegenüber dem dynamischen Eingangswiderstand $r_{ein}$ der zweiten Stufe. Die untere Grenzfrequenz errechnet sich aus:

$$f_u = \frac{1}{2 \cdot \pi \cdot C_K \cdot r_{ein}}$$

Bei der RC-Kopplung werden die einzelnen Verstärkerstufen zwar gleichspannungsmäßig getrennt, aber die Koppelkondensatoren beeinflussen die untere Grenzfrequenz des gesamten Verstärkers. Die untere Gesamtfrequenz $f_u'$ errechnet sich aus den Grenzfrequenzen $f_u$ der einzelnen Verstärkerstufen und der Gesamtzahl der Verstärkerstufen

$$f_u' = f_u \cdot \sqrt{2^{(n-1)}}$$

Bei einem Verstärker, der aus vier Stufen mit jeweils einer Grenzfrequenz von $f_g = 20$ Hz besteht, ergibt sich eine untere Gesamtfrequenz von

$$f_u' = f_u \cdot \sqrt{2^{(n-1)}} = 20 Hz \cdot \sqrt{2^{(n4-1)}} = 20 Hz \cdot \sqrt{2^3} = 56 Hz$$

Diese Berechnung gilt aber nur, wenn alle einzelnen Verstärkerstufen die Grenzfrequenz $f_g = 20$ Hz erreichen.

## 3.1.7 Direkte Gleichstromkopplung

Bei Gleichspannungsverstärkern lässt sich weder eine induktive Kopplung mittels Übertrager noch eine RC-Kopplung einsetzen. Die einfachste Art der Gleichstromkopplung ist die direkte Zusammenschaltung der Transistoren. Abb. 3.14 zeigt vier unterschiedliche Möglichkeiten der Schaltungsrealisierung.

Arbeitet man mit npn-npn- oder pnp-pnp-Transistoren, spricht man von einer Darlingtonstufe. Bei einer Kombination von npn-pnp- oder pnp-npn-Transistoren hat man eine komplementäre Darlingtonstufe. Für die Berechnungen gilt:

Spannungsverstärkung: $V_U \approx 1$
Stromverstärkung: $V_I \approx b_{ges} = b_1 \cdot b_2$
Eingangsimpedanz: $Z_1 \approx 2 \cdot r_{BE1}$
Ausgangsimpedanz: $Z_2 \approx 2/3 \cdot r_{CE2}$ Darlingtonstufe
$Z_2 \approx 1/2 \cdot r_{CE2}$ komplementäre Darlingtonstufe

$r_{BE}$ und $r_{CE}$ sind die dynamischen Werte des Basis-Emitter- und des Kollektor-Emitter-Widerstandes.

Bei einer Darlingtonstufe bestimmt der Eingangstransistor $T_1$ im Wesentlichen die Funktion bzw. die technischen Eigenschaften der gesamten Einheit, während der zweite Transistor den Strom verstärkt.

## 3.1 TRANSISTORVERSTÄRKER

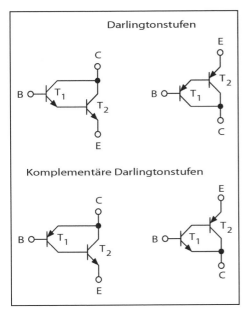

**Abb. 3.14:** Realisierung von direkten Gleichstromkopplungen durch Darlingtonstufen

Für die Verstärkung der Darlingtonstufe gilt

$$\beta_{ges} = \beta_1 \cdot \beta_2.$$

Die Gesamtverstärkung ist das Produkt aus den Stromverstärkungsfaktoren der einzelnen Transistoren. Hat man einen Kleinsignaltransistor BC140 (B ≈ 80) und einen Leistungstransistor 2N3055 (B ≈ 40) ergibt sich eine Gesamtverstärkung von

$$\beta_{ges} = 80 \cdot 40 \approx 3200.$$

Bei Darlingtonstufen liegt eine direkte Gleichstromkopplung vor. Die direkte Gleichspannungskopplung ist in der Schaltung von Abb. 3.15 gezeigt.

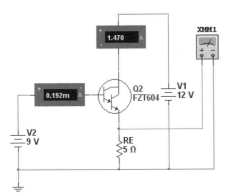

**Abb. 3.15a:** Simulierte Darlingtonstufe

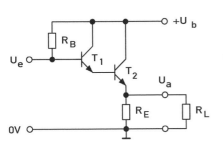
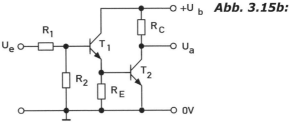

**Abb. 3.15b:**

# 3 VERSTÄRKERSCHALTUNGEN

## 3.1.8 Zweistufiger Verstärker

Bei der Realisierung eines zweistufigen Verstärkers muss zuerst die Gesamtverstärkung betrachtet werden. Erst dann beginnt man mit der Realisierung der einzelnen Verstärkerstufen.

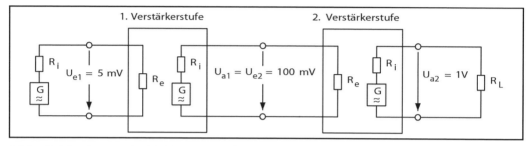

**Abb. 3.16:** *Ersatzschaltbild eines zweistufigen Verstärkers*

In der Ersatzschaltung in Abb. 3.16 hat man eine Eingangsspannung von $U_{e1} = 5$ mV und eine Ausgangsspannung von $U_{a2} = 1$ V. Man benötigt also eine Gesamtverstärkung von V = 200, wobei in der Ersatzschaltung die erste Stufe eine Verstärkung von V = 20 und die in der zweiten Stufe V = 10 aufweist. Da die einzelnen Verstärkungen vom Verhältnis zwischen Kollektorwiderstand und Emitterwiderstand abhängig sind, lässt sich die Berechnung vereinfachen. Den Aufbau des zweistufigen Verstärkers zeigt Abb. 3.17.

Für die erste Verstärkerstufe wurde bei $R_C$ und $R_E$ ein Verhältnis von 1 kΩ zu 100 Ω gewählt, womit sich eine Verstärkung $V_U$ von 10 ergibt. In der zweiten Stufe besteht ein Verhältnis 1 kΩ zu 100 Ω. Die Verstärkung $V_2$ besitzt hier den Wert 10. Multipliziert man die beiden Einzelverstärkungen, ergibt sich für $V_{ges}$ ein Wert von 100. Wird für jede Verstärkerstufe eine untere Frequenz von $f_u = 10$ Hz festgelegt, so berechnet sich der Kondensator $C_{E1}$ und $C_{E2}$ für die Wechselstromgegenkopplung aus folgender Formel:

$$C_{E1} \ oder \ C_{E2} = \frac{10}{2 \cdot \pi \cdot f_u \cdot R_E} = \frac{10}{2 \cdot 3{,}14 \cdot 10 Hz \cdot 100 \Omega} = 1592 \mu F \ (1500 \mu F)$$

Für diese Verstärkerstufe werden zwei Kondensatoren ($C_{E1}$ und $C_{E2}$) von jeweils 1500 µF benötigt. Als Transistoren werden in der Schaltung zwei Exemplare mit der Bezeichnung BC107 eingesetzt, die sich für rauscharme Vorstufenverstärker besonders eignen. Das Kollektor-Basis-Gleichstromverhältnis wird in den Datenbüchern mit einem typischen Wert von $h_{FE} = 290$ angegeben.

Für die Berechnung des Widerstandes $R_1$ der ersten Stufe wird der Spannungsfall am Widerstand $R_E$ benötigt:

$$U_{RE} = \frac{U_b \cdot R_E}{R_C + R_E} = \frac{12V \cdot 100\Omega}{1k\Omega + 100\Omega} = 1{,}09V$$

## 3.1 TRANSISTORVERSTÄRKER

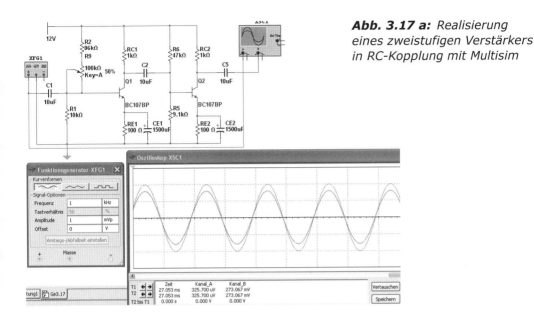

**Abb. 3.17 a:** Realisierung eines zweistufigen Verstärkers in RC-Kopplung mit Multisim

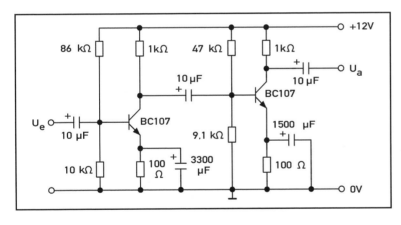

**Abb. 3.17 b:** Dasselbe in klassischer Schaltplandarstellung

Der Basisvorwiderstand R₂ errechnet sich aus:

$$R_2 = \frac{(U - U_{BE0} - U_{RE}) \cdot B}{(1+n)I_{C0}} = \frac{(12V - 0{,}6V - 1{,}09V) \cdot 290}{(1+5) \cdot 6mA} = 83k\Omega \ (86k\Omega)$$

Für den Wert n wurde 5 gewählt. Der mittlere Kollektorstrom beträgt ca. 6 mA. Der Basisvorwiderstand R₂ der zweiten Verstärkerstufe hat einen Wert von 47 kΩ. Um die Toleranz bei den Transistoren auszugleichen, wurde ein Potentiometer oder Trimmpoti von 100 kΩ eingeschaltet. Mit diesem lässt sich der Basisstrom entsprechend einstellen.

Der Basisquerwiderstand $R_1$ für die erste Verstärkerstufe errechnet sich aus:

$$R_1 = \frac{(U_{BE0} + U_{RE}) \cdot B}{n \cdot I_{C0}} = \frac{(0,6V + 1,09V) \cdot 290}{5 \cdot 6mA} = 16 k\Omega \ (15 k\Omega)$$

In der Praxis verwendet man für die erste Verstärkerstufe eine Reihenschaltung eines Festwiderstandes von 68 kΩ und eines Trimmpotis von 100 kΩ. Damit kann der Arbeitspunkt exakt über ein Oszilloskop eingestellt werden.

Für die zweite Verstärkerstufe errechnet sich ein Basisquerwiderstand $R_2$ von 9,1 kΩ. Auch hier kann man für den Abgleich des Arbeitspunktes einen Festwiderstand von 33 kΩ und ein Trimmpoti von 50 kΩ einsetzen.

Die Messung hat eine Eingangsspannung $U_{eS}$ von 1 mV$_S$. Die Ausgangsspannung $U_{aS}$ beträgt 750 mV$_S$. Es ergibt sich eine Verstärkung von 750.

Beim Abgleich eines Verstärkers schließt man am Eingang einen Funktionsgenerator (Sinusausgang) und einen Kanal des Oszilloskops an. Die Sinusspannung wird entsprechend eingestellt. Am Ausgang der Verstärkerstufe erscheint eine Sinuskurve, die das in Bild 3.18 gezeigte Aussehen annehmen kann.

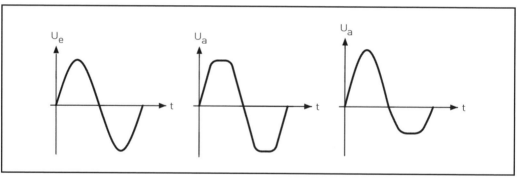

**Abb. 3.18:** *Ausgangsspannungen für einen optimalen Betrieb (links), einer symmetrischen Begrenzung (Mitte) und einer einseitigen Begrenzung (rechts)*

Wenn man den Arbeitspunkt durch den Einsteller in den optimalen Betrieb gebracht hat, erhöht man die Eingangsspannung, damit es zu einer Übersteuerung kommt. Tritt eine lineare Übersteuerung auf, ist der Arbeitspunkt richtig eingestellt.

Der statische und der dynamische Eingangswiderstand eines Transistors berechnen sich aus

$$R_{BE} = \frac{U_{BE}}{I_B} \quad und \quad r_{BE} = \frac{u_{BE}}{i_B}$$

Diese Beziehungen gelten jedoch nur für eine bestimmte Ausgangsspannung.

## 3.1 TRANSISTORVERSTÄRKER

Beispiel: Bei der Schaltung von Abb. 3.17 sind die Werte für den Spannungsteiler mit $R_2 = 86\ k\Omega$ und $R_1 = 15\ k\Omega$ vorgegeben. Der Transistorwert $r_{BE}$ für den BC107 entstammt dem Datenblatt. Der Eingangswiderstand $r_{ein}$ errechnet sich aus folgender Parallelschaltung:

$$\frac{1}{r_{ein}} = \frac{1}{r_{BE}} + \frac{1}{R_1} + \frac{1}{R_2} = \frac{1}{4,5 k\Omega} + \frac{1}{15 k\Omega} + \frac{1}{86 k\Omega} \Rightarrow r_{ein} = 3,3 k\Omega$$

Der Wert $C_1$ des Koppelkondensators am Eingang der Schaltung von Abb. 3.18 beträgt damit:

$$C_1 = \frac{1}{2 \cdot \pi \cdot f_u \cdot r_{ein}} = \frac{1}{2 \cdot 3,14 \cdot 10 Hz \cdot 3,3 k\Omega} = 4,8 \mu F \ (10 \mu F)$$

Bei dieser Berechnung ist jedoch der Innenwiderstand der Signalquelle am Eingang nicht berücksichtigt. Bild 3.19 zeigt die Frequenzabhängigkeit der Ausgangsspannung eines Verstärkers.

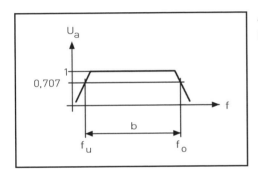

**Abb. 3.19:** Frequenzabhängigkeit der Ausgangsspannung eines Verstärkers

Die untere Grenzfrequenz wird mit $f_u$, und die obere mit $f_o$ angegeben. Aus diesen beiden Werten lässt sich die Bandbreite B = $\Delta f$ des Verstärkers berechnen:

$$B = \Delta f = f_o - f_u$$

Während die untere Grenzfrequenz im Wesentlichen von den Kapazitäten des Transistors und der Kondensatoren bestimmt wird, ist die obere Grenzfrequenz neben den Transistorkapazitäten auch von der Stromverstärkung abhängig.

### 3.1.9 Zweistufiger Verstärker mit Gegenkopplung

Bei der Gegenkopplung wird das Ausgangssignal eines Verstärkers im Gegensatz zur Rückkopplung gegenphasig (und nicht gleichphasig) an den Eingang des Verstärkers zurückgeführt. Die allgemeine Gleichung für die Rückkopplung lautet

$$\underline{V}^* = \frac{\underline{X}_2}{\underline{X}_1^*} = \frac{\underline{V}}{1 - \underline{K} \cdot \underline{V}}$$

Aus dieser allgemeinen Gleichung für die Rückkopplung lässt sich der Signalflussplan von Abb. 3.20 definieren.

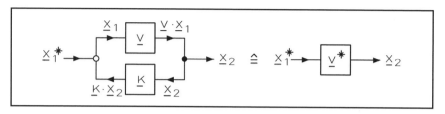

**Abb. 3.20:** *Signalflussplan für einen rückgekoppelten Verstärker*

Für diesen Signalflussplan gelten folgende Bedingungen:

| | | |
|---|---|---|
| Keine Rückkopplung: | K = 0 | V* = V |
| Negative Rückkopplung: (Gegenkopplung) | \|1 - K · V\| > 1 | \|V*\| < \| V\| |
| Positive Rückkopplung: (Mitkopplung) | 0 < \|1 - K · V\| < 1 | \|V*\| > \| V\| |
| Selbsterregung: (Schwingbedingung) | \| K · V\| = 1 | \|V*\| → ∞ |
| Verstärkung bei phasenrichtiger Gegenkopplung: | $V^* = \dfrac{1}{1 + \underline{K} \cdot \underline{V}}$ | mit K · V = -K V |
| Verstärkung bei inversem Rückführverhalten: | $V^* = \dfrac{1}{K}$ | für große Schleifenverstärkung K · V ≈ 1 |

Die Aufgabe des Verstärkers V ist die Verstärkung eines Eingangssignals $X_1$ auf den Ausgangswert $X_2$. Dabei ist $X_2$ zugleich das Ausgangssignal der Schaltung und der Eingangswert für das Kopplungsnetzwerk K. Am Ausgang des Kopplungsnetzwerkes K liegt der reduzierte Wert K · $X_2$, vor. Es werden immer passive Kopplungsnetzwerke eingesetzt, bei denen die Bedingung K < 1 ist.

Beim Aufbau eines zweistufigen Verstärkers lassen sich prinzipiell vier Schaltungsvarianten realisieren, die ihre Vor- und Nachteile aufweisen. Je nach Verstärkermodell ändern sich die Anschlusswiderstände $Z_1$, $Z_2$ und die Verstärkungsfaktoren $V_u$, $V_i$ unter dem Einfluss der Gegenkopplung.

Die Schaltung aus Abbildung 3.21 zeigt einen zweistufigen NF-Verstärker mit kapazitiver Kopplung. Beide Transistorstufen arbeiten jeweils für sich allein in Wechselstromgegenkopplung, wobei die untere Grenzfrequenz von mehreren Schaltungselementen abhängig ist. Das erste Element ist der Kondensator $C_1$, der zusammen mit dem Widerstand $R_2$,

## 3.1 TRANSISTORVERSTÄRKER

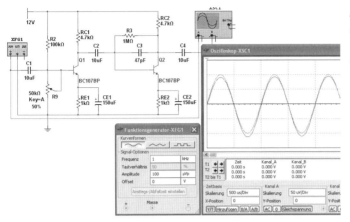

**Abb. 3.21a:** Zweistufiger NF-Verstärker mit kapazitiver Kopplung der beiden Stufen (Multisim)

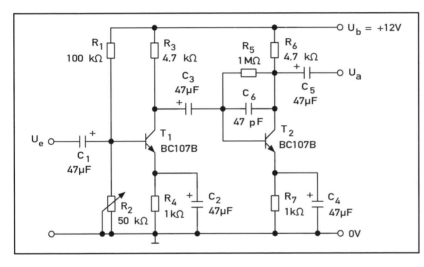

**Abb. 3.21b:** Dasselbe als Standard-Schaltbild

dem Trimmer $R_9$ und dem Basis-Emitter-Widerstand $r_{BE}$ einen Tiefpass bildet. Der Emitterkondensator $C_{E1}$ bzw. der Emitterkondensator $C_{E2}$ sind ebenfalls für die untere Grenzfrequenz zu beachten, denn die Emitterkondensatoren heben die Wechselstromgegenkopplung der beiden Emitterwiderstände $R_{E1}$ bzw. $R_{E2}$ auf. Über den Kondensator $C_2$ wird die Wechselspannung von der ersten in die zweite Stufe gekoppelt. Auch dieser Kondensator $C_2$ bildet zusammen mit dem Basis-Emitter-Widerstand $r_{BE}$ des Transistors $T_2$ einen Tiefpass. Die obere Grenzfrequenz wird von dem Kondensator $C_3$ bestimmt. Für diese Schaltung ergeben sich folgende Werte:

$V_{ges} \approx 200$ (bei $u_e = 100~\mu V_S$)     $f_u \approx 40$ Hz     $f_o \approx 80$ kHz

Bei der Kopplung zweier oder mehrerer Verstärkerstufen arbeitet die vorhergehende Stufe jeweils als Generator mit einem entsprechenden Innenwiderstand für die nächste Stufe. Der Arbeitspunkt für jede Verstärkerstufe soll möglichst separat einstellbar sein. Man kann diesen recht aufwendigen Vorgang aber umgehen, wenn man eine Gegenkopplung über zwei Stufen realisiert.

# 3 VERSTÄRKERSCHALTUNGEN

**Abb. 3.22a:** Zweistufiger NF-Verstärker mit einer Stromgegenkopplung über zwei Stufen und einer gemeinsamen Arbeitspunktstabilisierung (Multisim)

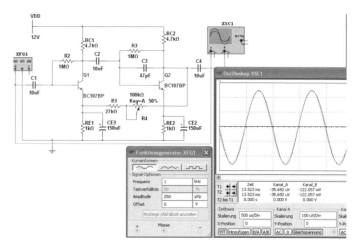

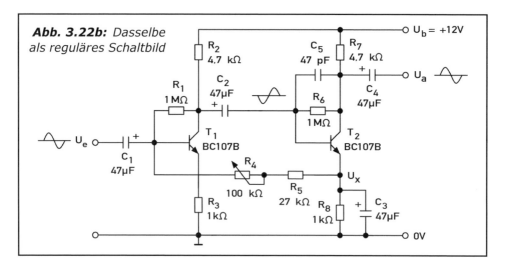

**Abb. 3.22b:** Dasselbe als reguläres Schaltbild

Die Schaltung in Abbildung 3.22 besitzt eine Stromgegenkopplung über zwei Stufen und ist damit ein Verstärker mit gemeinsamer Arbeitspunktstabilisierung. Durch diese Schaltungsvariante kann man mit zwei Transistoren eine hohe Verstärkung erzielen, wobei sich eine konstante Stabilisierung des gesamten Arbeitspunktes ergibt. Die Schaltung stellt einen Wechselspannungsverstärker mit direkter Kopplung der Transistoren und Arbeitspunktstabilisierung durch Gegenkopplung dar. Es gilt:

$$V_{ug}^* \approx V_u \qquad Z_1^* > Z_1 \qquad V_i^* \approx V_i \qquad Z_2^* < Z_2$$

Die Spannung $U_a$ ist zur Eingangsspannung $U_e$ um 180° phasenverschoben. Steigt die Eingangsspannung, wird der Transistor $T_1$ leitender und demzufolge der Transistor $T_2$ weniger leitend. Die Spannung verringert sich, und über die beiden Widerstände $R_1$ und $R_6$ fließt ein kleinerer Strom für die Gegenkopplung. Durch den Widerstand $R_4$ lässt sich der Strom für die Gegenkopplung einstellen, und man erhält folgende Werte:

## 3.1 TRANSISTORVERSTÄRKER

$R_4 = 0\,\Omega$ und $U_e = 250\,\mu V_S$:
$V_{ges} = 20$
$f_u \approx 50\,Hz$
$f_o \approx 300\,kHz$

$R_4 = 100\,k\Omega$ und $U_e = 250\,\mu V_S$:
$V_{ges} = 200$
$f_u \approx 50\,Hz$
$f_o \approx 150\,kHz$

Während die untere Grenzfrequenz wieder von mehreren Faktoren abhängig ist, wird die obere Grenzfrequenz weitgehend vom Kondensator $C_3$ bestimmt. Ohne diesen Kondensator erreicht man eine obere Grenzfrequenz von 1 MHz. Mit zunehmender Frequenz verringert sich der kapazitive Blindwiderstand, und damit reduziert sich die Gegenkopplung entsprechend. Damit werden unerwünschte HF-Signale nicht verstärkt, sondern unterdrückt.

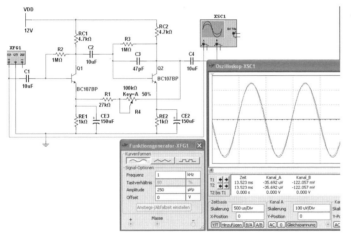

**Abb. 3.23a:** *Zweistufiger NF-Verstärker mit einer Spannungsgegenkopplung über zwei Stufen und einer gemeinsamen Arbeitspunktstabilisierung*

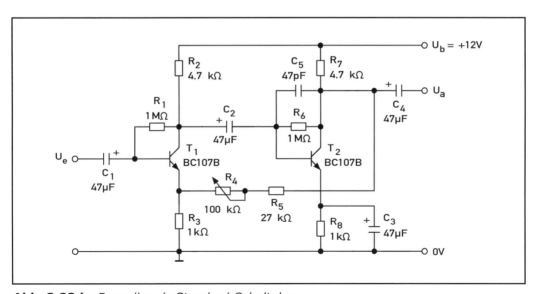

**Abb. 3.23 b:** *Dasselbe als Standard-Schaltplan*

# 3 VERSTÄRKERSCHALTUNGEN

Bei der Schaltung in Abbildung 3.23 wird die Ausgangsspannung der zweiten Stufe auf den Emitter der ersten Transistorstufe gegengekoppelt. Durch diese Art der Kopplung erreicht man eine Spannungsgegenkopplung, mit der sich die Gesamtverstärkung dieses zweistufigen NF-Verstärkers über den Widerstand $R_4$ einstellen lässt. Außerdem erreicht man eine gemeinsame Arbeitspunktstabilisierung. Durch den Widerstand $R_4$ lässt sich der Strom für die Gegenkopplung einstellen, und man erhält folgende Werte:

$R_4 = 0\ \Omega$ und $U_e = 250\ \mu V_S$:
$V_{ges} = 20$
$f_u \approx 50$ Hz
$f_o \approx 300$ kHz

$R_4 = 100\ k\Omega$ und $U_e = 250\ \mu V_S$:
$V_{ges} = 200$
$f_u \approx 50$ Hz
$f_o \approx 150$ kHz

Während die untere Grenzfrequenz wieder von mehreren Faktoren abhängig ist, wird die obere Grenzfrequenz weitgehend vom Kondensator $C_3$ bestimmt.

## Spannungsunabhängige Spannungsgegenkopplung

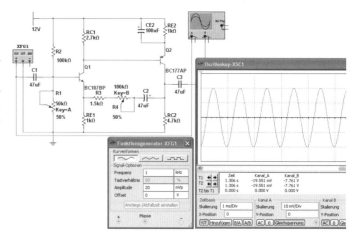

**Abb. 3.24a:** Zweistufiger NF-Verstärker mit Komplementärtransistoren, einer Spannungsgegenkopplung über zwei Stufen und einer gemeinsamen Arbeitspunktstabilisierung

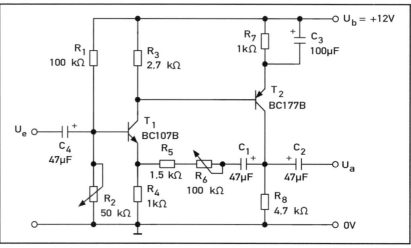

**Abb. 3.24b:** Dasselbe als reguläres Schaltbild

Beim komplementären NF-Verstärker aus Abbildung 3.24 handelt es sich um eine spannungsabhängige Spannungsgegenkopplung, denn die Ausgangsspannung $U_a$ wird auf dem Emitter des Eingangstransistors gegengekoppelt. Damit ergeben sich folgende Werte:

$$V_{ug}^* \approx V_u \qquad Z_1^* > Z_1$$

$$V_i^* \approx V_i \qquad Z_2^* < Z_2$$

## 3.2 Leistungsverstärker

Nach der Lage des Arbeitspunktes im Kennlinienfeld unterscheidet man bei den Leistungsverstärkern zwischen dem A-, B-, AB- und C-Betrieb. Beim A-Betrieb befindet sich der Arbeitspunkt in der Mitte des Aussteuerbereiches. Die Aussteuerung erfolgt symmetrisch zum Arbeitspunkt. Die Endstufe für den A-Betrieb besteht aus nur einem Transistor. Charakteristisch für diese Betriebsart sind der hohe Ruhestrom, die damit verbundene, große Verlustleistung und ein daraus resultierender, geringer Wirkungsgrad. Der Vorteil des A-Betriebs ist der niedrige Klirrfaktor.

Kennzeichen des B-Betriebs sind zwei Transistoren in der Endstufe, wobei man einen npn- und einen pnp-Transistor einsetzt. Der Arbeitspunkt AP befindet sich jeweils im unteren Teil des Aussteuerbereiches, weshalb nur ein geringer Ruhestrom fließt. Der Wirkungsgrad ist erheblich besser als beim A-Betrieb, jedoch verschlechtert sich der Klirrfaktor durch die Übernahmeverzerrungen.

Beim AB-Betrieb werden die Vorteile des A- mit denen des B-Betriebes kombiniert, was zu einem hohen Wirkungsgrad bei gleichzeitig sehr kleinem Klirrfaktor führt.

Den C-Betrieb findet man nur bei den Sendeverstärkern. Der Arbeitspunkt C befindet sich im Sperrbereich, so dass die aktiven Bauelemente erst durch das Steuersignal impulsförmig angesteuert werden können. Man hat zwar einen hohen Wirkungsgrad, aber es treten große und nicht lineare Verzerrungen auf.

### 3.2.1 Leistungsverstärker im A-Betrieb

Arbeitet ein Transistor in Emitterschaltung und wird dieser als Großsignalverstärker betrieben, ergibt sich ein Eintakt-A-Betrieb.

Wie Abbildung 3.25 zeigt, liegt der Arbeitspunkt beim A-Betrieb in der Mitte der Arbeitsgeraden und es fließt ein Kollektorstrom von $I_{Cmax}/2$. Beim Lastwiderstand $R_L$ kann es sich zum Beispiel um einen Lautsprecher (<100 mW) handeln. In der Simulation ist $R_L = R_3$. Dies bedeutet, dass am Ausgang eine Spannung von $U_b/2$ vorhanden ist. Für diese Schaltung ergeben sich folgende Werte:

## 3 VERSTÄRKERSCHALTUNGEN

$U_{CE\,max} = U_b$  $\quad I_{C\,max} = \dfrac{U_b}{2 \cdot R_3}$

$P_{\sim max} = \dfrac{U_b^2}{8 \cdot R_3}$  $\quad P_{C\,max} = \dfrac{U_b^2}{4 \cdot R_3}$  $\quad$ P$_{Cmax}$ je Transistor = 2 · P$_{\sim max}$  $\quad \eta_{max} = 0{,}25$

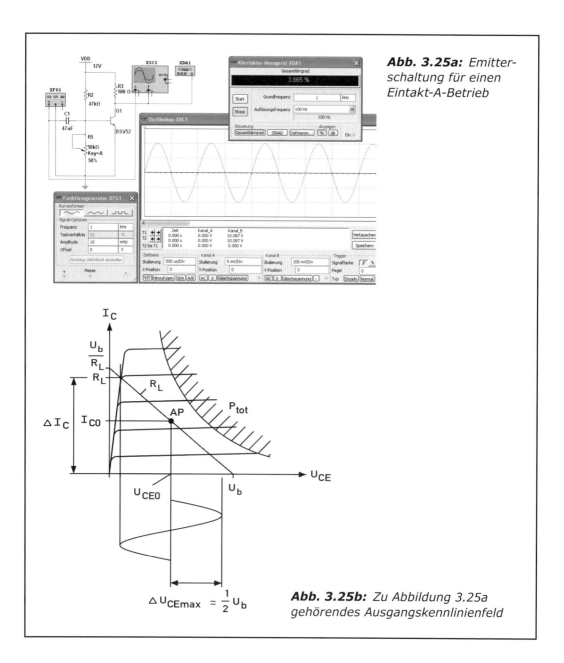

**Abb. 3.25a:** Emitterschaltung für einen Eintakt-A-Betrieb

**Abb. 3.25b:** Zu Abbildung 3.25a gehörendes Ausgangskennlinienfeld

Durch den hohen Ruhestrom ergibt sich ein recht ungünstiger Wirkungsgrad. Daher wird der A-Betrieb nur für kleine Ausgangsleistungen eingesetzt.

**Klirrfaktor und Sinusschwingungen**

In der Schaltung aus Abbildung 3.25 ist ein Messgerät für den Klirrfaktor vorhanden. Die Grundform der Wechselspannung verläuft sinusförmig, d. h. ihre Augenblickswerte steigen und fallen entsprechend der mathematischen Sinusfunktion.

Der Sinus eines Winkels ist wie folgt definiert:

Zeichnet man einen Kreis mit dem Radius r = 1 (Einheitskreis) so in ein Koordinatensystem ein, dass der Mittelpunkt des Kreises auf der X-Achse liegt, und lässt den Radius (Zeiger) entgegengesetzt zum Uhrzeigersinn um den Mittelpunkt rotieren, dann kann der Sinus eines Winkels wie folgt definiert werden:

Der vertikale Abstand von der X-Achse des auf dem Kreis rotierenden Punktes entspricht dem Zahlenwert des Sinus des Winkels zwischen X-Achse und Radius. Überträgt man die so ermittelten Sinuswerte auf eine horizontale Achse, die eine Skalierung in Winkelgraden enthält, so ergibt sich die charakteristische Sinuskurve. Eine Umdrehung um 360° (dies entspricht 2 · π) ergibt eine volle Sinusschwingung oder eine Periode. Die Zahl der Perioden pro Sekunde entspricht der Frequenz.

Konstruiert man ein Dreieck mit den Seiten Radius, X-Achsenabstand (Sinuswert) und der Projektion des Radius auf die X-Achse, so besitzt dieses einen rechten Winkel. Seine Hypotenuse entspricht dem Radius c. Der Sinus des Winkels φ ist bei dieser Betrachtungsweise gleich dem Quotienten aus Gegenkathete und Hypotenuse:

$$\sin \varphi = \frac{a}{c}$$

Während einer Umdrehung in einem Einheitskreis mit 2 · r legt die Zeigerspitze (Endpunkt des Radius) auf dem Kreis den Weg 2 · π zurück. Die Anzahl der Drehungen, die sie für eine Sekunde benötigt, wird mit f bezeichnet. Der gesamte Drehwinkel beträgt 2 · π · f. Diesen Wert bezeichnet man als Winkelgeschwindigkeit oder Kreisfrequenz ω.

Die für eine Schwingungsperiode benötigte Zeit heißt *Periodendauer T*. In einer Sekunde werden f Perioden durchlaufen, d. h.:

$$f = \frac{1}{T} \qquad T = \frac{1}{f}$$

Mit Rücksicht auf andere Schwingungsformen (Rechteckschwingungen, Impulsreihen, Sägezahnschwingungen) wird die Abszisse in einem Signal-Liniendiagramm vorzugsweise mit t (Zeit) bezeichnet, da hier keine Winkelfunktionen, sondern Zeitabläufe vorliegen.

Verlaufen zwei Schwingungen gleicher Frequenz zum gleichen Zeitpunkt und in gleicher Richtung durch die Null-Linie, sind diese phasengleich oder in Phase. Eine Sinuskurve kann gegen den Nullpunkt oder gegen eine andere Sinuskurve in X-Richtung um den Phasenwinkel φ verschoben sein. Die vor- oder nacheilende Kurve passiert die Nulllinie in diesem Falle früher bzw. später, d. h. sie eilt vor oder nach. Eine solche Phasenverschiebung zwischen den Nulldurchgängen kann auch bei nicht-sinusförmigen, periodischen Kurven vorliegen, z. B. bei Rechteck- oder Sägezahnschwingungen.

Um phasenverschobene Sinusschwingungen gleicher Frequenz darzustellen, wäre es aufwendig, stets das vollständige Signal (Amplitude als Funktion der Zeit) zu zeichnen. Es genügt, wenn man den Zeigerwert ihrer Amplituden im richtigen Winkel in das Kreisdiagramm einträgt. Da sich diese Zeiger bzw. Vektoren per Definition links herum drehen, eilt der Zeiger vom Wert $u_1$ (Eingangsspannung) vor. Man sagt, diese Spannung ist voreilend oder hat einen voreilenden Phasenwinkel, während $u_2$ nacheilt.

Um zwei Sinusschwingungen zu addieren, muss man die Vorzeichen der einzelnen Momentanwerte beachten. Sind die Frequenzen zweier Sinusspannungen dabei gleich, dann ist auch das Ergebnis wieder eine Sinuslinie von derselben Frequenz.

Die Addition zweier oder mehrerer Spannungen oder Ströme gleicher Frequenz kann zu einem beliebigen Zeitpunkt auch im Zeigerdiagramm durchgeführt werden. Dazu verschiebt man den zweiten Zeiger so weit (Parallelverschiebung), dass er mit seinem Fußpunkt an die Spitze des ersten Zeigers zu liegen kommt. Ein dritter Zeiger würde entsprechend mit seinem Fußpunkt an die Spitze des zweiten Zeigers angesetzt usw. Zeichnet man einen Pfeil vom Fußpunkt des ersten Pfeils zum Endpunkt des letzten Pfeils, stellt diese Größe und Phasenlage die Summenspannung oder den Summenstrom dar.

Die Addition sinusförmiger Wechselgrößen unterschiedlicher Frequenz ergeben keine reinen Sinuskurven, so dass eine Darstellung im Zeigerdiagramm in diesem Falle entfällt.

Für periodisch wiederkehrende Schaltvorgänge benötigt der Elektrotechniker häufig eine rechteckig verlaufende Wechselspannung. In Fernsehgeräten und Elektronenstrahloszilloskopen dient eine sägezahnförmig verlaufende, periodische Wechselspannung zur Ablenkung des Elektronenstrahls.

Alle nicht sinusförmigen, periodisch verlaufenden Wechselgrößen (z.B. Wechselströme oder Wechselspannungen) lassen sich nach einem mathematischen Verfahren (dem Fourier-Prinzip) in eine Reihe einzelner Sinusschwingungen unterschiedlicher Frequenz aufspalten. Umgekehrt kann jedes noch so kompliziert verlaufende Wechselspannungssignal theoretisch durch eine Überlagerung verschiedener Sinusschwingungen erzeugt werden. Diese Sinusschwingungen bestehen aus einer Grundschwingung (dem Sinussignal niedrigster Frequenz) und verschiedenen (theoretisch unendlich vielen) Oberschwingungen. Diese Oberschwingungen werden als Harmonische bezeichnet, weil ihre Frequenz normalerweise dem ganzzahligen Vielfachen der Grundschwingungs-Frequenz entspricht. Im gleichen Verhältnis, wie die Frequenzen der Oberschwingung zunehmen, werden die Amplituden der Oberschwingung bei vielen elektronisch und natürlich erzeugten Signalen immer kleiner (die erste Oberschwingung hat die doppelte Frequenz, also die halbe Periodendauer der Grundschwingung).

## 3.2 LEISTUNGSVERSTÄRKER

Durch Amplitudenbegrenzer oder durch Übersteuern von Verstärkern können die Maximal- und die Minimalspannungen von Sinuskurven abgeschnitten werden. Durch dieses Abschneiden oder Begrenzen entstehen ganz automatisch, und durch die von Fourier beschriebenen Zusammenhänge nachweisbar, zusätzliche Sinusschwingungen höherer Frequenz. Die beim symmetrischen Abschneiden (am oberen und unteren Rand des Signals) unerwünscht auftretenden Oberschwingungen oder Harmonischen sind stets ungeradzahlige Vielfache der Grundfrequenz. Ein unsymmetrisches Abschneiden (nur oben oder nur unten) erzeugt dagegen geradzahlige Vielfache der Grundfrequenz. Die Amplituden der Harmonischen nehmen mit höherer Frequenz zumeist exponentiell ab. Man unterscheidet

| | f | Grundschwingung |
|---|---|---|
| | 2f | 2. Harmonische |
| | 3f | 3. Harmonische |
| | 4f | 4. Harmonische |

oder

| | f | Grundschwingung |
|---|---|---|
| | 2f | 1. Oberschwingung |
| | 3f | 2. Oberschwingung |
| | 4f | 3. Oberschwingung |

Bei Verwendung des Begriffes Harmonische ist die Frequenzangabe eindeutiger. Der alte Ausdruck Oberwellen ist (in diesem Zusammenhang) möglichst zu vermeiden.

Nicht sinusförmige Schwingungen bestehen, wie bereits erwähnt, aus einer Summe von Sinusschwingungen verschiedener Frequenz, Phasenlage und Amplitude. Rechteckschwingungen enthalten zum Beispiel vorwiegend ungeradzahlige Harmonische. Sägezahnsignale dagegen enthalten geradzahlige Harmonische.

Eine verzerrte Sinusschwingung klingt bei der Wiedergabe unsauber. Man definiert diese Verzerrungen durch den Klirrgrad oder Klirrfaktor. Bei guten Verstärkeranlagen sollen die Verzerrungen so klein sein, dass der Effektivwert aller entstandenen Harmonischen weniger als 1 % des gesamten Effektivwertes beträgt. Der Klirrfaktor ist dann kleiner als 1 %.

Bei einem Klirrfaktormessgerät wird ebenfalls der Effektivwert des gesamten Eingangssignals gemessen und die Anzeige auf eine Vollausschlagsmarke (100 %) eingestellt. Das Klirrfaktormessgerät ist jedoch nicht mit einem Bandpass, sondern mit einer Bandsperre versehen, die auf die Grundschwingung des Messvorgangs abgestimmt wird. Dadurch wird die Grundschwingung unterdrückt, während das gesamte Oberschwingungsspektrum die Bandsperre passieren kann. Das Gerät zeigt also jetzt den eigentlichen Effektivwert des vorher erfassten gesamten Frequenzgemisches an. Dieses Verhältnis entspricht der Definition des Klirrfaktors (Oberschwingungsgehaltes) nach DIN 40110.

Verzerrungen nicht sinusförmiger Wechselspannung gegenüber rein sinusförmiger Wechselspannung werden durch den Klirrfaktor k beschrieben. Der Klirrfaktor ist das Verhältnis der Effektivwerte (quadratische Mittelwerte) der Oberschwingung zum Gesamtwert der Wechselgröße. Der Klirrfaktor k lässt sich errechnen aus

# 3 VERSTÄRKERSCHALTUNGEN

$$k = 100\% \cdot \sqrt{\frac{U_2^2 + U_3^2 + \ldots + U_n^2}{U_1^2 + U_2^2 + U_3^2 + \ldots + U_n^2}}$$    1…2: Index für Schwingungen (laufende Nummern)

Der Klirrfaktor wird meistens in % angegeben:
$U_1$ = Effektivwert der 1.Harmonischen (Grundwelle)
$U_2$ = Effektivwert der 2.Harmonischen (1.Oberwelle)

Der Teilklirrfaktor ist    $k_m = \dfrac{U_m}{\sqrt{U_1^2 + U_2^2 + U_3^2 + \ldots + U_n^2}}$

Das Klirrdämpfungsmaß errechnet sich aus    $a_k = 20 \cdot \lg \dfrac{1}{k}\ dB$

Das Teilklirrdämpfungsmaß ist    $a_{km} = 20 \cdot \lg \dfrac{1}{k_m}\ dB$

Die Grundschwingung soll beispielsweise f = 1 kHz sein und die vier Oberwellen haben $f_1$ = 2 kHz, $f_2$ = 3 kHz, $f_3$ = 4 kHz und $f_4$ = 5 kHz mit passend verkleinerter Amplitude. Je mehr bestimmte Oberwellen zur Grundschwingung addiert werden, desto mehr nähern sich die entstehenden Summenkurven der idealen Rechteck- bzw. Sägezahnschwingung. Die Verzerrungen gegenüber reinen Sinusgrößen beschreibt man durch den Klirrfaktor. Der Klirrfaktor ist das Verhältnis der Effektivwerte (quadratische Mittelwerte) der Oberschwingung zum Gesamtwert der Wechselgröße. Der Klirrfaktor kann durch die entsprechenden Anteile berechnet werden.

*Rechenbeispiel:* Gesucht wird der Klirrfaktor einer Rechteckschwingung.

Die Amplitude der Grundschwingung von 1 kHz beträgt $u_0$ = 4 V,
die der 2. Oberschwingung von 3 kHz $u_2$ = 1,33 V
die der 4. Oberschwingung von 5 kHz $u_4$ = 0,8 V
die der 6. Oberschwingung von 7 kHz $u_6$ = 0,57 V
die der 8. Oberschwingung von 9 kHz $u_8$ = 0,44 V
die der 10. Oberschwingung von 11 kHz $u_{10}$ = 0,36 V

$$k = \sqrt{\frac{1{,}33^2 + 0{,}8^2 + 0{,}57^2 + 0{,}44^2 + 0{,}36^2}{4^2 + 1{,}33^2 + 0{,}8^2 + 0{,}57^2 + 0{,}44^2 + 0{,}36^2}} = 0{,}4 \quad \text{oder 40 \%}$$

Der Klirrfaktor einer Rechteckschwingung beträgt ca. 40 %. Das ist gleichzeitig der größte Wert eines Klirrfaktors, der durch Verzerrungen einer sinusförmigen Schwingung entstehen kann.

## Intermodulationen

Intermodulation (Störsignale) entstehen durch unerwünschte Modulationseffekte. Eine Intermodulation liegt vor, wenn zwei Störsignale ($f_{S1}$ und $f_{S2}$) durch Mischung ein nicht vorhandenes Nutzsignal ($f_N$) vortäuschen. Der Intermodulationsabstand ist der Abstand zwischen Stör- und dem Nutzsignal in dB. Bei der Messung von $f_{S1}$ und $f_{S2}$ ist darauf zu achten, dass die gleich großen Signale $f_{S1}$ und $f_{S2}$ nicht als vorgetäuschte Störsignale auftreten. Die Intermodulation errechnet sich aus

Intermodulation 2. Ordnung: $f_N = | f_{S1} \pm f_{S2} |$
Intermodulation 3. Ordnung: $f_N = | f_{S1} \pm 2f_{S2} |$ oder $| 2f_{S1} \pm f_{S2} |$

Ein Klirrfaktormessgerät dient zur Messung der Intermodulations-Verzerrungen und der nicht linearen Verzerrung von Signalen. Die Einstellungen erfolgen nach:

- IEEE-Norm:

$$Gesamtklirrgrad = sqrt(f_1 \cdot f_1 + f_2 \cdot f_2 + f_3 \cdot f_3 + ...) / abs(f_0)$$

- ANSI-, CSA- und IEC-Norm:

$$Gesamtklirrgrad = sqrt(f_1 \cdot f_1 + f_2 \cdot f_2 + f_3 \cdot f_3 + ...) / abs(f_0 \cdot f_0 + f_1 \cdot f_1 + f_2 \cdot f_2 + ...)$$

## Klirrfaktormessung mit Multisim

Bei beiden Normen arbeitet das Multisim-Klirrfaktormessgerät in der Grundeinstellung mit zehn Oberwellen und 1024 FFT-Punkten. Beim Ausdruck FFT-Punkte handelt es sich um einen Fachbegriff der Fourier-Analyse, der an dieser Stelle nicht weiter erklärt werden soll. Man kann die Oberwellen ändern und bei den FFT-Punkten nach sechs Einstellkriterien arbeiten. Für die Einstellungen muss man nur das Fenster Definieren anklicken.

Mit einem Klirrfaktormessgerät kann man nicht-lineare Verzerrungen (Klirrfaktor) messen und die Erhöhung der Aussteuerbarkeit durch eine Linearisierung der Kennlinie eines Verstärkers korrigieren. Es gilt die Formel nach der ANSI-, CSA- und IEC-Norm

$$k = 100\% \cdot \sqrt{\frac{U_2^2 + U_3^2 + ...}{U_1^2 + U_2^2 + U_3^2 + ...}}$$

Der Klirrfaktor wird meistens in % angegeben.

Ein A-Betrieb lässt sich auch mit einer Kollektorschaltung realisieren, wie Abb. 3.26 zeigt. Der Kollektor des Transistors ist direkt mit $+U_b$ verbunden, während der Emitter über den Widerstand $R_E$ an $-U_b$ angeschlossen wird. Die Schaltung funktioniert aber nur bei vorhandener Leistungsanpassung, d. h., $R_E$ muss gleich $R_L$ sein. Für diese Schaltung ergeben sich damit folgende Werte:

# 3 VERSTÄRKERSCHALTUNGEN

$U_{CEmax} = 0{,}75 \cdot U_b$ \qquad $I_{Cmax} = 1{,}5 \cdot U_b/R_L$

$P_{\sim max} = U_b^2/(8 \cdot R_L)$ \qquad $P_{Cmax} = U_b^2/(4 \cdot R_L)$

$P_{Cmax} = 8 \cdot P_{\sim max}$ pro Transistor \qquad $\eta = 0{,}0625$

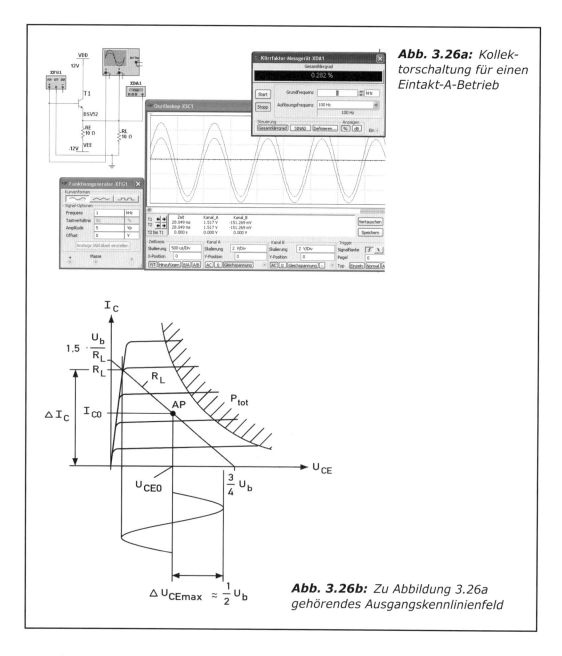

**Abb. 3.26a:** Kollektorschaltung für einen Eintakt-A-Betrieb

**Abb. 3.26b:** Zu Abbildung 3.26a gehörendes Ausgangskennlinienfeld

## 3.2 LEISTUNGSVERSTÄRKER

### 3.2.2 Leistungsverstärker im B-Betrieb

Durch die Einführung des B-Betriebs lässt sich der Wirkungsgrad erheblich steigern, und zwar bis auf $\eta_{max} = 0{,}785$. Dafür sind zwei Transistoren und zwei Betriebsspannungen erforderlich, wie die Schaltung aus Abbildung 3.27 zeigt. Der Klirrfaktor beträgt 9,559 %. Die Markierungen im Oszilloskopsignal zeigen die Übernahmeverzerrungen.

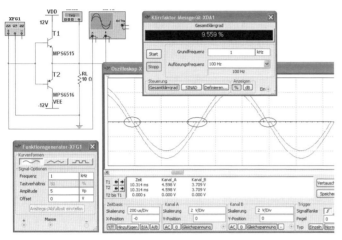

**Abb. 3.27a:** Leistungsverstärker in Kollektorschaltung mit Komplementärtransistoren im B-Betrieb (Multisim)

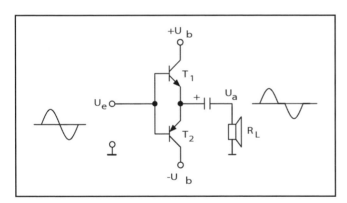

**Abb. 3.27b:** Dasselbe als regulärer Schaltplan

Der npn-Transistor (oben) steuert durch, wenn die Eingangsspannung positiv wird. Je nach Basisstrom fließt der verstärkte Laststrom von $+U_b$ über den npn-Transistor und den Lastwiderstand $R_L$ nach Masse ab, während der pnp-Transistor voll gesperrt ist. Ist die Eingangsspannung negativ, sperrt der npn-Transistor, und aus dem pnp-Transistor fließt ein entsprechender Basisstrom. Dieser Basisstrom wird verstärkt, und der Laststrom fließt von Masse über den pnp-Transistor nach $-U_b$.

Bei der Kennlinie für den B-Betrieb sieht man die beiden Arbeitspunkte in dem Kennlinienfeld $I_C = f(U_{BE})$. Wesentlich ist hierbei die Basis-Emitter-Spannung der beiden Transistoren. Erst wenn diese Spannung überwunden ist, beginnt der lineare Verstärkerbetrieb. Innerhalb dieser beiden Spannungsbereiche arbeiten die beiden Transistoren nicht, und es treten Übernahmeverzerrungen auf. Bei sehr großen Ausgangsspannungen sind diese Verzerrungen relativ gering, aber bei kleinen Ausgangsspannungen ergibt sich ein großer Übertragungsfehler, d. h., man hat einen entsprechend großen Klirrfaktor.

Da die beiden Transistoren in Kollektorschaltung arbeiten, ergibt sich der Vorteil eines hohen Eingangswiderstandes, d. h., die Signalquelle wird kaum belastet. Im Kollektorbetrieb hat man aber nur eine Spannungsverstärkung von $V_U < 1$, und daher muss die Eingangsspannung entsprechend hoch sein. Aufgrund der Stromgegenkopplung ist die Verstärkung sehr linear, wenn man von den Übernahmeverzerrungen im Nulldurchgang absieht. Es ergeben sich folgende Werte:

$$U_{CEmax} = 2 \cdot U_b \qquad I_{Cmax} = U_b^2/(2 \cdot R_L)$$

$$P_{\sim max} = U_b^2/(8 \cdot R_L) \qquad \eta = 0{,}785$$

Der Nachteil des B-Betriebs sind die beiden Betriebsspannungen. Um mit nur einer Betriebsspannung arbeiten zu können, benötigt man in der Verstärkerschaltung eine Ersatzstromquelle, beispielsweise einen Kondensator. Die Schaltung von Abb. 3.28 zeigt eine B-Gegentaktendstufe für einen Leistungsverstärker.

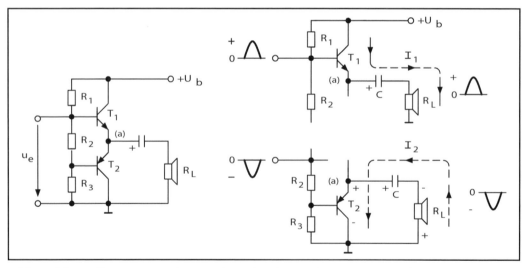

**Abb. 3.28:** *Aufbau einer B-Gegentaktendstufe mit dem Diagramm für den Umladevorgang am Elektrolytkondensator, der die Ersatzstromquelle bildet*

Am Eingang des Verstärkers liegt eine Wechselspannung. Wird diese positiv, schaltet der npn-Transistor durch, und es fließt ein Strom $I_C = I_E$ von $+U_b$ durch den Transistor, durch den Kondensator und weiter durch den Lautsprecher nach Masse. Während dieses Stromflusses kann sich der Kondensator aufladen. Nimmt die Eingangsspannung einen negativen Wert an, sperrt der npn-Transistor, während der pnp-Transistor in den leitenden Zustand übergeht. Der Kondensator entlädt sich über den pnp-Transistor nach Masse, es fließt Strom $I_2$, und der Lautsprecher wird aktiviert. Der Kondensator arbeitet als Ersatzstromquelle. Zusammen mit dem Lautsprecher bildet er einen Hochpass, dessen untere Grenzfrequenz $f_u$ sich aus

$$f_u = \frac{1}{2 \cdot \pi \cdot R_L \cdot C_L}$$

errechnet. In der Praxis kennt man die untere Grenzfrequenz und die Impedanz des Lautsprechers (Z = 4 Ω). Durch Umstellen der Formel lässt sich dann die Kapazität des Kondensators berechnen.

Beispiel: Die Endstufe soll mit einer unteren Grenzfrequenz von $f_u$ = 15 Hz und einem Lautsprecher mit $R_L$ = 4 Ω (Wirkwiderstand) betrieben werden. Welche Kapazität muss der Kondensator aufweisen'?

$$C_L = \frac{1}{2 \cdot \pi \cdot R_L \cdot f_u} = \frac{1}{2 \cdot 3,14 \cdot 4\Omega \cdot 15Hz} = 2654\mu F (2700\mu F)$$

Der Koppelkondensator wird im Wesentlichen von der unteren Arbeitsfrequenz der Endstufe bestimmt.

### 3.2.3 Leistungsverstärker im AB-Betrieb

Beim B-Betrieb treten unerwünschte Übernahmeverzerrungen auf, die sich aber durch einen Vorruhestrom beseitigen lassen. Durch Einfügen von Dioden erfolgt ein Übergang zum AB-Betrieb. Die Schaltung für den AB-Betrieb wird in Abbildung 3.29 gezeigt.

Über den Spannungsteiler, der aus einer Reihenschaltung von zwei Widerständen und zwei Dioden besteht, fließt ein kleiner Ruhestrom, der die Basis-Emitter-Spannung $U_{BE}$ der beiden Transistoren durch den Spannungsabfall an den zwei Dioden anhebt. Durch diesen Ruhestrom verringert sich zwar der Wirkungsgrad, aber es treten keine Übernahmeverzerrungen mehr auf.

Die Kennlinie für diesen AB-Betrieb ist in Abbildung 3.29 dargestellt. Durch die Verschiebung der beiden Basis-Emitter-Spannungen ergibt sich jedoch eine lineare Charakteristik für die Verstärkung. Bei der Einstellung des Vorstromes durch den Spannungsteiler schiebt man die Arbeitspunkte so übereinander, bis sich diese auf der linearen Verstärkerkennlinie befinden. Der Vorstrom soll etwa 1 % bis 2 % des Kollektorstromes $I_{Cmax}$ betragen. Der Klirrfaktor verringert sich bei richtiger Einstellung auf unter 0,1 %, wobei aber der Wirkungsgrad reduziert wird.

Da die beiden Widerstände und die zwei Dioden gleiche Werte aufweisen, sind die Basis-Emitter-Strecken der Endstufentransistoren in Durchlassrichtung vorgespannt. Beide Transistoren sind gesperrt, wenn $U_e$ = 0 V ist. Ändert sich die Ausgangsspannung in

# 3 VERSTÄRKERSCHALTUNGEN

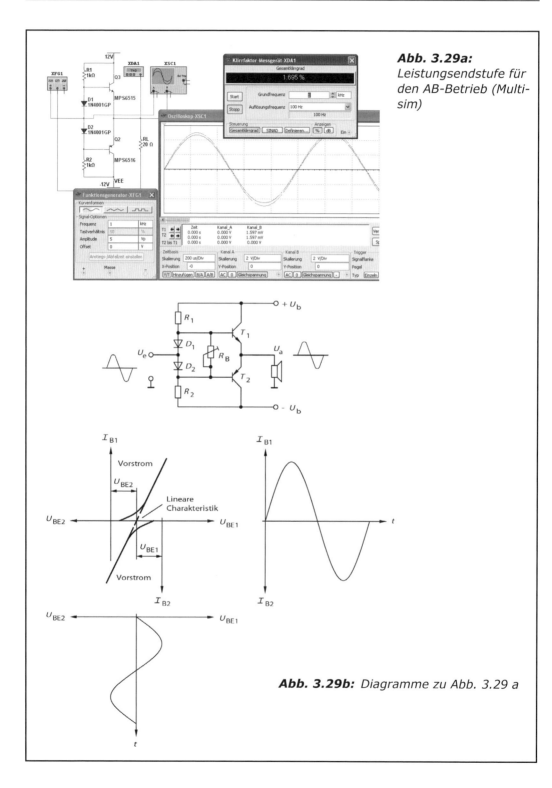

**Abb. 3.29a:** Leistungsendstufe für den AB-Betrieb (Multisim)

**Abb. 3.29b:** Diagramme zu Abb. 3.29 a

## 3.2 LEISTUNGSVERSTÄRKER

positiver Richtung, verringert sich der Vorstrom, und es fließt ein Basisstrom für den npn-Transistor. Wird dagegen die Eingangsspannung negativ, vergrößert sich der Vorstrom, und aus dem pnp-Transistor kann ein entsprechender Basisstrom herausfließen.

Bei der Schaltung von Abb. 3.30 bildet der Elektrolytkondensator die Ersatzstromquelle, wodurch wieder mit nur einer Betriebsspannung gearbeitet werden kann.

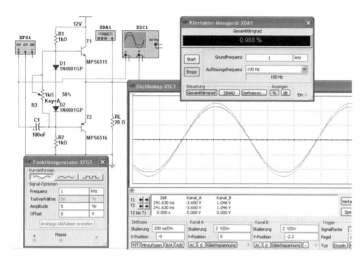

**Abb. 3.30a:** Aufbau einer AB-Gegentaktendstufe mit Elektrolytkondensator als Ersatzstromquelle

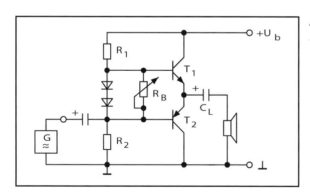

**Abb. 3.30b:** Schaltbild zur Multisim-Simulation in Abb. 3.30a

Einen Betrieb in Klasse C findet man nur in HF-Leistungsverstärkern. Der Arbeitspunkt auf der $U_{BE}/I_C$-Kennlinie befindet sich links vom Kennlinienknick, also bei einer Basisspannung, die den Kollektorstrom $I_C$ vollkommen sperrt. Bei fehlender Ansteuerung ist $I_C = 0$. Von der an der Basis anliegenden Wechselspannung erreicht nur ein Teil der positiven Halbwelle den Aussteuerbereich. Der Kollektorwechselstrom ist somit noch mehr verzerrt und hat noch mehr Oberwellen, als dies beim B-Betrieb der Fall ist. Jedoch wird der Kollektorschwingkreis in seiner Eigenfrequenz angestoßen und erzeugt ein sinusförmiges Ausgangssignal.

# 3.3 Wechselstromeigenschaften von Verstärkern

Die in den vorigen Abschnitten zur Arbeitspunkteinstellung aufgeführten Gleichspannungen und Gleichströme spielen beim Transistorverstärker sozusagen eine Vermittlerrolle. Das zu verstärkende Signal reitet (moduliert) gleichsam auf diesen Gleichstromgrößen. Wurden sie zur Einstellung und Stabilisierung des Arbeitspunktes einmal festgelegt, so kann man sie, wenn man den Verlauf des reinen Wechselspannungssignals durch die Schaltung betrachtet, völlig entfallen lassen. Man erhält dadurch Ersatzschaltbilder, die die Vorgänge bei der Verstärkung – vor allem im höheren Frequenzbereich oder an komplizierter aufgebauten Schaltungen – überschaubarer darstellen und die Berechnung der diversen Größen verständlich machen.

Der in der Emitterschaltung nach Abb. 3.31 verwendete Transistor soll nun auf seine Wechselstromeigenschaften untersucht und die daraus gewonnenen Erkenntnisse in einem Ersatzschaltbild festgehalten werden. Der Begriff Wechselstromeigenschaft ist hierbei als Sammelbegriff für alle Eigenschaften zu sehen, die der Transistor, bzw. die danach beschriebene gesamte Schaltung bezüglich Signalwechselgrößen, also Spannung oder Strom bzw. Leistung besitzt.

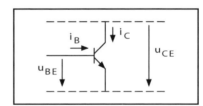

**Abb. 3.31:** Wechselströme und Wechselspannungen eines Transistors

Liegt an der Basis-Emitter-Strecke die Wechselspannung $u_{BE}$ an, so fließt gemäß der Eingangskennlinie ein Wechselstrom $i_B$, wie Abb. 3.31 zeigt. Nach dem ohm'schen Gesetz errechnet sich daraus der dynamische Eingangswiderstand

$$r_{BE} = \frac{u_{BE}}{i_B} = \frac{U_{BE}}{I_B}$$

Genaugenommen gilt diese Beziehung nur für eine ganz bestimmte feste Ausgangsspannung $U_{CE}$, d. h. für einen Kurzschluss der Kollektor-Emitter-Strecke ($u_{CE} = 0$ V) für Wechselstrom. Da sich jedoch bei Verwendung eines Kollektorwiderstandes $R_C$ von 0 Ω der Eingangswiderstand nicht merklich ändert, sei hier ganz allgemein festgehalten: Der Wechselstromeingangswiderstand $r_{BE}$ eines Transistors gibt an, welcher Widerstand am Transistoreingang für Spannungs- und Stromänderungen wirksam wird.

Für die Basis-Emitter-Strecke kann also der Eingangswiderstand $r_{BE}$ als Ersatzschaltbild gezeichnet werden, wie Abbildung 3.32 zeigt.

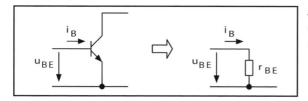

**Abb. 3.32:** Basis-Emitter-Strecke am Transistor und ihr Ersatzschaltbild

Der Ausgangswiderstand $r_{CE}$ des Transistors als Widerstand der Kollektor-Emitter-Strecke ergibt sich wie folgt:

$$r_{CE} = \frac{u_{CE}}{i_C} = \frac{\Delta U_{CE}}{\Delta I_C}$$

**Anmerkung:** Bei den Größen $u_{CE}$ bzw. $\Delta U_{CE}$ und $i_C$ bzw. $\Delta I_C$ handelt es sich nicht um Werte des sinusförmigen Ausgangssignales, das sich ergibt, wenn die Schaltung mit einer sinusförmigen Spannung oder einem sinusförmigen Strom angesteuert wird. $\Delta U_{CE}$ und $DI_C$ kann man dadurch ermitteln, dass man bei gleichbleibender Ansteuerung den Lastwiderstand $R_4$ ändert.

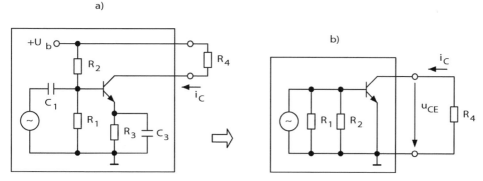

**Abb. 3.33:** Verhalten der Emitterschaltung bei Wechselstrom

Die Emitterschaltung kann als schwarzer Kasten aufgefasst werden, der mit dem Widerstand $R_4$ belastet wird (Abb. 3.33a). Betrachtet man die Schaltung dazu nur in ihrem Verhalten bei Wechselstrom, erhält man die Darstellung nach Abbildung 3.33b (wobei der kapazititve Blindwiderstand von $C_1$ zu Null Ohm angenommen wird und der Kondensator $C_3$ sowie die Spannungsquelle $U_b$ jeweils einen Kurzschluss zu Masse darstellen).

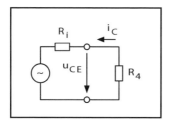

**Abb. 3.34:** Ersatzschaltbild einer Spannungsquelle

Der Transistor verhält sich also vom Ausgang her gesehen wie ein Generator, der die Wechselspannung $u_{CE}$ bzw. den Wechselstrom $i_C$ erzeugt und der, wie jeder Generator, einen gewissen Innenwiderstand $R_i$ besitzt. Abbildung 3.34 zeigt das Ersatzschaltbild des Transistors als Spannungsquelle. Eine Betrachtung des Ausgangs in der Schaltung in Abbildung 3.33 (Teil b) lässt erkennen, dass der Innenwiderstand des Generators einer Spannungsquelle dem Widerstand der Kollektor-Emitter-Strecke, also $r_{CE}$ entspricht.

Da $r_{CE}$ sehr groß ist (übliche Werte liegen im Bereich von 1 MΩ bis 10 MΩ), kann schon vermutet werden, dass der Generator als Konstantstromquelle anzusehen ist. Dies wird durch die Tatsache bestätigt, dass der Ausgangsstrom $i_C$ weitgehend unabhängig vom Lastwiderstand $R_4$ ist.

Nach den bisherigen Kenntnissen erzeugt eine Stromquelle einen Kurzschlussstrom, der sich auf den Innenwiderstand der Quelle und den dazu parallel liegenden Lastwiderstand aufteilt. Der Kurzschlussstrom ist dabei der Strom, der sich ergibt, wenn der Lastwiderstand zu Null wird (Kurzschluss).

Für den Lastwiderstand $R_4 = 0$ ergibt sich in den Schaltungen nach Abb. 3.33 bzw. Abb. 3.34 ein Kollektorstrom $i_C$, der sich mit Hilfe des Basisstromes $i_B$ und des Kurzschlussstromverstärkungsfaktors β berechnen lässt:

$$i_C = \beta \cdot i_B$$

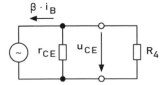
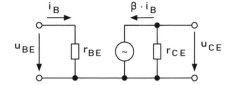

**Abb. 3.35:** Ersatzschaltbild des Transistorausgangs

**Abb. 3.36:** Vereinfachtes Ersatzschaltbild des Transistors

Damit ergibt sich ausgangsseitig für den Transistor das in Abb. 3.35 dargestellte Ersatzschaltbild mit dem Lastwiderstand $R_4$.

Fasst man die bislang gewonnenen Erkenntnisse für Eingang und Ausgang des Transistors zusammen, so erhält man das in der Abb. 3.36 dargestellte stark vereinfachte Ersatzschaltbild des Transistors.

**Anmerkung:** Die Pfeilrichtungen von $u_{CE}$ und $i_C = \beta \cdot i_B$ deuten an, dass Strom und Spannung um 180° phasenverschoben sind.

Auffällig ist hierbei, dass die Darstellung keinerlei Frequenzverhalten des Transistors erkennen lässt. Der Kurzschlussstromverstärkungsfaktor β nimmt jedoch mit steigender Signalfrequenz ab. Hervorgerufen wird diese Erscheinung von einer Basis-Emitter-Kapazität, der sogenannten Diffusionskapazität $C_D$, die im Ersatzschaltbild parallel zu $r_{BE}$ eingezeichnet werden muss und die mit steigender Frequenz den Widerstand $r_{BE}$

kurzschließt, so dass der für den Aussteuerungsvorgang wirksame Strom immer kleiner wird. $C_D$ kann bei NF-Transistoren viele Nanofarad groß sein.

Die Grenzschicht zwischen Kollektor und Basis wird in Sperrrichtung betrieben. Dadurch verarmt sie an Ladungsträgern und wirkt als Dielektrikum. Die beiden an die Grenzschicht anschließenden Zonen bilden gewissermaßen die Beläge eines Kondensators mit der Kapazität $C_{CB}$ (Größenordnung einige Pikofarad). Gleichzeitig besitzt die in Sperrrichtung betriebene Basis-Kollektor-Diode einen Sperrwiderstand in der Größenordnung von einigen MΩ. $r_{CB}$ und $C_{CB}$ beschreiben die Rückwirkung im Transistor vom Kollektor auf die Basis in Form einer Spannungsgegenkopplung.

Eine weitere Kapazität ist durch den Aufbau und die Anschlüsse des Transistors bedingt. Sie wird mit Ausgangskapazität oder Kollektor-Emitter-Kapazität $C_{CE}$ bezeichnet. Ihre Größenordnung liegt im Bereich einiger Pikofarad.

Die Kapazitäten $C_{CB}$ und $C_{CE}$ sind in Abbildung 3.37 gestrichelt gezeichnet, weil sie erst bei höheren Frequenzen das Transistorverhalten beeinflussen. Da der Wert von $r_{CB}$ sehr groß ist, kann er häufig vernachlässigt werden und ist deshalb ebenfalls gestrichelt gezeichnet.

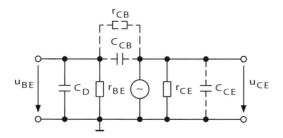

**Abb. 3.37:** Wechselstromersatzschaltbild des Transistors

## 3.3.1 Emitterschaltung

Mit dem Transistorersatzschaltbild aus Abb. 3.37 ist es nun nicht mehr schwierig, das Ersatzschaltbild der gesamten Emitterschaltung zu zeichnen.

Wie bereits erwähnt, stellt die Betriebsspannungsquelle $U_b$ für Wechselströme einen Kurzschluss dar, so dass die Widerstände des Basisspannungsteilers $R_1/R_2$ parallel zum Eingangswiderstand des Transistors liegen. Ausgangsseitig führt die Verbindung des Kollektors über den Widerstand $R_4$ ebenfalls auf Masse.

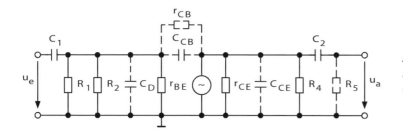

**Abb. 3.38:** Wechselstromersatzschaltbild der Emitterschaltung

Ausgehend von der Emitterschaltung erhält man demnach die Schaltung aus Abbildung 3.38. Ersatzschaltbilder dienen prinzipiell dazu, Eigenschaften eines Bauelementes oder einer Schaltung einfacher und übersichtlicher zu erfassen, als dies bei der eigentlichen Schaltung der Fall ist. Je nachdem, welche Größe berechnet oder welche Eigenschaft untersucht werden soll, kann man nun Voraussetzungen treffen, die es ermöglichen, das Ersatzschaltbild zu vereinfachen.

Beispielsweise wurde bei der Ersatzschaltung nach Abbildung 3.38 der Kondensator $C_3$ der Schaltung als so groß angenommen, dass der Emitter innerhalb des Frequenzbereiches, in dem die Schaltung betrieben werden soll, für Wechselstrom an Masse liegt. Erst bei tieferen Frequenzen müßte $C_3$ dann wieder berücksichtigt werden.

Zur Bestimmung des Eingangs- und Ausgangswiderstandes sowie der Verstärkungsfaktoren wird die Schaltung zuerst in ein möglichst einfaches Ersatzschaltbild übergeführt. Dabei wird ein bestimmter Frequenzbereich von beispielsweise 20 Hz bis 20 kHz angenommen, da die kapazitiven Blindwiderstände der Kondensatoren $C_l$, $C_2$ und $C_3$ den Wert Null aufweisen, während die Widerstände der Kapazitäten $C_{CD}$, $C_{CE}$ und $C_{CB}$ unendlich groß sind.

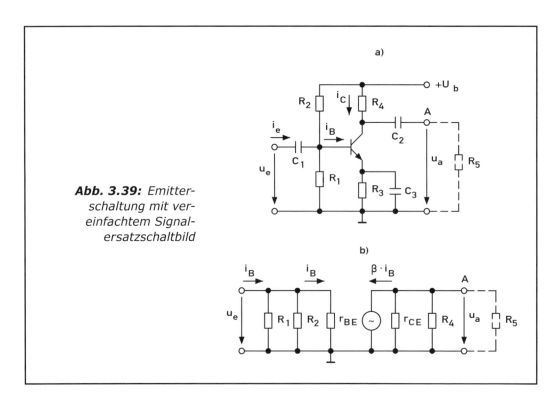

**Abb. 3.39:** Emitterschaltung mit vereinfachtem Signalersatzschaltbild

Wie aus dem Ersatzschaltbild (Abb. 3.39) hervorgeht, liegen der Kollektorwiderstand $R_4$ und der Lastwiderstand $R_5$ parallel zueinander und können somit zu einem Gesamtkollektorwiderstand zusammengefasst werden.

## 3.3 WECHSELSTROMEIGENSCHAFTEN VON VERSTÄRKERN

Als Eingangswiderstand wird die Parallelschaltung aus $R_1$, $R_2$ und $r_{BE}$ wirksam. Dieser Gesamtwiderstand belastet die Signalquelle.

$$r_E = R_1 \parallel R_2 \parallel r_{BE}$$

Um nun die Signalquelle möglichst wenig zu belasten, muss der Basisspannungsteiler sehr hochohmig sein, damit er den verhältnismäßig kleinen Eingangswiderstand $r_{BE}$ des Transistors nicht weiter verringert. Ist diese Voraussetzung gegeben, kann man näherungsweise schreiben:

$$r_E \approx r_{BE}$$

Vom Ausgang A des Ersatzschaltbildes (Abb. 3.39b) her gesehen, stellt die Schaltung eine Signalquelle dar, deren Innenwiderstand sich aus $r_{CE}$ parallel zu $R_4$ zusammensetzt:

$$r_a \approx r_{CE} \parallel R_4$$

Meist ist $r_{CE}$ sehr groß gegen $R_4$, so dass näherungsweise gilt: $r_a \approx R_4$

Der Ausgangswiderstand der Schaltung wird also vorwiegend durch $R_4$ bestimmt.

Nach Abb. 3.39 gilt für die Spannungsverstärkung der Schaltung: $V_U = \dfrac{u_a}{u_e}$

Der Transistor erzeugt als Stromquelle am Ausgang den Wechselstrom $\beta \cdot i_B$, der im unbelasteten Fall ($R_L = \infty$) über $r_{CE}$ und $R_4$ fließt. Damit entsteht am Ausgang die folgende Spannung zur Verfügung:

$$u_a = \beta \cdot i_B \cdot (r_{CE} \parallel R_4)$$

Die Eingangsspannung $u_e$ erzeugt den Basisstrom

$$i_B = \dfrac{u_e}{r_{BE}}$$

Dadurch erhält man für die Ausgangsspannung den Wert:

$$u_a = \beta \cdot \dfrac{u_e}{r_{BE}} \cdot (r_{BE} \parallel R_4)$$

und schließlich für die Spannungsverstärkung den Wert:

$$V_U = \beta \cdot \dfrac{\dfrac{u_e}{r_{BE}} \cdot (r_{BE} \parallel R_4)}{u_e}$$

Die letzte Formel vereinfacht sich wie folgt:

$$V_U = \beta \cdot \dfrac{r_{BE} \parallel R_4}{r_{BE}}$$

Mit $r_{CE} \approx R_4$ gilt näherungsweise:

$$V_U \approx \beta \cdot \dfrac{R_4}{r_{BE}}$$

**Anmerkung:** Da zwischen Eingangs- und Ausgangsspannung eine Phasenumkehr vorliegt, müsste $V_U$ korrekterweise mit einem negativen Vorzeichen versehen werden:

$$V_U \approx -\dfrac{u_a}{u_e}$$

Wäre die Schaltung mit einem Widerstand $R_5$ belastet, so müsste man statt dem Gesamtwiderstand $R_4 \| R_5$ die Formel zur Bestimmung von $V_U$ verwenden.

Wie aus Abbildung 3.39b ersichtlich, liefert die Stromquelle den Strom $\beta \cdot i_B$, der sich – nimmt man $R_5$ als unendlich groß an – auf die Widerstände $r_{CE}$ und $R_4$ aufteilt (Abb. 3.40), wobei der Strom $i_C$ in diesem Fall den Ausgangsstrom bildet. Es sei hier vermerkt, dass der Strom $i_{CE}$ in der Schaltung nach Abb. 3.39a nicht darstellbar ist, da er sozusagen im Innern des Transistors verbraucht wird und außerhalb nicht in Erscheinung tritt.

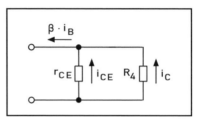

**Abb. 3.40:** Stromaufteilung von $\beta \cdot i_B$

Mit $i_C$ als Ausgangsstrom erhält man
$$V_I = \frac{i_C}{i_e} \quad (i_e\text{: Eingangsstrom})$$

Da sich bei einer Parallelschaltung die Ströme umgekehrt wie die Widerstände verhalten, kann man folgende Gleichung aufstellen:
$$\frac{\beta \cdot i_B}{i_C} = \frac{R_4}{r_{CE} \| R_5}$$

Daraus kann man folgenden Wert ermitteln:
$$i_C = \frac{\beta \cdot i_B \cdot (r_{CE} \| R_4)}{R_4}$$

Setzt man eingangsseitig voraus, dass der Basisspannungsteiler sehr hochohmig ist, so kann man näherungsweise schreiben:
$$i_e \approx i_B$$

Für $V_i$ ergibt sich dann
$$V_i = \frac{i_C}{i_E} = \frac{\beta \cdot i_B \cdot (r_{CE} \| R_4)}{i_B \cdot R_4}$$

$$V_i = \beta \cdot \frac{r_{CE} \| R_4}{R_4}$$

Mit
$$\frac{r_{CE} \| R_4}{R_4} = \frac{r_{CE} \cdot R_4}{(r_{CE} \cdot R_4) \cdot R_4} = \frac{r_{CE}}{r_{CE} + R_4}$$

erhält man weiter:
$$V_i = \beta \frac{r_{CE}}{r_{CE} + R_4}$$

## 3.3 WECHSELSTROMEIGENSCHAFTEN VON VERSTÄRKERN

Dividiert man Zähler und Nenner obiger Gleichung durch $r_{CE}$, so kann man schreiben

$$V_i = \beta \cdot \frac{\frac{r_{CE}}{r_{CE}}}{\frac{r_{CE} + R_4}{r_{CE}}} = \beta \cdot \frac{1}{1 + \frac{R_4}{r_{CE}}}$$

Für $r_{CE} \approx R_4$ ist damit $V_i$ näherungsweise

$$V_i \approx \beta$$

Ist $R_4 = 0$, so ergibt sich:

$$V_i = \beta \cdot \frac{r_{CE}}{r_{CE}} = \beta$$

β ist also die Kurzschlussstromverstärkung.

Die Leistungsverstärkung $V_P$ ist das Produkt aus der Spannungs- und der Stromverstärkung.

$$V_P = V_U \times V_i$$

### 3.3.2 Frequenzverhalten der Emitterschaltung

Das Ersatzschaltbild nach Abb. 3.37 hat verdeutlicht, dass in der Emitterschaltung eine ganze Reihe von Kapazitäten auftreten, die einerseits zum Schaltungsaufbau gehören, zum anderen durch den Transistor bedingt sind. Zeichnet man letztere mit in die reale Schaltung ein, so erhält man die Darstellung nach Abbildung 3.41.

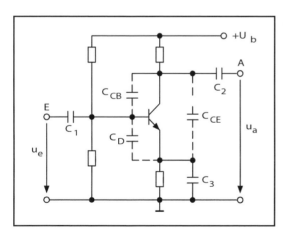

**Abb. 3.41:** Emitterschaltung mit frequenzbestimmenden Kapazitäten

Da Kapazitäten frequenzabhängige Widerstandswerte haben, werden die Eigenschaften der Schaltung wesentlich von der Frequenz der Eingangsspannung $u_e$ mitbestimmt.

Soll ein Verstärker nicht nur Wechselspannungen einer bestimmten Frequenz übertragen, sondern für einen ganzen Frequenzbereich nutzbar sein, so muss er als Breitbandverstärker entwickelt werden. Je nachdem, ob das Frequenzband im NF- oder HF-Gebiet liegt, spricht man von NF- oder HF-Verstärkern. Verstärker die der Übertragung von Sprach- oder Musiksignalen dienen, sind NF-Breitbandverstärker.

**Anmerkung:** Der Niederfrequenzbereich (NF) umfasst nach DIN 40 015 Frequenzen von 0 Hz bis 3 kHz. Nachdem sich die nachstehenden Ausführungen aber auf den Frequenzbereich von 20 Hz bis 15 kHz beziehen, kann man diesen Tonfrequenzbereich dabei zugrunde legen.

Der Arbeitsbereich des Breitbandverstärkers umfasst das Frequenzspektrum zwischen der unteren Grenzfrequenz $f_u$ und der oberen Grenzfrequenz $f_o$. Die Grenzfrequenzen werden bestimmt, indem man die Ausgangsspannung des Verstärkers bei einer Nennfrequenz (bei NF-Verstärkern meist 1 kHz) ermittelt und bei konstanter Größe des Eingangssignals dessen Frequenz so lange zu tiefen, bzw. hohen Werten hin verändert, bis die Ausgangsspannung nur noch das 0,707fache ($1/\sqrt{2}$) des Nennwertes besitzt.

Mit abnehmender Frequenz werden die Widerstände der Kapazitäten immer größer. Es wirkt sich deshalb auf die Kondensatoren aus, die in Serie zum Signalverlauf liegen.

Vom Eingang E der Schaltung in Abbildung 3.41 ausgehend wird sich einerseits ein Spannungsfall über den Einkoppelkondensator $C_1$ ergeben, der die zur Ansteuerung des Transistors wirksame Spannung $u_{BE}$ mindert ($u_{BE} < u_e$), andererseits liegt der Emitter über $C_1$ wechselstrommäßig nicht mehr auf Masse.

Bei angeschlossener Last am Ausgang A (Abb. 3.41) wird darüber hinaus auch $C_2$ einen Spannungsfall hervorrufen. $C_2$ soll jedoch als Einkoppelkondensator dem Lastwiderstand zugerechnet und deshalb hier nicht betrachtet werden. Beispielsweise könnte die angeschlossene Last eine weitere Verstärkungsstufe sein, für die $C_2$ als Einkoppelkondensator fungiert. Deshalb muss $C_2$ auch dieser Stufe zugerechnet werden.

Die Auswirkungen der Kondensatoren $C_1$ und $C_3$ sollen nun getrennt und völlig unabhängig voneinander betrachtet werden. Zu tiefen Frequenzen hin wird $X_{C3}$ immer hochohmiger, bis schließlich der Emitterwiderstand $R_3$ auch wechselstrommäßig voll wirksam wird. Damit erhöht sich der Eingangswiderstand der Schaltung und der Basiswechselstrom nimmt ab. Als Folge davon verringern sich auch der Ausgangsstrom $i_C$ und die Ausgangsspannung $u_a$.

Um niedrige Grenzfrequenzen – wie sie bei NF-Verstärkern üblich sind – zu erreichen, müssen extrem große Kondensatoren verwendet werden (z. B. mehrere hundert µF)

Dabei wird vom Wechselstromersatzschaltbild der Emitterschaltung nach Abbildung 3.38 ausgegangen. Die Diffusionskapazität $C_D$ weist bei niedrigen Frequenzen einen hohen Widerstandswert auf und kann deshalb vernachlässigt werden. Die parallel liegenden Widerstände $R_1$, $R_2$ und $r_{BE}$ werden zum Gesamteingangswiderstand $r_E$ zusammengefasst. Damit ergibt sich Signalersatzschaltung nach Abbildung 3.42.

Hieraus ist ersichtlich, dass der Einkoppelkondensator $C_1$ in Verbindung mit dem Eingangswiderstand der Schaltung $r_E = R_1 \parallel R_2 \parallel r_{BE}$ einen Hochpass darstellt.

## 3.3 WECHSELSTROMEIGENSCHAFTEN VON VERSTÄRKERN

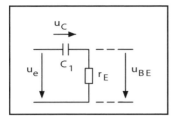

**Abb. 3.42:** Hochpass-Ersatzschaltbild der C-Kopplung

Die Grenzfrequenz eines Hochpasses ist dann gegeben, wenn die Spannungsfälle über Kondensator und ohm'schem Widerstand dem Betrag nach gleich groß sind, d. h., wenn $X_{C1} = r_E$.

Da $X_{C1} = \dfrac{1}{2 \cdot \pi \cdot f \cdot C_1}$ ergibt sich für die Grenzfrequenz

$$f_u = \frac{1}{2 \cdot \pi \cdot r_E \cdot C_1}$$

**Anmerkung:** Da die Signalquelle, mit der die Verstärkerschaltung angesteuert wird, einen bestimmten Innenwiderstand hat, muss zum Widerstand $r_E$ noch dieser Innenwiderstand hinzuaddiert werden.

In Abbildung 3.43 ist das Hochpassverhalten der Schaltung dargestellt. $U_{aNenn}$ ist dabei der Wert der Ausgangsspannung bei der Nennfrequenz (1 kHz).

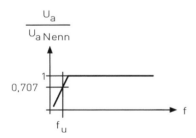

**Abb. 3.43:** Frequenzgang des Spannungsverhältnisses $U_a/U_{aNenn}$

Mit ansteigender Frequenz nehmen die Widerstandswerte von Kapazitäten ab. Die in Serie zum Signalverlauf liegenden Koppelkondensatoren $C_1$ und $C_2$ sowie der Emitterkondensator $C_3$ können auf Grund ihrer hohen Werte nun als Kurzschlüsse betrachtet werden. Bedeutsam ist jedoch jetzt, dass die Kapazitäten $C_D$, $C_{CB}$ und $C_{CE}$ immer mehr zu leitenden Verbindungen werden.

Für höhere Frequenzen kann deshalb, ausgehend von Abbildung 3.38, folgendes Ersatzschaltbild (Abb. 3.44) gezeichnet werden:

**Abb. 3.44:** Ersatzschaltbild der Emitterschaltung bei höheren Frequenzen

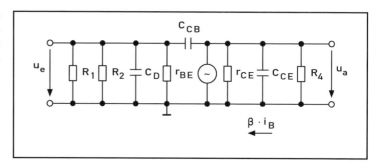

Es sei hier kurz vermerkt, dass die Schaltung neben den oben gezeichneten Kapazitäten noch sogenannte Schaltkapazitäten $C_S$ aufweist, die sich durch Zuleitungen, Lötstellen und dergleichen ergeben. Diese Kapazitäten sind jedoch im NF-Bereich so gering, dass sie vernachlässigt werden können.

Die obere Grenzfrequenz $f_o$ wird durch zwei Faktoren bestimmt:

- die Stromverstärkung
- die Transistorkapazitäten $C_{CB}$ und $C_{CE}$

**a)** Durch den Abfall der Stromverstärkung β bei höheren Frequenzen: Es wird als bekannt vorausgesetzt, dass sich die Stromverstärkung mit steigender Frequenz verringert, wie dies Abb. 3.45 nochmals verdeutlicht. Die Ursache hierfür ist die Diffusionskapazität $C_D$. Geht man, um dies möglichst einfach zu begründen, von einer konstanten Stromeinspeisung der Schaltung nach Abb. 3.44 aus, so wird mit konstantem Eingangsstrom $i_e$ und steigender Frequenz die über $r_{BE}$ wirksame Steuerspannung $u_e$ (bzw. der Steuerstrom $i_e$) immer kleiner. Mit kleiner werdender Ansteuerung sinkt jedoch auch der Ausgangswechselstrom, was, legt man den konstanten Eingangsstrom zugrunde, gleichbedeutend mit einer Abnahme des Stromverstärkungsfaktors ist.

**Abb. 3.45:** Frequenzgang der Stromverstärkung

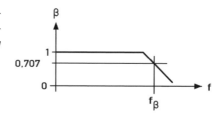

Die obere Grenzfrequenz des Verstärkers wird damit in erster Linie durch die Grenzfrequenz $f_\beta$ des Transistors bestimmt.

**b)** Wirkung der Transistorkapazitäten $C_{CB}$ und $C_{CE}$: Der Kondensator $C_{CB}$ bildet bei hohen Frequenzen eine stark wirkende Spannungsgegenkopplung und verringert gleichzeitig den Eingangswiderstand der Schaltung, während $C_{CE}$ ausgangsseitig den Kollektorwiderstand $R_4$ immer mehr überbrückt. Die Spannungsverstärkung $V_u$ die ja von der Größe des Kollektorwiderstandes abhängt, wird damit kleiner.

Für die Bandbreite Δf des Verstärkers ergibt sich aus Abb. 3.46  Δf = f$_o$ – f$_u$

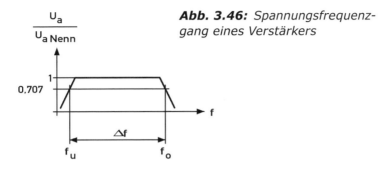

**Abb. 3.46:** Spannungsfrequenzgang eines Verstärkers

### 3.3.3 Ansteuerung mit Rechtecksignalen

Legt man an den Eingang einer Verstärkerschaltung eine rechteckförmige Spannung u$_e$ und verändert (im Rahmen des NF-Bereiches) deren Frequenz von sehr niedrigen bis zu sehr hohen Werten, dann ist die Ausgangsspannung u$_a$ entweder auch rechteckförmig oder auf zwei verschiedene Arten verformt. Die Schaltung soll deshalb im niedrigen, hohen und mittleren Frequenzbereich genauer betrachtet werden. Der Einfluss von C$_3$ wird dabei vernachlässigt. Abb. 3.47 zeigt die Schaltung eines Hochpasses.

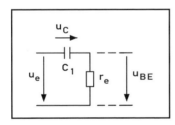

**Abb. 3.47:** Schaltung eines Hochpasses

**a)** Niedriger Frequenzbereich: Wie bei der Ermittlung der unteren Grenzfrequenz f$_u$ bereits erwähnt wurde, stellt der Einkoppelkondensator C$_1$ in Verbindung mit dem Eingangswiderstand r$_e$ der Emitterschaltung einen Hochpass dar. Dieser Hochpass kann auch als Differenzierglied betrachtet werden.

Differenzierglieder verformen Rechtecksignale, wobei das Ausmaß der Verformung von dem Verhältnis der Zeitkonstanten $\tau = C_1 \cdot r_e$ zur Impulsdauer abhängt.

Da ein Kondensator zur Aufladung die Zeit $5 \cdot \tau$ benötigt, ergibt sich beispielsweise der in Abbildung 3.48 dargestellte Spannungsverlauf für u$_{BE}$, wenn folgende Voraussetzung getroffen wird: $t_1 = t_2 = 5\tau$

Die Größe der Amplitude von u$_{EB}$ wird hierbei als nebensächlich angesehen und nicht weiter untersucht.

**Abb. 3.48:** Verlauf der Spannung $u_{BE}$ für $\tau = 5 \cdot t_1 = 5 \cdot t_2$

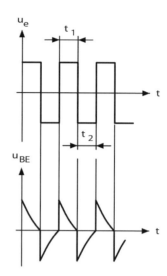

Der Kondensator kann sich also während der Zeit $t_1$ bzw. $t_2$ gerade auf den Wert der Eingangsspannung $u_e$ aufladen, wodurch $u_{BE}$ bis auf null Volt absinkt. Erhöht man den Wert der Zeitkonstanten $\tau$, indem man den Koppelkondensator $C_1$ vergrößert (der Eingangswiderstand $r_e$ ist durch die Schaltung fest vorgegeben), so benötigt der Kondensator zur Aufladung eine längere Zeitspanne. Er wird sich demzufolge in der Zeit $t_1$ bzw. $t_2$ nicht mehr voll auf den Wert des Eingangsimpulses $u_e$ aufladen. Die Spannung $u_{BE}$ wird demzufolge nur auf einen Wert $u_{BE} = u_e - u_C$ ungleich null Volt absinken, wie dies in Abbildung 3.49 dargestellt ist.

**Abb. 3.49:** Verlauf der Spannung $u_{BE}$ für $\tau > 5 \cdot t_1$

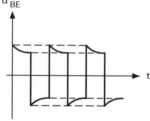

Da $u_{BE}$ die am Transistor wirksame Steuerspannung darstellt, wird die Ausgangsspannung $u_a$ (unter Vernachlässigung von Transistorschaltzeiten) den gleichen Verlauf zeigen. Es ist lediglich die Phasendrehung von 180° zu berücksichtigen.

**Anmerkung:** Der Einfluss des Auskoppelkondensators $C_2$ wird hier nicht untersucht, da $C_1$ wieder als Einkoppelkondensator der Last zugeschrieben wird und die Ausgangsspannung natürlich auch vor dem Kondensator $C_2$ abgegriffen werden kann. Gegenüber Abb. 3.50 wird $u_a$ dann lediglich um den Wert der Gleichspannung im Arbeitspunkt angehoben.

**b)** Mittlerer Frequenzbereich: Erhöht man nicht – wie vorher angenommen – den Wert des Kondensators $C_I$, sondern die Frequenz der Eingangsspannung, so werden die Impulszeiten $t_l$ und $t_2$ kürzer. $C_l$ hat nun immer weniger Zeit, sich aufzuladen. Die Spannung $u_e$, auf die sich der Kondensator während der Zeiten $t_l$ und $t_2$ auflädt, wird also mit steigender Frequenz immer kleiner und schließlich nahezu Null werden. Jetzt gilt $u_{BE} = u_e$.

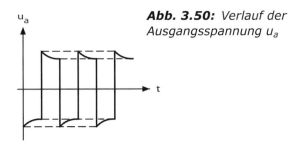

**Abb. 3.50:** Verlauf der Ausgangsspannung $u_a$

Die Ausgangsspannung $u_a$ sieht dann, wiederum unter Vernachlässigung der Transistorschaltzeiten, im Verlauf der Eingangsspannung $u_e$ unter Berücksichtigung der Phasendrehung von 180° so aus, wie Abb. 3.51 zeigt.

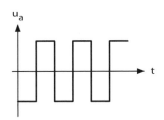

**Abb. 3.51:** Verlauf der Ausgangsspannung im mittleren Frequenzbereich

**c)** Hoher Frequenzbereich: Erhöht man die Frequenz über den mittleren Frequenzbereich hinaus, so macht sich der Einfluss der Diffusionskapazität $C_D$ in zunehmendem Maße bemerkbar. Mit $C_1$ als Kurzschluss ist jetzt das Ersatzschaltbild von Abb. 3.52b zu zeichnen:

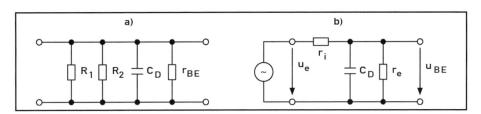

**Abb. 3.52a:** Ersatzschaltbild für höhere Frequenzen,
**b:** Vereinfachtes Ersatzschaltbild mit Signalgenerator

Fasst man die Widerstände $R_1$, $R_2$ und $r_{BE}$ der Ersatzschaltung nach Abbildung 3.52a zum Eingangswiderstand $r_e$ zusammen, so erhält man die vereinfachte Ersatzschaltung nach Abbildung 3.52b. Darüberhinaus wurde in Abbildung 3.52b noch die Signalquelle für die Eingangsspannung $u_e$ mit ihrem Innenwiderstand $r_i$ gezeichnet. Der Innenwiderstand $r_i$ stellt einen Tiefpass bzw. ein Integrierglied dar. Abb. 3.53 zeigt den Verlauf von $u_{BE}$ bei höheren Frequenzen.

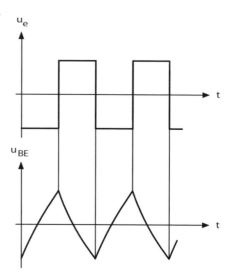

**Abb. 3.53:** Verlauf von $u_{BE}$ bei höheren Frequenzen

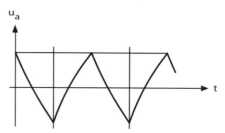

**Abb. 3.54:** Verlauf der Ausgangsspannung bei höheren Frequenzen

Mit steigender Frequenz macht sich demzufolge die Aufladekurve der Kapazität $C_D$ immer mehr bemerkbar (Abb. 3.54).

Zusammenfassend lässt sich bei der Verstärkung von Rechtecksignalen folgendes feststellen:

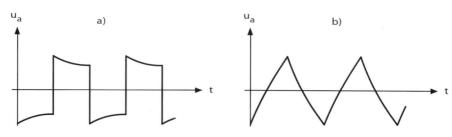

**Abb. 3.55a:** Ausgangsspannung bei zu tiefen Frequenzen, **b:** Ausgangsspannung bei zu hohen Frequenzen

## 3.3 WECHSELSTROMEIGENSCHAFTEN VON VERSTÄRKERN

Zu Abb. 3.55a: Für das zu verstärkende Rechtecksignal ist die untere Grenzfrequenz $f_u$ des Verstärkers zu hoch. Durch Vergrößerung von $C_l$ kann $f_u$ herabgesetzt werden.

Zu Abb. 3.55b: Für das zu verstärkende Rechtecksignal ist die obere Grenzfrequenz $f_o$ des Verstärkers zu niedrig. Eine Verbesserung ist nur durch Verwendung eines anderen Transistors, oder durch spezielle Schaltungserweiterungen zu erreichen.

### 3.3.4 Gegenkopplung bei der Emitterschaltung

Die Gegenkopplung ist eine von zwei Formen der Rückkopplung. Unter dem Oberbegriff Rückkopplung versteht man die Rückführung eines Teiles der Ausgangsgröße (Strom oder Spannung) auf den Eingang eines Verstärkers. Je nach Phasenlage des rückgekoppelten Signals unterscheidet man zwischen Mitkopplung und Gegenkopplung.

**a)** Mitkopplung: Diese Art der Rückkopplung unterstützt die Wirkung des Eingangssignals, da Eingangssignal und rückgekoppeltes Signal gleiche Phasenlage haben. Die Amplitude der Ausgangsgröße wächst und das System beginnt bei genügend großer Grundverstärkung und genügend starker Mitkopplung zu schwingen. Die Mitkopplung wird bei allen Schwingschaltungen (Oszillatoren) genutzt.

**b)** Gegenkopplung: Die rückgekoppelte Ausgangsgröße wirkt dem Eingangssignal entgegen, da Eingangssignal und rückgekoppeltes Signal gegeneinander um 180° phasenverschoben sind. Daraus resultiert, dass die Verstärkung verringert wird. Von den vier möglichen Gegenkopplungsgrundschaltungen werden zwei in diesem Rahmen behandelt: die Stromgegenkopplung und die Spannungsgegenkopplung. Diese beiden Bezeichnungen erheben allerdings keinen Anspruch auf absolute Richtigkeit.

Es gilt nun noch zu unterscheiden zwischen einer Gleichstrom-Gegenkopplung und einer Wechselstrom-Gegenkopplung. Die Gleichstrom-Gegenkopplung dient der Stabilisierung des Arbeitspunktes. Sie wird als bekannt vorausgesetzt. Es wird deshalb im Rahmen dieser Ausführungen nur auf die Wechselstrom-Gegenkopplung eingegangen.

Die am Verstärkereingang wirkende Spannung $U_2$ ergibt sich dadurch als Differenz von $U_e$ und $U_1$.

$$U_2 = U_e - U_1$$

Diese Spannung wird vom Verstärker mit dem Faktor V verstärkt:

$$U_2 \cdot V = U_a \quad \text{oder} \quad U_2 = \frac{U_a}{V}$$

V ist dabei der Verstärkungsfaktor des Verstärkers ohne Gegenkopplung. Das Gegenkoppelnetzwerk teilt $U_a$ mit dem Faktor k auf den Wert $U_e$ herunter.

$$U_a \cdot k = U_e \quad \text{oder} \quad k = \frac{U_e}{U_a}$$

Setzt man nun in die erste Gleichung für $U_a$ und $U_e$ die gefundenen Beziehungen ein, erhält man

$$\frac{U_a}{V} = U_e - U_a \cdot k \qquad \frac{U_a}{V} + U_a \cdot k = U_e \qquad U_a \cdot \left(\frac{1}{V} + k\right) = U_e \qquad \frac{U_a}{U_e} = \frac{1}{\frac{1}{V} + k}$$

Das Verhältnis $U_a/U_e$ ist der Verstärkungsfaktor V, der gesamten Schaltung, also einschließlich Gegenkoppelnetzwerk:

$$V^* = \frac{1}{\frac{1}{V} + k} = \frac{V}{1 + V \cdot k}$$

Hieraus ersieht man, dass der Gesamtverstärkungsfaktor V* vom Verstärkungsfaktor V des Verstärkers und vom Koppelfaktor k abhängt. Interessant ist beispielsweise, dass für sehr großes V die Gesamtverstärkung lediglich von k abhängig ist

$$V^* \approx \frac{1}{k} \quad \text{für} \quad V \to \infty$$

Durch die Gegenkopplung wird zwar einerseits die Verstärkung herabgesetzt, andererseits hat sie jedoch einige Eigenschaften, die bei Verstärkern viele Vorteile bringen können.

Solche Vorteile sind, je nach Schaltungsart, beispielsweise:
- Herabsetzen der Spannungsverstärkung auf einen definierten Wert, wobei dieser Wert fast unabhängig von verwendeten Halbleiterbauelementen mit ihrer hohen Exemplarstreuung sein kann
- Stabilisierung der Spannungsverstärkung (z. B. bei Laständerung)
- Erweiterung der Bandbreite, sowie Linearisierung des Frequenzganges
- Reduzierung der durch Kennlinienkrümmung hervorgerufenen Verzerrungen
- Erhöhung des Eingangswiderstandes
- Verkleinerung des Ausgangswiderstandes

Einige dieser Eigenschaften lassen sich bereits mit der Prinzipschaltung recht einfach erklären:
- Wird beispielsweise die am Ausgang angeschlossene Last verkleinert, so wird im ersten Moment die Ausgangsspannung $U_a$ absinken. Damit wird aber auch $U_1$ kleiner, wodurch die am Verstärker wirksame Eingangsspannung $U_2 = U_e - U_1$ ansteigt. Da $U_a = V \cdot U_e$ ist, wird $U_a$ wieder größer.
- In der Nähe der Grenzfrequenzen wird die Ausgangsspannung ebenfalls kleiner. Es spielt sich dann der gleiche Vorgang ab, der eben beschrieben wurde.

Der Entzerrungseffekt lässt sich zeichnerisch mit Hilfe der Eingangskennlinie erklären. Darauf sei jedoch hier verzichtet. Die Änderung des Eingangs- und Ausgangswiderstandes wird bei den jeweiligen Schaltungen erläutert.

Um die Erklärung möglichst einfach zu gestalten, wird die Schaltung nur vom Wechselstrom her betrachtet.

## 3.3 WECHSELSTROMEIGENSCHAFTEN VON VERSTÄRKERN

Der Basisspannungsteiler zur Einstellung des Arbeitspunktes wird als sehr hochohmig angenommen und deshalb nicht eingezeichnet. $C_1$ und $C_2$ stellen Kurzschlüsse dar. Die Gegenkopplung wird durch den Ausgangsstrom $i_E \approx i_C$ hervorgerufen, der mit dem Emitterwiderstand $R_E$ die Spannung $u_{R3}$ erzeugt.

Die Spannung $u_{R3}$ wirkt der zu verstärkendem Eingangsspannung $u_e$ entgegen und beeinflusst somit die am Transistoreingang liegende Spannung $u_{BE}$.

$$u_{BE} = u_e - u_{RC}$$

Zur Ermittlung der Schaltungsgrößen wird noch eine vereinfachende Annahme getroffen: Der Basisspannungsteiler, der ja bereits vernachlässigt wurde, wirkt sich nicht auf den Eingangswiderstand der Schaltung aus. Der Eingangsstrom $i_e$ ist damit gleichzeitig der Basisstrom $i_B$.

Um die Größen der Schaltung mit und ohne Gegenkopplung auseinanderzuhalten, wird folgendes festgelegt: Die Größen bei Gegenkopplung werden mit einem Stern gekennzeichnet.

Bei der Spannungsverstärkung mit Stromgegenkopplung ergibt sich

$$V_u^* = \frac{u_a}{u_e} \qquad V_u = \frac{u_a}{u_{BE}} \qquad u_e = u_{BE} + u_{RE}$$

Da die Spannungsquelle ($+U_b$) wechselstrommäßig einen Kurzschluss darstellt ist $u_a = u_{RC}$

Damit erhält man

$$V_u = \frac{u_{RC}}{u_{BE}} \qquad u_{BE} = u_e + u_{RE} \qquad V_u = \frac{u_{RC}}{u_e - u_{RE}} \qquad u_e - u_{RE} = \frac{u_{RC}}{V_u} \qquad u_e = \frac{u_{RC}}{V_u} + u_E$$

Mit diesem Wert geht man in die Gleichung für $V_u^*$

$$V_u^* = \frac{u_{RC}}{\frac{u_{RC}}{V_u} + u_{RE}} = \frac{u_{RC} \cdot V_u}{u_{R4} + V_u \cdot u_{RE}} = \frac{V_u}{1 + V_u \cdot \frac{u_{RE}}{u_{RC}}}$$

Da sich die Spannungen wie die dazugehörigen Widerstände verhalten ist:

$$\frac{u_{RE}}{u_{RC}} = \frac{R_E}{R_C} \qquad V_u^* = \frac{V_u}{1 + \frac{V_u \cdot R_E}{R_C}} = \frac{V_u}{1 + V_u \cdot k} \qquad \text{mit} \qquad k = \frac{R_E}{R_C} \qquad V_u^* = \frac{V_u}{\frac{1}{V_u} \cdot k}$$

$V_u$ ist dabei die Spannungsverstärkung mit $\quad V_u \approx \beta \cdot \dfrac{R_E}{r_{BE}}$

147

Bei genügend großer $V_u$ lässt sich näherungsweise schreiben

$$V_u^* = \frac{1}{k} \qquad k = \frac{R_E}{R_C} \qquad V_u^* = \frac{R_C}{R_E}$$

Anhand dieser Näherungsgleichung kann man bereits erwähnte Vorteile begründen:
- Die Spannungsverstärkung lässt sich auf einen gewünschten Wert einstellen, nämlich auf das Verhältnis $R_C/R_E$.
- Die Spannungsverstärkung wird praktisch unabhängig von den Daten des Transistors und hängt nur von den Widerständen $R_C$ und $R_E$ ab.

Sind Kollektor- und Emitterwiderstand gleich groß, so ergibt sich für die Spannungsverstärkung

$$V_u^* = \frac{R_C}{R_E} = 1 \qquad R_C = R_E$$

Damit ist die Ausgangsspannung $u_{a1}$ in der Schaltung dem Betrag nach gleich groß wie die Eingangsspannung $u_e$. Die Phasenlage dieser beiden Spannungen beträgt 180°. Die Schaltung bewirkt also lediglich eine Phasenumkehr. Man bezeichnet sie deshalb als Phasenumkehrstufe.

Greift man die Ausgangsspannung nicht am Kollektor, sondern am Emitter ab, so liegt eine Kollektorschaltung vor, bei der die Ausgangsspannung $u_a$ etwa gleich groß wie die Eingangsspannung $u_e$ ist: $u_{a2} \approx u_e$

Zwischen Eingangs- und Ausgangsspannung besteht keine Phasenverschiebung. Damit sind die Ausgangsspannungen $u_{a1}$ und $u_{a2}$ dem Betrage nach gleich groß. Ihre Phasenverschiebung beträgt 180°.

$A_1$ wird als invertierender Ausgang, $A_2$ als nicht invertierender Ausgang bezeichnet. Die Schaltung wird zur Aussteuerung von Gegentaktendstufen verwendet.

Eingangsstrom $i_e$ und Ausgangsstrom $i_C$ bestimmen die Stromverstärkung $V_i^*$

$$V_i^* = \frac{i_C}{i_e}$$

Mit der getroffenen Annahme $i_e = i_B$ erhält man $\quad V_i^* = \dfrac{i_C}{i_B}$

Dies ist jedoch genau die Stromverstärkung, die man auch ohne Gegenkopplung erhält

$$V_i^* = V_i \approx \beta$$

Die Stromverstärkung dieser gegengekoppelten Schaltung ändert sich also nicht gegenüber dem Wert bei einer nicht gegengekoppelten Schaltung.

## 3.3 WECHSELSTROMEIGENSCHAFTEN VON VERSTÄRKERN

Der Eingangswiderstand der stromgegengekoppelten Emitterschaltung entspricht dem Eingangswiderstand der Kollektorschaltung. Die Schaltung lässt sich eingangsseitig in folgende einfache Ersatzschaltung (Abb. 3.56) umwandeln.

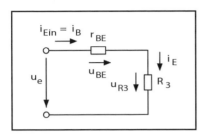

**Abb. 3.56:** *Eingangsseitige Ersatzschaltung*

Zu beachten ist, dass über den dynamischen Eingangswiderstand $r_{BE}$ des Transistors der Eingangsstrom $i_B$ fließt, während der Emitterwiderstand $R_3$ vom Emitterstrom $i_E$ durchflossen wird. Die Eingangsspannung teilt sich auf die Widerstände $r_{BE}$ und $R_3$ auf.

$$u_e = u_{BE} + u_{R3}$$

Darin ist $u_{BE} = i_B \cdot r_{BE}$ und $u_{R3} = i_E \cdot R_3 = (i_C + i_B) \cdot R_3$

Mit $i_C = \beta \cdot i_B$ wird
$$\begin{aligned} u_{R3} &= (\beta \cdot i_B + i_B) \cdot R_3 \\ &= \beta \cdot i_B \cdot R_3 + i_B \cdot R_3 \\ &= i_B (\beta \cdot R_3 + R_3) \end{aligned}$$
$$u_e = i_B \cdot r_{BE} + i_B \cdot (\beta \cdot R_3 + R_3)$$
$$u_e/i_B = r_{BE} \cdot \beta + \beta \cdot R_3 + R_3$$

Der Quotient aus Eingangsspannung und Eingangsstrom ist jedoch der Eingangswiderstand $r_E^*$ der Schaltung

$$r_E^* = r_{BE} + \beta \cdot R_3 + R_3$$

Vergleicht man diesen Widerstand mit dem vorher gefundenen Widerstand der Schaltung ohne Gegenkopplung

$$r_E \approx r_{BE}$$

so sieht man, dass der Eingangswiderstand erheblich größer geworden ist. Da $\beta \cdot R_3 \approx R_3$ ist, ergibt sich näherungsweise

$$r_E^* \approx r_{BE} + \beta \cdot R_3$$

Die Eingangsspannung $u_e$ teilt sich danach auf die Widerstände $r_{BE}$ und $\beta \cdot R_3$ auf. Meistens ist $\beta \cdot R_3 \approx r_{BE}$, so dass also der größte Teil der Eingangsspannung über den Emitterwiderstand abfällt.

$$u_{R3} \approx u_e$$

Auf Grund dieser Erkenntnis wird die Kollektorschaltung auch als Emitterfolger bezeichnet.

**Anmerkung:** Der hohe Eingangswiderstand wird natürlich durch den Basisspannungsteiler wieder herabgesetzt. Nimmt man für β = 180 und für $R_3$ = 250 Ω an, so ist

$$r_E^* \approx \beta \cdot R_3 = 45 \text{ k}\Omega$$

Da die Basiswiderstände z. B. folgende Werte haben können:

$$R_2 = 56 \text{ k}\Omega \text{ und } R_1 = 10 \text{ k}\Omega$$

wird der Gesamteingangswiderstand

$$r_E^* \parallel R_1 \parallel R_2$$

ersichtlich kleiner. Um dies zu vermeiden, wird beispielsweise die Kollektorschaltung zur sogenannten Bootstrap-Schaltung erweitert.

## 3.3.5 Ausgangswiderstand bei Stromgegenkopplung

Vom Ausgang A bei einer stromgegengekoppelten Transistorstufe aus gesehen, liegen, was die Verhältnisse bei Wechselstrom anbetrifft, die Kollektor-Emitter-Strecke des Transistors mit nachfolgendem Emitterwiderstand $R_3$ einerseits und der Widerstand $R_4$ andererseits parallel zueinander. Anhand eines etwas aufwendigen Verfahrens, auf dessen Beschreibung hier verzichtet wird, kann man den Widerstand r* der erstgenannten Strecke errechnen.

$$r^* = r_{CE} \cdot \left(1 + \beta \cdot \frac{R_3}{r_{BE}}\right)$$

Für den Ausgangswiderstand der Schaltung erhält man dann

$$r_a^* = R_4 \parallel r^* = R_4 \parallel r_{CE} \cdot \left(1 + \beta \cdot \frac{R_3}{r_{BE}}\right)$$

Da der zweite Teil dieser Parallelschaltung sehr große Werte annimmt, kann man mit sehr guter Näherung schreiben: $r_a^* \approx R_4$.

Der Widerstandswert der Strecke vom Kollektor nach Masse wird also gegenüber der Schaltung ohne Gegenkopplung erheblich vergrößert, während der Widerstand der Schaltung, also mit $R_4$, etwa gleich geblieben ist.

Der Innenwiderstand des einspeisenden Signalgenerators soll bei Stromgegenkopplung möglichst niederohmig sein, damit der Generator an die Schaltung (unabhängig von ihrem Eingangswiderstand) eine konstante Spannung $u_e$ abgibt. Nur unter dieser Voraussetzung kann die über dem Emitterwiderstand $R_3$ auftretende Gegenspannung sich auf den Transistoreingang derartig auswirken, dass der Ansteuerstrom kleiner wird.

## 3.3 WECHSELSTROMEIGENSCHAFTEN VON VERSTÄRKERN

Liegt eine Stromeinspeisung (Stromsteuerung) vor, so hätte die Gegenkopplung (mit ihrer Erhöhung des Eingangswiderstandes) keinen Einfluss auf die Größe des Signals, das den Transistor ansteuert.

Im Gegensatz zur Stromgegenkopplung, bei der eine dem Ausgangsstrom proportionale Spannung zum Eingang zurückgekoppelt wird, koppelt man hier einen Teil der gegenphasigen Ausgangsspannung zum Eingang zurück. Dies geschieht durch den Widerstand $R_2$, der auch den Basisstrom zur Arbeitspunkteinstellung liefert. Da $R_2$ gleich- und wechselspannungsmäßig wirksam ist, handelt es sich um eine Gleich- und Wechselspannungsgegenkopplung.

*Wirkungsweise:* Steigt z. B. der Kollektorstrom durch Temperaturerhöhung, durch Austausch des Transistors (Exemplarstreuung) oder durch entsprechende eingangsseitige Ansteuerung an, so vergrößert sich damit auch der Spannungsfall am Kollektorwiderstand, und das Kollektorpotential wird niedriger. Als Folge davon werden auch das Basispotential und damit der Basisstrom des Transistors geringer. Der Transistor wird also zugesteuert.

Die Abhandlung der Schaltungsgrößen, wie Verstärkungsfaktoren und Widerstände kann auf zwei Arten erfolgen, die je nach Betrachtungsweise bei der Spannungsverstärkung $V_u^*$ und dem Eingangswiderstand $r_E^*$ zu unterschiedlichen Ergebnissen führen. Beide Versionen sollen nachstehend erklärt werden.

Da die Herleitung der Gleichungen für die Schaltungsgrößen hier aufwendiger ist, als bei der im vorigen Abschnitt besprochenen Stromgegenkopplung, sei darauf verzichtet.

*Darstellungsart 1:* Diese Version bezieht sich auf eine Schaltung mit der Spannungsverstärkung bei Spannungsgegenkopplung:

$$V_u^* = \frac{V_u}{1+k_U \cdot V_u} = \frac{1}{\frac{1}{V_u}+k_U}$$

$V_u$ ist dabei die Spannungsverstärkung ohne Gegenkopplung.

$$V_u \approx \beta \cdot \frac{R_4}{r_{BE}}$$

Für den Kopplungsfaktor $k_U$ ist zu setzen:

$$k_U = \frac{R_1}{R_2}$$

Für ein genügend großes $V_u$ erhält man näherungsweise:

$$V_u^* \approx \frac{R_2}{R_1}$$

Die Spannungsverstärkung hängt also von der Größe der Widerstände $R_1$ und $R_2$ ab. Je kleiner beispielsweise $R_1$ und je größer $R_2$ ist, umso kleiner wird die Spannungsverstärkung.

$$V_i^* \approx \frac{V_i}{1+k_i \cdot V_i}$$

$V_i$ ist dabei wiederum die Stromverstärkung, die die Schaltung ohne Gegenkopplung hätte.

Der Kopplungsfaktor $k_i$ ist näherungsweise:

$$k_i \approx \frac{R_4}{R_2}$$

Aus der Schaltung mit Spannungsgegenkopplung ist ersichtlich, dass sich der Signalwechselstrom hinter $R_1$ aufteilt und zum einen über $R_2$ und $R_4$, zum anderen über die Basis-Emitter-Strecke nach Masse fließen kann.

Da $R_1$ im Allgemeinen sehr groß ist gegenüber dem dynamischen Eingangwiderstand $r_{BE}$ des Transistors (und der dazu parallel liegenden Strecke $R_2 - R_4$), gilt für den Wechselstromeingangswiderstand der Schaltung näherungsweise: $r_e^* \approx R_1$

Der Ausgangswiderstand ist wesentlich niederohmiger als bei der nicht gegengekoppelten Schaltung. Dies kann man erkennen, wenn man die Schaltung vom Ausgang her betrachtet.

*Darstellungsart 2:* Ist $R_1 = 0$, so wird der Koppelfaktor $k_U = R_1/R_2$ ebenfalls zu Null. Da die Spannungsverstärkung der Schaltung gemäß der Darstellungsart 1

$$V_u^* = \frac{V_u}{1 + k_U \cdot V_u}$$

ist, ergibt sich in diesem Fall:

$$V_u^* = \frac{V_u}{1 + 0 \cdot V_u} = V_u$$

Das bedeutet, dass die Gegenkopplung unwirksam geworden ist. Der Widerstand $R_1$ ist also erforderlich, damit die Gegenkopplung überhaupt zur Wirkung kommen kann. $R_1$ kann jedoch auch (ganz oder teilweise) aus dem Innenwiderstand $R_i$ des speisenden Generators bestehen.

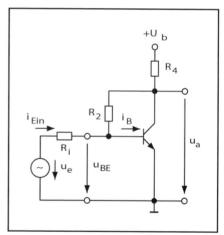

**Abb. 3.57:** *Spannungsgegenkopplung mit Spannungseinspeisung*

Ist der Funktionsgenerator aber eine Konstantstromquelle mit $R_i = 0\ \Omega$ (Spannungseinspeisung), so wird die Gegenkopplung wiederum unwirksam. Dies ist auch aus der Abb. 3.57 zu ersehen, denn mit $R_i = 0\ \Omega$ ist die am Transistor wirksame Steuerspannung $u_{BE}$ immer gleich der Eingangsspannung $u_e$ ($u_{BE} = u_e$). Damit erhält der Transistor mit und ohne $R_2$, den gleichen Basisstrom

$$i_B = \frac{u_e}{r_{BE}}$$ und wird somit in keiner Weise auf die Gegenkopplung reagieren.

## 3.3 WECHSELSTROMEIGENSCHAFTEN VON VERSTÄRKERN

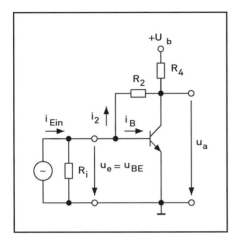

**Abb. 3.58:** Spannungsgegenkopplung mit Stromeinspeisung

Verwendet man jedoch eine Konstantstromquelle, so fließt ein konstanter Eingangsstrom $i_e$, je nach Größe von $R_2$, über den Widerstand $R_2$ ab (Abb. 3.58).

Das Ersatzschaltbild einer Konstantstromquelle lässt sich so darstellen, dass $R_i$ parallel zur Stromquelle liegt. Da hier $u_e = u_{BE}$ ist, erhält man für die Spannungsverstärkung der Schaltung folgenden Wert:

$$V_u^* = \frac{u_a}{u_{BE}} = \frac{u_{CE}}{u_{BE}}$$

Bei $u_{CE}$ und $u_{BE}$ handelt es sich jedoch genau um die Größen, durch die die Spannungsverstärkung des nicht gekoppelten Verstärkers ausgedrückt wird, d. h. die Spannungsverstärkung ist mit und ohne Gegenkopplung gleich groß:

$$V_u^* = V_u$$

Der Eingangswiderstand wird in Abb. 3.58 nicht mehr durch den Widerstand $R_1$ bestimmt, sondern ergibt sich aus der Spannung

$$u_e = u_{BE}$$

und dem Strom $\quad i_e = i_B + i_2 \quad$ mit $\quad r_{BE} = \dfrac{u_{BE}}{i_B}$

Hieraus ist schon ersichtlich, dass der Eingangswiderstand der Schaltung kleiner als der Eingangswiderstand

$$r_{BE} = \frac{u_{BE}}{i_B}$$

des Transistors und damit kleiner als der Eingangswiderstand einer nicht gegengekoppelten Schaltung ist.

Will man keine Wechselspannungsgegenkopplung durchführen, so bietet sich als Alternative die Gleichspannungsgegenkopplung an. Hier bewirkt die Gegenkopplung lediglich eine Stabilisierung des Arbeitspunktes. Der Kondensator $C_1$ schließt die vom Ausgang zurückgekoppelte Signalspannung kurz, bevor sie zum Eingang gelangt.

Soll die Verstärkerstufe nur für Wechselspannungen gegengekoppelt werden, muss ein Kondensator $C_5$ eingefügt werden. Da der Widerstand des Kondensators $C_5$ mit steigender Frequenz kleiner wird, ist die Gegenkopplung umso stärker, je höher die Frequenz ist, mit der die Schaltung arbeitet. Dadurch können eventuell auftretende Schwingneigungen der Schaltung unterdrückt werden.

### 3.3.6 Spannungs- und Stromanpassung

Als Beispiel für die Anpassung dient Abb. 3.59. Die Eingangsstufe hat die Aufgabe der Anpassung des Verstärkers an die Steuerquelle. Die Treiberstufe dient zur Ansteuerung der Leistungsendstufe und die Leistungsendstufe zur Erzeugung einer großen Leistung für den Endverbraucher.

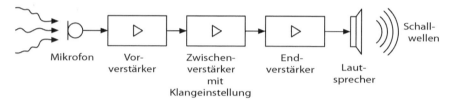

**Abb. 3.59:** *Blockschaltbild eines einfachen Verstärkers*

Bei der Kopplung mehrerer Verstärkerstufen wirkt die vorhergehende Stufe jeweils als Generator mit einem bestimmten Innenwiderstand, dargestellt durch den Ausgangswiderstand dieser Stufe, der durch den Eingangswiderstand der darauffolgenden Stufe belastet wird.

Je nachdem in welchem Verhältnis diese beiden Widerstandswerte $r_a$ und $r_e$ zueinander stehen, oder anders ausgedrückt, je nachdem, ob es sich bei der ansteuernden Größe der einzelnen Verstärkerstufe um eine Wechselspannung oder um einen Wechselstrom handelt, spricht man von Spannungs- oder Stromsteuerung.

Maßgebend ist nun, dass das Signal der Steuerquelle (in Abb. 3.59 ist die Steuerquelle ein Mikrofon) möglichst unverzerrt und entsprechend verstärkt zum Verbraucher (dem Lautsprecher) gelangt, wobei die Endstufe eine hohe Leistung erzielen soll, die durch richtige Anpassung der Endstufe an den Verbraucher auch in maximaler Höhe von letzterem aufgenommen werden kann.

Um dieser Forderung gerecht zu werden, müssen sämtliche Bausteine aus Abbildung 3.59 einander angepasst werden. Ferner ist bei den Verstärkerstufen auf die richtige Wahl des Arbeitspunktes zu achten.

In dem Anpassungsfall nach Abbildung 3.60 ist der Ausgangswiderstand $r_a$ der 1. Verstärkerstufe (hier als Generator dargestellt) sehr klein gegenüber dem Eingangswiderstand der darauffolgenden Stufe, die als Verbraucher anzusehen ist. Dadurch liegt nahezu die gesamte, von der 1. Stufe erzeugte Spannung am Eingang der 2. Stufe. Wäre beispielsweise $r_a = r_e$, so würde die Hälfte der Spannung $u_0$ an $r_a$ abfallen, also sozusagen im Innern der ersten Stufe verbraucht. Zur Ansteuerung der zweiten Stufe stände demzufolge nur $u_0/2$ zur Verfügung. Das ist natürlich nicht im Sinne einer effektiven Ausnutzung der Verstärkereigenschaften.

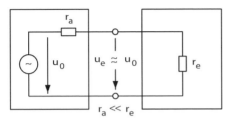

**Abb. 3.60:** Schematische Darstellung der Spannungssteuerung

Diese Signalverschwendung lässt sich auch auf eine andere Art herleiten. Vorher wurde die Spannungsverstärkung einer einfachen Emitterschaltung berechnet aus:

$$v_u \approx \beta \cdot \frac{R_4}{r_{BE}}$$

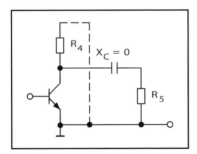

**Abb. 3.61:** Emitterverstärker (ausgangsseitig) mit Last $R_5$

Danach ist die Spannungsverstärkung umso größer, je größer der Kollektorwiderstand $R_4$ ist. Da die Last $R_5$ wechselstrommäßig parallel zu $R_4$ liegt, wird der Emitterverstärker in Abbildung 3.61 mit dem Gesamtkollektorwiderstand $R_4 \parallel R_5$ belastet, ($R_5$ kann selbstverständlich auch der Eingangswiderstand der nächsten Stufe sein).

Die größte Spannungsverstärkung erhält man, wenn $R_5$ unendlich groß ist oder wenn zumindest folgende Relationen gegeben sind:

$$R_5 \approx R_4 \quad \text{bzw.} \quad R_4 \approx R_5$$

Nur dann ist $R_4 \parallel R_5 \approx R_4$ und nicht kleiner. Da der Ausgangswiderstand der Emitterschaltung $r_a \approx R_4$ ist, gilt für die Spannungssteuerung die maximale Spannungsverstärkung von: $r_a \approx R_5$ (bzw. $\approx r_e$).

Auf eine Problematik sei hier noch hingewiesen, und zwar die der Signalverzerrung. Dabei ist nämlich die richtige Wahl des Arbeitspunktes zu beachten. Wird der Arbeitspunkt in den gekrümmten Teil der Eingangskennlinie gelegt, so ist bereits der Eingangswechselstrom $i_B$ verzerrt. Unter der Annahme, dass die Steuerkennlinie zumindest im Aussteuerbereich ziemlich linear verläuft, ergibt sich dann die verzerrte Ausgangswechselspannung. Eine Spannungssteuerung (Abb.3.62) ist daher bei größeren Amplituden zu verhindern.

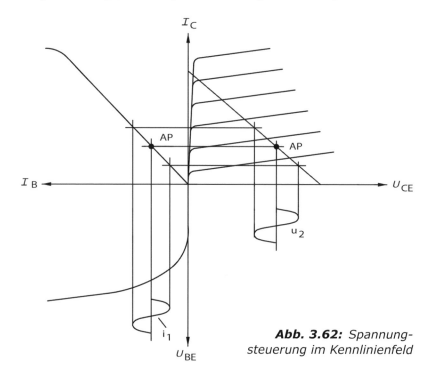

**Abb. 3.62:** Spannungsteuerung im Kennlinienfeld

Stromanpassung ist immer dann gegeben, wenn der Innenwiderstand sehr groß ist gegenüber dem angeschlossenen Lastwiderstand. Der Generator ist dann als Stromquelle anzusehen. Nach den Erkenntnissen kann im Ersatzschaltbild der Innenwiderstand der Stromquelle parallel zu dieser gezeichnet werden. Somit ist gewährleistet, dass gemäß Abbildung 3.63 der gesamte Strom $i_0$, den die 1. Stufe erzeugt, über den Eingang der 2. Stufe (bzw. über die Last) fließt. Man erzielt damit die bestmögliche Ansteuerung der zweiten Stufe.

**Abb. 3.63:** Schematische Darstellung der Stromsteuerung

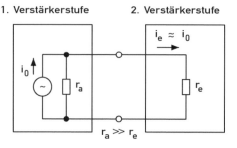

Wäre beispielsweise $r_a = r_e$, so würde über den Eingang der zweiten Stufe nur der Signalstrom $i_e = i_0/2$ fließen. Auch die Stromanpassung lässt sich mit Hilfe der gefundenen Erkenntnisse auf eine zweite Art erklären.

## 3.3 WECHSELSTROMEIGENSCHAFTEN VON VERSTÄRKERN

Aus der Gleichung für die Stromverstärkung

$$V_i = \beta \cdot \frac{r_{CE}}{r_{CE} + R_4}$$

ist ersichtlich, dass $V_i$ dann am größten ist, wenn der Kollektorwiderstand $R_4 = 0$ ist. Da die Last $R_5$ für Wechselstrom parallel zu $R_4$ liegt, gilt für den Gesamtkollektorwiderstand:

$R_4 \parallel R_5$

Ist $R_5 = 0$ bzw. sehr klein, dann gilt also

$R_4 \approx R_5$

Daher ist $R_4 \parallel R_5 = 0$ (bzw. sehr klein)

Die Stromverstärkung $V_i$ ist dann:

$V_i = \beta$ (Kurzschlussstromverstärkung)

Da der Ausgangswiderstand der Emitterschaltung $r_a \approx R_4$ ist, kann folgende Feststellung getroffen werden:

$r_a \approx R_5$ (bzw. $\approx r_e$) Stromsteuerung bei maximaler Stromverstärkung

Die Signalübertragung bei der Stromanpassung ist in Abbildung 3.64 dargestellt.

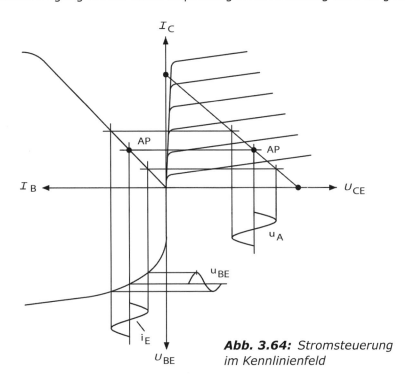

**Abb. 3.64:** Stromsteuerung im Kennlinienfeld

Wie aus Abbildung 3.64 ersichtlich ist, wird durch $i_e$ bei der zweiten Stufe ausgangsseitig eine Spannung $u_a$ hervorgerufen, die, geht man wieder von einer etwa linearen Steuerkennlinie aus, ebenfalls sinusförmig ist. Die Verzerrung ist also sehr gering. Die Eingangsspannung $u_e$ ($u_e$ entspricht bei der nicht stromgegengekoppelten Emitterschaltung $u_{BE}$) hat dabei einen nicht sinusförmigen Verlauf.

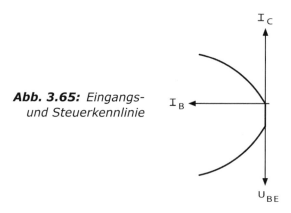

**Abb. 3.65:** Eingangs- und Steuerkennlinie

Eine reine Spannungs- bzw. Stromsteuerung lässt sich auf Grund der tatsächlichen Widerstände von den jeweils verwendeten Generatoren und Verbrauchern nicht erreichen. Da jedoch die Steuerkennlinie nicht genau linear, sondern etwa entgegengesetzt gekrümmt ist wie die Eingangskennlinie, ergeben sich die geringsten Verzerrungen dann, wenn weder eine reine Spannungssteuerung noch eine Stromsteuerung vorliegt. Durch geeignete Wahl des Strom-Spannungs-Aussteuerverhältnisses kann man nämlich erreichen, dass sich die Verzerrung auf Grund der in Abb. 3.65 angedeuteten Kennlinienkrümmungen wieder aufheben. Die Krümmung der Steuerkennlinie ist besonders bei Leistungstransistoren stark ausgeprägt.

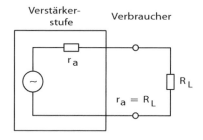

**Abb. 3.66:** Leistungsanpassung

Ein Verbraucher nimmt dann die maximale Leistung auf, wenn sein Widerstandswert dem Innenwiderstand des Generators entspricht. Nach Abbildung 3.66 gilt demzufolge: $r_a = R_L$.

Vermerkt sei noch, dass Leistungsverstärker einen hohen Eingangswiderstand haben sollen, um die sie ansteuernde Signalquelle wenig zu belasten. Dies ist mit ein Grund, weswegen (neben der Emitterschaltung) hier häufig die Kollektorschaltung Verwendung findet. Da deren Spannungsverstärkung in der Größenordnung von eins liegt, muss ein Vorverstärker eine Spannung liefern, die etwa so groß ist wie die gewünschte Ausgangsspannung.

## 3.4 Verstärker mit Feldeffekttransistoren

Das Prinzip des Feldeffekttransistors ist bereits seit etwa 1935 bekannt. Man hatte jedoch damals noch keine Kenntnis von den Vorgängen in Halbleiterstoffen oder an pn-Übergängen. So ist der Feldeffekttransistor erst in letzter Zeit wieder interessant geworden und wird in immer größerer Typen- und Stückzahl hergestellt. Der Feldeffekttransistor besteht aus einer p- oder n-dotierten Halbleiterscheibe, die an ihren Schmalseiten zwei entgegengesetzt dotierte, dünne Halbleiterschichten enthält.

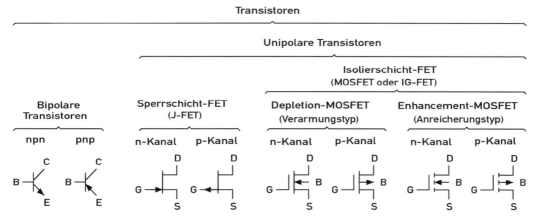

**Abb. 3.67:** *Familie der Feldeffekttransistoren (unipolare Transistoren)*

Feldeffekttransistoren, auch *unipolare Transistoren* genannt, bestehen im Wesentlichen aus einem n- oder p-Kanal, der mit Hilfe eines elektrischen Feldes über einen Gateanschluss verengt oder verbreitert werden kann. Dieser Transistor wird folgerichtig als Feldeffekttransistor (FET) bezeichnet. Dabei findet eine leistungslose Steuerung statt, denn über den Gateanschluss fließt nahezu kein Strom. Lediglich das elektrische Feld bewirkt, dass der Kanal enger oder breiter wird. Zum Stromfluss im Kanal werden bei diesem Transistortyp Majoritätsladungsträger (beim p-Kanal Löcher bzw. Defektelektronen, beim n-Kanal Elektronen) benutzt. Da dieser gesamte Vorgang innerhalb einer Schicht (Kanal) erfolgt, bezeichnet man den Feldeffekttransistor im Gegensatz zum npn- oder pnp-Transistor (bipolare Transistoren) als unipolaren Transistor.

Man unterscheidet grundsätzlich zwei Typen. Während der Sperrschicht-FET (pn-FET) zwischen Kanal und Gate als Isolation einen gesperrten pn-Übergang verwendet, besitzt der IG-FET (insulated gate) eine dünne $SiO_2$-Schicht als Isolator zwischen Gate und Kanal.

Sperrschicht- bzw. pn-FET können deshalb wegen ihres Aufbaus nur mit einer Gatepolarität betrieben werden, weil die Gate-Kanal-Schichtenfolge stets gesperrt gepolt sein muss. Mit dieser Polarität kann die Ladungsträgerkonzentration im Kanal nur verarmt werden, also der Kanal nicht leitender gesteuert werden. IG-FETs können sowohl verarmt als auch angereichert werden, weil zwischen Gate und Kanal durch die Isolationsschicht ohnehin kein Strom fließen kann. Es gibt deshalb selbstleitende (depletion-type) und selbstsperrende (enhacement-type) IG-FETs, jedoch nur selbstleitende pn-FETs. Als IG-FETs sind heute die sogenannten MOSFETs (metal-oxid-semiconductor) zu finden, die als selbstsperrende n-Kanal-IG-FETs arbeiten.

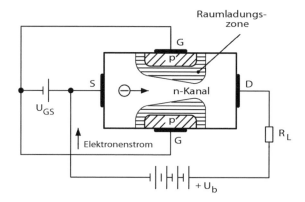

**Abb. 3.68:** *Schnitt durch einen n-Kanal-Feldeffekttransistor*

Der schematische Aufbau soll anhand Abb. 3.68 betrachtet werden. Bei dem dargestellten FET handelt es sich um einen n-Kanal-FET. Bei ihm besteht das Grundmaterial aus n-dotiertem Halbleiterstoff (Silizium). An den Seiten des FET ist je eine p-Schicht eindiffundiert worden. Die beiden p-Schichten werden leitend miteinander verbunden. Sie liegen also immer elektrisch auf gleichem Potential und stellen gemeinsam eine Anschlusselektrode des FET dar. Je eine weitere Anschlusselektrode ist am Kopf- und Fußende angebracht. Die somit vorhandenen drei Anschlüsse des FET werden wie folgt bezeichnet:

        Anschluss:        S (Source = Quelle)
        Steuerelektrode: G (Gate = Tor)
        Anschluss:        D (Drain = Abfluss)

Die Benennungen entstammen, wie nahezu alle Bezeichnungen der Halbleitertechnik, der englischen Sprache. Aus der Übersetzung erkennt man bereits die Funktion der Elektroden. Da die Anschlüsse S und D sich nach der Polarität der angelegten Spannung einstellen, können die Anschlüsse S und D vertauscht werden d. h. unipolarer Betrieb.

Der FET wird folgendermaßen betrieben: Zwischen S und D wird eine feste Gleichspannung angelegt. Damit fließt über den sogenannten Kanal ein bestimmter Gleichstrom. Der n-Kanal verhält sich wie ein ohm'scher Widerstand, denn im Stromweg S und D liegt kein pn-Übergang wie bei anderen Transistoren. Nun wird zwischen G und S ebenfalls eine Gleichspannung angelegt, und zwar so, dass der vorhandene pn-Übergang G-S bzw. G-D gesperrt ist. Legt man aber an einen PN-Übergang eine Spannung in Sperrrichtung, dann entsteht an ihm eine an Ladungsträgern verarmte Zone, die sog. Sperrschicht. Die Dicke dieser Sperrschicht hängt von der Höhe der angelegten Sperrspannung ab:

        große Sperrspannung    breite Sperrschicht
        kleine Sperrspannung   schmale Sperrschicht

## 3.4 VERSTÄRKER MIT FELDEFFEKTTRANSISTOREN

### 3.4.1 FET-Sourceschaltung

Wie bei den Grundschaltungen mit bipolaren Transistoren kann man auch beim Feldeffekttransistor (FET) entsprechend der Elektrode, die am gemeinsamen Bezugspunkt angeschlossen ist, drei Grundschaltungen unterscheiden. Abb. 3.69 zeigt die Source-Grundschaltung.

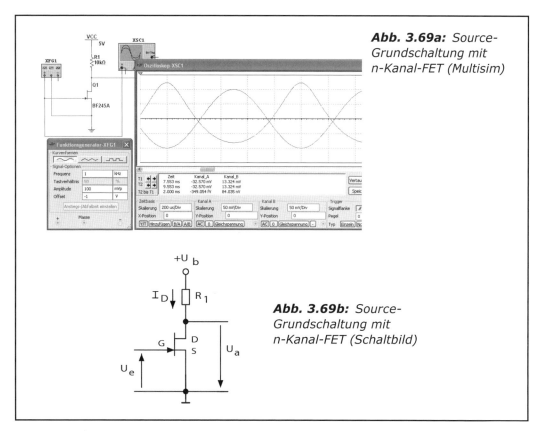

**Abb. 3.69a:** Source-Grundschaltung mit n-Kanal-FET (Multisim)

**Abb. 3.69b:** Source-Grundschaltung mit n-Kanal-FET (Schaltbild)

Sie entspricht der Emitterschaltung bei bipolaren Transistoren. Verwendet wurde ein n-Kanal-Sperrschicht-FET, der mit der gleichen Polarität der Betriebsspannung arbeitet wie ein npn-Transistor. Zu beachten ist, dass das Gate G immer negativ gegenüber dem Sourceanschluss S sein muss, auch bei Ansteuerung mit Wechselspannung. Daher sind die beiden Eingänge des Oszilloskops über AC mit der Messschaltung verbunden. Auch beim Funktionsgenerator wurde der Offset auf -1 V eingestellt.

Da beim FET der Eingangsstrom ungefähr Null ist, braucht man nicht, wie bei einem bipolaren Transistor, den gewünschten Basisstrom einzustellen, sondern lediglich dafür zu sorgen, dass die richtige Gate-Source-Spannung $U_{GS}$ ansteht.

Abb. 3.70 zeigt die Möglichkeit der automatischen Gate-Vorspannungserzeugung. Durch den Drainstrom $I_D$ wird über $R_2$ ein Spannungsfall $U_{R2}$ hervorgerufen. Da der Gateanschluss über den Gate-Ableitwiderstand $R_3$ (auf dessen Bedeutung soll beim Verstärkungsvorgang näher eingegangen werden) auf Masse liegt, ist der Sourceanschluss gegenüber dem Gate positiv, bzw. das Gate gegenüber dem Sourceanschluss negativ.

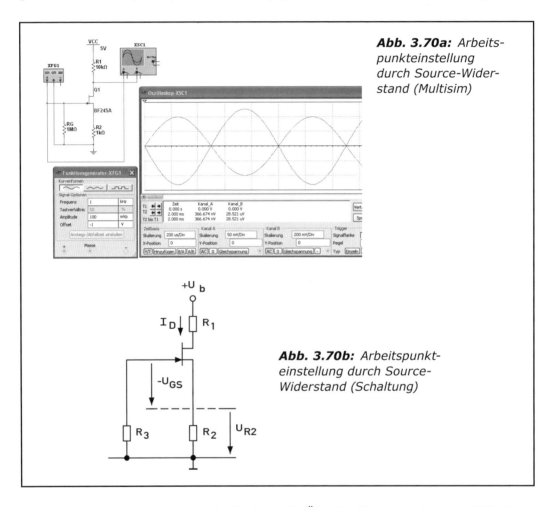

**Abb. 3.70a:** Arbeitspunkteinstellung durch Source-Widerstand (Multisim)

**Abb. 3.70b:** Arbeitspunkteinstellung durch Source-Widerstand (Schaltung)

$U_{GS}$ und $U_{R2}$ sind dem Betrag nach gleich groß. (Über $R_G$ fließt nur ein vernachlässigter kleiner Sperrstrom.)

Betrachtet man den Bildschirm des Oszilloskops, ergibt sich eine Eingangsspannung von $u_e = 100$ mV$_S$. Die Ausgangsspannung beträgt $u_a = 2{,}5$ V$_S$. Man erhält eine Verstärkung von $V = 25$.

Zur Wahl des gewünschten Arbeitspunktes und damit zur Ermittlung von $R_2$ bedient man sich der Steuerkennlinie.

Zeichnet man sich in der Abb. 3.71 den gewünschten Strom $I_D$ ein, so kann man die hierzu gehörende Spannung ablesen. Da $I_D$ über den Widerstand $R_2$ fließt und die Span-

## 3.4 VERSTÄRKER MIT FELDEFFEKTTRANSISTOREN

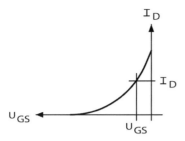

**Abb. 3.71:** Steuerkennlinie eines pn-FET

nungen $U_{GS}$ und $U_{R2}$ dem Betrag nach gleich sind, lässt sich mit Hilfe des ohm'schen Gesetzes folgendes ermitteln

$$R_2 = \frac{U_{GS}}{I_D}$$

Eine vollständige Verstärkerschaltung zeigt Abb. 3.72. Der bereits bei der Arbeitspunkteinstellung erwähnte Widerstand $R_G$ dient dazu, das Gate auf Massepotential zu legen. Damit die Signalquelle $u_e$ durch ihn nicht zu sehr belastet wird, muss er sehr hochohmig sein (MW-Bereich). Ferner dient er dazu, den über das Gate fließenden (sehr kleinen) Sperrstrom auf Masse abzuleiten. Dadurch wird eine unzulässige Aufladung des Kondensators $C_1$ vermieden.

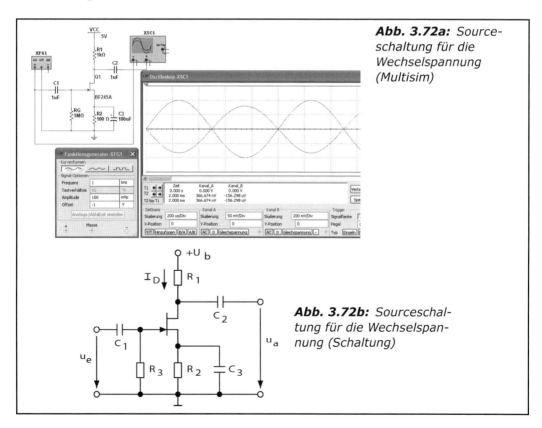

**Abb. 3.72a:** Sourceschaltung für die Wechselspannung (Multisim)

**Abb. 3.72b:** Sourceschaltung für die Wechselspannung (Schaltung)

## 3.4.2 Wechselstromgegenkopplung

Durch den Kondensator $C_3$ wird – wie bei der Emitterschaltung durch den Emitterkondensator – eine Wechselstromgegenkopplung vermieden, bzw. die untere Grenzfrequenz eingestellt.

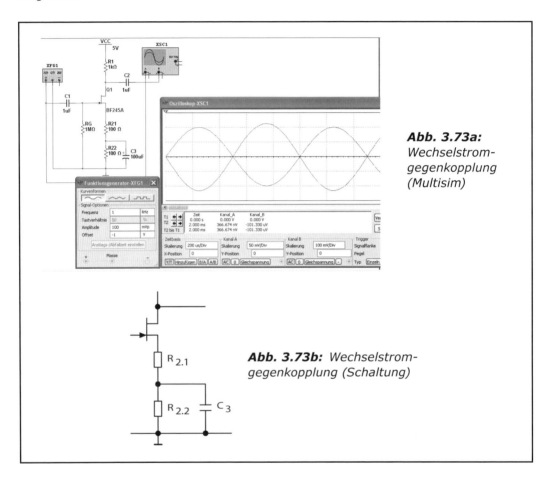

**Abb. 3.73a:** Wechselstromgegenkopplung (Multisim)

**Abb. 3.73b:** Wechselstromgegenkopplung (Schaltung)

Soll jedoch eine Wechselstromgegenkopplung wirksam werden, die unabhängig von der Größe des Sourcewiderstandes ist, so bietet sich die Schaltung nach Abb. 3.73 an. Für die Arbeitspunkteinstellung sorgt dabei der Gesamtwiderstand $R_2$: $R_2 = R_{2.1} + R_{2.2}$

Zur Wechselstromgegenkopplung wird nur $R_{2.1}$ wirksam. Das Verhältnis von $R_{2.1}$ zu $R_{2.2}$ kann beliebig gewählt werden. Es sei noch darauf hingewiesen, dass der zur Arbeitspunkteinstellung dienende Gesamtwiderstand $R_2$ natürlich eine Gleichstromgegenkopplung mit Arbeitspunktstabilisierung bewirkt.

Zur Berechnung der Schaltungsgröße soll die Schaltung nach Abb. 3.72 herangezogen werden. Die Wechselstromwiderstände der Kondensatoren $C_1$, $C_2$ und $C_3$ sind dabei null Ohm.

## 3.4 VERSTÄRKER MIT FELDEFFEKTTRANSISTOREN

Geht man davon aus, dass der FET keinen Steuerstrom benötigt, so ist nur eine Spannungsverstärkung zu verzeichnen. Strom- und Leistungsverstärkungsfaktoren (das sind die Quotienten aus Ausgangsgröße und die gegen Null gehenden Eingangsgrößen) werden unendlich groß.

Der Widerstand der Gate-Source-Strecke $r_{GS}$ erreicht Werte im Bereich von $10^9$ Ω. Dadurch wird der Eingangswiderstand $r_E$ der Schaltung von dem zu $r_{GS}$ parallel liegenden Gitterableitwiderstand $R_G$ bestimmt

$$r_e \approx R_E$$

Ausgangsseitig liegen, entsprechend der Emitterschaltung, die wechselstrommäßig sehr hochohmige Gate-Drain-Strecke $r_{GD}$ und der Drainwiderstand $R_1$ parallel zueinander. Man kann deshalb mit guter Näherung sagen:

$$r_a \approx R_1$$

Für die Spannungsverstärkung $V_U$ ohne Gegenkopplung nach Abb. 3.72 gilt: $V_U = u_a/u_e$. Da der Sourceanschluss für Wechselspannung auf Masse liegt ($X_{CS} = 0$ Ω), ist

$$u_e = u_{GS}$$

Aus dem gleichen Grund ist $u_a = u_{DS}$. Damit erhält man: $\quad V_u = \dfrac{u_{DS}}{u_{GS}}$

Verwendet man die für einen FET charakteristische Steuergröße $g_m$, $\quad g_m = \dfrac{i_D}{u_{GS}}$

so ist $\quad u_{GS} = \dfrac{i_D}{g_m} \quad$ und $\quad V_u = \dfrac{u_{DS}}{i_D / g_m} = g_m \cdot \dfrac{u_{DS}}{i_D}$

Da $R_1$ für Wechselspannungen über die Betriebsspannungsquelle $+U_b$ auf Masse liegt, ist der Spannungsfall über $R_1$ gleich der Spannung $u_{DS}$, d. h.

$$\dfrac{u_{DS}}{i_D} = R_1 \quad \text{und somit} \quad V_U = g_m \cdot R_1$$

**Anmerkung:** Die Beziehung $g_m = \dfrac{i_{DS}}{u_{GS}}$ gilt genau genommen für den ausgangsseitigen Kurzschluss, also für

$$R_1 = 0 \text{ Ω}$$

Da der FET, genauso wie der bipolare Transistor, als Stromquelle betrachtet werden kann, ist der mit Hilfe der Steilheit zu errechnende Strom

$$i_D = g_m \cdot u_{GS}$$

der Kurzschlussstrom.

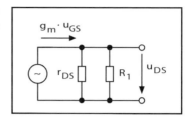

**Abb. 3.74:** Ersatzschaltung ausgangsseitig

Gemäß Stromersatzschaltbild Abbildung 3.74 verzweigt sich der Kurzschlussstrom auf einen Strom durch den Innenwiderstand der Quelle (hier $r_{DS}$) und einen Strom durch den angeschlossenen Lastwiderstand (hier $R_1$.). Die Spannung errechnet sich dann wie folgt:

$$u_{DS} = g_m \cdot U_{GS} \cdot (r_{DS} \parallel R_1)$$

Damit erhält man für die Spannungsverstärkung:

$$V_U = \frac{u_{DS}}{u_{GS}} = g_m \cdot \frac{r_{DS} \cdot R_1}{r_{DS} + R_1}$$

Ist $r_{DS} \approx R_1$, so gilt näherungsweise $V_U \approx g_m \cdot R_1$

Es handelt sich also bei der Gleichung $V_U \approx g_m \cdot R_1$ eigentlich um eine Näherungsgleichung.

## 3.5 Differenzverstärker als Gleichspannungsverstärker

Ein solcher Differenzverstärker soll nicht nur reine Gleichspannungen verstärken, sondern auch Gleichspannungen, denen eine Wechselspannung überlagert ist, wobei man nach DIN eigentlich auch von Mischspannungen sprechen kann. Der Gleichspannungsverstärker muss sowohl den Betrag der mittleren Gleichspannung als auch die Änderung mit dem gleichen Faktor vergrößern (Wechselspannung und Offset). In Abb. 3.75 ist der Verstärkungsvorgang beim Gleichspannungsverstärker dargestellt.

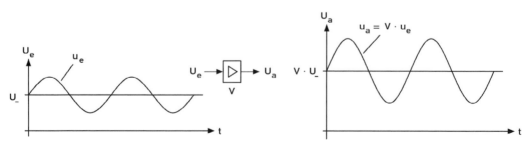

**Abb. 3.75:** Verstärkungsvorgang beim Gleichspannungsverstärker

## 3.5 DIFFERENZVERSTÄRKER ALS GLEICHSPANNUNGSVERSTÄRKER

Damit ist der Gleichspannungsverstärker zugleich auch Wechselspannungsverstärker und zwar mit der unteren Grenzfrequenz

$$f_u = 0 \text{ Hz}$$

### 3.5.1 Arbeitsweise eines Differenzverstärkers

Der Differenzverstärker ermöglicht eine hohe Gleichspannungsverstärkung und unterdrückt zugleich den Einfluss der Arbeitspunktänderung auf das Ausgangssignal. Dabei liegt der Gedanke zugrunde, dass zwei völlig identische Emitterschaltungen auch gleichartige Arbeitspunktverschiebungen erfahren, so dass zwischen den Kollektoren keine Spannungsdifferenz auftreten kann.

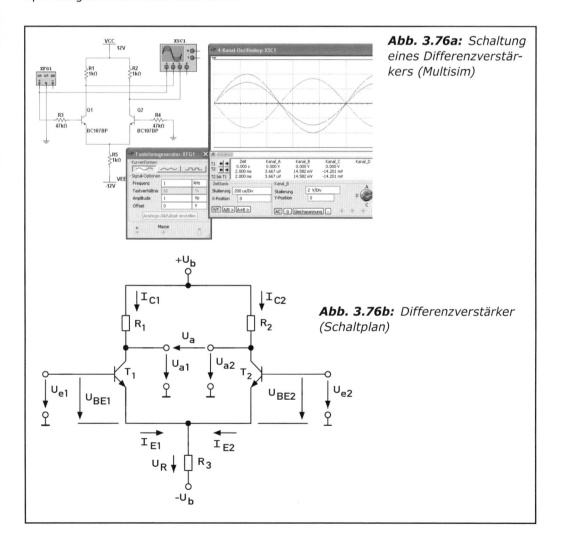

**Abb. 3.76a:** Schaltung eines Differenzverstärkers (Multisim)

**Abb. 3.76b:** Differenzverstärker (Schaltplan)

Durch diesen Schaltungstrick werden keine Kondensatoren benötigt, so dass ein Differenzverstärker automatisch immer auch ein Gleichspannungsverstärker ist.

Ein Differenzverstärker besteht in seinem Schaltungsprinzip (Abb. 3.76) aus zwei identischen Transistorstufen. Die Schaltung hat zwei Eingänge und zwei Ausgänge. Statt die zu $+U_b$ symmetrische Spannung $-U_b$ zu verwenden, kann der Emitterwiderstand auch auf Masse liegen. In der Arbeitsweise der Schaltung ändert sich dadurch nichts. Lediglich für die Eingangsspannungen $u_{e1}$ und $u_{e2}$ kann man nicht mehr die in der nachfolgenden Erklärung aufgeführten Werte nehmen, sondern muss diese entsprechend erhöhen.

Für die Untersuchung eines Differenzverstärkers wird der rechte Eingang mit Masse verbunden und der linke Eingang wird an dem Funktionsgenerator angeschlossen. Die beiden Ausgänge (links A1 und rechts A2) sind mit dem Oszilloskop verbunden. Das Oszillogramm zeigt die Eingangsspannung von $u_e = 1\ V_S$ und die beiden Ausgangsspannungen.

| | |
|---|---|
| Liegt an beiden Eingängen die gleiche Spannung z. B. 0 V an, so fließen durch beide Transistoren die gleichen Ströme | $U_{e1} = U_{e2}$ <br> $I_{C1} = I_{C2}$ |
| Da auch die Kollektorwiderstände gleich groß sind, sind die durch die Kollektorströme hervorgerufenen Spannungsfälle gleich: | $I_{C1} \cdot R_1 = I_{C2} \cdot R_2$ |
| Dadurch sind die Ausgangsspannungen $U_{a1}$ und $U_{a2}$ (gegen Masse gemessen) gleich groß. | $U_{a1} = U_{a2}$ |
| Die Differenzspannung zwischen den Ausgängen $A_1$ und $A_2$ ist demzufolge 0. | $U_a = 0\ V$ |

***Verhalten bei Temperaturänderungen und Schwankungen der Betriebsspannung***

Ändert sich die Umgebungstemperatur oder schwankt die Betriebsspannung, so sind beide Transistoren im gleichen Maße betroffen. Unter der Voraussetzung, dass die Exemplarstreuung der beiden Transistoren vernachlässigbar gering ist, wird die Änderung der Kollektorströme gleich groß sein

$$\Delta I_{C1} = \Delta I_{C2}$$

Damit ist die Differenzspannung an den Ausgängen weiterhin 0 V

$$U_a = 0\ V$$

Die Auswirkungen der Exemplarstreuungen der Transistoren sind umso geringer, je größer $R_3$ ist (Gegenkopplung).

Wird an den Eingang $E_1$ eine Spannung von z. B. 0,2 V angelegt, d. h. $U_{e1} = 0,2$ V und $U_{e2} = 0$ V, so wird der Transistor $T_1$ stärker durchgesteuert. Dadurch steigt der Kollektorstrom $I_{C1}$, mit ihm der Emitterstrom $I_{E1}$ und der Spannungsfall $U_{BE2}$ über $R_3$. Mit dem Ansteigen von $U_{R3}$ wird jedoch die Spannung $U_{BE2}$ von $T_2$ verkleinert, so dass sie absinkt. Die Änderung der Ströme $I_{C1}$ und $I_{C2}$ ist gegensinnig.

## 3.5 DIFFERENZVERSTÄRKER ALS GLEICHSPANNUNGSVERSTÄRKER

Die Spannung $U_{a1}$ nimmt jetzt ab, die Spannung $U_{a2}$ steigt an. Es bildet sich also eine Differenzspannung $U_a$ die, je nachdem, in welcher Richtung sie gemessen wird, positiv (wie in diesem Beispiel) oder negativ sein kann.

$$U_a \neq 0\ V$$

Aus dieser Eigenschaft lässt sich bereits ein typisches Anwendungsbeispiel ableiten, der sogenannte Brückenspannungsverstärker.

### 3.5.2 Brückenspannungsverstärker

Das Beispiel in Abbildung 3.77 zeigt eine Messschaltung, die sich für NTC- und PTC-Widerstände eignet und damit lässt sich beispielsweise eine Temperatur messen. Man kann auch Fotowiderstände anschließen, um die Lichtstärke zu messen. Abb. 3.77 zeigt eine Schaltung, die nicht mit Multisim realisierbar ist, denn die Simulation eines NTC-Bauelementes ist nicht möglich.

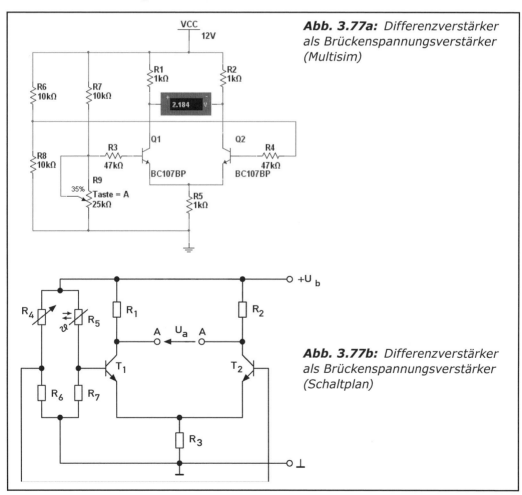

**Abb. 3.77a:** Differenzverstärker als Brückenspannungsverstärker (Multisim)

**Abb. 3.77b:** Differenzverstärker als Brückenspannungsverstärker (Schaltplan)

Die Brücke wird mit Hilfe des Potentiometers $R_9$ bei einer bestimmten Umgebungstemperatur abgeglichen. Dadurch werden beide Transistoren mit der gleichen Spannung angesteuert

$$U_a = 0 \text{ V}$$

Erhöht sich die Umgebungstemperatur, so wird der Widerstandswert des NTC-Widerstandes $R_8$ kleiner, das Potential an der Basis von $T_1$ steigt, $T_2$ wird leitender, $T_2$ wird zugesteuert. Es entsteht eine Spannung $U_a$ ($A_2$ positiv gegenüber $A_1$), deren Größe ein Maß für die Temperaturänderung darstellt.

Die Messschaltung zeigt eine Differenzspannung von $U_D = 2{,}184$ V. Mit der Taste A kann man den Widerstand $R_9$ verändern und das Voltmeter zeigt den entsprechenden Zeigerausschlag.

### 3.5.3 Differenzverstärker mit einem Ausgang

Die in der Elektronik verwendeten Differenzverstärker sind häufig nur mit einem unsymmetrischen Ausgang ausgestattet, d. h., die Spannung $U_a$ wird gegen Masse gemessen. Warum verwendet man bei einem Differenzverstärker und bei einem integrierten Operationsverstärker einen unsymmetrischen Ausgang? Der Grund ist recht einfach: Der zweite Ausgang hätte keine schaltungstechnischen Vorteile, aber auch keine Nachteile. Nur spezielle Differenzverstärker und Operationsverstärker in der Messtechnik sind mit einem zweiten Ausgang ausgestattet.

Hält man $U_{e2}$ konstant und vergrößert $U_{e1}$, dann fließt im Transistor $T_1$ mehr und im Transistor $T_2$ weniger Strom. Die Folge ist ein Anstieg von $U_a$. $U_{e1}$ und $U_a$ verlaufen gleichphasig. $E_1$ wird deshalb auch als nicht invertierender Eingang bezeichnet und mit + gekennzeichnet. Erhöht man dagegen $U_{e2}$ und hält $U_{e1}$ konstant, dann steigt der Strom im Transistor $T_2$ und $U_a$ wird kleiner. $U_{e1}$ und $U_a$ verlaufen hier gegenphasig. Der Eingang $E_2$ wird deshalb auch als invertierender Eingang bezeichnet und mit - gekennzeichnet. Verstärker dieser Art spielen heute im Zusammenhang mit Operationsverstärkern eine große Rolle.

Abbildung 3.76 a und b zeigen, dass der Differenzverstärker eigentlich aus zwei Verstärkerschaltungen mit einem gemeinsamen Emitterwiderstand $R_3$ besteht. Für die praktische Anwendung – insbesondere bei Operationsverstärkern – müssen noch zwei Forderungen an den Differenzverstärker gestellt werden:

- möglichst symmetrische Arbeitsweise
- möglichst hohe Gleichtaktunterdrückung

Es soll im Folgenden die symmetrische Arbeitsweise eines Operationsverstärkers untersucht werden: Legt man den Eingang $E_2$ (Abb. 3.76) z. B. auf Masse und steuert den Eingang $E_1$ mit der Spannung $+\Delta U_{e1}$ an, d. h., erhöht man die Spannung $U_{e1}$ um $\Delta U_{e1}$ gegenüber Masse, so wird $T_1$ leitender. Sein Kollektorstrom steigt um $\Delta U_{C1}$, wobei die Ausgangsspannung $U_{a1}$ um $\Delta U_{a1}$ absinken wird. Der Transistor $T_2$ wird nun etwas zugesteuert. $I_{C2}$ nimmt um $\Delta U_{C1}$ ab, $U_{a2}$ steigt um $\Delta U_{a2}$. Die Zunahme von $U_{C1}$ soll nun genau so groß sein, wie die Abnahme von $I_{C2}$

$$\Delta I_{C1} = -\Delta I_{C2}$$

## 3.5 DIFFERENZVERSTÄRKER ALS GLEICHSPANNUNGSVERSTÄRKER

Damit ist die Abnahme von $U_{a1}$ gleich der Zunahme von $U_{a2}$

$$\Delta U_{a1} = -\Delta U_{a2}$$

Für die Größe der Spannung $U_a$ zwischen den Ausgängen $A_1$ und $A_2$ ergibt sich dann:

$$U_a = 2 \cdot \Delta U_{a1} = 2 \cdot \Delta U_{a2}$$

Wie kann nun diese Symmetrie erreicht werden? Um diese Problematik möglichst einfach zu erklären, soll das Verhalten des Differenzverstärkers wechselstrommäßig betrachtet werden. Da die Betriebsspannungsquellen für Wechselspannungen bekanntlicherweise als Kurzschlüsse anzusehen sind, müssen sie in die Betrachtung nicht berücksichtigt werden.

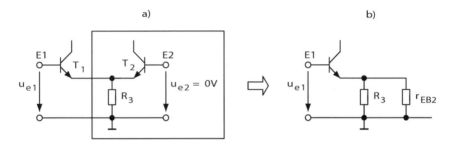

**Abb. 3.78:** Belastung des Emitters bei einem Differenzverstärker
*a)* Prinzip, *b)* Vereinfachte Darstellung

Verfolgt man anhand Abbildung 3.78a den durch $u_{e1}$ hervorgerufenen Signalverlauf vom Eingang $E_1$ ausgehend, so gelangt man zu folgender Erkenntnis: Der Transistor $T_1$ wird emitterseitig durch $R_3$ und den Widerstand der dazu parallel liegenden Emitter-Basis-Strecke $r_{EB2}$ von $T_2$ belastet (Abb. 3.78b). Der Widerstand, den $u_{E1}$ vorfindet, ist der Eingangswiderstand $r_E^*$ der Schaltung nach Abb. 3.78b. Die im Abschnitt für den Eingangswiderstand bei Stromgegenkopplung vorzufindende Gleichung auf dieses Problem angewendet, lautet:

$$r_E^* = r_{BE1} + \beta \cdot (R_3 \parallel r_{EB2}) = r_{BE1} + \beta \cdot R_3 \parallel \beta \cdot r_{EB2}$$

$r_{BE1}$ ist dabei der Eingangswiderstand des Transistors $T_1$.

$r_{EB}$ lässt sich aber auch ausdrücken: $r_{EB2} = \dfrac{r_{BE2}}{\beta}$

Damit ergibt sich für den Eingangswiderstand $r_E^*$:

$$r_E^* = r_{BE1} + \beta \cdot R_3 \parallel r_{BE2}$$

Diese Beziehung ist im Ersatzschaltbild Abb. 3.79 dargestellt. Sollen beide Transistoren genau symmetrisch arbeiten, so müssen die sie ansteuernden Spannungen $u_{BE1}$ und $u_{BE2}$ gleich groß sein. Dies ist jedoch nur der Fall, wenn der Widerstand $\beta \cdot R_3$ unendlich groß ist. Ein unendlich großer Widerstand $R_3$ kann selbstverständlich nicht verwendet

**Abb. 3.79:** Ersatzschaltbild des Emitters bei einem Differenzverstärker

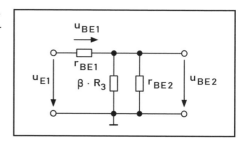

werden. Aus Abb. 3.78a lässt sich jedoch noch Folgendes ersehen. Die durch $u_{BE}$ hervorgerufene Erhöhung des Emitterstromes $\Delta I_{E1}$ des Transistors $T_1$ muss die gleiche Abnahme des Emitterstromes $\Delta I_{E2}$ vom $T_2$ bewirken.

$$\Delta I_{E1} = -\Delta I_{E2}$$

In diesem Fall bewirkt $u_{E1}$ keine Veränderung des Stromes $I_E$ über $R_3$

$$I_E = \text{konst.} \quad \text{bzw.} \quad \Delta I_E = 0$$

Aus dieser Tatsache ergibt sich die Möglichkeit, den Widerstand $R_E$ durch eine Konstantstromquelle mit ihrem sehr hohen Innenwiderstand zu ersetzen.

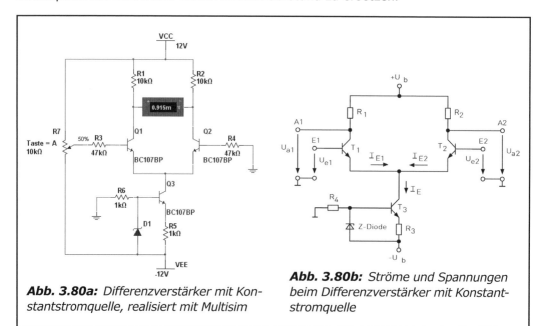

**Abb. 3.80a:** Differenzverstärker mit Konstantstromquelle, realisiert mit Multisim

**Abb. 3.80b:** Ströme und Spannungen beim Differenzverstärker mit Konstantstromquelle

Eine entsprechende Schaltung zeigt Abb. 3.80 b. Hier gilt für den Strom $I_E$

$$I_E = I_{E1} + I_{E2} = \text{konst.}$$

Eine Vergrößerung von $I_{E1}$ muss also eine gleich große Abnahme von $I_{E2}$ hervorrufen und umgekehrt.

## 3.5 DIFFERENZVERSTÄRKER ALS GLEICHSPANNUNGSVERSTÄRKER

**Anmerkung:** $T_1$ steuert, bedingt durch die Eingangsspannung $u_{e1}$, $T_2$ über seinen Emitter an. $T_1$ kann deshalb als Generator in Kollektorschaltung betrachtet werden. Der Ausgangswiderstand $r_A$ des Transistors in Kollektorschaltung beträgt

$$r_A \approx \frac{r_{BE}}{\beta}$$

$T_2$ mit seinem Emitter als Eingang und dem Kollektor als Ausgang stellt eine Basisschaltung dar. Der Eingangswiderstand $r_E$ des Transistors in Basisschaltung beträgt:

$$r_E \approx \frac{r_{BE}}{\beta}$$

Der Generator wird mit diesem Eingangswiderstand und dem dazu parallel liegenden Widerstand $R_3$ belastet (Abb. 3.81). Auch hier ist ersichtlich, dass sich die Eingangsspannung $u_{e1}$ nur dann gleichmäßig auf Innenwiderstand ($r_{BE1}/\beta$) und Verbraucher ($r_{BE2}/\beta$) aufteilt, wenn $R_3$ unendlich groß ist.

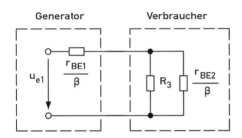

**Abb. 3.81:** Ansteuerung von $T_1$ und $T_2$ bei einem Differenzverstärker

### 3.5.4 Interne Gegenkopplung

Zwei gleiche Transistoren unterscheiden sich durch die Exemplarstreuung immer in ihren Betriebswerten. Beide Transistoren sollten jedoch in ihren Eigenschaften möglichst identisch sein. Unter Berücksichtigung der Hinweise in den vorigen Abschnitten können die Auswirkungen von Exemplarstreuungen durch Gegenkopplung gemindert werden. Die Vorteile der internen Gegenkopplung ($R_{3.1}$ und $R_{3.2}$ in Abb. 3.82) liegen also darin, dass die Betriebswerte des Verstärkers, je nach Stärke der Gegenkopplung, weitgehend unabhängig von den Transistordaten und ihren Streuungen werden. Allerdings muss man dabei eine entsprechende Minderung der Verstärkereigenschaften im Kauf nehmen.

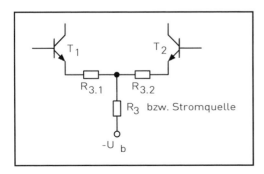

**Abb. 3.82:** Interne Gegenkopplung

# 3 VERSTÄRKERSCHALTUNGEN

Wird statt der Widerstände $R_{3.1}$ und $R_{3.2}$ ein Potentiometer $R_6$ (Abb. 3.83) verwendet, so bietet dies folgenden Vorteil: Zwei Transistoren unterscheiden sich bei gleichem $I_C$ immer, wenn auch geringfügig in ihrer hierfür erforderlichen Basis-Emitter-Spannung $U_{BE}$.

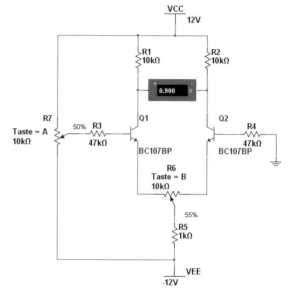

**Abb. 3.83a:** Nullpunkteinsteller für Offsetabgleich (Multisim)

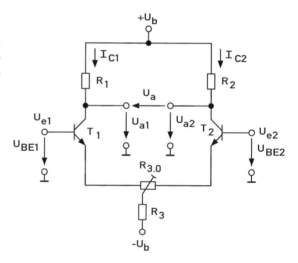

**Abb. 3.83b:** Spannungen und Ströme beim Differenzverstärker mit Nullpunkteinsteller für Offsetabgleich

Sollen nun bei gleichen Eingangsspannungen $I_{E1} = I_{E2}$
die Kollektorströme gleich groß sein, $I_{C1} = I_{C2}$ bzw.
damit auch die beiden Ausgangsspannungen $U_{a1} = U_{a2}$ bzw. $U_a = 0\,V$
gleich groß sind,

so lässt sich dies mit Hilfe des Potentiometers $R_6$ bewerkstelligen (Offsetabgleich).

## 3.5 DIFFERENZVERSTÄRKER ALS GLEICHSPANNUNGSVERSTÄRKER

**Anmerkung:** Diese Methode ist jedoch, um die Schaltungseigenschaften nicht zu verschlechtern, nur unter ganz bestimmten Voraussetzungen anzuwenden, auf die hier nicht eingegangen wird.

*Gleichtaktunterdrückung:* Auf die genaue Definition dieses Begriffes mit seiner formelmäßigen Darstellung wird im Rahmen dieser Ausführungen verzichtet. Es soll nur kurz ausgeführt werden, welche Eigenschaft der Schaltung unter diesem Ausdruck zu verstehen ist: Legt man an beide Eingänge der Schaltung die gleiche Eingangsspannung, dann ergibt sich eine Messschaltung für die Gleichtaktunterdrückung (Abb. 3.84a bzw. -b).

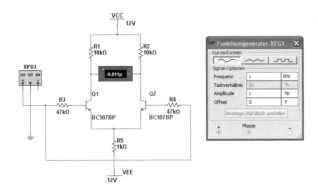

**Abb. 3.84a:** *Messschaltung zur Gleichtaktunterdrückung und bei einem integrierten Operationsverstärker (Multisim)*

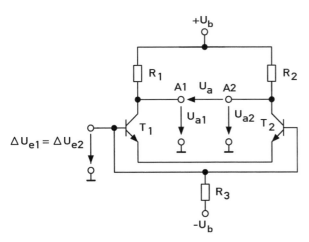

**Abb. 3.84b:** *Ströme und Spannungen bei der Messschaltung zur Gleichtaktunterdrückung*

Für die Gleichtaktunterdrückung gilt     $U_{e1} = U_{e2}$

Erhöht man beide Eingangsspannungen um den gleichen Betrag:     $\Delta U_{e1} = \Delta U_{e2}$

so sollte sich weder die Ausgangsspannung $U_{a1}$ noch $U_{a2}$ ändern     $\Delta U_{a1} = \Delta U_{a2} = 0\ V$

Dies ist die hervorstechende Eigenschaft des Differenzverstärkers: Beim Differenzverstärker darf nur eine Eingangsspannungsdifferenz $U_D = U_{e1} - U_{e2}$ eine Ausgangsspannung $\Delta U_{a1}$ bzw. $\Delta U_{a2}$ und damit $\Delta U_a$ hervorrufen.

Da beide Transistoren durch den gemeinsamen Emitterwiderstand $R_5$ gegengekoppelt sind, wird die Ausgangsspannungsänderung bei Ansteuerung umso geringer sein, je stärker die Gegenkopplung, d. h., je größer $R_5$ ist.

Die beste Möglichkeit bietet auch hier die Verwendung einer Stromquelle mit ihrem hohen Innenwiderstand gemäß Abb. 3.84 b. Denn gleichgültig, welche Widerstandswerte der Kollektor-Emitter-Strecken der Transistoren bei gleicher Ansteuerung aufweisen: Die Kollektorströme und damit die Ausgangsspannungen können sich dann nicht (oder nur geringfügig) verändern.

### 3.5.5 Spannungsverstärkung von Differenzverstärkern

Bei der Spannungsverstärkung des Differenzverstärkers müssen zwei Werte unterschieden werden. Zur Berechnung dieser Verstärkungsfaktoren wird von Abb. 3.84 a bzw. b ausgegangen. Der Eingang $E_2$ ist dort auf Masse gelegt. Daher hat die Spannungsverstärkung einen Wert von:

$$u_{e2} = 0 \text{ V}$$

Am Eingang $E_1$ liegt die Spannung $u_{e1}$. Der Differenzverstärker wird dadurch mit der Spannung

$$U_D = u_{e1} - u_{e2} = u_{e1} - 0 = u_{e1}$$

angesteuert. Für $u_{e2}$ könnte natürlich eine beliebige Spannung angenommen werden. Man muss nur darauf achten, dass eine Differenzspannung $u_D$ besteht. Das Beispiel zeichnet sich jedoch dadurch aus, dass es besonders einfach und übersichtlich ist.

Ausgangsseitig können drei verschiedene Spannungen abgegriffen werden:

- $u_{a1}$ und $u_{a2}$ als Spannungen gegenüber Masse
- $\Delta u_a$ als Spannungsdifferenz zwischen den beiden Ausgängen $A_1$ und $A_2$.

Symmetrische Arbeitsweise des Differenzverstärkers vorausgesetzt, sind die Spannungen $u_{a1}$ und $u_{a2}$ dem Betrag nach gleich groß und 180° gegeneinander phasenverschoben. Zur Berechnung der Größe der Spannungsverstärkungsfaktoren reicht es also aus, eine dieser beiden Spannungen heranzuziehen, z. B. $u_{a1}$.

Verstärkungsfaktoren werden bekannterweise als Quotient aus Ausgangsgröße und Eingangsgröße ermittelt. Bezieht man sich auf die Ausgangsspannung $u_{a1}$, so erhält man den Verstärkungsfaktor

$$V_{U0} = \frac{u_{a1}}{u_{e1}}$$

## 3.5 DIFFERENZVERSTÄRKER ALS GLEICHSPANNUNGSVERSTÄRKER

Geht man von $u_a$ als Ausgangsspannung aus, so ergibt sich der Verstärkungsfaktor

$$V_{U1,2} = \frac{u_a}{u_{e1}}$$

Die Größe beider Verstärkungsfaktoren soll nun mit dem Verstärkungsfaktor $V_U$ einer nicht gegengekoppelten, gleichwertigen Emitterschaltung verglichen werden. Gleichwertig bedeutet hier, dass Transistor und Kollektorwiderstand identisch sind mit den Bauteilen des Differenzverstärkers. Differenzverstärker und Emitterschaltung werden ferner durch die gleiche Spannung $u_{e1}$ angesteuert.

Gemäß den vorhergehenden Abschnitten gilt:

$$V_U = \frac{u_a}{u_{e1}} = \frac{u_a}{u_{BE}} \approx \frac{\beta \cdot R_3}{r_{BE}}$$

Kennzeichnend ist hierbei, dass zur Verstärkung die volle Eingangsspannung $u_{e1}$ wirksam wird, da $u_{e1}$ in voller Größe über der Basis-Emitter-Strecke des Transistors abfällt.

$$u_{e1} = u_{BE}$$

Würde $u_{BE}$ beispielsweise durch Stromgegenkopplung kleiner als $u_{e1}$, so würde auch die Ausgangsspannung $u_a$ entsprechend abnehmen, d. h., die Spannungsverstärkung würde sinken.

Da eine Emitterschaltung prinzipiell nur die über den Eingang des Transistors wirkende Spannung $u_{BE}$ mit dem Faktor

$$V_U \approx \frac{\beta \cdot R_3}{r_{BE}}$$

verstärkt, muss beim Differenzverstärker nun festgestellt werden, in welchem Verhältnis $u_{BE1}$ (bzw. $u_{BE2}$) zur Eingangsspannung $u_{e1}$ steht.

### a) Verstärkung $V_{U0}$ bezogen auf die Spannung $u_{a1}$ (bzw. $u_{a2}$)

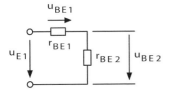

**Abb. 3.85:** Ersatzschaltung zur Berechnung der Spannungsverstärkung

Setzt man in Abb. 3.84 einen unendlich großen Emitterwiderstand voraus, so lässt sich die Ersatzschaltung nach Abb. 3.85 weiter vereinfachen. Sind beide Transistoren $T_1$ und $T_2$ genau identisch, so gilt:

$r_{BE1} = r_{BE2}$ $u_{E1}$ teilt sich damit gleichmäßig auf beide Widerstände auf: $u_{BE1} = u_{BE2} = \dfrac{u_{e1}}{2}$

Dabei ist der eine Transistor durch $u_{e1}/2$ aufgesteuert, der andere durch $u_{e1}/2$ zugesteuert.

Da von der Eingangsspannung nur die Hälfte wirksam wird, ist die Ausgangsspannung $u_{a1}$ demzufolge auch nur halb so groß wie bei der Emitterschaltung ohne Gegenkopplung:

$$u_{a1} = \frac{u_a}{2}$$

Daraus lässt sich schließen: Die Spannungsverstärkung $V_{U0}$ des Differenzverstärkers bezogen auf die Spannungen von den Ausgängen $A_1$ bzw. $A_2$ nach Masse ist halb so groß wie die Spannungsverstärkung $V_U$ einer gleichwertigen Emitterschaltung ohne Gegenkopplung

$$V_{U0} = \frac{V_U}{2} \approx \frac{\beta \cdot R_C}{2 \cdot r_{BE}}$$

wobei $R_C$ für $R_1$ bzw. $R_2$ in der Schaltung nach Abb. 3.85 steht.

### b) Verstärkung $V_{U1,2}$ bezogen auf die Spannung $u_a$:

$$u_a = 2 \cdot u_{a1} = 2 \cdot u_{a2}$$

Damit ist $u_a$ genauso groß wie die Ausgangsspannung der nicht gegengekoppelten gleichwertigen Emitterschaltung.

Die Spannungsverstärkung $V_{U1,2}$ des Differenzverstärkers bezogen auf die Spannung $u_a$ zwischen den Ausgängen $A_1$ und $A_2$ ist genauso groß wie die Spannungsverstärkung $V_U$ einer gleichwertigen Emitterschaltung ohne Gegenkopplung.

$$V_{U1,2} = V_U \approx \frac{\beta \cdot R_C}{r_{BE}}$$

Wobei $R_C$ für $R_1$ bzw. $R_2$ in der Schaltung nach Abb. 3.85 steht.

## 3.6 Operationsverstärker

Der Operationsverstärker ist ein wesentlicher Bestandteil vieler elektronischer Geräte. Bis 1975 war es üblich, für jede spezielle Verwendung einen individuellen Verstärker zu entwickeln. Heute geht man immer mehr dazu über, die Teile des Verstärkers, die die eigentliche Verstärkung bewirken, in einem Baustein oder Bauelement zu konzentrieren und die speziell gewünschten Eigenschaften durch eine äußere Beschaltung zu erreichen. Solche aktiven Bausteine, die alle für die Signalverstärkung notwendigen Elemente enthalten, fallen unter den Begriff Operationsverstärker. Erst durch die Technik der integrierten Halbleiterschaltungen ist es möglich geworden, Operationsverstärker recht preis-

# 3.6 OPERATIONSVERSTÄRKER

wert herzustellen und sie dadurch einem breiten Anwendungsgebiet zugänglich zu machen. Die Bezeichnung Operationsverstärker kommt aus der analogen Rechentechnik, wo derartige Verstärker in größerem Stil eingesetzt werden. Operational Amplifier, Rechenverstärker, Abkürzung OP oder OpAmp gehen heute weit über die Anwendungen im Rahmen von Rechenoperationen hinaus.

Durch geeignete äußere Beschaltungen eines Operationsverstärkers können speziell gewünschte Übertragungseigenschaften erzielt werden. Dadurch wird erst eine universelle Einsatzfähigkeit dieser Bauelemente möglich. Damit die Eigenschaften des beschalteten Verstärkers möglichst nur von der äußeren Beschaltung abhängen, müssen an den Operationsverstärker diverse Forderungen gestellt werden. Dies hat einen recht komplizierten inneren Aufbau zur Folge. Operationsverstärker bestehen aus einer Vielzahl von Transistoren, Dioden und Widerständen.

Eine detaillierte Kenntnis der internen Schaltung und ihrer Funktion ist für den Praktiker jedoch nicht unbedingt erforderlich. Es reicht aus, den Operationsverstärker in einer Schaltung als Schwarzen Kasten zu betrachten und nur durch sein Schaltsymbol anzugeben. Um die Funktionsweise einer mit Operationsverstärkern aufgebauten Schaltung zu verstehen, muss man allerdings die wichtigsten Eigenschaften dieses Schwarzen Kastens kennen.

## 3.6.1 Grundprinzip und Kennwerte

Der interne Aufbau lässt sich bei jedem Operationsverstärker in drei Funktionsgruppen zusammenfassen:

- eine Eingangsstufe
- eine Spannungsverstärkerstufe und
- eine Leistungsendstufe

In Abb. 3.86 ist ein Blockschaltbild des internen Aufbaues eines Operationsverstärkers dargestellt.

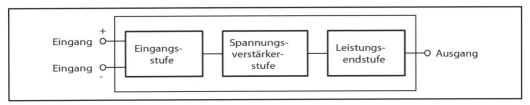

***Abb. 3.86:*** *Blockschaltbild zum internen Aufbau eines Operationsverstärkers*

Die Zahl der integrierten Transistorstufen, Dioden und Widerstände ist bei den einzelnen Typen teilweise sehr unterschiedlich. Wie bei der integrierten Schaltungstechnik üblich, wird mit einer Vielzahl von Transistorfunktionen gearbeitet, wodurch im Gegensatz zur diskreten Schaltungstechnik viele Feinheiten und Verbesserungen ausgenutzt werden können.

# 3 VERSTÄRKERSCHALTUNGEN

## Eingangsstufe:

Die Eingangsstufe enthält grundsätzlich einen Differenzverstärker. Aus diesem Grunde verfügt der Operationsverstärker über zwei Eingänge.

## Spannungsverstärkerstufe:

Die nachfolgende Verstärkung erfolgt in diesem Block. Er enthält weitere Differenzverstärker. Jeder Operationsverstärkertyp hat hier aber teilweise recht unterschiedliche und aufwendige Schaltungsvarianten.

## Leistungsendstufe:

Vom Ausgang des Blocks Spannungsverstärkung wird dann die Leistungsendstufe angesteuert. Bei den Leistungsendstufen sind im Wesentlichen zwei Ausführungen zu unterscheiden, und zwar eine Schaltung mit Gegentaktendstufe und eine Schaltung mit offenem Kollektor. Der Eintaktausgang in Darlingtonschaltung bietet gegenüber der Gegentaktendstufe den Vorteil, dass man höhere Laststöme erzielen kann. Bei dieser Version ist der extern anzuschließende Verbraucher (Last) der Arbeitswiderstand der Eintaktendstufe. Beispielsweise ist der Operationsverstärker TAA761A in dieser Art aufgebaut.

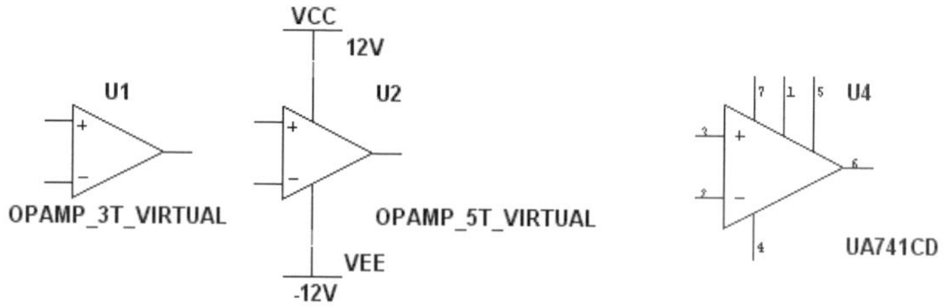

**Abb. 3.87a:** Schaltsymbol für Operationsverstärker in Multisim

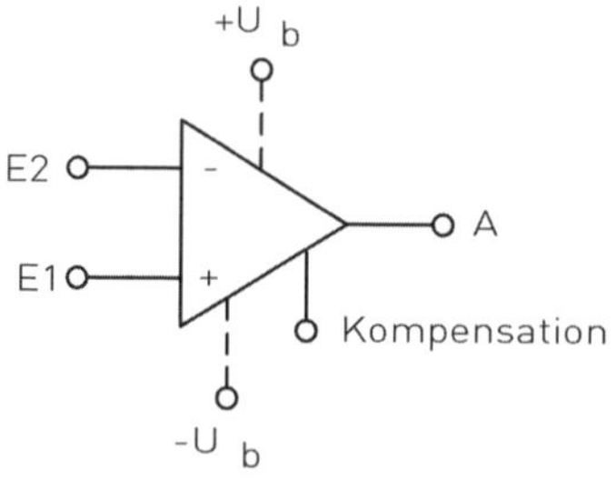

**Abb. 3.87b:** Schaltsymbol für Operationsverstärker (allgemein)

Wie Abb. 3.87 zeigt, kann man in der Simulation mit einem virtuellen oder einem realen Operationsverstärker arbeiten. Normalerweise verwendet man den virtuellen Operationsverstärker, denn dieser besitzt in der Simulation Vorteile gegenüber den realen Multisim-Varianten. Die Betriebsspannung beträgt auch hier, wie bei realen OpAmps, ± 15 V. Auch die bei realen OpAmps existierende Frequenzkompensation ist vorhanden.

## 3.6 OPERATIONSVERSTÄRKER

Muss man mit einer bestimmten Betriebsspannung arbeiten, verwendet man das mittlere Symbol und man hat die beiden Betriebsspannungsanschlüsse. Werden diese Anschlüsse vertauscht, tritt eine Fehlermeldung auf. Beim rechten Symbol handelt es sich um einen realen Operationsverstärker. In Multisim werden ca. 500 verschiedene Typen angeboten.

Das Schaltzeichen ist in Abb. 3.87 dargestellt. Wie bereits aus Abb. 3.86 ersichtlich, verfügt der Operationsverstärker über zwei Eingänge (von denen einer eine invertierende und der andere eine nicht invertierende Wirkung hat) und einen Ausgang. Die Bezeichnungen, die man für diese Anschlüsse in der Fachliteratur findet, sind recht unterschiedlich. So wird beispielsweise der nicht invertierende Eingang auch als +E-Eingang oder als P-Eingang (P = Positiv) und der invertierende Eingang als -E-Eingang oder N-Eingang (N = Negativ) bezeichnet. Weitere Benennungsmöglichkeiten sind $E_1$ und $E_2$ bzw. $I_1$ und $I_2$ (Input = Eingang) . Für den Ausgang A ist auch die Bezeichnung Q üblich (Q = O = Output = Ausgang). Genauso unterschiedlich ist dann auch die Bezeichnung der Spannungen, die an diesen Punkten liegen.

Operationsverstärker werden häufig mit symmetrischen Spannungen $\pm U_b$ betrieben. Es ist jedoch auch möglich, einen Anschluss auf den Bezugspunkt (Masse) zu legen. Aus Gründen der besseren Übersichtlichkeit werden sowohl beim Schaltsymbol als auch in den Schaltbildern von Verstärkern die Anschlüsse für die Betriebsspannung meistens weggelassen.

Je nach Ausführung oder Typ besitzen die Operationsverstärker auch noch einen oder mehrere weitere Anschlüsse für die externe Kompensation. Die Anschlussbelegung kann den jeweiligen Datenblättern entnommen werden. Operationsverstärker mit gleichen technischen Daten sind übrigens oft in unterschiedlichen Gehäuseausführungen lieferbar (z.B. in den Kunststoffgehäusen DIL 8 oder DIL 14).

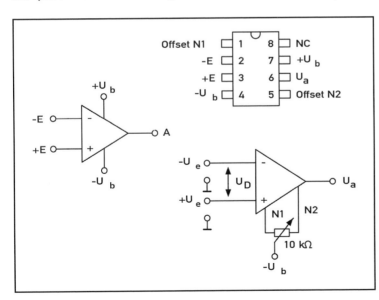

**Abb. 3.88:** Anschlussbelegung des universellen Operationsverstärkers 741

Abb. 3.88 zeigt als Beispiel die Belegung des Typs 741, der heute fast ausschließlich im 8-poligen DIL-Plastikgehäuse zur Verfügung steht. Der Offsetpins (1 und 5) sind für den

Offsetabgleich vorgesehen: Die beiden Anschlüsse können über ein Trimmpoti verbunden werden, wobei die Mittelanzapfung des Potis dabei an die negative Versorgungsspannung angeschlossen wird. Dies ist jedoch für viele praktische Anwendungen nicht notwendig.

### 3.6.2 Kenndaten eines Operationsverstärkers

Der ideale Operationsverstärker verstärkt, da sich eingangsseitig gemäß Blockschaltbild (Abb. 3.86) ein Differenzverstärker befindet, lediglich die Differenzspannung

$$U_D = U_1 - U_2$$

Der dabei vorliegende Verstärkungsfaktor wird mit $V_0$ bezeichnet. $V_0$ wird als Leerlaufverstärkung, Differenzverstärkung oder offene Schleifenverstärkung bezeichnet. Der Begriff Leerlaufverstärkung bedeutet dabei nicht, dass der Ausgang unbelastet ist. $V_0$ wird vom Hersteller angegeben und liegt je nach Typ etwa in der Größenordnung $20 \cdot 10^3$ bis $200 \cdot 10^3$.

Sind die Eingangsspannungen $U_1$ und $U_2$, sowie die Leerlaufspannungsverstärkung $V_0$ bekannt, so lässt sich die Ausgangsspannung $U_a$ berechnen:

$$U_a = V_0 \cdot u_D = V_0 (U_1 - U_2)$$

Zur Festlegung der Bezeichnung der Eingänge werden nun zwei vereinfachende Annahmen getroffen:

**a) Der Eingang E- wird auf Masse gelegt: $U_2 = 0$ V**
Damit ergibt sich für die Ausgangsspannung

$$U_a = V_0 \cdot u_D = V_0 (U_1 - U_2) = V_0 \cdot U_1$$

Die Ausgangsspannung ist also gleichphasig mit der Eingangsspannung $U_1$ an E+. Man bezeichnet deshalb den Eingang E+ als den nicht invertierenden Eingang, was zu dem Pluszeichen hinter dem E führt.

**b) Der Eingang E+ wird auf Masse gelegt: $U_1 = 0$ V**
Jetzt erhält man für die Ausgangsspannung folgende Werte:

$$U_a = V_0 \cdot u_D = V_0 (U_1 - U_2) = V_0 \cdot (-U_2) = -V_0 \cdot U_2$$

Die Ausgangsspannung ist nun gegenphasig zur Eingangsspannung an E-. Dieser Eingang heißt deshalb invertierender Eingang und wird mit einem Minuszeichen im Schaltsymbol gekennzeichnet.

Legt man an die Eingänge E+ und E- die gleiche Spannung $U_1 = U_2 = U_{gl2}$, so ist $U_D = 0$. Diese Betriebsart definiert man als Gleichtaktaussteuerung. Gemäß $U_1 = V_0 \cdot U_D$ müsste dabei $U_a = 0$ bleiben. Dies ist beim realen Operationsverstärker jedoch nicht der Fall. Man spricht in diesem Zusammenhang von einer Gleichtaktverstärkung

$$V_{gl} = \frac{U_a}{V_{gl}}$$

$U_{gl2}$ sollte zumindestens sehr klein sein. Der Hersteller gibt in den Datenblättern die sogenannte Gleichtaktunterdrückung G an:

$$G_{gl} = \frac{V_0}{V_{gl}}$$

Typische Werte für G sind $10^3$ bis $10^5$.

### 3.6.3 Übertragungskennlinie

Aus der Gleichung $U_a = V_0 \cdot U_D$ ist ersichtlich, dass die Ausgangsspannung $U_a$ (bei konstantem $V_0$) linear mit der Differenzeingangsspannung ansteigt bzw. abfällt. Allerdings nur so lange, bis ausgangsseitig der Wert der Betriebsspannung erreicht ist. Eine weitere Vergrößerung von $U_D$ bewirkt dann keine Veränderung von $U_a$ mehr. Der Operationsverstärker ist übersteuert. Diese Zusammenhänge sind in Abbildung 3.89 grafisch dargestellt.

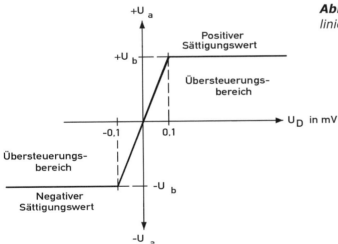

**Abb. 3.89:** Übertragungskennlinie eines Operationsverstärkers

Beim Eingangswiderstand müssten der statische und der dynamische Betrieb berücksichtigt werden, wobei ferner zwischen Differenz- und Gleichtaktbetrieb zu unterscheiden wäre. Hierauf wird jedoch im Rahmen dieser Ausführungen verzichtet. Es sei hier lediglich vermerkt, dass neben rein ohm'schen Anteilen auch Kapazitäten auftreten. Die Kapazitäten zwischen den beiden Eingangsklemmen eines Operationsverstärkers und die Kapazitäten beider Eingangsklemmen gegen den Bezugspunkt betragen zwar nur einige pF, doch sind dabei die extrem hohen Werte der Eingangswiderstände zu berücksichtigen. Man muss also korrekterweise im Wechselspannungsbetrieb von einer Eingangsimpedanz sprechen. Diese Eingangsimpedanz wird vom Hersteller im Datenblatt für eine bestimmte Frequenz angegeben und liegt etwa im Bereich $10^6$ bis $10^{24}$ Ω. Werte in der Größenordnung von $10^{16}$ Ω lassen sich dadurch erreichen, dass bei der Eingangsstufe FETs verwendet werden. Noch höhere Werte erzielt man durch Verwendung von MOSFETs.

Die Kombination aus ohm'schem Anteil und einer Parallelkapazität bewirkt eine Phasenverschiebung des an den Klemmen liegenden Signals, wodurch z. B. bei der nicht invertierenden Verstärkerschaltung eine Phasenverschiebung zwischen Eingangs- und Ausgangssignal auftreten kann.

Beim Ausgangswiderstand handelt es sich um einen dynamischen Wert, der in der Größenordnung von 30 Ω bis 100 Ω liegt, also sehr klein ist. Die Ausgangsimpedanz bei Operationsverstärkern liegt zwischen 60 Ω und 75 Ω. Bei Operationsverstärkern mit offenem Kollektor wird vom Hersteller hierfür kein Wert angegeben, da wie bei den Transistorverstärkern der Ausgangswiderstand wesentlich vom Arbeitswiderstand abhängt.

**Anmerkung:** Die genannten Werte für Eingangs- und Ausgangswiderstand beziehen sich auf den nicht rückgekoppelten Operationsverstärker. Die Eingangs- und Ausgangswiderstände einer gesamten Schaltung können wesentlich andere Werte aufweisen. (In Analogie hierzu sei verwiesen auf die Ein- und Ausgangswiderstände des alleinigen Transistors und die sich davon unterscheidenden Widerstandswerte der diversen Transistorschaltungen.)

### 3.6.4 Komparator

Unbeschaltete Operationsverstärker haben eine hohe Leerlaufverstärkung $V_0$ ($20 \cdot 10^3$ bis $200 \cdot 10^3$). Diese hohe Verstärkung wird nur in einer Grundschaltung, dem Komparator, ausgenutzt.

Bei allen anderen Einsatzgebieten würde die hohe Leerlaufverstärkung $V_0$ zu erheblichen Schwierigkeiten führen. So könnte zum Beispiel bereits eine kleine Störspannung von nur 0,1 mV bei $V_0 = 20 \cdot 10^3$ eine Änderung der Ausgangsspannung von 2 V bewirken. Eine so hohe Verstärkung wird in der Praxis jedoch auch kaum benötigt.

Der besondere Vorteil des Operationsverstärkers liegt nun darin, dass durch eine sehr einfache äußere Beschaltung der Verstärkungsfaktor auf jeden gewünschten Wert herabgesetzt werden kann.

Beim Komparator wird die hohe Leerlaufverstärkung $V_0$ voll wirksam. Abbildung 3.90 (a, b) zeigt eine invertierende und Abb. 3.91 (a,b) eine nicht invertierende Komparatorschaltung des Operationsverstärkers. Da der Eingangswiderstand in beiden Fällen als unendlich groß angenommen werden kann, fließt kein Eingangsstrom. Daher gilt $U_D = U_e$.

## 3.6 OPERATIONSVERSTÄRKER

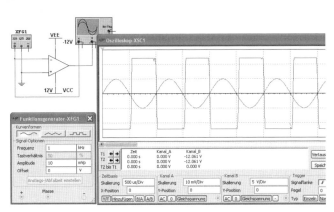

**Abb. 3.90a:** Operationsverstärker als invertierender Komparator mit Multisim

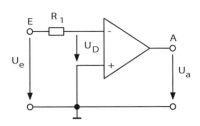

**Abb. 3.90b:** Spannungen beim Operationsverstärker als invertierender Komparator

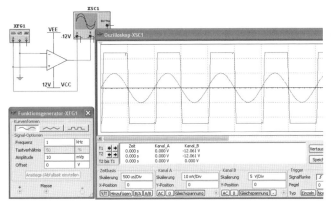

**Abb. 3.91a:** Operationsverstärker als nicht invertierender Komparator mit Multisim

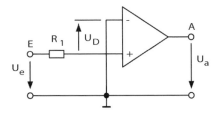

**Abb. 3.91b:** Spannungen beim Operationsverstärker als nicht invertierender Komparator

# 3 VERSTÄRKERSCHALTUNGEN

Wegen der sehr hohen Verstärkung reicht bereits eine sehr kleine Differenzspannung $U_e = U_D$ an den Eingängen aus, um den Operationsverstärker zu übersteuern. So ist z. B. bei $V_0 = 20 \cdot 10^3$ und $U_b \pm 12$ V nur eine Differenzspannung von $V_0 = 0{,}4$ mV erforderlich, damit $U_a = U_b$ wird. Da der Komparator bereits auf so kleine Spannungen anspricht, wird diese Grundschaltung auch als *Spannungsvergleicher* bezeichnet. Ihre Aufgabe ist es, Spannungswerte zu vergleichen. Beispielsweise könnte man feststellen, welche Polarität das Eingangssignal, auch bei relativ kleinen Werten, gegenüber einem beliebigen Bezugspunkt aufweist.

Auch ein Operationsverstärker ändert seine Ausgangsspannung nicht sprunghaft. Die Anstiegsgeschwindigkeit $U_a$ liegt etwa in der Größenordnung von 1 V/µs. Ein Anstieg von -18 V auf +18 V dauert demnach ca. 36 µs. Darüber hinaus hat der Operationsverstärker auch noch eine Erholzeit die nach einer Übersteuerung eine weitere Verzögerung bewirkt. Um auch bei einem langsamen Anstieg des Eingangssignals einen schnellen Anstieg von $U_a$ zu erreichen, wird die Mitkopplung eingeführt. Abb. 3.92 zeigt die Schaltung eines Komparators mit Mitkopplung.

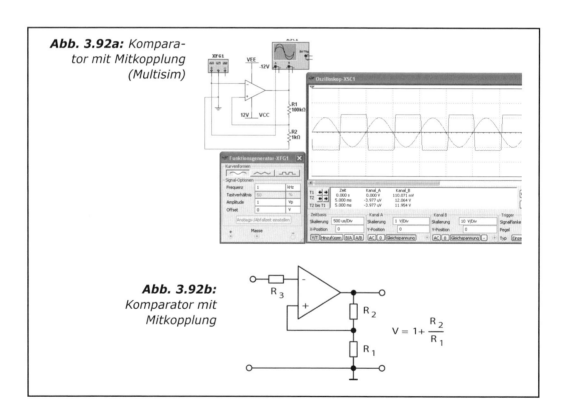

**Abb. 3.92a:** Komparator mit Mitkopplung (Multisim)

**Abb. 3.92b:** Komparator mit Mitkopplung

$$V = 1 + \frac{R_2}{R_1}$$

Die Ausgangsspannung der Schaltung liegt am Spannungsteiler. Die Ausgangsspannung des Spannungsteilers liegt am nicht invertierenden Eingang des Operationsverstärkers. Da keine Phasenverschiebung vorhanden ist, ergibt sich dadurch eine Mitkopplung.

## 3.6.5 Invertierender Operationsverstärker (Umkehrverstärker)

Verstärkungsfaktoren von $20 \cdot 10^3$ bis $200 \cdot 10^3$ würden in der Praxis durch eingangsseitige Störspannungen zu erheblichen Schwierigkeiten führen.

Durch eine entsprechende äußere Beschaltung kann die Verstärkung, wie schon erwähnt, auf jedes gewünschte Maß herabgesetzt werden. Die äußere Beschaltung muss als Gegenkopplung ausgeführt werden. Um die Eigenschaften der dadurch entstehenden, gesamten Schaltung möglichst nur von der äußeren Beschaltung abhängig zu machen sollten die Operationsverstärker weitgehendst ideale Eigenschaften aufweisen. Dadurch wird auch die Betrachtungsweise erheblich vereinfacht.

Wie bereits bei den Transistorverstärkern ausgeführt, versteht man unter Rückkopplung allgemein die Rückführung eines Teiles der Ausgangsgröße auf den Eingang desselben Gliedes. Ist die Rückführung gleichphasig, so spricht man von Mitkopplung. Das Ausgangssignal unterstützt die Wirkung des Eingangssignals.

Dieser Effekt wird beispielsweise bei den Kippschaltungen ausgenützt. Sind Eingangssignal und rückgeführtes Signal gegenphasig, so handelt es sich um eine Gegenkopplung. Dadurch, dass der Operationsverstärker zwei Eingänge besitzt, lassen sich Mit- und Gegenkopplung sehr einfach durchführen. Führt man nämlich das Ausgangssignal (bzw. einen Teil des Ausgangssignals) auf den nichtinvertierenden Eingang zurück, so sind Eingangssignal und rückgeführtes Signal gleichphasig. Man erhält Mitkopplung. Wird das Ausgangssignal auf den invertierenden Eingang zurückgeführt, so sind Eingangssignal und rückgekoppeltes Signal gegenphasig. Dadurch ergibt sich Gegenkopplung.

## 3.6.6 Invertierender Verstärkerbetrieb

Auf sehr einfache und anschauliche Weise lässt sich die Gegenkopplung beim invertierenden Operationsverstärker verwirklichen. (Abb. 3.93).

Die Arbeitsweise des invertierenden Verstärkers lässt sich an einfachsten verstehen, wenn der Ablauf eines Einschwingvorganges betrachtet wird. Wird zu einem Zeitpunkt $t_0$ eine positive Gleichspannung $U_e$ angelegt, so ändert sich – wie bei allen herkömmlichen Verstärkerschaltungen auch – die Ausgangsspannung nicht sprunghaft, also zeitverzuglos, sondern mit einer – dem jeweiligen Operationsverstärkertyp eigentümlichen – Abfallgeschwindigkeit.

Zu bestimmten Zeitpunkten $t_1$, $t_2$, $t_3$ ... werden also gewisse negative Ausgangsspannungswerte $U_{a1}$, $U_{a2}$, $U_{a3}$ ... auftreten, die sich durch die Gegenkopplung auf die Größe von $U_D$ auswirken. Für jeden Spannungswert $U_{a1}$, $U_{a2}$, $U_{a3}$ ...... ergibt sich also ein daraus resultierender Wert $U_{D1}$, $U_{D2}$, $U_{D3}$ ... Dabei wird die Differenzspannung $U_D$ immer kleiner, je negativer $U_a$ wird. Die jeweilige Spannung $U_D$ wird bekannterweise durch den Operationsverstärker mit den Leerlaufverstärkungsfaktor $V_0$ verstärkt. Solange nun der Betrag $V_0$ größer ist als der Betrag der zeitlich zugehörigen Ausgangsspannung $U_{a1}$, (z. B. $U_{D2} \cdot V_0 > U_{02}$), läuft der Verstärkungsvorgang weiter ab.

# 3 VERSTÄRKERSCHALTUNGEN

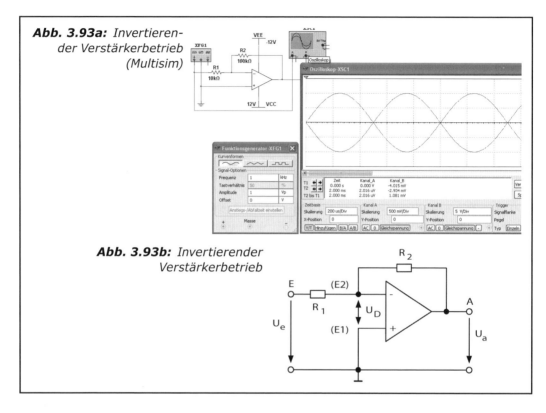

**Abb. 3.93a:** Invertierender Verstärkerbetrieb (Multisim)

**Abb. 3.93b:** Invertierender Verstärkerbetrieb

Erst wenn $U_a$ einen genügend großen negativen Wert erreicht hat und damit $U_D$ genügend klein geworden ist, so dass der Betrag aus $U_D \cdot V_0$ genau der Größe der zugehörigen Ausgangsspannung $U_a$ entspricht, ist der Ruhezustand erreicht.

**Hinweis:** Versuchen Sie bei den obigen Ausführungen stets zu berücksichtigen, dass die hier ausführlich dargestellten Vorgänge in Wirklichkeit im µs-Bereich ablaufen.

Misst man im Ruhezustand die Ausgangsspannung $U_a$, so kann mit bekanntem $V_0$ die Differenzspannung $U_D$ berechnet werden. Es gilt:

$$U_a = V_0 \cdot (U_1 - U_2)$$

Da $U_1 = 0\,V$ ist, ist nach Abb. 3.93 $U_D = U_2$. Somit ergibt sich:

$$U_a = -V_0 \cdot U_D \quad oder \quad U_D = -\frac{U_a}{V_0}$$

Das negative Vorzeichen bedeutet dabei, dass $U_a$ und $U_D$ um 180° phasenverschoben sind. Da $V_0$ sehr groß ist, wird $U_D$ sehr klein.

Beispielsweise erhält man für $U_a = -4\,V$ und $V_0 = 40 \cdot 10^3$. Dies ergibt eine Spannung von

$$U_D = -\frac{|-4V|}{40 \cdot 10^3} = 0{,}1mV$$

## 3.6 OPERATIONSVERSTÄRKER

Näherungsweise kann man daraus folgende Feststellung treffen, die das Verständnis für die Arbeitsweise von Schaltungen mit Operationsverstärkern erheblich erleichtert: Bei gegengekoppelten Operationsverstärkern ist der Ruhezustand dann erreicht, wenn:

$$U_D \approx 0\ V$$

Man sagt, zwischen dem invertierenden und dem nicht invertierenden Eingang besteht ein virtueller Kurzschluss. Mit dieser Erkenntnis lässt sich der invertierende Verstärker einfach berechnen: Mit $U_D \approx 0\ V$ liegt der invertierende Eingang E auf Massepotential. Demzufolge ist

$$U_{R1} \approx U_e \quad \text{und} \quad U_{R2} = -U_a$$

Nebenbei sei noch vermerkt, dass der Strom, der über $R_1$ fließt, auch über $R_2$ fließen muss, da der Eingangswiderstand des Operationsverstärkers sehr groß ist (unendlich). Abb. 3.94 zeigt die Spannungen am Rückkopplungsnetzwerk.

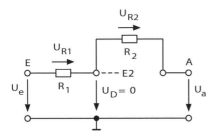

**Abb. 3.94:** *Spannungen am Rückkopplungsnetzwerk*

Die Widerstände $R_1$ und $R_2$ stellen einen Spannungsteiler dar.

$$\frac{U_{R2}}{U_{R1}} = \frac{R_2}{R_1} \qquad U_{R2} = U_{R1} \cdot \frac{R_2}{R_1} \qquad -U_a = U_e \cdot \frac{R_2}{R_1} \qquad U_a = -U_e \cdot \frac{R_2}{R_1}$$

Diese Gleichung bedeutet:

- die Eingangsspannung wird verstärkt mit dem Faktor $V = \dfrac{R_2}{R_1}$

- das negative Vorzeichen weist darauf hin, dass zwischen Eingangs- und Ausgangsspannung eine Phasenverschiebung von 180° vorliegt.

$$U_a = -U_e \cdot V$$

Die Verstärkung des invertierenden Operationsverstärkers hängt also nur von dessen äußerer Beschaltung, d. h. von der Wahl des Widerstandsverhältnisses ab und kann daher in weiten Grenzen unabhängig von der Leerlaufverstärkung $V_0$ des Operationsverstärkers frei festgelegt, bzw. eingestellt werden.

**Anmerkung:** Die Gleichung

$$-U_a = U_e \cdot \frac{R_2}{R_1}$$

## 3 VERSTÄRKERSCHALTUNGEN

gilt selbstverständlich genau genommen nur für den idealen Operationsverstärker. Sie ist jedoch in der Praxis mit hinreichender Genauigkeit anwendbar, so dass hier auf eine genauere Betrachtung des realen Operationsverstärkers verzichtet werden kann.

### 3.6.7 Nicht invertierender Operationsverstärker

Eine weitere Möglichkeit der Gegenkopplung zeigt Abbildung 3.95. Die Ansteuerung erfolgt hier über den nicht invertierenden (+) Eingang.

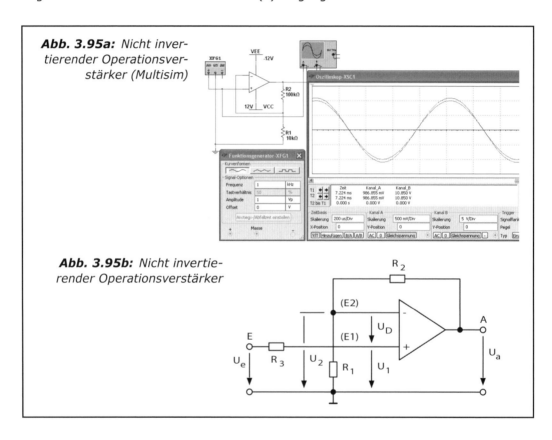

**Abb. 3.95a:** Nicht invertierender Operationsverstärker (Multisim)

**Abb. 3.95b:** Nicht invertierender Operationsverstärker

Auch hier wird die Ausgangsspannung durch $R_1$ und $R_2$ entsprechend heruntergeteilt und auf den invertierenden (-) Eingang zurückgeführt.

Wie bekannt ist, wird natürlich die Differenzspannung $U_D$ mit dem Leerlaufverstärkungsfaktor $V_0$ des entsprechenden Operationsverstärkers verstärkt.

$$U_a = V_0 \cdot U_D \qquad U_D = U_1 - U_2 \qquad U_a = V_0 \cdot (U_1 - U_2)$$

Wird eingangsseitig zum Beispiel eine positive Spannung $U_e$ angelegt, so ist auch hier, wie beim invertierenden Verstärker, im ersten Augenblick $U_a = 0$ V. Damit ist aber auch

## 3.6 OPERATIONSVERSTÄRKER

$U_2 = 0$ V. Da der Eingangswiderstand des Operationsverstärkers als unendlich groß angenommen werden kann, fließt über $R_3$ kein Strom. Daher ist

$$U_D = U_e$$

Der Operationsverstärker beginnt also kräftig zu verstärken, wobei $U_a$ steigende positive Werte annimmt. Mit $U_a$ steigt aber auch $U_2$ so groß an, wodurch

$$U_D = U_1 - U_2$$

immer kleiner wird. Wie beim invertierenden Verstärker wird der Ruhezustand dann erreicht sein, wenn $U_a$ so groß und damit $U_D$ so klein geworden ist, dass gilt:

$$U_D \cdot V_0 = U_a$$

Unter der Voraussetzung, dass $V_0$ sehr groß ist, wird auch hier

$$U_D = \frac{U_a}{V_0}$$

sehr klein sein, so dass wiederum näherungsweise gilt:

$$U_D \approx 0$$

Der Verstärkungsfaktor V der gesamten Schaltung lässt sich nun entsprechend Abbildung 3.96 berechnen.

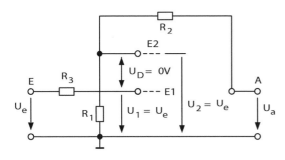

**Abb. 3.96:** Spannungen am Rückkopplungsnetzwerk

Mit $U_D = 0$ hat der N-Eingang das gleiche Potential wie der P-Eingang

$$U_2 = U_e$$

Vom Ausgang A her betrachtet fällt über den Widerständen $R_2$ und $R_1$ die Spannung $U_a$ ab. Der Widerstand $R_2$ stellt in Verbindung mit $R_1$ einen Spannungsteiler dar.

$$\frac{U_a}{U_e} = \frac{R_1 + R_2}{R_1} \qquad U_a = U_e \cdot \frac{R_1 + R_2}{R_1} \qquad U_a = U_e \cdot \left(1 + \frac{R_2}{R_1}\right)$$

Dies bedeutet:

- die Eingangsspannung wird verstärkt mit dem Faktor $V = \left(1 + \dfrac{R_2}{R_1}\right)$
- die Ausgangsspannung ist phasengleich mit der Eingangsspannung.

Die Verstärkung des nicht invertierenden Operationsverstärkers hängt ebenfalls nur von der äußeren Beschaltung ab. Zu beachten ist noch, dass beim invertierenden Verstärker durch entsprechende Wahl vom $R_1$ und $R_2$ der Verstärkungsfaktor V auch kleiner als 1 werden kann. Beim nicht invertierenden Verstärker ist dieser Fall aufgrund der Gleichung für die Spannungsverstärkung nicht möglich.

Anmerkung: Charakteristisch für den nicht invertierenden Operationsverstärker ist der sehr hohe Eingangswiderstand. Ganz anders verhält es sich beim invertierenden Operationsverstärker: Da dort über $R_1$ die Spannung $U_e$ abfällt, ist der Eingangsstrom $I_e = U_e/R_1$, d. h., der Eingangswiderstand der Schaltung ist $R_1$.

## Sonderfall: Spannungsfolger oder Impedanzwandler

Der Spannungsfolger ist im Prinzip ein Verstärker nach Abb. 3.95. Aus der Beziehung

$$V = \left(1 + \dfrac{R_2}{R_1}\right)$$

lässt sich erkennen, dass diese Schleifenverstärkung dann 1 wird, wenn $R_2$ Null ist oder $R_1$ gegen unendlich geht. Um die Sache zu vereinfachen, wird $R_2$ als Kurzschluss ausgebildet, während man $R_1$ entfallen lässt. Dadurch erhält man die Schaltung nach Abbildung 3.97.

**Abb. 3.97a:** Spannungsfolger (Impedanzwandler) (Multisim)

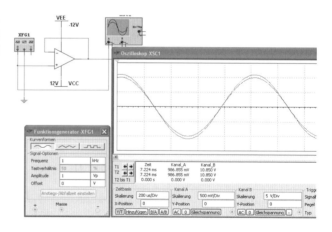

Da der Eingangswiderstand der Schaltung sehr hoch liegt, während der Ausgangswiderstand gering ist, eignet sie sich ausgezeichnet als Impedanzwandler. Anwendung findet dieser Impedanzwandler beispielsweise in der Realisierung von sehr niederohmigen Referenzspannungsquellen.

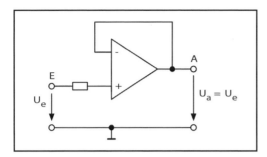

**Abb. 3.97b:** Schaltung eines Spannungsfolgers (Impedanzwandler)

## 3.6.8 Kompensation von Störgrößen

In einigen wichtigen technischen Daten kommen die integrierten Operationsverstärker dem idealen Verstärker bereits recht nahe. Es treten aber doch einige unerwünschte und nachteilige Eigenschaften auf, die noch durch äußere Kompensationsschaltungen beseitigt oder verringert werden müssen. Dabei handelt es sich im Wesentlichen um die Kompensation von drei Störeinflüssen: um die Kompensation der Eingangsruheströme, die Kompensation der Eingangsfehlspannung und die Kompensation des Frequenzganges.

Wie bei allen Verstärkern muss natürlich auch bei den Operationsverstärkerschaltungen auf die Wahl des richtigen Arbeitspunktes geachtet werden. Um das Eingangssignal nicht zu verzerren, ist der Operationsverstärker im linearen Teil der Kennlinie zu betreiben. Ein einfaches Beispiel hierfür bietet der invertierende Verstärker. Wird an den Eingang E eine reine Wechselspannung angelegt, so wird die Schaltung um den Nullpunkt angesteuert, wobei eine Änderung der Ausgangsspannung im Bereich von $+U_b$ bis $-U_b$ möglich ist.

Der Arbeitspunkt dieser Verstärkerschaltung liegt also eingangsseitig bei $U_e = 0$ V. Weil sich beim invertierenden Verstärker $U_a = -U_2 (R_2/R_1)$ ergibt, müsste nach den bisherigen Betrachtungen für $U_e = 0$ V auch $U_a = 0$ V sein. Da der Eingangswiderstand des Operationsverstärkers als unendlich groß angenommen wurde, kann man daraus schließen, dass die Eingangsruheströme $I_e$ und $I_p$, also die Ströme im Arbeitspunkt, Null sind. Die beiden Eingänge $E_1$ und $E_2$ bilden jedoch die Basisanschlüsse der Eingangstransistoren des Differenzverstärkers. Tatsächlich fließen daher Basisströme, die sich trotz ihrer geringen Größe sehr nachteilig auswirken können.

Bei Operationsverstärkern mit bipolaren Transistoren liegen die Werte dieser Eingangsströme bei etwa 1 nA bis 1 µA, bei Ausführungen mit FET-Eingangsstufe zwischen 10 pA und 100 pA.

Zur einfachen Darstellung des dadurch entstehenden Störeffektes soll folgender Gedankenversuch durchgeführt werden: Der Eingang E des Verstärkers nach Abb. 3.93 wird auf Bezugspotential (Masse) gelegt. Dadurch entsteht ein Strom $I_N$, der über $R_1$ zum

Bezugspunkt, also nach Masse fließen kann. Da im ersten Augenblick aber $U_a = 0$ V ist, der Ausgang A also ebenfalls auf Masse liegt, kann der Strom $I_N$ auch über $R_2$ fließen. Das heißt, $I_N$ setzt sich zusammen aus einem Strom über $R_1$ und einem Strom über $R_2$. Für den Strom $I_N$ liegen also die Widerstände $R_1$ und $R_2$ parallel zueinander. $I_N$ ruft demzufolge am invertierenden Eingang eine Spannung der Größe $I_N \cdot (R_1 \parallel R_2)$ hervor. Da der $E_1$-Eingang auf Masse liegt, ist diese Spannung gleichzeitig die am Operationsverstärker wirksame Differenzspannung $U_D$.

Diese Differenzspannung würde nun verstärkt und als Störgröße am Ausgang auftreten.

Bei den Operationsverstärkern gibt es eine einfache Möglichkeit, die durch die Eingangsruheströme in Verbindung mit der äußeren Beschaltung hervorgerufene Spannungsdifferenz an den Eingängen möglichst klein zu halten, d. h., sie weitgehend zu kompensieren. Sorgt man nämlich dafür, dass am $E_1$-Eingang gleichzeitig genau dieselbe Spannung entsteht, so ist die Differenzspannung $U_D = 0$ V und damit die Ausgangsspannung $U_a = 0$ V, d. h., der Ausgang A behält sein Massepotential bei.

Unter der Annahme, dass $I_N$ und $I_P$ in etwa gleich groß sind, muss am $E_1$-Eingang lediglich ein Widerstand $R_3 = R_1 \parallel R_2$ zugeschaltet werden. Damit wird also erreicht, dass die meistens nur geringfügig unterschiedlichen Eingangsruheströme an $R_3$ und $R_1 \parallel R_2$ etwa gleiche Spannungsfälle hervorrufen. Lediglich der Unterschied der beiden Ströme $I_0 = I_P - I_N$ kann jetzt noch eine kleine Spannungsdifferenz bewirken.

Wesentlich ist in diesem Zusammenhang noch, dass durch $R_3$ auch die Temperaturdrift der Eingangsruheströme kompensiert wird. Durch Erwärmung werden nämlich die Eingangsruheströme ansteigen. Da dieser Anstieg bei beiden Strömen weitgehend gleichförmig erfolgt, werden zwar die Potentiale für die Differenzspannung an beiden Eingängen wiederum verändert, es gilt jedoch weiterhin:

$$U_D \approx 0 \text{ V}$$

Eine schaltungstechnisch gleichartige Kompensation der Eingangsruheströme ist auch beim nicht invertierenden Operationsverstärker möglich.

Nimmt man, wie beim invertierenden Verstärker, noch den Arbeitspunkt mit $U_e = 0$ V an, d. h., legt man auch hier den Eingang E auf Masse, so sind die beiden Schaltungen für die Kompensation der Eingangsruheströme identisch. Für die Größe des Widerstandes $R_3$ ergibt sich demzufolge

$$R_3 = R_1 \parallel R_2$$

Anmerkung: Bei der Berechnung von $R_3$ wurde immer davon ausgegangen, dass der Innenwiderstand der Steuerspannungsquelle $R_i = 0$ ist, oder doch so klein, dass er vernachlässigt werden kann. Ist dies nicht der Fall, so muss der Innenwiderstand bei der Festlegung des Kompensationswiderstandes $R_3$ berücksichtigt werden.

Neben dem Fehler, den die Eingangsruheströme durch die äußere Beschaltung hervorrufen, kann der Operationsverstärker selbst eine ausgangsseitige Fehlspannung erzwingen, und zwar als Folge von ungleichen Eingangswiderständen, ungleichen Arbeitspunkten und Stromverstärkungsfaktoren der Transistoren in den einzelnen Stufen.

## 3.6 OPERATIONSVERSTÄRKER

Beispielsweise können die Transistoren des eingangsseitigen Differenzverstärkers nicht mit absolut gleichartigen technischen Werten hergestellt werden, so dass sich sogenannte Asymmetrien ergeben. Werden beim Operationsverstärker noch beide Eingänge miteinander verbunden und auf Masse gelegt, so müsste $U_D = 0$ V sein, da $U_1 = U_2 = 0$ V und damit $U_0 = 0$ V ist. Durch die genannten Asymmetrien im Innern des Operationsverstärkers kann jedoch eine Ausgangsfehlspannung auftreten. Der Einfachheit halber betrachtet man diesen unerwünschten Effekt so, als liege zwischen den Eingangsklemmen des idealen Operationsverstärkers eine die Ausgangsfehlspannung erzwingende Eingangsfehlspannung $U_0$.

Im Prinzip ist dieser störende Effekt durch die Verwendung einer Hilfsspannung auszuschalten, die an einen der beiden Eingänge angelegt wird.

Die Hilfsspannung muss in ihrem Wert und ihrer Polarität so beschaffen sein, dass sie die Eingangsfehlspannung kompensiert.

Diejenige Spannungsdifferenz, die an den Eingängen des Operationsverstärkers angelegt werden muss, damit der Ausgang auf 0 V liegt ($U_a = 0$ V), heißt Eingangs-Null-Spannung oder Eingangsoffsetspannung.

Sie liegt in Abhängigkeit von Operationsverstärker-Typ und Einzelexemplar in der Größenordnung von etwa ±5 mV bis ±20 mV.

Die durch die Offsetspannung auftretende Differenz der Eingangsströme heißt Offsetstrom.

In der Praxis wäre eine zusätzliche Batterie als Hilfsspannung viel zu aufwendig. Man erzeugt daher diese Hilfsspannung durch einen Spannungsteiler direkt aus der Betriebsspannung $U_b$ des Operationsverstärkers. Hierfür gibt es eine Reihe von Schaltungsmöglichkeiten. Sie hängen vom Operationsverstärkertyp ab und werden in der Regel vom Hersteller auch in ihrer Dimensionierung vorgegeben.

Besonders einfach ist die äußere Beschaltung für die Offsetspannung beim Typ 741. Hier ist lediglich ein Trimmer von 10 kΩ zwischen Pin 1 und Pin 5 anzuschließen.

Jeder Operationsverstärker hat unerwünschte interne Schalt- und Transistor-Kapazitäten. Diese Kapazitäten ergeben zusammen mit den integrierten Widerständen der einzelnen Verstärkerstufen Tiefpässe. Sie bewirken, dass die Leerlaufverstärkung $V_0$ des Operationsverstärkers nicht bis zu höchsten Frequenzen konstant bleibt, sondern ab einer gewissen Grenzfrequenz zunehmend kleiner wird. Aber auch bis zu dieser Grenzfrequenz ist der Frequenzgang nicht völlig linear. Es treten vielmehr Frequenzbereiche auf, in denen $V_0$ den Mittelwert für den unteren Frequenzbereich überschreitet. Durch eine äußere Kompensation mit einem Kondensator oder einer RC-Kombination kann beim Operationsverstärker dieser Frequenzgang linearisiert und damit verbessert werden.

Durch die zwangsläufig im Operationsverstärker vorhandenen Tiefpässe ändert sich aber nicht nur die Verstärkung, d. h., die Amplitude der Ausgangsspannung in Abhängigkeit von der Frequenz, sondern auch die Phasendrehung zwischen Eingangs- und Ausgangsspannung. Dabei kann dann für bestimmte Frequenzen der Fall eintreten, dass in Folge der einsetzenden Phasendrehung aus der Gegenkopplung eine Mitkopplung wird. Der Operationsverstärker schwingt dann auf diesen Frequenzen, d. h., er wirkt als Generator und erzeugt eine sinusförmige Spannung. Dieses unerwünschte und für den Verstärkerbetrieb des Operationsverstärkers störende Schwingen wird ebenfalls durch die äußere Beschaltung mit einem Kondensator oder einem RC-Glied unterdrückt.

Art und Umfang der Kompensation hängen bei den einzelnen Operationsverstärkertypen von ihrem internen Aufbau ab. Von den Herstellern wird jeweils vorgegeben, welche Werte die anzuschließenden Kondensatoren und Widerstände haben müssen, damit der Frequenzgang linearisiert und die Schwingneigung unterdrückt wird.

Beim Betrieb von Schaltungen mit Operationsverstärkern können Störungen auftreten, die den Operationsverstärker beschädigen bzw. zerstören. Eingang und Ausgang sind gegenüber Spannungspegeln empfindlich, die höher als die Betriebsspannungen liegen. Die Ausgangsstufe muss auch gegen zu hohe Ausgangsströme geschützt werden. Versehentliches Falschpolen der Betriebsspannungen kann ebenfalls zur Zerstörung eines Operationsverstärkers führen. Ist ein Operationsverstärker-Baustein beschädigt oder ganz zerstört, kann er nicht instandgesetzt werden. Bei teueren Operationsverstärkern empfiehlt es sich, entsprechende Schutzschaltungen mit Dioden zu verwenden.

Zwischen beide Eingangsklemmen werden dazu zwei Dioden antiparallel eingesetzt. Der maximal zwischen den beiden Eingangsklemmen auftretende Spannungswert kann also nie höher als die Schleusenspannung der verwendeten Dioden werden.

## 3.6.9 Wechselspannungsverstärker

Bei den bisher aufgeführten Schaltungen werden Gleich- und Wechselspannungssignale gleichermaßen verarbeitet. Dank der relativ hohen Bandbreiten von Operationsverstärkern werden diese auch gerne als reine Wechselspannungsverstärker eingesetzt. Für diesen Zweck muss dafür gesorgt werden, dass das Ausgangssignal der Schaltung keine Gleichspannungsanteile enthält. Nachfolgend ist je ein Schaltungsbeispiel für den nicht invertierenden Verstärker und den invertierenden Verstärker aufgeführt.

Über den Kondensator $C_1$ gelangen an den nicht invertierenden Eingang des Operationsverstärkers nur reine Wechselspannungssignale. Ohne eingangsseitige Wechselspannung liegt der Eingang über $R_3$ auf Masse. Gemäß der Kompensation der Eingangsruheströme muss für die Größe von $R_3$ gelten:

$$R_3 = R_1 \parallel R_2$$

Der Eingangswiderstand dieses Operationsverstärkers wird im Wesentlichen durch $R_3$ bestimmt.

Als Schaltungsbeispiel soll hier ein Verstärker aufgezeigt werden, der nicht mit einer symmetrischen Betriebsspannung $\pm U_b$, sondern mit einer unsymmetrischen Betriebsspannung $+U_b$ arbeitet (Abb. 3.99). Der nicht invertierende Eingang liegt hier nicht wie bisher auf Masse, sondern auf einem bestimmten Potential, das sich aus dem Span-

## 3.6 OPERATIONSVERSTÄRKER

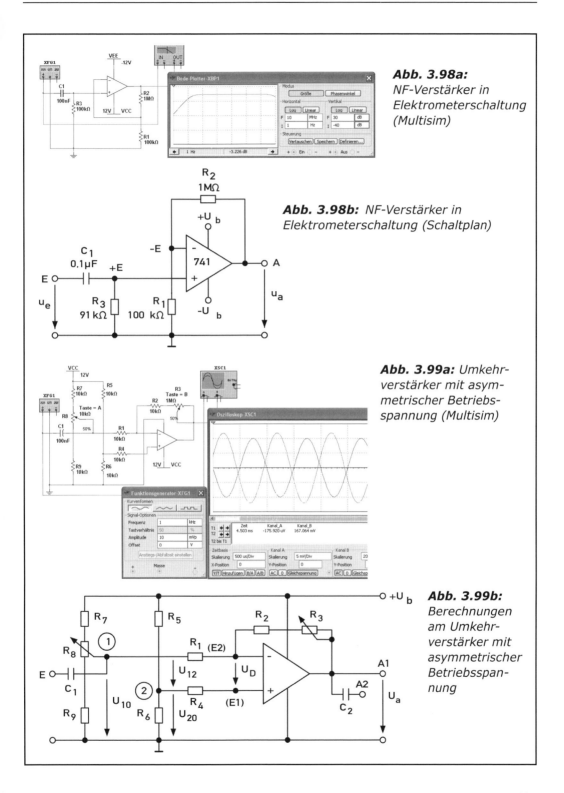

**Abb. 3.98a:** NF-Verstärker in Elektrometerschaltung (Multisim)

**Abb. 3.98b:** NF-Verstärker in Elektrometerschaltung (Schaltplan)

**Abb. 3.99a:** Umkehrverstärker mit asymmetrischer Betriebsspannung (Multisim)

**Abb. 3.99b:** Berechnungen am Umkehrverstärker mit asymmetrischer Betriebsspannung

nungsteiler $R_5$ und $R_6$ ergibt. ($R_4$ dient dabei der Kompensation der Eingangsruheströme bzw. der Kompensation der Temperaturdrift dieser Ströme).

Am einfachsten lässt sich die Funktionsweise der Schaltung erklären, wenn man einen idealen Operationsverstärker zugrunde legt. Voraussetzung ist dabei, dass die Schaltung nicht übersteuert wird.

Mit der fest eingestellten Spannung $U_{20}$ und beliebigen Werten $U_{10}$ wird der Operationsverstärker gemäß den Erkenntnissen, für jeden Wert von $U_{10}$ genau die Ausgangsspannung $U_a$ erzwingen, die notwendig ist, um die Differenzspannung $U_D$ an den Eingangsklemmen $E_1$ und $E_2$ auf 0 V zu senken

$$U_D \approx 0\ V$$

Dadurch ergibt sich für jede Spannung $U_D$ ein ganz bestimmtes Ausgangspotential am Messpunkt $A_1$ (vor $R_1$), oder anders ausgedrückt: Das Gleichspannungspotential am Ausgang $A_1$ (ausgangsseitiger Arbeitspunkt) lässt sich durch $R_8$ einstellen. Eine am Eingang E der Schaltung angelegte Wechselspannung überlagert sich der Spannung $U_{10}$ und kann, als reine Wechselspannung, verstärkt am Ausgang A abgenommen werden.

Da keine negative Spannungsquelle ($-U_b$) verwendet wird, kann sich das Potential am Ausgang A vom Positiven her dem Wert 0 natürlich nur bis auf einen minimalen Restwert annähern und keine negativen Werte annehmen.

Den größtmöglichen Aussteuerbereich erhält man daher dann, wenn der Ausgang $A_1$ auf dem Gleichspannungspotential von $U_b/2$ liegt.

Häufig wird dies dadurch bewerkstelligt, dass man $R_5 = R_6$ dimensioniert. Für $U_{10}$ muss dann beim idealen Operationsverstärker ebenfalls $½U_b/2$ eingestellt werden. Beim realen Operationsverstärker wird dies aufgrund der behandelten Störgrößen nicht genau zutreffen. Die Verstärkung $V = (R_2 + R_3)/R_1$ lässt sich bei dieser Schaltung entsprechend der Größe des Trimmers $R_3$ in gewissen Grenzen einstellen.

### 3.6.10 Operationsverstärker mit Leistungsendstufe

Mit den bisher behandelten Schaltungen lassen sich Spannungen beliebig verstärken. Das am Ausgang des Verstärkers auftretende Signal kann also in seiner Größe dem jeweiligen Verwendungszweck angepasst werden.

Besonders in der Steuerungs- und Regelungstechnik werden oft größere Leistungen und damit größere Lastströme benötigt. Diese größeren Lastströme lassen sich dadurch erreichen, dass man den Operationsverstärkern diskrete Gegentakt-Leistungsendstufen nachschaltet. Diese Endstufen sind dann meistens mit externen Leistungstransistoren aufgebaut. Lieferbar sind inzwischen aber auch Operationsverstärker mit integrierter Leistungsendstufe.

Abbildung 3.100 zeigt die Grundschaltung für einen Operationsverstärker mit einer nachgeschalteten Leistungsendstufe. Bei der Leistungsendstufe handelt es sich in diesem Fall um einen komplementären Emitterfolger im B-Betrieb. Liegt bei dieser Schaltung eine positive Spannung am Ausgang des Operationsverstärkers (die durch eine

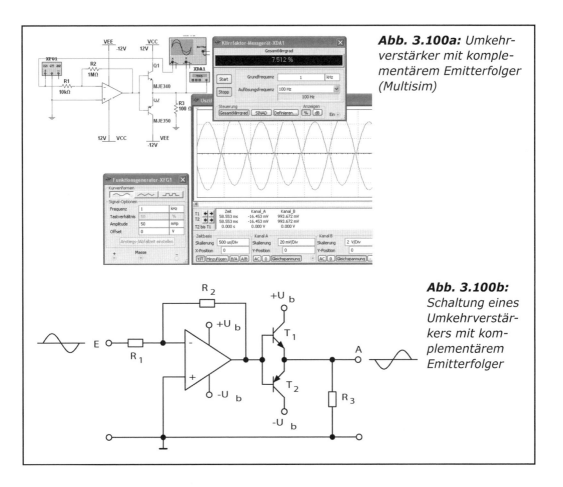

**Abb. 3.100a:** Umkehrverstärker mit komplementärem Emitterfolger (Multisim)

**Abb. 3.100b:** Schaltung eines Umkehrverstärkers mit komplementärem Emitterfolger

negative Spannung am Eingang E der Schaltung hervorgerufen wird), so ist Transistor $T_1$ leitend und Transistor $T_2$ gesperrt. Bei einer negativen Spannung am Ausgang des Operationsverstärkers ist dagegen Transistor $T_1$ gesperrt und Transistor $T_2$ leitend. Diese einfache Schaltung hat den Nachteil, dass im Bereich $U_a = \pm\, 0{,}7$ V Übernahmeverzerrungen auftreten, die einen erheblichen Klirrfaktor verursachen.

**Anmerkung:** Wegen der starken Verzerrungen im Bereich kleiner Ausgangsspannungen wird die Schaltung in dieser Art nicht bei Leistungsverstärkern für Musikanlagen verwendet. Neben diversen Schaltungsvarianten, die diesen störenden Effekt ausschalten, ist eine Verbesserung bereits durch eine kleine Abänderung der Schaltung zu erreichen.

In Abb. 3.101 ist der Gegenkoppelwiderstand $R_2$ jetzt am Ausgang der Endstufe und nicht am Ausgang des Operationsverstärkers angeschlossen.

Mit der Erkenntnis, dass der Operationsverstärker stets so weit verstärkt, dass $U_D$ etwa 0 V ist, kann Folgendes ausgeführt werden:

# 3 VERSTÄRKERSCHALTUNGEN

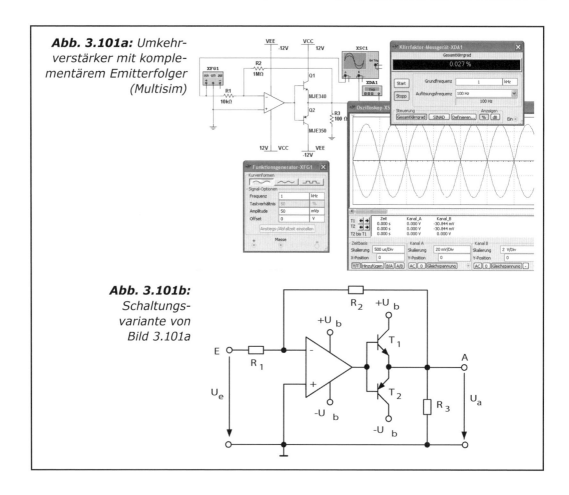

**Abb. 3.101a:** Umkehrverstärker mit komplementärem Emitterfolger (Multisim)

**Abb. 3.101b:** Schaltungsvariante von Bild 3.101a

*Zu Abb. 3.100:* Der Operationsverstärker erzeugt an seinem Ausgang die für $U_D \approx 0$ V notwendige Spannung. Die Leistungsendstufe hat darauf keinerlei Einfluss und das Ausgangssignal am Ausgang A enthält die Verzerrungen der Endstufe.

*Zu Abb. 3.101:* Der Operationsverstärker verstärkt jetzt derart, dass am Ausgang A der Leistungsendstufe die für $U_D \approx 0$ V notwendige Spannung auftritt. Der Operationsverstärker versucht also den jeweiligen Transistor entsprechend durchzuschalten. Dies wird ihm gelingen, so lange die Größe der Eingangsspannung in Verbindung mit dem Verstärkungsfaktor ausreicht, die hierfür notwendige Spannung zu erzielen. Die Verzerrungen der Endstufe werden durch die Gegenkopplung weitgehend beseitigt.

# 3.6 OPERATIONSVERSTÄRKER

## 3.6.11 Umkehrverstärker mit nicht linearen Bauelementen im Rückkopplungszweig

In den vorhergehenden Abschnitten wurden mögliche Anwendungen von Operationsverstärkern beschrieben, bei denen diese als lineare Vierpole arbeiten. Dabei hatten Änderungen der Eingangsgröße stets linear proportionale Änderungen der Ausgangsgröße zur Folge.

Für bestimmte Anwendungsgebiete müssen im Gegenkopplungszweig nicht lineare Elemente verwendet werden, also Elemente, bei denen kein linearer Zusammenhang zwischen fließendem Strom und dabei auftretender Spannung besteht. Dadurch ergibt sich auch bei den Operationsverstärkerschaltungen ein nicht linearer Zusammenhang zwischen Eingangs- und Ausgangsspannung.

Als nicht lineares Bauelement ist beispielsweise die Diode bekannt. Sehr häufig findet man die Anwendung von Operationsverstärkern als Gleichrichter. Abb. 3.102 zeigt einen Einweggleichrichter für positive Ausgangsspannungen.

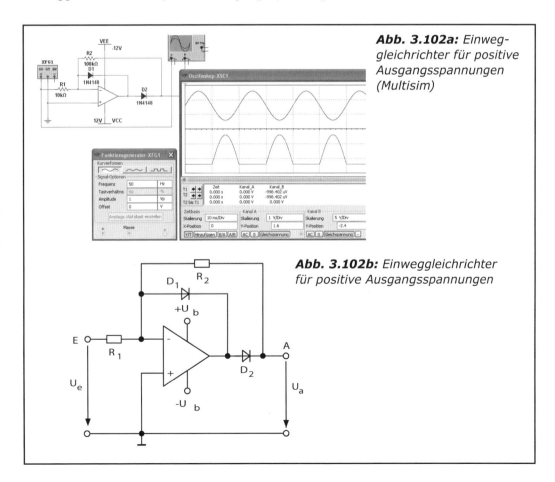

**Abb. 3.102a:** Einweggleichrichter für positive Ausgangsspannungen (Multisim)

**Abb. 3.102b:** Einweggleichrichter für positive Ausgangsspannungen

Bei den nachfolgenden Ausführungen wird nicht auf die Arbeitsweise der gesamten Gleichrichterschaltung eingegangen, sondern es wird lediglich untersucht, wie sich gemäß Abbildung 3.103 die Diode $D_1$ auf die Bildung der Ausgangsspannung auswirkt, wenn an die Schaltung eine positive oder negative Eingangsspannung gelegt wird.

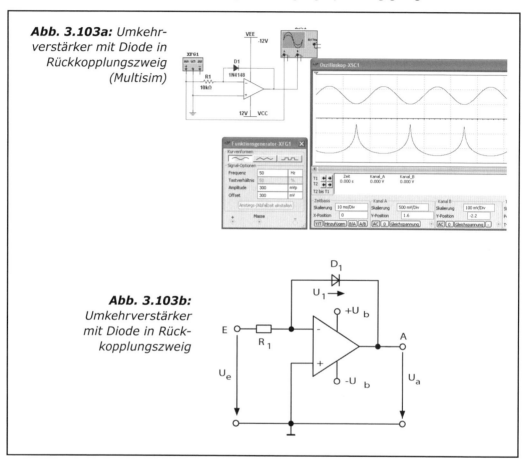

**Abb. 3.103a:** Umkehrverstärker mit Diode in Rückkopplungszweig (Multisim)

**Abb. 3.103b:** Umkehrverstärker mit Diode in Rückkopplungszweig

*Fall a:* $U_e$ wird positiv. Dadurch wird $U_a$ negativ. Diode $D_1$ ist dadurch in Durchlassrichtung geschaltet. $U_e$ kann dadurch maximal den Wert der Durchlassspannung $U_F$ der Diode (z. B. 0,7 V) annehmen. Eine weitere Erhöhung von $U_e$ bewirkt (fast) keine Veränderung der Ausgangsspannung mehr.

$$U_a = -U_F = \text{konst.} \quad (\text{z. B. } U_a = -0{,}7 \text{ V})$$

*Fall b:* $U_e$ wird negativ, $U_a$ wird positiv. Diode $D_1$ ist in Sperrrichtung geschaltet und hat damit einen (fast) unendlich großen Widerstand. Nach der Gleichung

$$U_a = U_e \cdot \left(\frac{R_2}{R_1}\right)$$

wird die Eingangsspannung jetzt mit einem sehr großen Verstärkungsfaktor verstärkt. Der Operationsverstärker wird in den positiven Sättigungsbereich gesteuert: $U_a = +U_b$.

# 3.6 OPERATIONSVERSTÄRKER

**Anmerkung:** Die Schaltung nach Abb. 3.103 lässt sich als Logarithmierer verwenden. Man macht sich dabei den exponentiellen Zusammenhang zwischen Durchlassstrom und Durchlassspannung einer Diode zunutze.

Der Strom $I_1$ durch den Widerstand $R_1$ ergibt sich zu $U_e/R_1$. Dieser Strom fließt auch über die Diode. An dieser fällt eine Spannung ab, deren Wert sich aus der Durchlasskennlinie einer Diode ergibt. Da der invertierende Eingang des Operationsverstärkers virtuell auf Masse liegt, ist die Ausgangsspannung gleich dem negativen Wert der jeweiligen Durchlassspannung der Diode. Damit ist der logarithmische Zusammenhang vom Ausgangsspannung $U_a$ und Eingangsspannung $U_e$ gegeben.

## 3.6.12 Addierer (Invertierender Addierer)

Mit dem Operationsverstärker können auf einfache Weise Spannungen (bzw. Ströme) addiert werden. Diese Anwendung findet man beispielsweise häufig dort, wo der Offset einer Wechselspannung rückwirkungsfrei justiert werden muss. Die einfachste Addiererschaltung zeigt Abbildung 3.104. Zur Darstellung der Gesetzmäßigkeiten wird vom idealen Operationsverstärker ausgegangen.

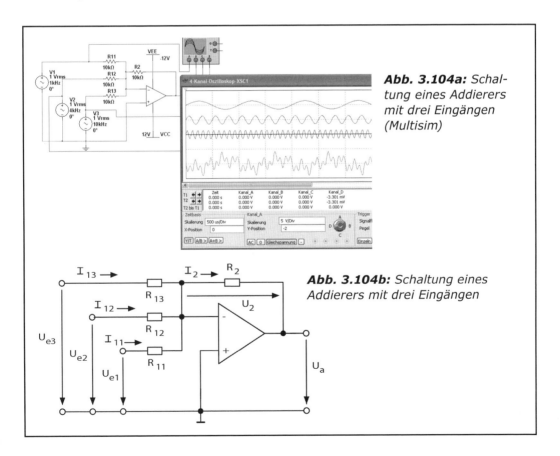

***Abb. 3.104a:*** *Schaltung eines Addierers mit drei Eingängen (Multisim)*

***Abb. 3.104b:*** *Schaltung eines Addierers mit drei Eingängen*

Durch den unendlich großen Eingangswiderstand des Operationsverstärkers ist $I_2$ gleich der Summe der Eingangsströme

$$I_2 = I_{11} + I_{12} + I_{13}$$

Da der invertierende Eingang auf Massepotential liegt, ergibt sich für die Eingangsströme

$$I_{11} = \frac{U_{E1}}{R_{11}} \qquad I_{12} = \frac{U_{E2}}{R_{12}} \qquad I_{13} = \frac{U_{E3}}{R_{13}}$$

Dabei sei vermerkt, dass sich die drei Eingangssignale nicht gegenseitig beeinflussen. Für den Strom $I_2$ gilt

$$I_2 = \frac{U_2}{R_2}$$

Da die Ausgangsspannung $U_a = -U_2$ ist, gilt für den Ausgangsstrom auch

$$I_2 = -\frac{U_a}{R_2}$$

Setzt man in die erste Gleichung für die Ströme die Verhältnisse U/R ein, erhält man:

$$-\frac{U_a}{R_2} = \frac{U_{e1}}{R_{11}} + \frac{U_{e2}}{R_{12}} + \frac{U_{e3}}{R_{13}}$$

oder nach $U_a$ aufgelöst

$$-U_a = \frac{R_2}{R_{11}} \cdot U_{e1} = \frac{R_2}{R_{12}} \cdot U_{e2} = \frac{R_2}{R_{13}} \cdot U_{e3}$$

Für den Fall, dass $R_{11} = R_{12} = R_{13} = R$ gewählt wird, ergibt sich

$$-U_a = \frac{R_2}{R} \cdot \left(U_{e1} + U_{e2} + U_{e3}\right)$$

Aus dieser Gleichung ist zu erkennen, dass die Eingangsspannungen $U_{e1}$, $U_{e2}$ und $U_{e3}$ addiert und dann mit dem Verstärkungsfaktor $V = R_2/R$ verstärkt werden. Das negative Vorzeichen von $U_a$ weist lediglich auf die Phasendrehung von 180° des Umkehrverstärkers hin (Umkehraddierer bzw. invertierender Addierer).

Durch eine beliebige Zahl von Eingängen können auch beliebig viele Signale addiert werden. Man muss hierbei allerdings berücksichtigen, dass die Summe der addierten Einzelspannungen nicht größer als die Ausgangsspannung sein kann.

## 3.6.13 Subtrahierer (Differenzverstärker)

Subtrahierer auch Differenzverstärker genannt (nicht zu verwechseln mit dem besprochenen differenzierenden Verstärker, haben die Aufgabe, die Differenz zwischen Eingangssignalen zu verstärken, die in keiner Verbindung zum Bezugspunkt der Gesamtschaltung stehen. Wie der diskret aufgebaute Differenzverstärker benötigt der Subtrahierer zwei Eingänge.

Zur Berechnung der Ausgangsspannung wird wieder vom idealen Operationsverstärker ausgegangen. Werden an die Eingänge $E_1$ und $E_2$. die Spannungen $U_{e1}$ und $U_{e2}$ angelegt, so wird der Operationsverstärker eine Ausgangsspannung $U_a$ der Größe $U_D = 0$ V aufweisen. Da in den Operationsverstärker keine Eingangsströme fließen, liegt diese Spannung auch am N-Eingang.

Über $R_1$ fällt demzufolge die Spannung $\quad U_{e1} - U_{e2}$

ab und es fließt der Strom $\quad I_1 = \dfrac{U_{e1} - U_{e2}}{R_1}$

Der Spannungsfall über $R_2$ beträgt $U_{e2} - U_a$. Dadurch fließt $\quad I_2 = \dfrac{U_{e2} - U_a}{R_2}$

Mit $I_1 = I_2$ ergibt sich nun

$$\frac{U_{e1} - U_{e2}}{R_1} = \frac{U_{e2} - U_a}{R_2}$$

$$\frac{R_2}{R_1} \cdot (U_{e1} - U_{e2}) - U_{e2} = -U_a$$

$$U_a = U_{e2} - \frac{R_2}{R_1} \cdot U_{e1} + \frac{R_2}{R_1} \cdot U_{e2}$$

$$U_a = \left(1 + \frac{R_2}{R_1}\right) \cdot U_{e2} - \frac{R_2}{R_1} \cdot U_{e1}$$

Aus dieser Gleichung ist zu ersehen, dass von der verstärkten Eingangsspannung $U_{e2}$ die verstärkte Ausgangsspannung $U_{e1}$ subtrahiert wird. Es ist aber auch zu ersehen, dass es sich nicht um eine korrekte Subtraktion handelt, da die Verstärkungsfaktoren für die Spannungen $U_{e1}$ und $U_{e2}$ verschieden groß sind.

Da der Verstärkungsfaktor größer ist als der für $U_{e2}$, muss die am P-Eingang wirksame Spannung daher unter den Wert $U_{e1}$ gesenkt werden. Dies erreicht man durch Verwendung eines Spannungsteilers. Abb. 3.105 zeigt die Subtraktionsschaltung, wie man sie in der Praxis verwendet.

# 3 VERSTÄRKERSCHALTUNGEN

**Abb. 3.105a:** Verbesserte Subtraktionsschaltung (Multisim)

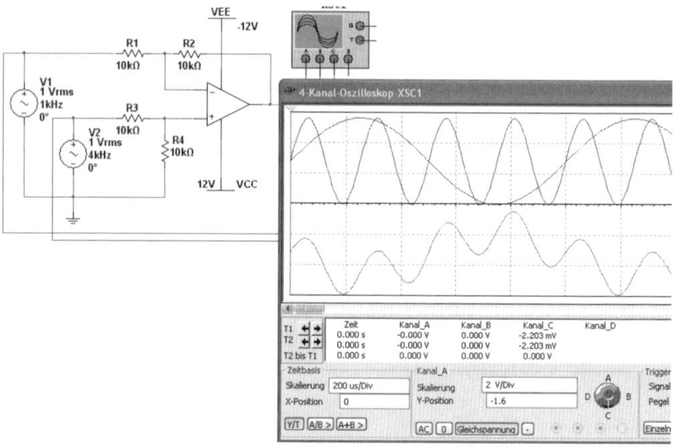

**Abb. 3.105b:** Verbesserte Subtraktionsschaltung

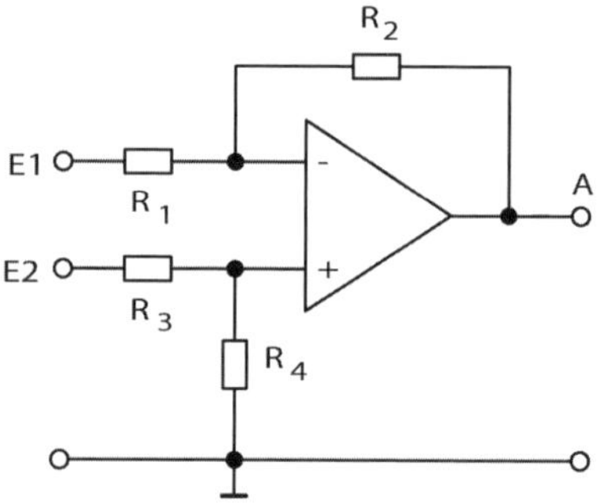

Für die am P-Eingang wirksame Spannung gilt jetzt

$$U_{R4} = U_{e2} \cdot \frac{R_4}{R_3 \cdot R_1}$$

Damit ergibt sich für $U_a$

$$U_a = \left(1 + \frac{R_2}{R_1}\right) \cdot \frac{R_4}{R_3 + R_4} \cdot U_{e2} - \frac{R_2}{R_1} \cdot U_{e2}$$

Werden nun die Widerstände so gewählt, dass $R_3 = R_1$ und $R_4 = R_2$, so erhält man folgende Vereinfachung:

$$\left(1 + \frac{R_2}{R_1}\right) \cdot \frac{R_4}{R_3 + R_4} = \frac{R_2 + R_2}{R_1} \cdot \frac{R_2}{R_1 + R_2} = \frac{R_2}{R_1}$$

$$U_a = \frac{R_2}{R_1} \cdot \left(U_{e2} - U_{e1}\right)$$

Beide Spannungen werden mit dem gleichen Faktor verstärkt. Der Subtrahierer arbeitet jetzt korrekt. Nach diesem Prinzip arbeiten alle Subtrahierer.

## 3.6 OPERATIONSVERSTÄRKER

Sehr häufig wird der Subtrahierer in Zusammenhang mit der Brückenschaltung eingesetzt. Hier bietet er die Möglichkeit, die massefreie Brückenspannung in eine massebezogene Spannung umzusetzen, die dann besser weiter verarbeitet werden kann (Abb. 3.106).

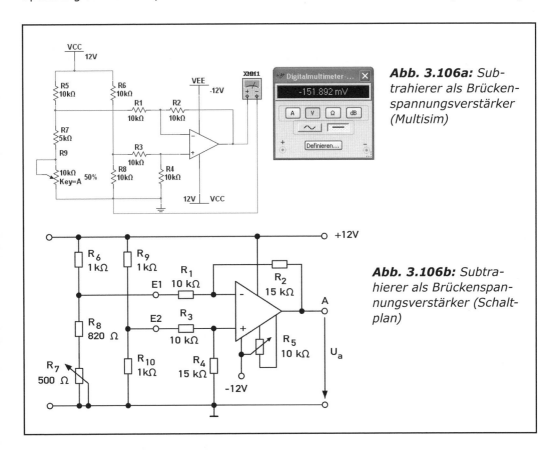

**Abb. 3.106a:** Subtrahierer als Brückenspannungsverstärker (Multisim)

**Abb. 3.106b:** Subtrahierer als Brückenspannungsverstärker (Schaltplan)

Wird in der Brücke einer der Widerstände (z. B. $R_6$) durch einen temperaturabhängigen Widerstand ersetzt, so ist die Ausgangsspannung eine Funktion der Temperatur. Die Brückenschaltung bietet hier eine weitaus größere Empfindlichkeit gegenüber einer einfachen Reihenschaltung von Vorwiderstand und temperaturabhängigem Widerstand. Derartige Brückenspannungsverstärker werden z. B. zur Erfassung von Temperaturänderungen in Waschmaschinen, Herden, Kühlschränken und Klimaanlagen eingesetzt.

Mit dem Trimmer $R_9$ kann die Brücke bei einer bestimmten Temperatur (beispielsweise 20 °C) so abgeglichen werden, dass $U_a = 0$ V ist. Bei jeder Abweichung von 20 °C tritt dann eine positive oder negative Ausgangsspannung auf, deren Größe ein Maß für die Temperaturabweichung ist.

Selbstverständlich kann die Brückenschaltung auch mit einem Fotowiderstand zur Lichtmessung oder mit einer Feldplatte zur Messung der magnetischen Flussdichte aufgebaut werden.

# 3 VERSTÄRKERSCHALTUNGEN

## 3.6.14 Integrator mit frequenzabhängiger Gegenkopplung

Eine frequenzabhängige Gegenkopplung entsteht, wenn im Gegenkopplungszweig neben ohm'schen Widerständen auch kapazitive oder induktive Widerstände wirksam sind. Dies macht man sich beim Integrator zunutze. Zu unterscheiden sind dabei im Wesentlichen verschiedene Einsatzgebiete wie die Mess- und Regeltechnik, der Aufbau von Oszillatoren sowie Verstärker, von denen ein bestimmtes Frequenzverhalten verlangt wird. Vor dem Siegeszug des digitalen Computers spielte noch die analoge Rechentechnik eine wichtige Rolle, in welcher ebenfalls Integratoren zur Anwendung kamen: In so genannten Analogrechnern werden mathematische Operationen elektrisch nachgebildet und durchgeführt. Addierer und Subtrahierer führen dabei die einfachsten Rechenoperationen durch. Durch entsprechende Beschaltungen von Operationsverstärkern sind aber auch Rechenoperationen höheren Grades wie Integrieren und Differenzieren möglich. Auf die genauen mathematischen Zusammenhänge bei diesen beiden Rechenoperationen sei hier verzichtet.

Ersetzt man beim invertierenden Verstärker den Rückkoppelwiderstand $R_2$ durch einen Kondensator, so erhält man den Integrator, auch Integrierschaltung, Umkehrintegrator oder integrierender Verstärker genannt. Abbildung 3. 107 zeigt die Grundschaltung mit dem zeitlichen Verlauf der Spannungen.

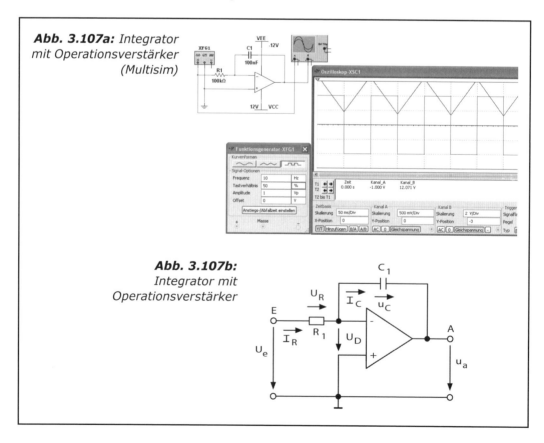

**Abb. 3.107a:** Integrator mit Operationsverstärker (Multisim)

**Abb. 3.107b:** Integrator mit Operationsverstärker

## 3.6 OPERATIONSVERSTÄRKER

An den mit symmetrischer Betriebsspannung $\pm U_b$ betriebenen (idealen) Operationsverstärker wird eingangsseitig zum Zeitpunkt $t_0$ die positive Spannung $U_e$ angelegt. Da $U_D = 0$ V ist, wird $U_R = U_e$ und $I_R = U_R/R_1 = U_e/R_1$ sein. Weil $U_e$ eine konstante Spannung ist, ist auch der Strom $I_R$ konstant

$$I_R = \frac{U_e}{R_1} = \mathrm{konstant}$$

Dieser Strom fließt über den Kondensator $C_1$ und lädt diesen auf.

$$I_C = I_R = \frac{U_e}{R_1} = \mathrm{konstant}$$

Wird ein Kondensator mit einem konstanten Strom aufgeladen, so gilt für die dadurch an seinen Platten entstehende Spannung:

$$u_C = \frac{Q}{C_1} = \frac{I_C}{C_1} \cdot t$$

Da $u_C = -u_a$ ist, gilt somit für die Ausgangsspannung der Ausdruck:

$$u_C = -\frac{U_e}{R_1 \cdot C_1} \cdot t$$

Dies ist aber die Gleichung einer Geraden, d. h., die Spannung $U_a$ ändert sich linear mit der Zeit. In dem Beispiel nach Abb. 3.108 wird die Ausgangsspannung, bedingt durch den positiven Spannungssprung $U_e$, linear dem Sättigungswert $-U_b$ oder umgekehrt zustreben.

Die Steilheit der Geraden ist festgelegt durch den Ausdruck $U_e/(R_1 \cdot C_1)$, d. h. der Abfall (bzw. Anstieg) der Spannung $U_a$ ist umso steiler, je größer der Wert von $U_e$ und je kleiner die Zeitkonstante $\tau = R_1 \cdot C_1$ ist.

Das negative Vorzeichen deutet an, dass ein positiver Spannungssprung $+U_e$ einen Spannungsfall der Ausgangsspannung hervorruft (Abb. 3.108) während ein negativer Spannungssprung ein Ansteigen bewirkt.

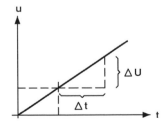

**Abb. 3.108:** Linear ansteigende Spannung

## 3.6.15 Differenzierer

Der Differenzierer, auch Differentiator oder differenzierender Verstärker genannt, darf nicht mit dem Differenzverstärker (Subtrahierer) verwechselt werden. Während der Differenzverstärker die einfache Rechenoperation des Subtrahierens durchführt, hat der Differenzierer die Aufgabe, ein Ausgangssignal zu erzeugen, dessen Amplitude der Änderungsgeschwindigkeit des Eingangssignals proportional ist. Der Begriff Änderungsgeschwindigkeit soll an Hand des einfachen Beispiels nach Abb. 3.109 dargestellt werden.

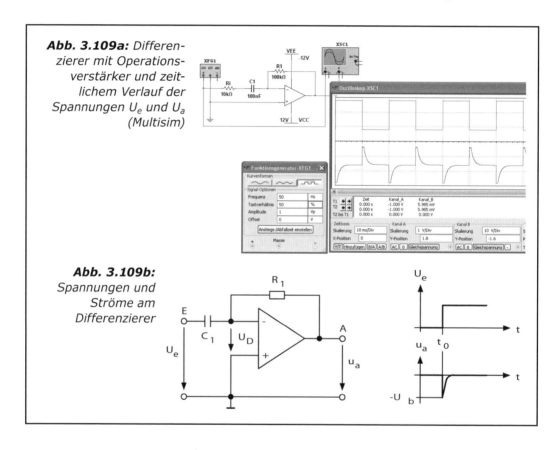

**Abb. 3.109a:** Differenzierer mit Operationsverstärker und zeitlichem Verlauf der Spannungen $U_e$ und $U_a$ (Multisim)

**Abb. 3.109b:** Spannungen und Ströme am Differenzierer

Unter der Änderungsgeschwindigkeit der (linear) ansteigenden Spannung U ist der Quotient aus der Spannungsänderung $\Delta U$ und der hierfür benötigten Zeit $\Delta t$ zu verstehen.

$$\ddot{A}nderungsgeschwindigkeit = \frac{\Delta U}{\Delta t}$$

Je steiler die Gerade verläuft, umso größer ist die Änderungsgeschwindigkeit.

Differenzierer werden in PID-Reglern sowie in der analogen Messtechnik verwendet, wo zum Beispiel festgestellt werden muss, wie stark sich Messdaten innerhalb eines be-

## 3.6 OPERATIONSVERSTÄRKER

stimmten Zeitintervalls ändern. In Analogrechnern können Differenzierer dazu dienen, aus einer der Geschwindigkeit eines beweglichen Objektes proportionalen Spannung die Beschleunigung des Objektes zu ermitteln.

Abbildung 3.109 zeigt, dass gegenüber dem Integrator nach Abb. 3.107 beim Differenzierer die Anordnung von Kondensator und Widerstand vertauscht worden ist. Ein Differenzierer verhält sich genau umgekehrt wie ein Integrator.

### Arbeitsweise des Differenzierers:

Zum Verständnis der Arbeitsweise des Differenzierers soll auch hier, wie beim Integrator, zum Zeitpunkt $t_0$ die positive Gleichspannung $U_e$ angelegt werden. Da der ungeladene Kondensator den Widerstandswert 0 Ω aufweist, wird die gesamte Spannung $U_e$ zwischen den Eingängen des Operationsverstärkers anliegen.

$$U_D = U_e$$

Da $U_a = -V_0 \cdot U_D$ ist, wird die Ausgangsspannung den negativen Sättigungswert $-U_b$ annehmen. Der Kondensator lädt sich jetzt gemäß einer e-Funktion über den Widerstand $R_1$ auf, bis die über ihm abfallende Spannung $U_C = U_e$ ist. Damit wird die Ausgangsspannung $U_a = 0$ V.

Da die angegebene Prinzipschaltung in dieser einfachen Form meistens nicht brauchbar ist, eine Schaltungsverbesserung über den Rahmen dieser Ausführungen aber hinausginge, sei auf eine weitere Beschreibung verzichtet. Der simulierte Funktionsgenerator hat einen Innenwiderstand von $R_i = 0$ Ω und daher wird der Widerstand $R_i = 10$ kΩ in Reihe geschaltet.

Wie bereits erwähnt, ist die Größe der Ausgangsspannung proportional der Änderungsgeschwindigkeit des Eingangssignals. Die Änderungsgeschwindigkeit bei dem Spannungssprung ist unendlich groß, was eine unendlich große Ausgangsspannung zur Folge haben müsste. Dies stimmt auch mit der Gleichung $U_a = -V_0 \cdot U_D$ überein, sofern man einen idealen Operationsverstärker mit unendlich großer Leerlaufverstärkung annimmt. Rein praktisch wird die Amplitude der Ausgangsspannung natürlich durch die Betriebsspannung begrenzt.

**Abb. 3.110:** *Zeitlicher Verlauf der Spannungen $u_e$ und $u_a$*

Deutlich lässt sich der Differenziervorgang zeigen, wenn man beispielsweise eine linear ansteigende Eingangsspannung anlegt (Abb. 3.110). Da deren Änderungsgeschwindigkeit $\Delta U_e/\Delta t$ (Steigung) konstant ist, wird sich eine konstante Ausgangsspannung ergeben, deren Größe dem Quotienten $\Delta U_e/\Delta t$ proportional ist.

# 4 Transistor als elektronischer Schalter

Ein elektronischer Schalter soll in geschlossenem Zustand einen möglichst kleinen (0 Ω) und im geöffneten Zustand einen möglichst (unendlich) großen Widerstand haben. Zwischen diesen beiden Zuständen soll er so schnell wie möglich hin- und herschalten können.

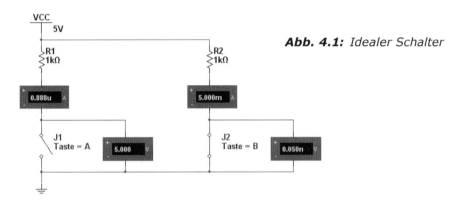

**Abb. 4.1:** Idealer Schalter

Bei dem idealen Schalter nach Abb. 4.1 ergeben sich folgende elektrische Größen:

Schalterzustand AUS    Schalterzustand EIN

$$U_a = +U_b \qquad U_a = 0$$

$$I_L = 0 \qquad I_L = +U_b/R_1$$

Beim Schalttransistor können diese idealen Schaltzustände natürlich nicht erreicht werden.

Im Schaltzustand AUS (Transistor gesperrt) wird immer noch ein kleiner Reststrom $I_{C-Rest}$ fließen. Im Zustand EIN (Transistor leitend) wird der Widerstand der Kollektor-Emitter-Strecke nicht ganz zu Null, d. h., die Ausgangsspannung $U_a$ über den Schalter wird einem gewissen Restwert, den man mit $U_{CEsät}$ bezeichnet, beibehalten.

Gegenüber mechanischen Schaltern haben Transistoren jedoch zum Beispiel den Vorteil, dass sie wesentlich schneller sind, mit kleiner Steuerleistung arbeiten, geringen Raumbedarf aufweisen und keinem mechanischen Verschleiß unterworfen sind.

# 4 TRANSISTOR ALS ELEKTRONISCHER SCHALTER

## 4.1 Arbeitsweise einer Transistorschaltstufe

Bei Transistoren unterscheidet man zwischen zwei grundsätzlich verschiedenen Betriebsarten, und zwar dem Verstärkerbetrieb (analoge Arbeitsweise) und dem Schaltbetrieb (digitale Arbeitsweise). Beim Verstärkerbetrieb wird der Transistor in einem festen Arbeitspunkt betrieben. Am Ausgang soll ein Spannungsverlauf auftreten, der eine möglichst lineare Vergrößerung der Eingangsspannung darstellt. Damit keine Verzerrungen auftreten, darf das Eingangssignal eine bestimmte Größe nicht überschreiten. Abb. 4.2a zeigt die Transistorschaltstufe und Abbildung 4.2b das idealisierte Ausgangskennlinienfeld mit der Arbeitsgeraden.

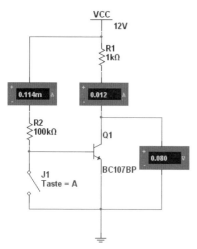
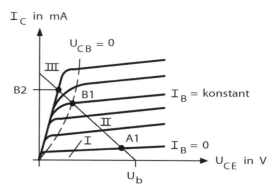

**Abb. 4.2a:** Transistorschaltstufe

**Abb. 4.2b:** Idealisiertes Ausgangskennlinienfeld mit der Arbeitsgeraden

Als Schalter wird der Transistor dagegen in zwei sehr unterschiedlichen Arbeitspunkten betrieben. Der Übergang von einem Arbeitspunkt zum anderen wird durch ein entsprechendes Steuersignal erreicht. Damit dieser Übergang sprunghaft erfolgt, muss das Steuersignal (Eingangsspannung) einen möglichst rechteckförmigen Verlauf aufweisen.

Beim Schalterbetrieb wird zwischen drei Bereichen unterschieden: Sperrbereich (I), Übergangsbereich (II) und Sättigungs- bzw. Übersteuerungsbereich (III). In Abb. 4.2 sind diese drei Bereiche dargestellt.

### Sperrbereich (I)

Im Bereich I ist der Transistor gesperrt und es fließt nur ein geringer Reststrom $I_{CRest}$. Nach oben ist der Sperrbereich begrenzt durch die Kennlinie für den Basisstrom $I_B = 0$ µA. Der Transistor wird bei $I_B = 0$ µA im Arbeitspunkt A1 betrieben. Für die Ausgangsspannung ergibt sich der Maximalwert

$$U_{amax} = +U_b - I_{CRest} \cdot R_1 \approx +U_b$$

Demzufolge errechnet sich der Widerstand des gesperrten Transistors wie folgt:

$$R_{Sperr} = \frac{U_{a\max}}{I_{C\,Re\,st}} = \frac{U_b - I_{C\,Re\,st} \cdot R_1}{I_{C\,Re\,st}} \approx \frac{U_b}{I_{C\,Re\,st}}$$

### Sättigungs- oder Übersteuerungsbereich (III), der Schaltzustand EIN

Der Transistor kann als Schalter durchaus im Arbeitspunkt B1 betrieben werden. Er befindet sich damit im zweiten möglichen Schaltzustand. Von Nachteil ist bei diesem Arbeitspunkt jedoch, dass die Restspannung $U_{CEsät}$ bei etwa 0,7 V (Siliziumtransistor) liegt und damit noch recht groß ist. Diese unerwünschte Restspannung lässt sich aber noch weiter verringern, wenn der Transistor übersteuert wird. Man steuert den Transistor also mit einem größeren als den für den Arbeitspunkt B1 erforderlichen Basisstrom an.

Je größer die Übersteuerung, desto mehr wandert der Arbeitspunkt B1 in Richtung B2. Man erreicht dadurch Sättigungsspannungen, die bei Siliziumtransistoren bei etwa 0,1 V liegen.

Für die Ausgangsspannung ergibt sich jetzt also der Minimalwert

$$U_{amin} = U_{CEsät}$$

Mit dem verhältnismäßig großen Strom $I_{Csät}$ gilt für den Widerstand des durchgeschalteten Transistors:

$$R_{Durch} = \frac{U_{CEsät}}{I_{Csät}}$$

### Übergangsbereich (II)

Der Bereich II, d. h. die Strecke zwischen den Arbeitspunkten A1 und B1 (bzw. B2) muss beim Transistorschalter in möglichst kurzer Zeit durchlaufen werden.

Als obere Grenze für den Übergangsbereich II gilt die Kurve für $U_{CB} = 0$ V: Die Kollektor-Basis-Spannung $U_{CB}$ ist dann gleich 0 V, wenn die Kollektor-Emitter-Restspannung $U_{CE}$ des Transistors die gleiche Größe wie die Basis-Emitter-Steuerspannung $U_{BE}$ hat.

## 4.1.1 Übersteuerter Transistorbetrieb

Wie bereits angedeutet, können Restspannung und Durchlasswiderstand auf einen Minimalwert gebracht werden, wenn man den Transistor übersteuert.

Wird nach Abb. 4.3 der Transistor nicht mit dem für den Arbeitspunkt B1 erforderlichen Basisstrom $I_{Berf} = 0,6$ mA, sondern mit dem höheren Basisstrom $I_{Bist} = 0,8$ mA angesteuert, so erhält man den Arbeitspunkt B2. Wie Abb. 4.3 zeigt, hat sich nun die Ausgangsspannung $U_{CEsät}$ um $\Delta U_{CE}$ verringert.

Um definitiv auszudrücken, wie weit ein Transistor übersteuert ist, gibt man den Übersteuerungsfaktor ü an.

# 4 TRANSISTOR ALS ELEKTRONISCHER SCHALTER

**Abb. 4.3:** Kennlinienfeld mit Arbeitspunkten B1 und B2

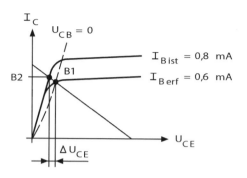

$$\ddot{u} = \frac{I_{Bist}}{I_{Berf}} \quad \text{ü: Übersteuerungsfaktor}$$

$I_{Bist}$: tatsächlich fließender Basisstrom
$I_{Berf}$: zum Durchschalten erforderlicher Mindestbasisstrom

Eine Verbesserung des Transistorsperrzustandes erhält man dadurch, dass man die Steuerspannung in ihrem Vorzeichen umkehrt, d. h., gemäß Abb. 4.4 die Basis negativ gegenüber dem Emitter vorspannt.

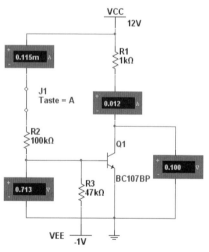

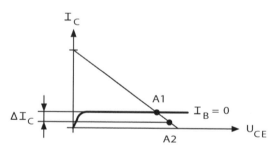

**Abb. 4.4b:** In der Kennlinie ist der Arbeitspunkt A1 ohne Hilfsspannung und der Arbeitspunkt A2 mit Hilfsspannung gezeigt

**Abb. 4.4a:** Transistorschalter mit negativer Hilfsspannung (Multisim)

Der Reststrom verringert sich dadurch wie in Abb. 4.4b dargestellt um $\Delta I_C$. Der Transistor sperrt nun sehr sicher, wobei über $R_3$ der Kollektor-Basis-Reststrom abgeleitet wird. Die Notwendigkeit, eine negative Hilfsspannung zu verwenden, ergibt sich auch dadurch, dass häufig der Steuerstrom $i_B$, bzw. die Steuerspannung $u_e$ nicht ganz zu Null wird.

Nimmt man beispielsweise einen zweistufigen Transistorschalter, so kann man deutlich sehen, dass die Steuerspannung $u_e$ der Schaltstufe II nicht unter einen gewissen Mindestwert $U_{CEsät}$ absinkt. Um ein sicheres Sperren des Transistors $T_2$ auch bei Eingangsspannungen von beispielsweise $u_e = 1$ V sicherzustellen, kann der Spannungsteiler aus $R_2$ und $R_3$ so dimensioniert werden, dass sich mit der Hilfsspannung $-U_H$ eine Basis -Emitter- Spannung $U_{BE} = -1$ V ergibt.

Die Hilfsspannung bewirkt ferner, dass eingangsseitige Störeinflüsse unterdrückt werden.

## 4.1.2 Zeitliches Schaltverhalten des Transistors

Wird der Transistor vom Zustand AUS in den Zustand EIN geschaltet, so durchläuft der Arbeitspunkt die Widerstandsgerade von A nach B. Auf Grund der begrenzten Bewegungsgeschwindigkeit der Ladungsträger in der Basiszone erfolgt das Schalten mit einer gewissen zeitlichen Verzögerung. Abb. 4.5 zeigt die Verschiebung des Arbeitspunktes beim Ein- und Ausschalten des Transistors.

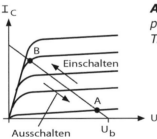

**Abb. 4.5:** *Verschiebung des Arbeitspunktes beim Ein- und Ausschalten des Transistors an einer ohm'schen Last*

- *Einschaltvorgang:* Damit der Transistor leitend wird, müssen die Ladungsträger (beim npn-Typ die Elektronen) vom Emitter über die Basiszone zum Kollektor diffundieren. Der Kollektorstrom wird also, geht man von einem rechteckförmigen Eingangsstromimpuls aus, gegenüber diesem verzögert eingesetzt.

- *Ausschaltvorgang:* Beim durchgeschalteten Transistor ist die Basis mit Ladungsträgern überschwemmt. Der Kollektorstrom wird erst dann abnehmen, wenn diese Ladungsträgerkonzentration abnimmt.

# 4 TRANSISTOR ALS ELEKTRONISCHER SCHALTER

**Abb. 4.6:** Definition der Schaltzeiten

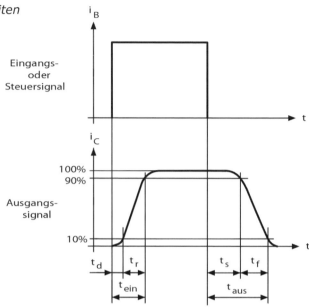

Abb. 4.6 zeigt das zeitliche Verhalten von Steuerstrom und Ausgangsstrom, sowie die verschiedenen Schaltzeiten.

$t_d$: Verzögerungszeit (delay-time)
$t_r$: Anstiegszeit (rise-time)
$t_s$: Speicherzeit (storage-time)
$t_f$: Abfallzeit (fall-time)
$t_{ein} = t_d + t_r$
$t_{aus} = t_s + t_f$

Größenordnung der Schaltzeiten (je nach Transistortyp und Schaltung):

$t_{ein}$ = 50 ns ... 500 ns
$t_s$ = 50 ns ... 1000 ns
$t_f$ = 40 ns ... 400 ns

Die Zeit $t_{ein} = t_d + t_r$ hängt wesentlich vom Transistortyp und von der Größe des Steuerstromes $i_B$ ab. Je mehr der Transistor übersteuert wird, desto kürzer werden die Zeiten $t_d$ und $t_r$. Da die Übersteuerung sich jedoch nachteilig auf die Ausschaltzeit $t_{aus}$ auswirkt, sind hier Grenzen gesetzt! Je mehr Ladungsträger sich in der Basis befinden, desto größer ist die Speicherzeit $t_s$. Eine Lösung ergibt sich hier durch die Verwendung des Beschleunigungskondensators $C_1$ nach Abbildung 4.7.

Beim Anlegen der Steuerspannung $u_e$ bildet der ungeladene Kondensator $C_1$ einen Kurzschluss. Es fließt demzufolge ein großer Strom $i_B$, der sich nach dem ohm'schen Gesetz aus $u_e$ und dem Eingangswiderstand des Transistors errechnet. Mit zunehmender Aufladung des Kondensators nimmt $i_B$ bis zu einem konstanten Wert ab, der sich aus der Reihenschaltung von $R_2$ und dem Eingangswiderstand des Transistors ergibt.

## 4.1 ARBEITSWEISE EINER TRANSISTORSCHALTSTUFE

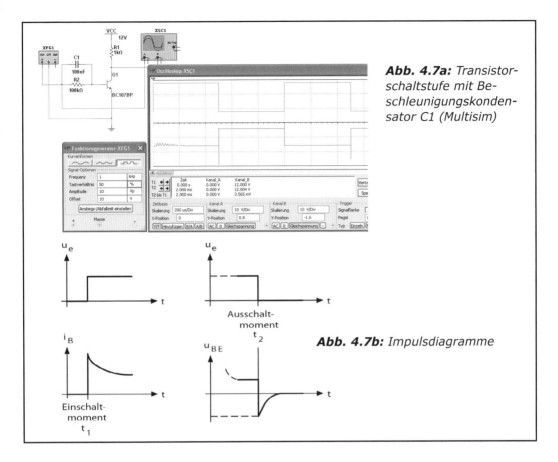

**Abb. 4.7a:** Transistorschaltstufe mit Beschleunigungskondensator C1 (Multisim)

**Abb. 4.7b:** Impulsdiagramme

Mittels einer negativen Hilfsspannung $-U_H$ wird die Basis-Emitter-Diode beim Ausschalten in Sperrrichtung gepolt, wie Abb. 4.8 zeigt. Die vom Emitter ausgehenden und in der Basis befindlichen Elektronen werden dadurch sehr schnell in den Emitter zurückgedrängt. Es fließt ein Ausräumstrom im Transistor. Die Hilfsspannung $-U_H$ bewirkt also nicht nur eine Verbesserung des Sperrzustandes, sondern verkürzt auch die Ausschaltzeit $t_{aus}$.

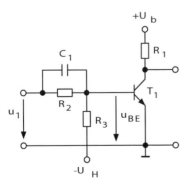

**Abb. 4.8:** Transistorschaltstufe mit Hilfsspannung und Beschleunigungskondensator

Auch der Beschleunigungskondensator $C_1$ führt zu einer Verbesserung dieser Ausschaltzeit. Nach Beendigung des Einschaltvorganges weist dieser nämlich eine gewisse Spannung $U_C$ mit der Polarität nach Abb. 4.8 auf. In dem Augenblick, in dem die Eingangsspannung $u_e$ zu Null wird (Ausschaltmoment $t_2$), ergibt sich für die Basis-Emitter-Spannung:

$$U_{BE} = -U_C$$

Der zeitliche Verlauf der Spannung $u_{BE}$ unter Verwendung des Beschleunigungskondensators $C_1$ wird ebenfalls in Abb. 4.8 gezeigt.

Da in der Schaltung nach Abb. 4.7 keine Hilfsspannung $-U_H$ verwendet wurde, beträgt natürlich nach Entladung des Kondensators die Basis-Emitter-Spannung 0 V. Um diesen Sperrzustand zu verbessern, kann man auch hier wieder die Hilfsspannung zuschalten (Abb. 4.8).

Im Ausschaltmoment ($u_e = 0$) erhält man dann eine sehr hohe negative Spannung $u_{BE}$, die auch nach entsprechender Ladungsabnahme an Kondensator $C_1$ einen negativen Wert beibehält. Dieser ergibt sich aus der Größe der Spannung $-U_H$ und dem Spannungsteiler aus $R_2$ und $R_3$.

### 4.1.3 Verlustleistung eines Transistors

Unter Verlustleistung des Transistors versteht man die Leistung, die im Transistor in Wärme umgesetzt wird, wie Abb. 4.9 zeigt. Abb. 4.9a zeigt das Schaltverhalten des Transistors BC107 an einer rechteckförmigen Eingangsspannung und Abb. 4.9b das dazugehörige Ausgangskennlinienfeld mit Arbeitsgerade und den Verlauf der Verlustleistungshyperbel.

Im Schaltbetrieb ergeben sich drei verschiedene Verlustleistungen:

1) *Sperrverluste:* Arbeitspunkt A – Transistor gesperrt:

$$P_V = I_{CRest} \cdot U_{2max} \approx I_{CRest} \cdot U_b$$

2) *Durchlassverluste:* Arbeitspunkt B – Transistor leitend:

$$P_V = I_{Csat} \cdot U_{CEsät}$$

3) *Umschaltverluste:* Verluste, die beim Durchlaufen der Strecke zwischen den Arbeitspunkten A und B auftreten.

Es ist darauf zu achten, dass diese Verlustleistungen nicht die maximal zulässige Verlustleistung $P_{Vmax}$ des Transistors überschreiten, d. h., die beiden Arbeitspunkte A und B müssen in Abbildung 4.9 unterhalb der Verlustleistungshyperbel für $P_{Vmax}$ liegen.

Ist die Durchlaufzeit für die Strecke von einem Arbeitspunkt zum anderen klein gegenüber der Verweildauer in den einzelnen Arbeitspunkten, so kann die Arbeitsgerade (wie in Abb. 4.9) die Verlustleistungshyperbel schneiden.

## 4.1 ARBEITSWEISE EINER TRANSISTORSCHALTSTUFE

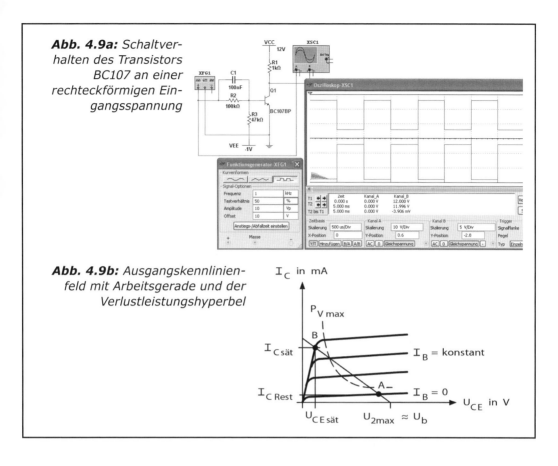

**Abb. 4.9a:** Schaltverhalten des Transistors BC107 an einer rechteckförmigen Eingangsspannung

**Abb. 4.9b:** Ausgangskennlinienfeld mit Arbeitsgerade und der Verlustleistungshyperbel

Abb. 4.10 zeigt eine Transistorstufe zur Messung und Berechnung der Schaltleistung $P_S$. Unter Schaltleistung $P_S$ versteht man die Leistung, die einem Verbraucherwiderstand $R_1$ mittels des Schalttransistors zugeführt wird.

Da die Sperrverluste sehr klein gegenüber den Durchlassverlusten sind, können sie meist vernachlässigt werden.

### a) Schaltleistung bei Ansteuerung mit Gleichspannung

Ist der Transistor in Abbildung 4.10 voll durchgesteuert, so gilt:

$i_C = I_{Csät}$
$u_a = U_{CEsät}$

Für die Spannung über den Widerstand $R_1$ ergibt sich:

$U_{R1} = U_b - U_{CEsät}$

Damit lässt sich die Schaltleistung berechnen:

$P_S = U_{R1} \cdot I_{Csät}$

$P_S = (U_b - U_{CEsät}) \cdot I_{Csät}$

# 4 TRANSISTOR ALS ELEKTRONISCHER SCHALTER

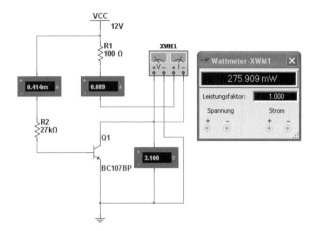

**Abb. 4.10a:** Transistorstufe zur Messung und Berechnung der Schaltleistung $P_S$ (Multisim)

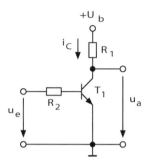

**Abb. 4.10b:** Ströme und Spannungen nach Abb. 4.10a

## b) Schaltleistung bei Ansteuerung mit Rechteckimpulsen

Wird die Schaltstufe nach Abbildung 4.10 mit einer Rechteckspannung angesteuert, so wird dem Verbraucher nur während der Impulsdauer $t_i$ Leistung zugeführt. Während der Impulspause $t_p$ verbraucht $R_1$ (sieht man vom Reststrom $I_{CRest}$ ab) keine Leistung. Innerhalb der Periodendauer $T = t_i + t_p$ wird sich demzufolge eine mittlere Schaltleistung ergeben. Zum Verständnis der Berechnung dieser durchschnittlichen Leistung soll Abb. 4.11 dienen.

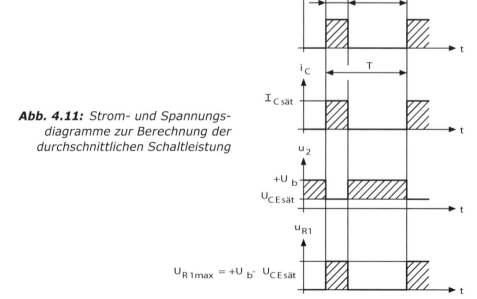

**Abb. 4.11:** Strom- und Spannungsdiagramme zur Berechnung der durchschnittlichen Schaltleistung

222

## 4.1 ARBEITSWEISE EINER TRANSISTORSCHALTSTUFE

Da sich die Energie, die einem Verbraucher während einer gewissen Zeit $t_i$ zugeführt wird, allgemein durch die Gleichung

$$W = U \cdot I \cdot t$$

berechnen lässt, nimmt der Verbraucher während der Zeit $t_i$ folgende Energie $W_1$ auf:

$$W_1 = U_{R1max} \cdot I_{Csät} \cdot t_i$$

$$W_1 = (U_b - U_{CEsät}) \cdot I_{Csät} \cdot t_i$$

Während der Impulspause fließt über den Widerstand $R_1$ kein Strom $I_{CRest} \approx 0$, d. h. während der Zeit $t_p$ ist die Energieaufnahme

$$W_2 = 0$$

Die Gesamtenergieaufnahme während der Zeit $T = t_i + t_p$ ist damit

$$W = W_1 + W_2$$

Damit hat die im Verbraucher $R_1$ umgesetzte Leistung den Wert:

$$P_S = \frac{W}{T} = \frac{W_1}{T} = \frac{(U_b - U_{CEsät}) \cdot I_{Csät} \cdot t_i}{t_i + t_p}$$

Die gesamte Verlustleistung des Transistors setzt sich bei Ansteuerung mit Rechteckimpulsen aus Durchlassverlusten, Sperrverlusten und Umschaltverlusten zusammen.

Die Durchlassverluste lassen sich nach der Gleichung

$$P_V = U_{CEsät} \cdot I_{Csät}$$

berechnen. Die Sperrverluste werden in der Praxis vernachlässigt. Da die Ermittlung der in einem realen Fall auftretenden Umschaltverluste schwierig und langwierig ist, wird auf eine entsprechende Erklärung verzichtet.

# 4.2 Transistorschalter mit komplementären Transistoren

Bei der Schaltung nach Abb. 4.12 handelt es sich um eine Kollektorschaltung, die im Gegentaktbetrieb arbeitet.

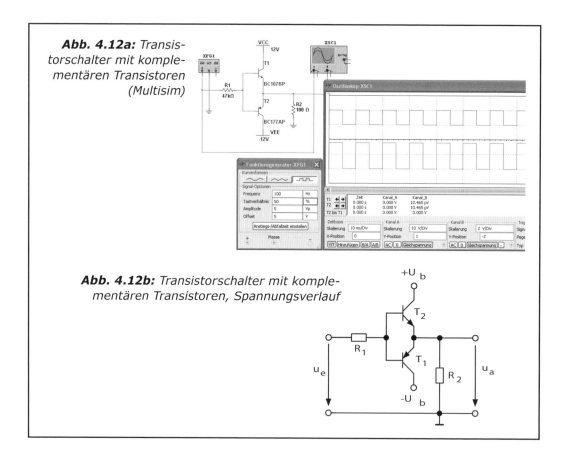

**Abb. 4.12a:** Transistorschalter mit komplementären Transistoren (Multisim)

**Abb. 4.12b:** Transistorschalter mit komplementären Transistoren, Spannungsverlauf

Für die Ausgangsspannung gilt:

- $u_e$ positiv: $T_1$ schaltet durch, $T_2$ sperrt
- $u_e$ negativ: $T_1$ sperrt, $T_2$ schaltet durch

Die Ausgangsspannung $u_a$ ist gleich der Signalspannung $u_e$ abzüglich den Spannungsfällen über die jeweilige Basis-Emitter-Strecke des leitenden Transistors und dem Widerstand $R_1$. Unter Vernachlässigung dieser beiden Spannungsfälle gilt:

$$u_a \approx u_e$$

$u_e$ und $u_a$ sind phasengleich ($\varphi = 0$)

## 4.2 TRANSISTORSCHALTER MIT KOMPLEMENTÄREN TRANSISTOREN

Dieser Schaltungstyp bringt die Stromverstärkung zum Schalten großer Lasten. Beispielsweise kann $R_2$ ein kleiner Elektromotor sein, dessen Umlaufsinn durch eine Vorzeichenänderung von $u_e$ umgekehrt wird.

### 4.2.1 Berechnungsbeispiel eines einfachen Transistorschalters

Als Beispiel sei ein Transistorschalter mit einem Transistor BC107 (Abb. 4.13) zu berechnen. Die Ansteuerung erfolgt mit $u_e = U_b$. Bei einer Betriebsspannung von $U_b = 12$ V soll die Schaltleistung $P_{Smax} = 300$ mW betragen.

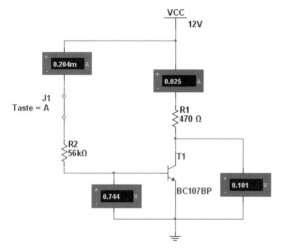

**Abb. 4.13a:** Dimensionierungsbeispiel eines einfachen Transistorschalters (Multisim)

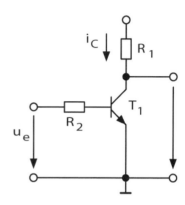

**Abb. 4.13b:** Ströme und Spannungen bei Transistorschalter nach Abbildung 4.13a

Berechnung des Kollektorstromes $I_C$:
$U_{CEsät} = 0{,}3$ V (Datenblatt)

$$I_{Csät} = \frac{P_{S\,max}}{U_b - U_{CEsät}}$$

$$I_{Csät} = \frac{300mW}{12V - 0{,}3V} = 25{,}6mA$$

Berechnung des Kollektorwiderstandes $R_1$:

$$R_1 = \frac{U_b - U_{CEsät}}{I_{Csät}} = \frac{12V - 0{,}3V}{25{,}6mA} = 457\Omega \; (Normreihe\; E12 : 470\Omega)$$

Berechnung des Basiswiderstandes $R_2$:
B = 290 (Datenblatt)

$$I_{Berf} = \frac{I_{Csät}}{B} = \frac{25{,}6mA}{290} = 88{,}3\mu A$$

# 4 TRANSISTOR ALS ELEKTRONISCHER SCHALTER

Um ein sicheres Durchschalten zu gewährleisten, wird ein Übersteuerungsfaktor ü = 3 gewählt.

$$I_{Bist} = ü \cdot I_{Berf} = 3 \cdot 88{,}3\mu A = 265\mu A$$

$$R_2 = \frac{U_b - U_{BE}}{I_{Bist}} = \frac{12V - 0{,}7V}{265\mu A} = 61{,}5 k\Omega \ (Normreihe\ E12: 68\ k\Omega\ oder\ 56\ k\Omega)$$

Berechnung der Verlustleistung $P_V$ des Transistors im durchgeschalteten Zustand:

$P_V = U_{CEsät} \cdot I_{Csät} = 0{,}3\ V \cdot 25{,}6\ mA = 7{,}7\ mW$

Aus dem Datenblatt wird entnommen:

$P_{Vmax}$ = 300 mW (bei 50 °C Umgebungstemperatur)

Der Transistor ist also ausreichend gekühlt.

## 4.2.2 Störspannungsabstand beim Transistorschaltverstärker

Der Transistorschaltverstärker findet vor allem in der Digitaltechnik zahlreiche Anwendungen. Vielfach handelt es sich hier um die Zusammenschaltung mehrerer Transistorschaltverstärker. Auch unter ungünstigen Betriebsbedingungen soll der Schaltverstärker sicher arbeiten. Von Interesse ist, ob die Ausgangsspannung $U_a$ des Transistorschaltverstärkers größer als ein vorgegebener Wert $U_{Hmin}$ oder kleiner als ein vorgegebener Wert $U_{Lmax}$ ist. Ist die Spannung $U_a$ gleich oder größer als $U_{Hmax}$ sagt man, die Schaltung befindet sich im Zustand H (high), ist $U_a$ gleich oder kleiner als $U_{Lmax}$, befindet sie sich in Zustand 0 (low). Die Größe der Spannungen $U_{Hmin}$ und $U_{Lmax}$ hängt von der entsprechenden Schaltungstechnik ab. Der Transistorschaltverstärker soll folgende Eigenschaften besitzen:

- für $U_e \leq U_{Lmax}$ soll $U_a \geq U_{Hmin}$ sein
- für $U_e \geq U_{Hmin}$ soll $U_a \leq U_{Lmax}$ sein

Diese Eigenschaften soll der Transistorschaltverstärker auch im ungünstigsten Betriebsfall aufweisen, d. h., für $U_e = U_L$ darf $U_a$ nicht kleiner $U_H$ sein und für $U_e = U_H$ darf nicht größer $U_L$ sein. Diese Bedingungen können nur dann erfüllt werden, wenn die Widerstände $R_1$ und $R_2$ geeignet dimensioniert werden. An einem Zahlenbeispiel wird dies erläutert: Bei der Betrachtung von Verknüpfungsschaltungen werden die Eingänge I (input) und die Ausgänge mit Q (output) bezeichnet. Diese Bezeichnungen werden an Stelle der bisherigen Kennzeichnungen verwendet, wie Abb. 4.14 zeigt

$I$ = Input = Eingang
$U_I$ = Spannung am Eingang
$Q$ = Output = Ausgang
$U_Q$ = Spannung am Ausgang

## 4.2 TRANSISTORSCHALTER MIT KOMPLEMENTÄREN TRANSISTOREN

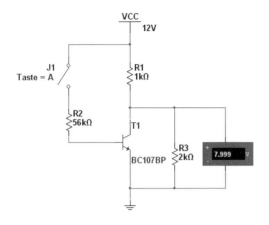

**Abb. 4.14a:** Ein- und Ausgänge eines Transistorschalters in einer Verknüpfungsschaltung (Multisim)

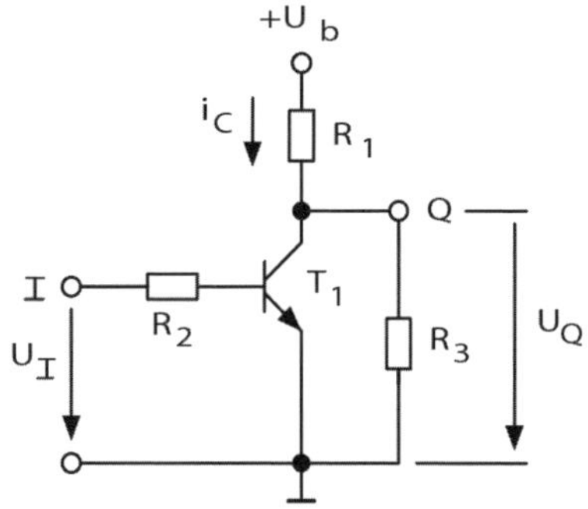

**Abb. 4.14b:** Anordnung aus Abb. 4.14 a als Schaltbild

Sperrt man den Transistor, wird im Idealfall die Ausgangsspannung im unbelasteten Zustand

$$U_{Qmax} = U_b = 12 \text{ V}$$

Wird der Ausgang belastet, so ergibt sich:

$$U_Q = U_b \cdot \frac{R_3}{R_1 + R_3}$$

Der ungünstigste Fall liegt vor, wenn $R_3$ seinen niedrigsten Wert hat. Es ist in diesem Beispiel $R_{3min} = 2 \cdot R_1$. Daraus ergibt sich:

$$U_{Qmin} = U_b \cdot \frac{2 \cdot R_1}{2 \cdot R_1 + R_1} = U_b \cdot \frac{2 \cdot R_1}{3 \cdot R_1} = \frac{2}{3} \cdot U_b = 8V$$

Dies ist also die kleinste Ausgangsspannung im H-Zustand. Sicherheitshalber wird $U_{Hmin}$ etwas kleiner gewählt. $U_{Hmin}$ ist 6,5 V bei einer Betriebsspannung $U_b$ von +12 V.

Nach der vorher aufgestellten Forderung soll sich für $U_Q \geq U_{Hmin}$ die Eingangsspannung $U_I$ im L-Zustand befinden. Man wählt als größte Eingangsspannung, bei der der Transistor noch sperrt, den Wert $U_{Lmax} = 0,4$ V. Ein Siliziumtransistor wird bei ca. 0,7 V leitend. Steigt die Umgebungstemperatur stark an, muss $U_{Lmax}$ entsprechend niedriger gewählt werden.

Die beiden Spannungspegel $U_{Hmin}$ und $U_{Lmax}$ liegen fest. Die Schaltung muss nun so dimensioniert werden, dass für $U_I = U_{Hmin}$ die Ausgangsspannung $U_Q \leq U_{Lmax}$ ist. Auch im ungünstigsten Fall, nämlich für

$$U_I = U_{Hmin} = 6,5 \text{ V}$$

muss die Ausgangsspannung

$$U_Q \leq U_{Lmax} = 0,4 \text{ V}$$

sein. Der Kollektorwiderstand $R_1$ darf nicht allzu groß gewählt werden, damit die Schaltzeiten nicht zu groß werden. Ist $R_1$ zu klein, wird die Stromaufnahme der Schaltung zu groß. Es ist $R_1 = 1\,k\Omega$. Damit beträgt

$$I_{C\max} \approx \frac{U_b}{R_1} = \frac{12V}{1k\Omega} = 12mA$$

Der Transistor besitzt eine Stromverstärkung von B = 290. Der notwendige Basisstrom beträgt

$$I_{Berf} \approx \frac{I_C}{B} = \frac{12mA}{290} = 41\mu A$$

## 4.2.3 Übersteuerungsfaktor

Damit der Transistor sicher in die Sättigung kommt, wird der Übersteuerungsfaktor ü = 3 gewählt.

$$I_{Bist} = ü \cdot I_{Berf} = 3 \cdot 41\ \mu A = 123\ \mu A$$

Für den Basiswiderstand $R_2$ ergibt sich somit:

$$R_2 = \frac{U_I - U_{BE}}{I_{Bist}} = \frac{6,5V - 0,7V}{123\mu A} = 47k\Omega\ (Normreihe\ E12:\ 47k\Omega)$$

Treibt der Ausgang einer Schaltstufe nach Abb. 4.15 eine weitere gleichartige Schaltstufe, so ist es nicht sinnvoll, am Eingang und am Ausgang gleiche Pegelbereiche für H und L zu definieren, denn wenn der Ausgangswert der treibenden Schaltstufe an der Grenze eines Bereichs liegt und sich auf der Zuleitung zur angesteuerten Schaltstufe noch Störspannungen überlagern, so fällt der Eingangspegel bereits bei der kleinsten Abweichung schon aus dem definierten Bereich heraus. Um dies zu vermeiden, werden in der Praxis die Ausgangspegelbereiche immer kleiner als die Eingangspegelbereiche gewählt.

$$U_{QHmin} > U_{Imin}$$

$$U_{QLmax} < U_{Imax}$$

In Abb. 4.15 sind die Zusammenhänge von Spannungsbereichen und Störspannungsabstand dargestellt. Es lassen sich dort die Spannungsbereiche ablesen und die Störspannungsabstände der Transistorstufe ermitteln.

Bei der Eingangsspannung $U_I \geq 0{,}7$ V wird der Transistor $T_2$ leitend. Für $U_I$ stellt eine Spannung von 0,7 V die theoretische die Obergrenze des L-Spannungsbereiches dar. Da der Transistor bei 0,7 V schon leitend wird, wählt man sicherheitshalber als obere Grenze für $U_{ILmax}$ einen Wert von $U_Q \approx 0{,}4$ V. Bis zu dieser Grenze soll der Transistor sicher sperren. Die untere Grenze stellt die Ausgangsspannung des Transistors $T_1$ im durchgesteuerten Zustand dar. Hierbei ergibt sich: $U_Q = U_{CEsät} = 0{,}2$ V. Die Differenz der oberen

## 4.2 TRANSISTORSCHALTER MIT KOMPLEMENTÄREN TRANSISTOREN

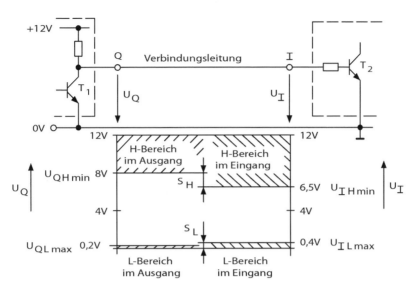

**Abb. 4.15:** *Spannungsbereiche und Störspannungsabstand*

Grenzwerte des L-Spannungsbereiches im Eingang und im Ausgang entspricht dem Störspannungsabstand in L-Bereich.

$$S_L = U_{ILmax} - U_{QLmax} = 0{,}4\ V - 0{,}2\ V = 0{,}2\ V$$

In der Leitungsverbindung zwischen Transistor $T_1$ und Transistor $T_2$ dürfen eingestreute Störspannungen nicht größer als 0,2 V sein.

Bei höchstzulässiger Belastung am Ausgang der Schaltstufe $T_1$ ist die kleinste angesteuerte Spannung $U_Q = 8$ V. Dieser Wert ist der Kennwert $U_{QHmin}$. Unter Berücksichtigung des Sicherheitsabschlags wurde $U_Q$ mit 6,5 V festgelegt. $U_Q$ stellt gleichzeitig den oberen Grenzwert für die Eingangsspannung $U_{IHmin}$ dar. Der Störspannungsabstand für den H-Bereich entspricht der Differenz der H-Spannungswerte im Ausgang und im Eingang bei der kritischsten Situation. Sie ist durch die höchste Ausgangsbelastung gegeben und beträgt dann:

$$S_H = U_{QHmin} - U_{IHmin} = 8\ V - 6{,}5\ V = 1{,}5\ V$$

Die Störspannungsabstände sind ein Maß für die Betriebssicherheit der Schaltung. Sollen die Störspannungsabstände vergrößert werden, so ist die Schaltung anders zu dimensionieren bzw. entsprechend zu ändern.

# 4.3 Kippschaltungen

Zur Gruppe der Kippschaltungen zählen alle Schaltungen, deren Ausgangspotentiale nur zwei, sich voneinander unterscheidende Werte annehmen können. Der Übergang zwischen beiden Potentialen erfolgt sprunghaft und wird als Kippvorgang bezeichnet.

Die beiden Ausgangspotentiale ergeben sich meistens als Kollektorpotentiale völlig leitender (übersteuerter) oder gesperrter Transistoren und betragen ca. 0 V oder ca. $+U_b$ bei npn-Transistoren.

Je nach Stabilität der Ausgangspotentiale unterscheidet man folgende Kippschaltungen:
- Bistabile Kippschaltung, auch als Flipflop (FF) bezeichnet: Beide Schaltzustände sind stabil und werden oft als Ruhe- oder Arbeitszustand bezeichnet. Ein Kippvorgang aus dem Ruhe- in den Arbeitszustand sowie umgekehrt kann entweder durch Gleichspannungen an statischen Eingängen oder durch Potentialsprünge (Impulse) an dynamischen Eingängen (Flanken) ausgelöst werden.
- Astabile Kippschaltung, auch als astabiler Multivibrator oder einfach als Multivibrator bezeichnet: Beide Schaltzustände sind unstabil, d. h.: jeder Schaltzustand bleibt nur für eine, von der Dimensionierung abhängige Zeit erhalten. Danach erfolgt ohne äußeren Anstoß ein Kipp- bzw. Rückkippvorgang.
- Monostabile Kippschaltung, auch als monostabiler Multivibrator oder Monoflop bezeichnet: Die Schaltung verfügt über einen stabilen und einen unstabilen Zustand. Ein Kippvorgang vom stabilen in den unstabilen Schaltzustand (Ruhezustand → Arbeitszustand) erfolgt nach einer äußeren Ansteuerung wie beim Flipflop, während der Rückkippvorgang nach einer dimensionierungsabhängigen Zeit wie bei einem Monoflop selbsttätig stattfindet.

## 4.3.1 Bistabile Kippschaltung

Eine bistabile Kippschaltung lässt sich durch Zusammenschalten von zwei Transistorschaltern realisieren. Die beiden Transistorschalter müssen dabei so miteinander verbunden werden, dass jeweils der Ausgang des einen den Eingang des anderen Schalters ansteuert.

**Abb. 4.16:** Bistabile Kippschaltung

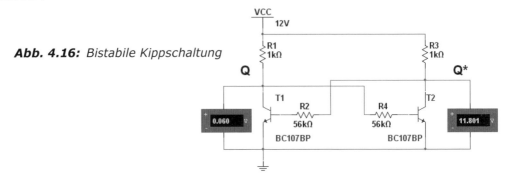

## 4.3 KIPPSCHALTUNGEN

Wird die Schaltung nach Abb. 4.16 an die Betriebsspannung angeschlossen, so läuft zunächst ein Einschaltvorgang ab. Der Transistor $T_1$ erhält seinen Basisstrom über die Widerstände $R_2$ und $R_3$ und der Transistor $T_2$ über die Widerstände $R_1$ und $R_4$. Der Transistor mit der größeren Stromverstärkung wird stärker durchgesteuert als der andere Transistor. Dadurch fließt ein größerer Kollektorstrom, der wiederum einen größeren Spannungsfall an seinem Kollektorwiderstand bewirkt. Da die daraus resultierende Kollektorspannung aber gleichzeitig die Steuerspannung des anderen Transistors ist, bewirkt die kleiner werdende Kollektorspannung ein Sperren des Transistors mit der kleineren Stromverstärkung.

Nach Ablauf dieses Einschaltvorganges ist der eine Transistor voll leitend, der andere voll gesperrt. Welcher der beiden Transistoren leitend bzw. gesperrt ist, hängt nur von den zufälligen, unterschiedlichen Eigenschaften der beiden Transistoren ab. Für die Spannungen an den Ausgängen können dann folgende Werte auftreten:

| Q | Q* | oder | Q | Q* |
|---|---|---|---|---|
| 12 V | 0,1 V | | 0,1 V | 12 V |

Der Zustand, der sich nach dem Einschaltvorgang ergeben hat ist stabil, d. h., ohne äußere Einwirkung bleibt dieser Zustand erhalten.

Beeinflussen lässt sich dieser Zustand nur durch Steuersignale, die über zusätzliche Anschlüsse an der Basis der Transistoren wirken. Hierbei bieten sich verschiedene Möglichkeiten an:

- Der leitende Transistor wird mittels einer negativen Spannung an seiner Basis gesperrt. Dadurch nimmt sein Kollektorpotential einen hohen positiven Wert an, wodurch der andere Transistor leitend wird.

- Der gesperrte Transistor wird mittels einer positiven Spannung an seiner Basis durchgesteuert. Dadurch sinkt sein Kollektorpotential auf nahezu 0 V ab, wodurch der andere Transistor gesperrt wird.

Diese Vorgänge laufen sehr schnell ab und werden als Kippvorgänge bezeichnet.

**Beispiel:** Nach dem Einschaltvorgang hat die bistabile Kippschaltung nach Abb. 4.16 folgenden Schaltungszustand:

$T_1$ leitend → 0,1 V an Q
$T_2$ gesperrt → 12 V an Q*

Ansteuerungsmöglichkeiten zum Kippen sind:

- negative Spannung an der Basis von $T_1$   oder
- positive Spannung an der Basis von $T_2$

Eine der beiden Ansteuerungsmöglichkeiten genügt zum Kippen, wobei es grundsätzlich beliebig ist, welche Möglichkeit angewendet wird. Der neue Schaltzustand nach dem Kippen ist:

# 4 TRANSISTOR ALS ELEKTRONISCHER SCHALTER

$T_1$ gesperrt → 12 V an Q
$T_2$ leitend → 0,1 V an Q*

Auch dieser Zustand ist ein stabiler Schaltzustand.

Bei der Spannung, die den Kippvorgang auslöst, kann es sich entweder um eine Gleichspannung handeln, die eine gewisse Zeitspanne ansteht (z. B. Rechteckspannung), oder um einen Nadelimpuls (differenzierte Rechteckspannung). Im ersten Falle spricht man von statischer, im zweiten Falle von dynamischer Ansteuerung.

In der Praxis unterscheidet man daher bei Kippschaltungen zwischen statischen und dynamischen Eingängen.

## 4.3.2 RS-Flipflop mit statischen Eingängen

Die Ansteuerung von bistabilen Kippschaltungen zur Auslösung von Kippvorgängen erfolgt in der Regel mit Potentialen mit etwa 0 V bzw. mit $U_b$.

Bei statischen Eingängen ist die Ansteuerung wirksam, so lange das statische Steuerpotential anliegt – bei der Steuerspannung also während der Dauer $t_i$.

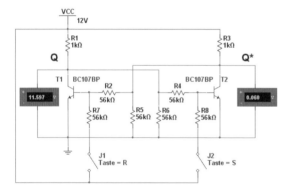
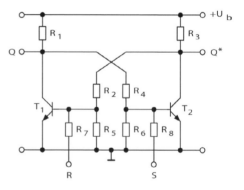

**Abb. 4.17a:** RS-Kippglied mit zwei Transistoren (Multisim)

**Abb. 4.17b:** RS-Kippglied mit zwei Transistoren als regulärer Schaltplan

Abb. 4.17 zeigt ein funktionsfähiges RS-Kippglied. Die statischen Eingänge sind mit **S** für Setzen (set) und **R** für Rücksetzen (reset) bezeichnet und über die Widerstände $R_7$ und $R_8$ an die Basisanschlüsse der zu steuernden Transistoren geführt. Die beiden Widerstände $R_5$ und $R_6$ haben die Aufgabe, ein sicheres Sperren des jeweiligen Transistors zu gewährleisten.

Ein Kippvorgang über den Schalter kann dadurch ausgelöst werden, dass an den Eingang des gesperrten Transistors ein positives Potential ($+U_b$) angelegt wird. Das Sperren des leitenden Transistors durch Anlegen von 0 V an dessen Eingang ist in dieser Schal-

## 4.3 KIPPSCHALTUNGEN

tung nicht möglich, da die Widerstände $R_7$ bzw. $R_8$ so groß dimensioniert werden müssen, dass das Basispotential trotz Anlegen von 0 V immer noch positiv genug ist, um dem zum Sperren angesteuerten Transistor leitend zu halten.

Nach Anlegen der Betriebsspannung soll die Schaltung folgenden Zustand annehmen:

$T_1$ leitend    Q    Q*
$T_2$ gesperrt   0 V   $+U_b$

**Setzen:**
Wird jetzt an S eine positive Spannung $+U_b$ angelegt (Spannung an R ist 0 V), so kippt die Schaltung in den Setzzustand:

$T_2$ leitend     S     R     Q     Q*
$T_1$ gesperrt   $+U_b$   0 V   $+U_b$   0 V

Dieser Zustand bleibt auch dann erhalten, wenn die Spannung am Schalter S wieder abgeschaltet (0 V) wird:

S     R     Q     Q*
0 V   0 V   $+U_b$   0 V

**Rücksetzen:**
Wird nun der Widerstand R durch den Schalter an eine positive Spannung $+U_b$ gelegt (Spannung an S = 0 V), so kippt die Schaltung in den Rücksetzzustand:

$T_1$ leitend     S     R     Q     Q*
$T_2$ gesperrt   0 V   $+U_b$   0 V   $+U_b$

Auch dieser Zustand bleibt erhalten, wenn die Spannung an R abgeschaltet, also auf 0 V gebracht wird.

S     R     Q     Q*
0 V   0 V   0 V   $+U_b$

Zusammenfassend lässt sich folgende Funktionstabelle 4.1 aufstellen:

| S | R | Q | Q* | |
|---|---|---|---|---|
| 0 V | 0 V | 0 V | $+U_b$ | Anfangszustand |
| $+U_b$ | 0 V | $+U_b$ | 0 V | Setzzustand |
| 0 V | 0 V | $+U_b$ | 0 V | |
| 0 V | $+U_b$ | 0 V | $+U_b$ | Rücksetzzustand |
| 0 V | 0 V | 0 V | $+U_b$ | |

***Tabelle 4.1:*** *Eingangs- und Ausgangsfunktionen des RS-Flipflops*

# 4 TRANSISTOR ALS ELEKTRONISCHER SCHALTER

Für die Belegung der Eingänge durch die beiden Schalter ist eine der möglichen Kombinationen in dieser Tabelle nicht aufgeführt, weil ein Kippglied nicht gleichzeitig gesetzt und rückgesetzt werden kann:

$$
\begin{array}{cc}
S & R \\
+U_b & +U_b
\end{array}
$$

In der Schaltung nach Abb. 4.17 steuert $+U_b$ an einem Eingang den betreffenden Transistor durch. Durch die letztgenannte Signalkombination werden folglich beide Transistoren gleichzeitig leitend. An den Ausgängen ergeben sich gleiche Zustände. Werden dann die Eingangssignale gleichzeitig zu 0 V, wird das Flipflop zwar in einen der beiden stabilen Zustände kippen. Ob es jedoch der Setz- oder Rücksetzzustand ist, hängt von zufälligen Schaltungsunsymmetrien ab und nicht von den Eingangsbedingungen. Das Verhalten eines RS-Kippgliedes wird im Signal-Zeit-Plan von Abb. 4.18 dargestellt.

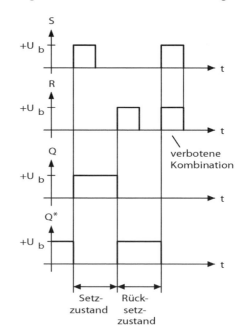

**Abb. 4.18:** Signal-Zeit-Plan für ein RS-Kippglied

Die Schaltung aus Abb. 4.18 hat folgenden Nachteil: Angenommen $T_1$ und $T_2$ sind leitend oder gesperrt und die beiden Eingänge R und S liegen auf 0 V. Tritt in diesem Falle eine positive Störspannung auf der Zuleitung zum Anschluss S auf, so kann ein unerwünschter Kippvorgang ausgelöst werden. Um dies beim Auftreten von oft unvermeidbaren Störspannungen möglichst weitgehend zu unterbinden, um also den Störabstand zu vergrößern, bieten sich drei Maßnahmen an:

- Über die Widerstände wird an die Basisanschlüsse eine negative Hilfsspannung angeschlossen.
- Die Emitter beider Transistoren werden durch einen gemeinsamen Emitterwiderstand R hochgelegt (Abb. 4.19).
- Zwischen den Emitteranschlüssen und 0 V ist pro Transistor eine Diode einzuschalten.

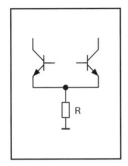

**Abb. 4.19:** Verbesserung des Störabstandes bei einem RS-Kippglied

## 4.3.3 Signalpegel und Logikzustände

Kippschaltungen darf man in ihrer Anwendung meistens nicht isoliert betrachten. Sie müssen vielmehr als Bestandteil einer häufig sehr komplexen Gesamtschaltung angesehen werden.

Für den Schaltungsteil, von dem sie angesteuert werden, stellen sie den Lastwiderstand dar, andererseits werden sie ausgangsseitig selbst wiederum belastet.

Die tatsächlichen Spannungen an den Eingängen und Ausgängen der Kippschaltungen werden deshalb nie die idealen Werte (z. B. 0 V und $+U_b$) aufweisen, sondern je nach Betriebszustand mehr oder weniger davon abweichen.

Bei der praktischen Anwendung der Kippschaltungen (wie auch aller anderen Schaltungen zur Binärsignalverarbeitung) ist es auch nicht erforderlich, dass Ein- und Ausgangsspannung nur zwei ganz bestimmte, festliegende Werte annehmen. Man kann zur Signalkennzeichnung durchaus Spannungsbereiche, sogenannte Signalpegel zulassen. Diese werden meist mit

- L-Pegel (L = Low = niedriger Pegel)
- H-Pegel (H = High = hoher Pegel)

bezeichnet. Die Festlegung der L-Pegel und H-Pegel regelt DIN 40700. Danach wird der Spannungsbereich, der näher an $+\infty$ liegt, mit H bezeichnet und der, der näher an $-\infty$ liegt, mit L. In der Abb. 4.20 sind zwei Beispiele für solche Pegelzuordnungen aufgeführt.

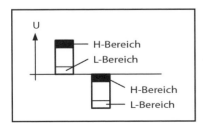

**Abb. 4.20:** Pegelbereiche L und H

Zur Beschreibung des behandelten statischen RS-Kippgliedes kann man nun Pegelangaben verwenden, wobei in Tabelle 4.2 lediglich H anstelle von $+U_b$ und L anstelle von 0 V gesetzt werden:

| S    | R    | Q    | Q*   |                      | S | R | Q | Q* |
|------|------|------|------|----------------------|---|---|---|----|
| $+U_b$ | 0 V  | $+U_b$ | 0 V  | $0\,V \triangleq L$  | H | L | H | L  |
| 0 V  | 0 V  | $+U_b$ | 0 V  | $\Rightarrow$        | L | L | H | L  |
| 0 V  | $+U_b$ | 0 V  | $+U_b$ | $+U_b \triangleq H$  | L | H | L | H  |
| 0 V  | 0 V  | 0 V  | $+U_b$ |                      | L | L | L | H  |
|      | a)   |      |      |                      |   | b) |  |    |

***Tabelle 4.2:*** *Übergang von Spannungs- in Pegelangaben*

In Tabelle 4.2b mit den Pegelangaben wird die elektrische Arbeitsweise des RS-Kippgliedes beschrieben. Sie wird deshalb als Arbeitstabelle bezeichnet. Der Begriff Arbeitstabelle wird im gleichen Sinne auch bei den späteren Kapiteln verwendet.

Kippstufen sind viel genutzte Bausteine der Digitaltechnik. Dieser technische Zweig kennt im Gegensatz zur Analogtechnik nur zwei Zustände, die als logische Zustände 0 und 1 bezeichnet werden und deren Bedeutung wie folgt ausgelegt werden kann:

$$0 = \text{nein} = \text{nicht wahr}$$
$$1 = \text{ja} = \text{wahr}$$

Soll das logische Verhalten einer Kippschaltung dargestellt werden, so vertritt jeder der beiden möglichen Pegel einen logischen Zustand. Die Zuordnung der Pegel zu diesen logischen Zuständen kann im Prinzip beliebig erfolgen. Als Folge der technischen Entwicklung im Bereich der integrierten Schaltungen hat sich jedoch immer mehr folgende Zuordnung durchgesetzt.

$$0 \triangleq L$$
$$1 \triangleq H$$

Diese Zuordnung wird als positive Logik oder H-Zuordnung bezeichnet.

Bei umgekehrter Zuordnung ($0 \triangleq H$ und $1 \triangleq L$) liegt negative Logik oder L-Zuordnung vor, mit der jedoch heute nur in wenigen Ausnahmefällen gearbeitet wird.

Mit Hilfe der positiven Logik wird nachstehend aus der Arbeitstabelle die sogenannte Wahrheitstabelle für das RS-Kippglied nach Abb. 4.4 erstellt. Die Wahrheitstabelle 4.3 beschreibt das logische Verhalten, das man nach den obigen Definitionen für 0 und 1 auch als Wahrheitsgehalt bezeichnen kann.

| S | R | Q | Q* |                      | S | R | Q | Q* |
|---|---|---|----|----------------------|---|---|---|----|
| H | L | H | L  | $0\,V \triangleq L$  | 1 | 0 | 1 | 0  |
| L | L | H | L  | $\Rightarrow$        | 0 | 0 | 1 | 0  |
| L | H | L | H  | $+U_b \triangleq H$  | 0 | 1 | 0 | 1  |
| L | L | L | H  |                      | 0 | 0 | 0 | 1  |
| Arbeitstabelle $\rightarrow$ | | | | Positive Logik $\rightarrow$ | Wahrheitstabelle | | | |

***Tabelle 4.3:*** *Arbeits- und Wahrheitstabelle eines RS-Kippgliedes*

## 4.3.4 Schaltsymbol

In umfangreichen elektronischen Schaltungen werden Kippglieder meistens durch einfache Schaltsymbole dargestellt. Dadurch werden diese Schaltungen erheblich verständlicher. Ferner stehen diese Bausteine heutzutage durch die integrierte Schaltungstechnik in zahlreichen unterschiedlichen Ausführungen zur Verfügung. Der innere Aufbau ist häufig recht unterschiedlich, obwohl die logische Funktion die gleiche ist. Für den Praktiker ist daher der innere Aufbau ohne Bedeutung. Wichtig für ihn ist aber eine genaue Kenntnis darüber, wie die einzelnen angebotenen Typen auf bestimmte Eingangssignale (Setz- oder Rücksetzsignale) reagieren oder wie diese Signale beschaffen sein müssen, damit die gewünschte Signalverarbeitung erfolgt.

Das in Abb. 4.21 dargestellte RS-Kippglied entspricht in seiner Funktion genau der Kippschaltung nach Abb. 4.17. Die aufgestellte Wahrheitstabelle 4.4 kann also für das symbolisch dargestellte Kippglied übernommen werden.

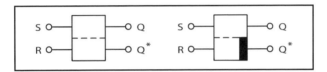

**Abb. 4.21:** Schaltzeichen für die RS-Kippschaltung nach Abb. 4.17

| S | R | Q | Q* | |
|---|---|---|----|---|
| 1 | 0 | 1 | 0  | Setzen |
| 0 | 0 | 1 | 0  | |
| 0 | 1 | 0 | 1  | Rücksetzen |
| 0 | 0 | 0 | 1  | |

**Tabelle 4.4:** Wahrheitstabelle für die RS-Kippschaltung

Der Schaltzustand S = 1 und R = 1 ist hier natürlich ebenfalls verboten und deshalb in der Wahrheitstabelle nicht aufgeführt, denn dies entspricht ja den Eingangssignalen $+U_b$ an S und $+U_b$ an R.

Deutlich lässt sich beim Schaltzeichen der funktionelle Zusammenhang zwischen dem jeweiligen Eingang und dem zugehörenden Ausgang erkennen:

- Wird das Flipflop gesetzt, indem an Eingang S das 1-Signal gelegt wird, so liegt am zugehörenden Ausgang Q ebenfalls ein 1-Signal.

- Wird das Flipflop rückgesetzt, indem an den Eingang R ein 1-Signal gelegt wird, so liegt am zugehörenden Ausgang Q* ebenfalls ein 1-Signal.

Der im lnken Feld eingezeichnete Block kennzeichnet den Ruhezustand des Kippgliedes desjenigen Ausgangs, der dabei die 1 bringt. Das bedeutet: Im Anfangszustand hat der Ausgang Q* immer ein 1-Signal. Diese Angabe ist immer dann notwendig, wenn in komplexen Schaltungen mit Kippgliedern ein bestimmter Anfangszustand (auch Vorzugslage genannt) gekennzeichnet werden soll.

# 4 TRANSISTOR ALS ELEKTRONISCHER SCHALTER

Häufig wird gefordert, dass sich der Ruhezustand (Q* = 1) direkt mit dem Einschalten der Betriebsspannung +$U_b$ einstellt. Da dies z. B. bei Schaltung nach Abb. 4.17 nicht vorausgesetzt werden kann, sind hierzu besondere Schaltungsmaßnahmen erforderlich.

## 4.3.5 Kippschaltung mit Vorzugslage

Eine festgelegte Grundstellung erreicht man bei einer RS-Kippschaltung durch einen unsymmetrischen Schaltungsaufbau. Es sind verschiedene Unsymmetrien möglich. Häufig schaltet man in eine der beiden Zuleitungen eine Diode (Abb. 4.22) ein.

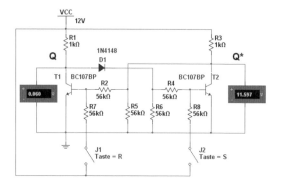

**Abb. 4.22a:** Flipflop mit festgelegter Grundstellung (Multisim)

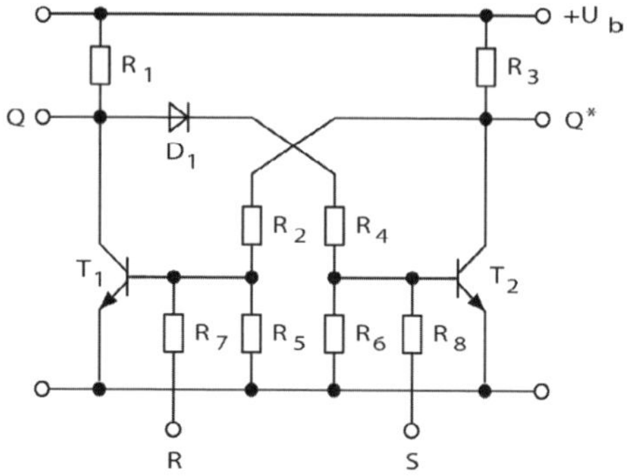

**Abb. 4.22b:** Flipflop mit festgelegter Grundstellung, regulärer Schaltplan

Nach dem Anlegen oder Einschalten der Betriebsspannung +$U_b$ steigt der Basisstrom des Transistors $T_2$, der über die Diode und $R_3$ fließt, langsamer an als der des Transistors $T_1$, da die Sperrschicht der Diode erst abgebaut werden muss. Der Transistor $T_1$ schaltet daher schneller durch und zwingt so den Transistor $T_2$ in den Sperrzustand. In diesem Zustand der Schaltung entstehen folgende Ausgangswerte:

$$Q = 0 \text{ V} \triangleq L \triangleq 0$$
$$Q^* = +U_b \triangleq H \triangleq 1$$

Beim Einschalten der Betriebsspannung nimmt das Flipflop also den Ruhezustand an. Danach arbeitet es in der gewohnten Weise.

## 4.3.6 Verbessertes RS-Flipflop

Es wurde bereits darauf hingewiesen, dass das Schalten von Transistoren gewissen zeitlichen Verzögerungen unterliegt. Jeder Transistor weist eine Einschaltzeit $t_{ein}$ und eine Ausschaltzeit $t_{aus}$ auf. Zur Verkürzung dieser Zeiten und damit zur Verbesserung der Flankensteilheit der Ausgangsspannung kann man Beschleunigungskondensatoren verwenden. Abbildung 4.23 zeigt eine Kippschaltung, bei der die Widerstände $R_2$ und $R_4$ in der Basiszuleitung mit Beschleunigungskondensatoren ($C_1$ und $C_2$) überbrückt wurden.

## 4.3 KIPPSCHALTUNGEN

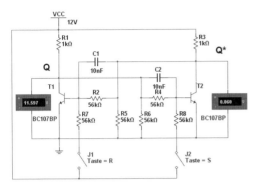

**Abb. 4.23a:** RS-Kippschaltung mit Beschleunigungskondensatoren (Multisim)

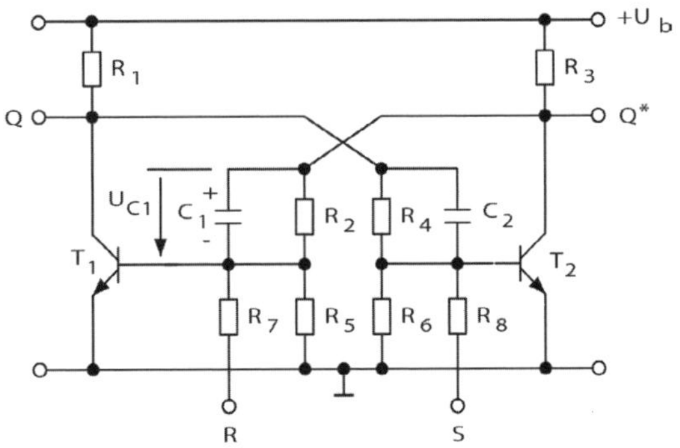

**Abb. 4.23b:** RS-Kippschaltung mit Beschleunigungskondensatoren

Zur Beschreibung der Wirkungsweise ist folgender Schaltzustand gegeben:

$T_1$ leitend
$T_2$ gesperrt

Die Eingänge S und R liegen auf 0 V. Der Kondensator $C_1$ wird sich dadurch auf eine Spannung $U_{C1}$ von etwa 11 V aufladen. (Die genaue Spannung ergibt sich aus der Ausgangsspannung $U_Q{}^*$ und dem Spannungsteiler aus $R_2$ und den parallel zueinander liegenden Widerständen $R_5$, $R_7$ sowie der Basis-Emitter-Strecke von $T_1$).

Wird der Transistor $T_2$ mittels eines positiven Signals an S durchgeschaltet, so sinkt seine Ausgangsspannung auf ca. 0,1 V. Da die Kondensatorspannung $U_{C1}$ im ersten Augenblick noch vorhanden ist, wird die untere Platte von $C_1$ jetzt ein Potential (Spannung gegen Masse) von -10,9 V aufweisen. Dies ist etwa 0,1 V weniger als die anfänglich angenommene Spannung $U_{C1}$ von 11 V. Dadurch wird der Transistor sehr schnell gesperrt.

### 4.3.7 Flipflop mit dynamischen Eingängen

Häufig wird an Kippschaltungen die Forderung gestellt, dass diese nicht (oder nicht mehr) auf statische Eingangsspannungen reagieren, sondern nur noch auf schnelle Spannungsänderungen. Dies bedeutet, dass ein Kippglied nur dann seinen Schaltzustand ändert, wenn bei der eingangsseitig verwendeten Rechteckspannung eine steigende oder fallende Flanke auftritt. Unter der Annahme, dass zum Beispiel nur die fallenden Flanken wirksam sind, würde ein entsprechendes Flipflop bei der Eingangsspannung nur zu den Zeitpunkten $t_1$ und $t_2$ angesteuert werden. Aus der Rechteckspannung müssen folglich Nadelimpulse erzeugt werden, die nur zu den Zeiten $t_1$ (steigende Flanke) und $t_2$ (fallende Flanke) auftreten.

Die Erzeugung der Nadelimpulse geschieht durch Differentiation der Rechteckspannung mit Hilfe von Differenziergliedern. Die Wirkungsweise der Differenzierglieder wird hier als bekannt vorausgesetzt. Lediglich die in diesem Rahmen notwendigen Zusammen-

# 4 TRANSISTOR ALS ELEKTRONISCHER SCHALTER

hänge sind kurz wiederholt: Wird an den Eingang eines Differenziergliedes eine rechteckförmige Spannung gelegt, so entstehen ausgangsseitig

- positive Nadelimpulse bei steigenden Flanken
- negative Nadelimpulse bei fallenden Flanken

Zu beachten ist bei den Differenziergliedern, dass die Dimensionierung richtig gewählt wird. Die Zeitkonstante $\tau = R_1 \cdot C_1$ muss so klein sein, dass die Kondensatorladung nur einen Bruchteil der Impulsdauer $t_i$ und die Entladung nur einen Bruchteil der Pausendauer $t_p$ einnimmt.

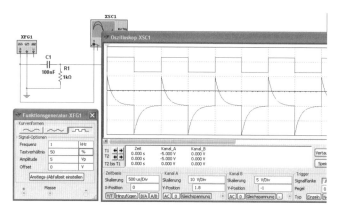

**Abb. 4.24:** Differenzierglied mit Spannungsdiagramm

Abb. 4.25 zeigt ein bistabiles Kippglied mit dynamischen Eingängen. Hierbei sind die Eingänge S und R mit Differenziergliedern nach Abb. 4.24 ausgestattet.

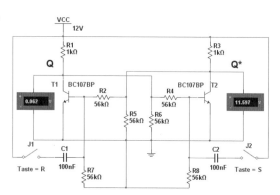

**Abb. 4.25:** Flipflop mit dynamischen Eingängen

Wird beispielsweise nachstehender Schaltungszustand angenommen, bei dem $T_1$ leitend, und $T_2$ gesperrt ist, so kann der Kippvorgang durch folgende Maßnahmen hervorgerufen werden:

- $T_1$ wird durch die fallende Flanke einer an R liegenden Rechteckspannung gesperrt. Dabei entsteht an der Basis vom $T_1$ ein negativer Nadelimpuls.

# 4.3 KIPPSCHALTUNGEN

- $T_2$ wird durch die ansteigende Flanke einer an S liegenden Rechteckspannung durchgeschaltet. Dabei entsteht ein positiver Nadelimpuls an der Basis von $T_2$.

Soll die Steuerung nur durch negative Nadelimpulse, also nur durch abfallende Flanken erfolgen, so werden in die Basiszuleitungen beider Transistoren die Dioden gelegt (Abb. 4.26).

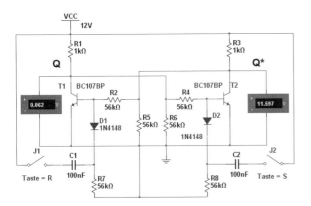

**Abb. 4.26a:** Flipflop mit dynamischen Eingängen für fallende Flanken (Multisim)

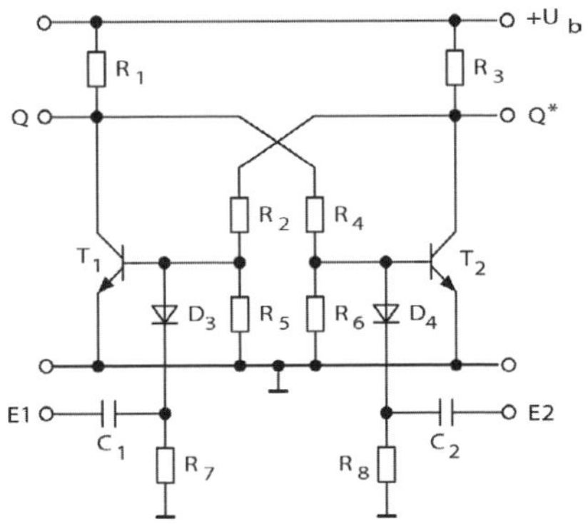

**Abb. 4.26b:** Flipflop mit dynamischen Eingängen für fallende Flanken (reguläre Schaltung)

Geht man nun wieder davon aus, dass $T_1$ leitend und $T_2$ gesperrt ist, so ist ersichtlich, dass jetzt ein Kippvorgang nicht durch eine ansteigende Flanke an S erfolgen kann. Für den positiven Nadelimpuls ist nämlich die Diode in Sperrrichtung geschaltet. Der positive Nadelimpuls kann demzufolge nicht an der Basis von $T_2$ wirksam werden.

Erscheint an R jedoch eine fallende Flanke, so ist für den hieraus resultierenden negativen Nadelimpuls die Diode durchlässig und $T_1$ wird somit gesperrt.

Möchte man die Steuerung mit ansteigenden Flanken (mit positiven Nadelimpulsen) durchführen, so sind die Dioden in ihrer Richtung zu drehen.

## 4.3.8 Flipflops mit dynamischen Eingängen und Vorbereitungseingängen

Die praktische Anwendung der dynamisch angesteuerten bistabilen Kippstufen führt zwangsläufig dazu, die beiden im vorhergehenden Abschnitt besprochenen dynamischen Eingänge S und R zu einem Eingang zusammenzulegen. Dieser wird dann mit der Eingangsrechteckspannung, dem sogenannten Taktsignal angesteuert. Um dabei definierte Kippvorgänge zu erhalten, werden zwei zusätzliche Eingänge, die Vorbereitungseingänge A und B geschaffen.

# 4 TRANSISTOR ALS ELEKTRONISCHER SCHALTER

Die Wirkungsweise dieser Vorbereitungseingänge soll anhand der Schaltung nach Abb. 4.27 erläutert werden. In dieser Schaltung sind die beiden dynamischen Eingänge A und B noch nicht zu einem gemeinsamen Eingang zusammen geschaltet. Das vereinfacht die folgende Erklärung: Werden die Vorbereitungseingänge A und B auf Masse gelegt, so ist diese Schaltung identisch mit der in Abb. 4.26. Es wird nun angenommen, dass sich die Kippstufe im Ruhezustand befindet: $T_1$ leitend, $T_2$ gesperrt.

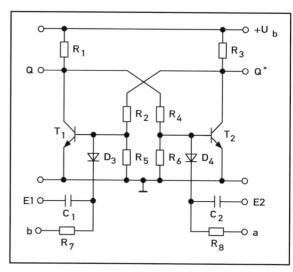

**Abb. 4.27:** Flipflop mit dynamischen und Vorbereitungseingängen

Auf Grund der eingezeichneten Dioden kann der Kippvorgang nur über eine fallende Flanke ausgelöst werden. Die Wirksamkeit dieses Einganges soll nun für zwei unterschiedliche Voraussetzungen untersucht werden. Abbildung 4.28 zeigt die Schaltung.

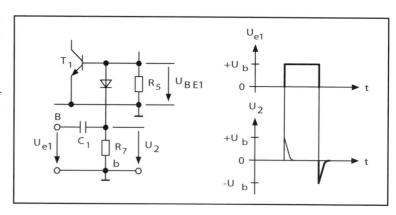

**Abb. 4.28:** Flipflop mit dynamischen und Vorbereitungseingängen für den Fall: Vorbereitungseingang B liegt auf Masse

### a) Der Vorbereitungseingang B liegt auf Masse:

An R wird eine Rechteckspannung mit der Amplitude $+U_b$ angelegt. Dieser Fall ist in Abb. 4.28 dargestellt.

# 4.3 KIPPSCHALTUNGEN

Da die Diode beim Anstehen des negativen Impulses in Durchlassrichtung geschaltet ist und deshalb (fast) einen Kurzschluss darstellt, ergibt sich als Basis-Emitter-Spannung für $T_1$:

$$U_{BE1} \approx U_2$$

Da $U_2$ stark negativ ist (negativer Nadelimpuls), wird $T_1$ gesperrt, die Schaltung kippt.

## b) An den Vorbereitungseingang B wird $+U_b$ angelegt:

Der Eingang R erhält wie im Falle a) eine Rechteckspannung. Dieser Fall ist in Abb. 4.29 dargestellt.

Die Vorgänge, die zur Entstehung dem Spannung $U_2$ in zeitlicher Abhängigkeit von der Spannung $U_{E1}$ gemäß Abbildung 4.29 führen, sollen nachfolgend detaillierter betrachtet werden. Liegt der Eingang E innerhalb der Zeitspanne $t_p$ der Rechteckspannung auf

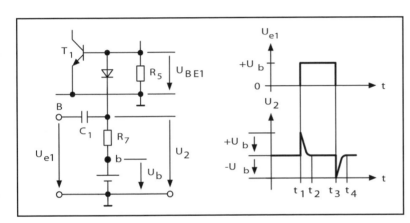

**Abb. 4.29:** Schaltungsauszug aus Abb. 4.27 für den Fall, dass der Vorbereitungseingang B an Spannung $+U_b$ liegt

Masse, so wird Kondensator $C_1$ gemäß Abbildung 4.30 auf die Spannung $U_b$ aufgeladen. Demnach gilt:

$$U_2 = U_b$$

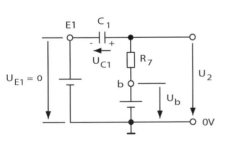

In Abb. 4.31 liegt dieser Fall in der Zeit von $t = 0$ bis $t_1$ vor. Die Diode ist gesperrt.

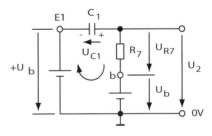

**Abb. 4.30:** $U_{E1} = 0$, $t = 0$ bis $t_1$ (siehe Text)

**Abb. 4.31:** $U_{E1} = 0 \rightarrow U_b$ bis $t_1$ (siehe Text)

Nun springt $U_{E1}$ von 0 V auf $+U_b$. Im ersten Moment, also zum Zeitpunkt $t_1$ hat der Kondensator $C_1$ noch die Spannung $U_b$ mit in der Abb. 4.31 angegebenen Polung. Dadurch addieren sich die Eingangsspannung $U_b$ und die Kondensatorspannung $U_{C1}$.

$$U_e = 2 \cdot U_b$$

# 4 TRANSISTOR ALS ELEKTRONISCHER SCHALTER

Auch mit Hilfe der Maschenregel lässt sich diese Erkenntnis sehr einfach gewinnen. Auf Grund des eingezeichneten Umlaufsinnes gilt:

$$U_{R7} + U_b - U_b - U_b = 0$$

$$U_{R7} + U_b = 2 \cdot U_b$$

$$U_{R7} + U_b = U_2$$

$$U_2 = 2 \cdot U_b$$

Es entsteht also ein Nadelimpuls der Größe $2 \cdot U_b$. Die Diode ist damit gesperrt. Danach entlädt sich der Kondensator $C_1$ in der Zeit von $t_1$ bis $t_2$. Nach dem Entladevorgang fließt kein Strom mehr über den Widerstand $R_7$ ($U_R = 0$) und es gilt für die Zeitspanne von $t_1$ bis $t_2$:

$$U_2 = U_b$$

Die Diode ist also immer noch gesperrt. Die Verhältnisse am eingangsseitigen Differenzierglied sind in Abbildung 4.32 dargestellt.

**Abb. 4.32:** $U_{E1} = U_b$, $t_2$ bis $t_3$ (siehe Text)

$U_{E1}$ springt zum Zeitpunkt $t_3$ von $+U_b$ auf 0 V. Im ersten Augenblick hat der Kondensator $C_2$ noch keine Ladung ($U_{C1} = 0$ V). Seine rechte Platte weist also keine Spannung gegenüber Massepotential auf (Abb. 4.33). Dadurch ist

$$U_2 = 0$$

**Abb. 4.33:** $U_{E1} = +U_b \rightarrow 0$, $t_3$

Bei der Verwendung von Silizium-Dioden und -Transistoren ergeben sich nun folgende Verhältnisse: Die Anode der Diode liegt auf etwa 0,7 V (Basispotential des leitenden Transistors $T_1$). Durch das katodenseitige Potenzial von 0 V kann die Diode noch nicht leitend werden, da die Potenzialdifferenz gerade erst die Schleusenspannung der Diode ausmacht. $T_1$ kann also nicht gesperrt werden.

## 4.3 KIPPSCHALTUNGEN

Danach lädt sich $C_1$ über $R_7$ auf die am Vorbereitungseingang liegende Spannung $U_b$ auf. Von nun an wiederholen sich die einzelnen Phasen.

Aus dieser Abhandlung lässt sich entnehmen, dass ein Rechtecksignal am dynamischen Eingang R den Transistor $T_1$ nicht sperren kann, so lange $+U_b$ am zugehörigen Vorbereitungseingang B liegt.

Zusammenfassend kann somit ausgesagt werden: Ein Kippvorgang kann in der Kippschaltung nach Abb. 4.27 nur dann ausgelöst werden, wenn

- die richtige Potentialspannung am Eingang R bzw. S auftritt
- das richtige Vorbereitungspotential am zugehörigen Vorbereitungseingang anliegt

Da der Taktimpuls unwirksam bleibt, wenn nicht richtig vorbereitet wird, können die Eingänge R und S zu einem Takteingang C (Clock-Eingang) zusammengefasst werden. Definierte Kippvorgänge werden durch entsprechende Belegung der Vorbereitungseingänge gesteuert. Abb. 4.34 zeigt die Schaltung mit dem zusammengefassten Takteingang.

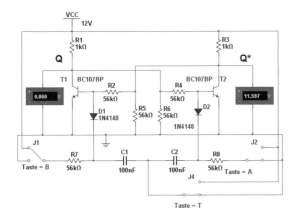

**Abb. 4.34a:** *Flipflop mit Takteingang und Vorbereitungseingängen (Multisim)*

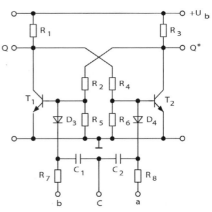

**Abb. 4.34b:** *Flipflop mit Takteingang und Vorbereitungseingängen (reguläres Schaltbild)*

Das Kippglied nach Abb. 4.34 hat folgende Grundstellung:

$T_1$ leitend    Q    Q*
$T_2$ gesperrt   0 V  $+U_b$

1. Kippvorgang: An den Vorbereitungseingang a muss $+U_b$ und b auf 0 V gelegt werden. Das Flipflop kippt dann bei der fallenden Flanke des Taktsignals.

| a | b | c | Q | Q* |
|---|---|---|---|----|
| $+U_b$ | 0 V | ⏋ | $+U_b$ | 0 V |

245

2. *Kippvorgang:* Um das Flipflop in die Grundstellung zurückzukippen, muss a an 0 V und b an +$U_b$ gelegt werden.

| a | b | c | Q | Q* |
|---|---|---|---|---|
| 0 V | +$U_b$ | ⌐ | 0 V | +$U_b$ |

## 4.3.9 Symbol für RS-Kippglieder

Wie bei den vorangegangenen RS-Kippgliedern besteht auch hier die Notwendigkeit, ein möglichst einfaches Schaltsymbol zu verwenden. Dieses ist in Abbildung 4.35 dargestellt, Die Vorbereitungseingänge werden innerhalb des Symbols mit 1S und 1R bezeichnet. Die Ziffer 1 drückt aus, dass diese Eingänge mit dem Takteingang C1 zusammenwirken.

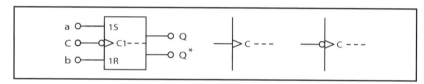

**Abb. 4.35:** *RS-Kippglied mit Takt- (Takteingang 1 → 0, negativ) und Vorbereitungseingängen*

Ein Flipflop mit Vorbereitungseingängen und Takteingang wird auch als RS-Kippglied mit Flankensteuerung bezeichnet. Die Flankensteuerung erfolgt über den Takteingang C. Nach DIN 10700 gibt es für dessen Darstellung zwei Möglichkeiten, die folgendes Verhalten kennzeichnen: Die positive Flankensteuerung mit dem Symbol erfolgt durch einen 0 → 1 Übergang. Bei positiver Logik bedeutet dies, dass dieser Eingang durch die ansteigende Flanke des Eingangssignals angesteuert werden muss um einen Kippvorgang auszulösen. Die negative Flankensteuerung mit dem Symbol erfolgt durch einen 1 → 0 Übergang. Bei positiver Logik heißt dies also, dass der betreffende Eingang durch die abfallende Flanke des Eingangsimpulses ausgelöst wird.

Für das RS-Kippglied mit Flankensteuerung und Vorbereitungseingängen sieht das Normblatt DIN 40 700 auch eine ausführlichere Darstellung vor. Sie ist in der Abb. 4.36 wiedergegeben. Das Symbol zeigt sehr deutlich das Prinzip des Kippgliedes. Einem statischen RS-Kippglied werden einfach zwei UND-Gatter vorgeschaltet. Aus der Funktion der UND-Gatter und des statischen Kippgliedes ergibt sich die vollständige Funktion des flankengesteuerten RS-Kippgliedes mit Vorbereitungseingängen wie folgt: Ein UND-Gatter verknüpft ein Vorbereitungssignal mit dem Taktsignal. Nur wenn von beiden Signalen der wirksame Pegel bzw. die Pegelspannung vorliegt, entsteht am Ausgang des UND-Gatters das Signal, das schließlich das Kippglied steuert.

**Abb. 4.36:** *Darstellung eines dynamischen und eines negativ flankengesteuerten Kippgliedes*

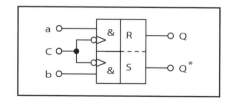

## 4.3 KIPPSCHALTUNGEN

Wie für ein statisches Kippglied kann man auch für das hier behandelte Kippglied mit Flankensteuerung eine Wahrheitstabelle aufstellen. Diese enthält die Kombinationen für die Ausgangswerte. Das Taktsignal selbst ist in der Tabelle nicht aufgeführt. Tabelle 4.5 zeigt die Wahrheitstabelle für ein Kippglied, welches sich von dem bisher behandelten unterscheidet. Dies geht aus den folgenden Betrachtungen hervor. Ausgegangen wird dabei von der Grundstellung:

$$Q \triangleq 0$$
$$Q^* \triangleq 1$$

| a | b | Q | Q* | |
|---|---|---|----|---|
| 1 | 0 | 1 | 0  | I |
| 0 | 0 | 1 | 0  | II |
| 0 | 1 | 0 | 1  | III |
| 0 | 0 | 0 | 1  | IV |
| 1 | 1 | ? | ?  | V |

**Tabelle 4.5:** *Wahrheitstabelle für ein RS-Kippglied mit Flankensteuerung*

Die in der Tabelle aufgeführten Fälle I und III sind die durch eine Vorbereitung erwirkten Kippvorgänge. Im Fall I wird durch S = 1 der Setzzustand vorbereitet, im Fall III durch R = 1 der Rücksetzzustand. Die angegebenen Ausgangszustände können natürlich nur dann eintreten, wenn am Takteingang ein Signalsprung wirksam wurde. Die Fälle II und IV kennzeichnen den nicht vorbereiteten Zustand. Taktflanken haben dabei keinen Einfluss auf den Schaltzustand des Kippgliedes. Man kann hier deutlich herauslesen, dass mit einem entsprechenden Ausgang ein Eingang vorbereitet wird. Bei positiver Logik ist

$$1 \triangleq H \triangleq +U_b$$

$+U_b$ ist in der Schaltung nach Abbildung 4.34 die Spannung, die nicht vorbereitet wurde.

Der Fall V in der Tabelle soll den Zustand zeigen, bei dem beide Kipprichtungen gleichzeitig vorbereitet sind. Es handelt sich um den verbotenen Steuerzustand. Wie bereits bekannt ist, führt dieser zu einer nicht vorher bestimmbaren Flipflop-Lage. Auch hier stimmt die Tabelle nicht mit dem Verhalten der Schaltung nach Abbildung 4.34 überein, denn diese ist für positive Logik mit der angegebenem Signalkombination nicht vorbereitet.

Die Wahrheitstabelle beschreibt aber die Funktion der in den Abbildungen 4.35 und 4.36 symbolisch dargestellten Kippglieder richtig. Sinnvolle Realisierungen für diese Flipflops gibt es nur in integrierter Technik.

### 4.3.10 T-Kippglied (Binärteiler)

Das T-Kippglied ist eine vereinfachte Form des flankengesteuerten RS-Kippgliedes. Es besitzt nur einen Takteingang und keine Vorbereitungseingänge. Aus einem flankengesteuerten Kippglied mit Vorbereitungseingängen kann man ein T-Kippglied realisieren, indem man die Vorbereitungseingänge so beschaltet, dass bei jeder wirksamen Taktflanke unabhängig vom jeweiligen Schaltzustand ein Kippvorgang erfolgt. Bei der Schaltung nach Abb. 4.34 ist zum Beispiel die für einen Kippvorgang erforderliche Vorbereitung immer richtig, wenn man den Eingang a mit dem Ausgang Q und den Eingang b mit dem Ausgang Q* verbindet. In Abb. 4.37 ist diese Schaltung dargestellt.

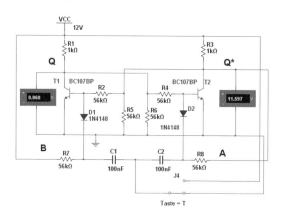

**Abb. 4.37a:** T-Kippglied (Multisim)

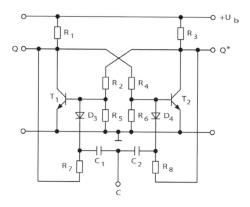

**Abb. 4.37b:** T-Kippglied (reguläre Schaltung)

Geht man beispielsweise von dem Schaltzustand $T_1$ leitend und $T_2$ gesperrt aus, so liegt B auf 0 V und A auf $+U_b$. Das Flipflop ist damit so vorbereitet, dass es bei der nächsten Taktflanke in den Zustand mit $T_1$ gesperrt und $T_2$ leitend kippt. In dieser Lage ist es, wie man leicht nachprüfen kann, wieder so vorbereitet, dass es bei der nachfolgenden Taktflanke in den anfangs angenommenen Zustand zurückkippt. Daraus lässt sich ableiten: Das T-Kippglied, auch Binärteiler genannt, wird durch den Taktimpuls gekippt. Es verfügt daher auch nur über einen Takteingang T.

Aus der Erkenntnis des vorherigen Abschnittes lässt sich ein Schaltsymbol für ein T-Kippglied ableiten: es sind lediglich die Eingänge auf die Ausgänge der gegenüberliegenden Flipflopseite zu führen. Da die Verbindungen der Eingänge mit den Ausgängen schaltungsintern sind, ist es nicht notwendig, diese im Schaltsymbol anzugeben. Man erhält dadurch ein sehr einfaches Schaltzeichen. Abb. 4.38 zeigt ein T-Flipflop.

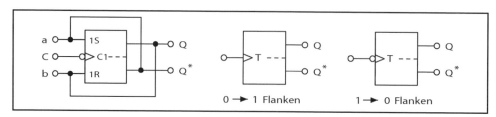

**Abb. 4.38:** T-Kippglied, bestehend aus dem RS-Flipflop für positive und negative Taktflanken

## 4.3 KIPPSCHALTUNGEN

### 4.3.11 T-Kippglied als Frequenzteiler

Ein einfaches Anwendungsbeispiel für das T-Kippglied ist der Frequenzteiler. An ein T-Kippglied werden entsprechende Taktimpulse angelegt. Bei Anwendung der positiven Logik bewirkt jede steigende Impulsflanke einen Kippvorgang, so dass sich die Spannungen an den Ausgängen Q und Q* gemäß den Abbildungen 4.38 und 4.27 ändern. In Abbildung 4.38 wurde von der Anfangsstellung mit Q = L und Q* = H ausgegangen. Dies ist jedoch belanglos, weil das Kippglied mit jeder wirksamen Flanke kippt.

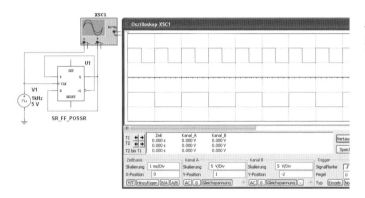

**Abb. 4.39:** Ein- und Ausgangsspannungen an einem T-Kippglied

Aus Abb. 4.39 geht deutlich hervor, dass die Periodendauer $t_Q$ der Ausgangsspannung doppelt so groß ist wie die Periodendauer der Eingangsspannung. Da die Frequenz der Kehrwert der Periodendauer $t_E$ ist, wird auch die Ausgangsfrequenz nur halb so groß wie die Eingangsfrequenz:

$$f_Q = f_E \quad \text{da} \quad f_Q = \tfrac{1}{2} \cdot f_E$$

Ein Binärteiler (T-Kippglied) teilt die Frequenz einer Rechteckspannung durch zwei.

### 4.3.12 JK-Kippglieder mit Flankensteuerung

Der Nachteil der RS-Kippglieder mit Flankensteuerung besteht darin, dass nicht gleichzeitig an beiden Vorbereitungseingängen der Zustand 1 angelegt werden darf. Durch gewisse schaltungstechnische Maßnahmen lässt sich dieser Nachteil jedoch vermeiden. Man erhält dadurch das JK-Kippglied, dessen Schaltzeichen in Abbildung 4.40 dargestellt ist.

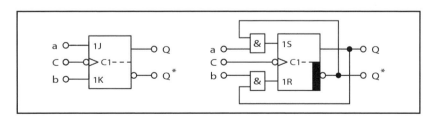

**Abb. 4.40:** JK-Kippglied für 1 → 0 Flankensteuerung bei einem RS-Kippglied

## 4 TRANSISTOR ALS ELEKTRONISCHER SCHALTER

Das Schaltverhalten eines JK-Kippgliedes gleicht dem eines gleichartig gesteuerten RS-Kippgliedes bei allen Vorbereitungssignal-Kombinationen bis auf die, bei der beide Flipflopseiten gleichzeitig vorbereitet sind. J und K sind also spezielle Vorbereitungseingänge, die sich bei der letztgenannten Vorbereitungs-Kombination anders verhalten als die inzwischen bekannten Vorbereitungseingänge S und R.

J ist der Vorbereitungseingang zum Setzen
K der Vorbereitungseingang zum Rücksetzen

Das Schaltzeichen ist deshalb auch wie das des RS-Kippgliedes gestaltet. Allein die Kennzeichnung der Vorbereitungseingänge mit 1J und 1K im Symbol macht auf das geänderte Schaltverhalten aufmerksam.

Das spezielle Schaltverhalten des JK-Kippgliedes lässt sich am einfachsten an einem schaltungstechnisch erweiterten RS-Kippglied, das dadurch die Eigenschaften eines JK-Kippgliedes angenommen hat, erklären. Abbildung 4.40 zeigt diese Erweiterung. Vor die Eingänge des RS-Kippgliedes sind UND-Gatter geschaltet. Ein UND-Gatter ist eine Schaltung, deren Ausgangssignal von den Eingangssignalen in der Weise abhängt, dass am Ausgang immer nur dann der logische Zustand 1 entsteht, wenn alle Eingänge eine logische 1 erhalten. In allen anderen Fällen ist der Ausgangszustand 0. Diese Kenntnisse genügen bereits, um die Wirkungsweise der erweiterten RS-Kippschaltung nach Abb. 4.40 zu verstehen.

Ausgehend von der gekennzeichneten Grundstellung (Rücksetzzustand) soll nun nur der Fall untersucht werden, bei dem beide Vorbereitungseingänge eine 1 erhalten:

**a)** Bei $a \triangleq 1$ und $b \triangleq 1$ und Rücksetzzustand ($Q^* \triangleq 1$, $Q \triangleq 0$) gilt für das obere UND-Gatter: Der obere Eingang erhält ein 1-Signal von b und der untere Eingang erhält ein 1-Signal von a, damit ist der Ausgangszustand 1.

Für das untere UND-Gatter lässt sich ableiten: Der obere Eingang erhält eine 1 von b, der untere Eingang erhält eine 0 von Q, folglich ist der Ausgangszustand 0. Damit liegt am 1S-Eingang des eigentlichen RS-Kippgliedes eine 1 und am 1K-Eingang eine 0. Ein Taktsignalübergang von 1 auf 0 bewirkt somit einen Kippvorgang in den Setzzustand.

**b)** Bei $a \triangleq 1$ und $b \triangleq 1$ und dem Setzzustand ($Q \triangleq 1$, $Q^* \triangleq 0$) (beides lässt sich in gleicher Weise ableiten) wird das RS-Kippglied zum Rücksetzen vorbereitet. Ein Taktsignal verursacht also ebenfalls einen Kippvorgang, und zwar jetzt in den Rücksetzzustand.

Damit ist der Vorteil des JK-Kippgliedes klar: Es gibt in Gegensatz zum RS-Kippglied keine Signalkombination, aus der ein undefinierter Flipflopzustand entstehen kann.

Liegt an beiden Vorbereitungseingängen ständig eine logische 1, so kippt das Kippglied bei jedem Taktsignal, es verhält sich also dann wie ein T-Kippglied. Wie Abb. 4.41 zeigt, können also auch JK-Kippglieder vorteilhaft als T-Kippglieder (Binärteiler) verwendet werden.

## 4.3 KIPPSCHALTUNGEN

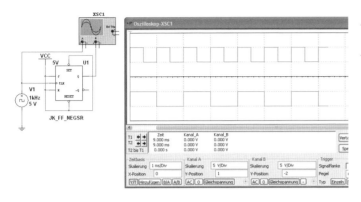

**Abb. 4.41:** T-Kippglied mit einem integrierten JK-Flipflop

**Anmerkung:** Es sei darauf hingewiesen, dass es auch JK-Kippglieder mit einer so genannten Zweiflankensteuerung gibt. Diese werden auch als Master-Slave-Kippglieder bezeichnet. Es handelt sich dabei um Anordnungen mit zwei Kippgliedern, wovon das eine Kippglied als Master (soviel wie Hauptkippglied) und das andere als Slave (soviel wie Folgekippglied) bezeichnet wird. Abbildung 4.42 zeigt eine mögliche Anordnung.

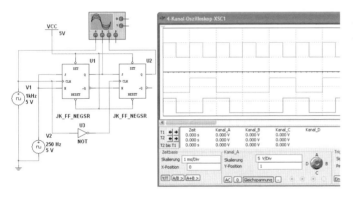

**Abb. 4.42:** Prinzip eines JK-Master-Slave-Kippgliedes (JK-MS-Flipflop)

Die beiden Flipflops des Master-Slave-Kippgliedes arbeiten gemäß ihrer Kennzeichnung durch das Schaltsymbol. Beide werden demnach mit positiven Flanken (bei positiver Logik) getaktet. Da aber das Taktsignal zum Slave über eine Signalumkehrstufe (Negation) geführt wird, erhält dieser sein Taktsignal zum Zeitpunkt der negativen Taktflanke der Eingangsspannung an C. Daraus ergibt sich folgende Funktion: Die an den Vorbereitungseingängen a und b liegende Information steuert bei der positiven Flanke der Eingangsspannung den Master. Dieser speichert die Information und hält sie an seinen Ausgängen $Q_M$ und $Q_M^*$ bereit. Die negative Flanke der eingangsseitigen Taktspannung wird durch die Signalumkehrstufe zu einer positiven Flanke für den Slave. Sobald diese ansteht, übernimmt der Slave die an den Masterausgängen liegende Information, speichert sie und stellt sie an seinen Ausgängen Q und Q* zur Verfügung.

Betrachtet man nur die Eingänge C, J und K und die Ausgänge Q, so verhalten sich nach den bisherigen Erkenntnissen das einfache und das zweiflankengesteuerte JK-Kippglied gleich. Dies zeigt auch der Signal-Zeit-Plan (Abb. 4.43).

# 4 TRANSISTOR ALS ELEKTRONISCHER SCHALTER

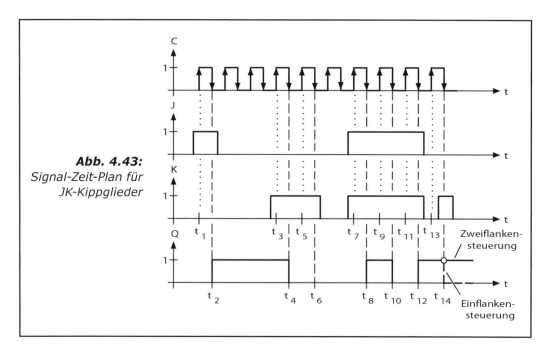

**Abb. 4.43:** Signal-Zeit-Plan für JK-Kippglieder

Im Signal-Zeit-Plan gelten die gestrichelten Zeitlinien für das einfache und das Master-Slave-Kippglied, während die punktierten Zeitlinien nur für das Master-Slave-Kippglied Bedeutung haben.

Anhand des Signal-Zeit-Planes nach Abb. 4.43 soll nun der Ablauf untersucht werden. Die Flipflopanfangslage ist $Q \triangleq 0$, also Rücksetzzustand.

In der Zeitspanne von $t_1$ bis $t_2$ liegt ein Taktimpuls an C. Zu dieser Zeit ist aber auch $J \triangleq 1$, deshalb erscheint mit der fallenden Flanke zum Zeitpunkt $t_2$ an Q der Setzzustand mit $Q \triangleq 1$. Das einfache Flipflop nimmt die J-Information zum gleichen Zeitpunkt erst auf, während das Master-Slave-Flipflop die J-Information schon zum Zeitpunkt $t_1$ aufgenommen und im Master bis zum Zeitpunkt $t_2$ zwischengespeichert hat. Nach außen zeigen beide Flipfloparten keinen Unterschied.

Die nachfolgenden beiden Taktimpulse haben keine Wirkung, da die beiden J- und K-Eingänge nicht vorbereitet sind ($J \triangleq 0$, $K \triangleq 0$). Der Taktimpuls in der Zeitspanne von $t_3$ bis $t_4$ fällt in die Vorbereitung mit $K \triangleq 1$. Mit der fallenden Taktflanke erscheint an Ausgang Q der Rücksetzzustand mit $Q \triangleq 0$. Wie oben übernimmt das einfache Kippglied die Information erst mit der fallenden Flanke ($t_4$) auf, während das Master-Slave-Kippglied bereits schon bei der steigenden Flanke ($t_3$) übernahm. Nach außen hin zeigen wieder beide Arten gleiches Verhalten.

Der Taktimpuls in der Zeitspanne von $t_5$ bis $t_6$ bewirkt keine Veränderung. Er würde zwar den Rücksetzzustand wie vorher erzwingen, da dieser aber bereits vorliegt, verändert sich nichts. Da nun während des nächsten Taktimpulses J und K mit 0 belegt sind, liegt keine Vorbereitung an, das Kippglied behält seinen Zustand bei.

## 4.3 KIPPSCHALTUNGEN

Im Zeitraum von $t_7$ bis $t_{12}$ ist J ≙ 1 und K ≙ 1. Damit verhält sich ein JK-Kippglied wie ein T-Kippglied. Jede fallende Taktflanke verursacht einen Signalwechsel am Ausgang Q, wobei das Master-Slave-Kippglied, wie oben auch, schon bei den steigenden Flanken den neuen Zustand speichert, aber die Logikpegel sind noch nicht am Ausgang wirksam.

Bis zu diesem Zeitpunkt wurden keine Unterschiede bei beiden Flipflop-Arten festgestellt. Der Taktimpuls zwischen $t_{13}$ und $t_{14}$ zeigt jedoch das unterschiedliche Verhalten: Da das Master-Slave-Kippglied nur zum Zeitpunkt der steigenden Flanke $t_{13}$ speichert und zu dieser Zeit keine Vorbereitung anliegt (J ≙ 0, K ≙ 0), behält der Master seinen alten Inhalt bei. Mit der fallenden Flanke ($t_{14}$) wird sich somit keine Veränderung am Ausgang ergeben, Q bleibt auf 1. Das einfache JK-Kippglied dagegen verhält sich nun anders. Es kann nur die Signale zum Zeitpunkt der fallenden Flanke verarbeiten. Zu diesem Zeitpunkt ($t_{14}$) ist jedoch K ≙ 1 (Vorbereitung zum Rücksetzen), deshalb wird es mit der fallenden Flanke in den Rücksetzzustand kippen. Zum Zeitpunkt $t_{14}$ erscheint folglich am Ausgang Q eine 0.

Zusammenfassend kann man nun daraus ableiten:

- Zweiflankengesteuerte JK-Kippglieder verarbeiten die Eingangswerte nur während der positiven Flanken und stellen die Ausgangswerte erst mit der negativen Flanke zur Verfügung.
- Einflankengesteuerte JK-Kippglieder verarbeiten die Eingangswerte und stellen gleichzeitig (wenn man die Signallaufzeiten in der Schaltung vernachlässigt) die Ausgangsergebnisse dar, zum Beispiel bei dem Kippglied nach Abbildung 4.40 bei der negativen Taktflanke.

Aus den vorgenannten Gründen ist es für den Praktiker wichtig zu wissen, mit welcher Art von Kippglied er umgeht. Deshalb wird häufig das Normsymbol für ein Master-Slave-Kippglied besonders gekennzeichnet (Abb. 4.44). Der kleine Haken an jedem Ausgang definiert das Kippglied derart, dass das Ausgangssignal erst am Ende des Taktimpulses erscheint, aber schon am Taktbeginn gespeichert wurde. Ausgänge mit diesem Verhalten nennt man auch retardierte Ausgänge.

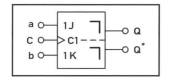

**Abb. 4.44** JK-MS-Flipflop

Das Symbol in Abb. 4.40 ist wie folgt zu deuten: Das Symbol für den Takteingang deutet auf eine Wirksamkeit bei positiven Flanken hin, d. h., bei dieser Flanke (und nur bei dieser Flanke) reagiert der Master auf die Vorbereitungssignale. Das Ausgangsergebnis erscheint aber erst bei der nachfolgenden entgegengesetzt gerichteten Flanke.

## 4.3.13 Kippglieder mit statischer und dynamischer Steuerung

Kippglieder mit dynamischer Ansteuerung (Flankensteuerung mit Vorbereitung) können auch zusätzliche statische Eingänge besitzen, die unabhängig vom Taktsignal arbeiten. In Abbildung 4.45 ist ein solcher Fall dargestellt. In diesem Symbol stehen C1, 1S und 1R für die bereits bekannte dynamische Steuerung mit den Vorbereitungseingängen. S und R dagegen stellen die beiden selbstständigen statischen Eingänge dar.

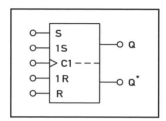

**Abb. 4.45:** RS-Kippglied mit statischem Verhalten und Flankensteuerung

Hier muss beachtet werden: Die statischen Eingänge haben immer Vorrang, d. h., das Flipflop wird immer die Lage einnehmen und auch beibehalten, die der Beschaltung der statischen Eingänge entspricht. Dabei ist es gleichgültig, welche Zustände an den Vorbereitungseingängen und am Takteingang herrschen.

# 4.4 Monostabile Kippschaltung

Bei der bistabilen Kippstufe nach Abb. 4.16 waren zwei Transistorschalter so miteinander verbunden, dass der Ausgang des einen Schalters jeweils den Eingang des anderen Schalters ansteuerte. Diese Überkreuz-Kopplung der beiden Schalter erfolgte mit Widerständen, also gleichstrommäßig. Abbildung 4.46 zeigt die Prinzipschaltung des ebenfalls aus zwei Transistorschaltern aufgebauten monostabilen Kippgliedes. Die Schaltung macht dabei deutlich, dass es sich um eine mitgekoppelte Verstärkerschaltung handelt. Die Mitkopplung erfolgt über den Widerstand $R_2$.

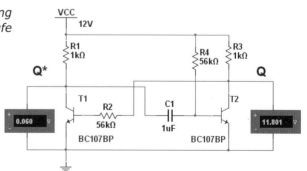

**Abb. 4.46:** Prinzipschaltung einer monostabilen Kippstufe

# 4.4 MONOSTABILE KIPPSCHALTUNG

Wird die Schaltung an Betriebsspannung gelegt, so läuft zunächst ein Einschaltvorgang ab. Der Transistor $T_1$ erhält seinen Basisstrom über die Widerstände $R_3$ und $R_2$, der Transistor $T_2$ jedoch über den Widerstand $R_4$. Beide Transistoren versuchen daher durchzusteuern. Während dabei die Spannung, die sich $R_2$ abgreift, infolge des größer werdenden Kollektorstromes von $T_2$ immer kleiner wird, bleibt die Spannung, die $R_4$ für $T_2$ abgreift konstant. Der über $R_4$ fließende Basisstrom steuert den Transistor $T_2$ voll durch. Die Spannung am Ausgang Q wird demzufolge (annähernd) 0 V betragen. Damit ist aber $T_1$ völlig gesperrt.

## 4.4.1 Arbeitsweise eines Monoflops

Nach dem Anlegen der Betriebsspannung $+U_b$ stellt sich also folgender Zustand ein:

$$\begin{array}{cc} Q & Q* \\ 0\text{ V} & +U_b \end{array}$$

Durch die Pegelsymbole oder die logischen Zustandsbegriffe ausgedrückt, ergibt das:

$$\begin{array}{ccccc} Q & Q* & \text{positive Logik} & Q & Q* \\ L & H & \Rightarrow & 0 & 1 \end{array}$$

Dies ist die Grundstellung oder der Ruhezustand der monostabilen Kippschaltung. Dieser Ruhezustand bildet aber auch den einzigen stabilen Zustand des Monoflops.

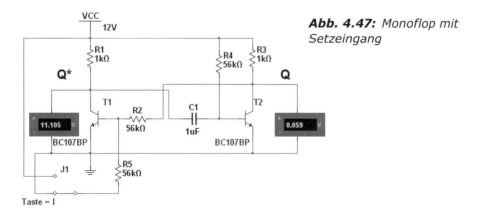

**Abb. 4.47:** *Monoflop mit Setzeingang*

Über zusätzliche Anschlüsse an der Basis der Transistoren lässt sich das Monoflop durch ein geeignetes Steuersignal in den Arbeitszustand versetzen. Da der Transistor $T_1$ im Ruhezustand (Grundstellung) gesperrt ist, kann an seiner Basis nur eine positive Steuerspannung zum Erfolg führen. $T_2$ ist dagegen leitend und kann daher nur durch eine negative Steuerspannung gesperrt werden. In Abb. 4.47 ist ein Steuereingang I (Input) bzw. S (Setzeingang) an der Basis von $T_1$ angeschaltet. Die Steuerung über diesen Ein-

gang spielt sich wie folgt ab: Im stabilen Ruhezustand liegt am linken Anschluss des Kondensators $C_1$ ein Potential von
$$U_Q^* \approx U_b = 6 \text{ V}$$

Am rechten Anschluss des Kondensators liegt
$$U_{BE2} \approx 0{,}7 \text{ V}$$

Das ist das Basispotential des Transistors $T_2$. Der Kondensator ist daher auf eine Spannung von
$$U_{C1} = U_Q^* - U_{BE2} \approx 6 \text{ V} - 0{,}7 \text{ V} = 5{,}3 \text{ V}$$

aufgeladen, wobei der linke Anschluss der positive und der rechte der negative Pol ist. Wird nun $T_1$ durch ein Setzsignal vom gesperrten in den leitenden Zustand versetzt, so fällt die Spannung $U_Q^*$ von 6 V auf näherungsweise 0 V. Die linke Seite des Kondensators liegt also plötzlich (in etwa) auf Massepotential. Da sich nun die Kondensatorladung und damit die Spannung $U_{C1}$ nicht sprunghaft ändern kann, weist der rechte Anschluss nun ein Potential von -5,3 V auf. $U_{BE2}$ fällt also von
$$U_{BE2} = 0{,}7 \text{ V auf } U_{BE2} = -5{,}3 \text{ V}.$$

Dadurch wird $T_2$ voll gesperrt. Das monostabile Kippglied ist gesetzt, es befindet sich im Arbeitszustand, seinem instabilen Zustand:

| Q | Q* |   | Q | Q* | positive Logik | Q | Q* |
|---|---|---|---|---|---|---|---|
| +$U_b$ | 0 V | ⇨ | H | L | ⇨ | 1 | 0 |

In Abbildung 4.48 sind die Spannungsverläufe in zeitlich richtiger Zuordnung dargestellt. Der Zeitpunkt $t_1$ zeigt den Augenblick des Setzens. Der Wirkungsablauf beim Setzen ist dünn gezeichnet und mit Pfeilen gekennzeichnet. Bei $t_1$ beginnt der instabile Zustand. Der Kondensator $C_1$ wird nun nach einer e-Funktion über $R_4$, die Kollektor-Emitter-Strecke des leitenden Transistors $T_1$ und den vernachlässigbar kleinen Innenwiderstand der Spannungsquelle umgeladen. Abbildung 4.49 zeigt den Umladevorgang beim Kondensator $C_1$.

Auf Grund der positiven Betriebsspannung $+U_b = 6$ V wird bei dieser Umladung der rechte Anschluss von $C_1$ einen positiven Wert aufweisen. Da dieses Potential gleichzeitig die Basis-Emitter-Spannung $U_{BE2}$ des gesperrten Transistors $T_2$ ist, wird dieser Vorgang so lange durchgeführt, bis $U_{BE2}$ einen Wert von etwa 0,7 V erreicht hat. In diesem Augenblick ($t_2$ in Abb. 4.48) wird der Transistor $T_2$ wieder leitend, wodurch sein Kollektorpotential sinkt. Durch die Mitkopplung über Widerstand $R_2$ kippt die Schaltung jetzt in den Ruhezustand zurück.

Dieses Zurückkippen in den stabilen Zustand erfolgt also ohne äußere Einwirkung. Vernachlässigt man den Innenwiderstand der Spannungsquelle sowie den Widerstand der Kollektor-Emitter-Strecke des leitenden Transistors $T_1$, so wird die Umladezeit des Kondensators $C_1$ bestimmt durch die Zeitkonstante
$$\tau = R_4 \cdot C_1$$

## 4.4 MONOSTABILE KIPPSCHALTUNG

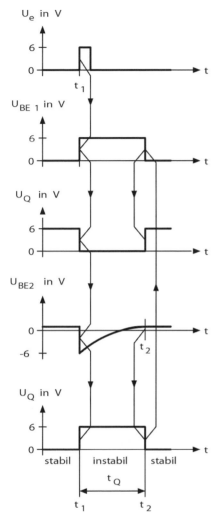

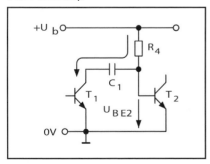

**Abb. 4.48:** Signal-Zeit-Plan für das Monoflop

**Abb. 4.49:** Umladung von $C_1$ in der Schaltung nach Abb.4.47

Die Verweildauer $t_Q$ (Impulsdauer am Ausgang Q) lässt sich mit folgender Näherungsgleichung ermitteln:

$$t_Q = 0{,}7 \cdot R_4 \cdot C_1$$

Für die Simulation ergibt sich eine monostabile Zeit von etwa 40 ms.

### 4.4.2 Flankensteuerung bei einem Monoflop

Monostabile Kippstufen sind in der Regel flankengesteuert, wobei je nach Schaltungsauslegung sowohl eine Steuerung mit positiven (steigenden) als auch mit negativen (fallenden) Flanken erfolgen kann. Wie bei der bistabilen Kippstufe werden die rechteckförmigen Eingangssignale mit Hilfe von RC-Gliedern differenziert.

Bei der Schaltung in Abbildung 4.50 handelt es sich um eine Weiterentwicklung der bisher besprochenen Schaltung nach Abbildung 4.47.

Da $T_2$ in der Ruhelage leitend ist und $T_1$ sperrt, kann mit dem eingezeichneten Eingang ein Kippvorgang nur dadurch ausgelöst werden, dass $T_1$ durchgesteuert wird. Dies erfolgt mit einer steigenden Flanke des Eingangssignals an C, die zu einem positiven Nadelimpuls geformt wird. Der Impuls wirkt über die Diode auf die Basis von $T_1$. Die Diode ist

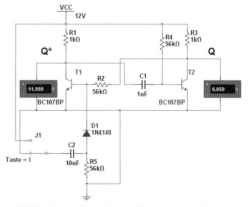

**Abb. 4.50:** Monostabiles Kippglied mit Flankensteuerung für positive Flanken

dazu erforderlich, negative Nadelimpulse vom Transistor $T_1$ fernzuhalten. Dazu folgende Begründung: Das Rückkippen aus dem instabilen in den stabilen Zustand soll bekanntlich ohne äußere Einwirkung erfolgen, wobei die Verweildauer $t_Q$ ganz allein von der Dimensionierung des Widerstandes $R_4$ und dem Kondensator $C_1$ abhängig sein soll. Tritt aber am Eingang C eine fallende Flanke auf, während die Schaltung noch im instabilen Zustand verweilt, so wird daraus ein negativer Nadelimpuls entstehen. Könnte nun dieser an der Basis des noch leitenden Transistors $T_1$ wirksam werden, so würde der Transistor gesperrt werden, noch bevor die Verweildauer $t_Q$ abgelaufen ist. Ohne die Diode würde also die Schaltung zu frühzeitig in den stabilen Zustand gezwungen werden.

Abbildung 4.51 zeigt den Signal-Zeit-Plan für das Monoflop nach Abbildung 4.50. Dieser enthält das rechteckförmige Eingangssignal $U_1$, die daraus über den Widerstand $R_5$ resultierenden Nadelimpulse $U_e$ und die Ausgangsspannungen $U_Q^*$ und $U_Q$. Da für die negativen Nadelimpulse die Diode in Sperrichtung geschaltet ist, diese also an der Basis von $T_1$ nicht wirksam werden, sind sie gestrichelt gezeichnet.

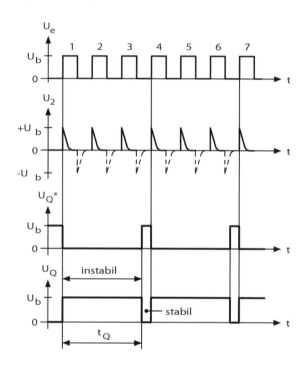

**Abb. 4.51:** Signal-Zeit-Plan für das Monoflop von Abb. 4.50

Aus Abbildung 4.51 ist deutlich zu ersehen, dass während des instabilen Zustandes die positiven Flanken der Eingangsspannung auf Grund des sowieso schon leitenden Transistors $T_1$ keinerlei ausgangsseitige Veränderung bewirken. Erst wenn die Schaltung in den stabilen Zustand zurückgekippt ist, kann die nächste positive Flanke (in Abb. 4.51 der vierte Impuls der Eingangsspannung $U_e$) ein erneutes Kippen verursachen.

In verschiedenen Anwendungsfällen sollen die am dynamischen Eingang C stehenden Potentialwechsel nur unter bestimmten Bedingungen wirksam werden. Hierzu bedient man sich, wie bei den bistabilen Kippstufen, eines zusätzlichen Vorbereitungseinganges 1S.

Dieser wurde beim Flipflop einfach dadurch gebildet, dass der Widerstand des Differenziergliedes nicht fest an Masse liegt, sondern dass er frei mit dem Vorbereitungspegel beschaltet werden konnte.

### 4.4.3 Monoflop mit Vorbereitungssignal

Bei dem Monoflop nach Abb. 4.52 ist das nicht möglich. Würde zum Beispiel gerade eine positive Spannung am Fußpunkt von $R_5$ liegen, so würde diese über die Diode direkt an der Basis vom $T_1$ wirksam werden. $T_1$ wäre dann durch das Vorbereitungssignal leitend gesteuert, obwohl diese Spannung ja nur vorbereiten soll.

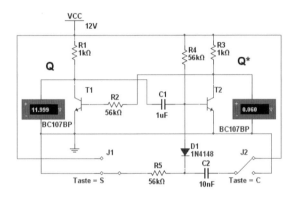

**Abb. 4.52:** Monostabiles Kippglied mit Flankensteuerung für negative Flanken und Vorbereitung

Bei der Schaltung von Abb. 4.52 arbeitet das monostabile Kippglied mit Flankensteuerung für negative Flanken und Vorbereitung. Hierzu ist der Transistor $T_2$ zu sperren. Der dynamische Eingang muss also auf $T_2$ wirken. Gleichzeitig muss die Diode umgedreht werden, um die negative Flanke, d. h. den sich daraus ergebenden negativen Nadelimpuls, durchzulassen (Abb. 4.53).

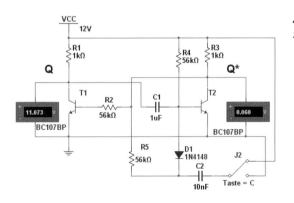

**Abb. 4.53:** Monoflop für Flankensteuerung mit negativen Flanken

Der Kippvorgang in die Arbeitslage kann jetzt nur unter den nachstehenden zwei Voraussetzungen erfolgen:

- der Vorbereitungseingang liegt auf 0 V
- am dynamischen Eingang wirkt die abfallende Flanke des Eingangssignals

Eine Möglichkeit der richtigen Vorbereitung zeigt die Schaltung nach Abbildung 4.53. Hier ist der Vorbereitungseingang mit dem Kollektor des leitenden Transistors verbunden. Durch diese Beschaltung wird jegliche Beeinflussung des Transistors $T_2$ und damit der gesamten Stufe während des instabilen Zustandes vermieden.

### 4.4.4 Schaltsymbol

Das Schaltzeichen eines monostabilen Kippgliedes ist in seiner grundsätzlichen Form in Abb. 4.54 dargestellt. Häufig wird dabei der Ausgang Q* weggelassen, z. B., wenn er für die Schaltungsanordnung, in der das Monoflop eingesetzt ist, nicht beschaltet wird oder wenn er für die Betrachtung keine Bedeutung hat. Im Schaltzeichen findet man oft Zeitangaben. Diese geben die Verweildauer $t_Q$ im instabilen Zustand an. Entsprechend sagt Abb. 4.54 aus, dass das betreffende Monoflop nach dem Setzen mit 1 an S über 30 ns in der Arbeitslage verbleibt, also 30 ns lang eine 1 an Q bringt.

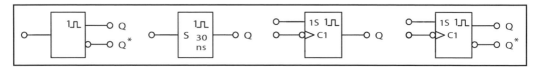

***Abb. 4.54:*** *Verschiedene Schaltsymbole für Monoflops*

Für die Darstellung der Eingänge wird die gleiche Symbolik wie bei Flipflops verwendet. So gelten z. B. für das Schaltzeichen nach Abb. 4.54 folgende Kippbedingungen:

- am Vorbereitungseingang muss der Signalzustand 1 anliegen
- am dynamischen Eingang muss 1 → 0 Übergang auftreten

Am Ausgang Q liegt dann für die Dauer der Verweilzeit $t_Q$ das 1-Signal, am Ausgang Q* das 0-Signal an. Die Ziffer 1 an den Eingängen zeigt, wie bei Flipflops auch, dass diese beiden Eingänge zusammenwirken.

Obige Kippbedingungen lassen sich nicht mit dem diskreten Aufbau nach Abbildung 4.52 in Einklang bringen. Wie die bistabilen werden nämlich auch die monostabilen Kippglieder heutzutage in integrierter Schaltungstechnik hergestellt. Ihr Aufbau entspricht deshalb nicht der einfachen Schaltung nach Abbildung 4.52.

Wie bereits ausgeführt, treten beim Kippvorgang in den nicht stabilen Zustand an der Basis des im Ruhezustand leitenden Transistors $T_2$ negative Spannungsspitzen auf, die in der Größenordnung der Betriebsspannung liegen.

Derart hohe negative Basis-Emitter-Spannungen können bestimmte Transistoren zerstören. Moderne Siliziumtransistoren halten Spannungen dieser Größe zwar meist aus, die Basis-Emitter-Strecke zeigt jedoch einen Z-Dioden-Effekt. Wird ein bestimmter negativer Wert von $U_{BE}$ überschritten, so wird die Basis-Emitter-Strecke durchlässig. Die Entladezeit von $C_1$ wird dadurch beeinflusst und die Gleichung $t_Q = 0{,}7 \cdot R_4 \cdot C_1$ verliert ihre Gültigkeit.

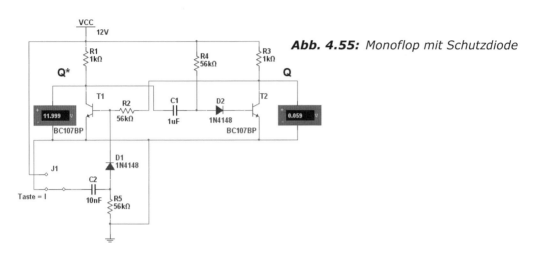

**Abb. 4.55:** Monoflop mit Schutzdiode

Um diese Nachteile zu vermeiden, schaltet man in die Basisleitung des in Ruhezustand leitenden Transistors $T_2$ eine Diode (Abb. 4.55). Diese ist während der Sperrphase von $T_2$ – vor allem aber beim Auftreten der negativen Spannungsspitze – in Sperrrichtung gepolt und verhindert somit ein durchlässig werden bzw. eine Zerstörung der Basis-Emitter-Strecke von $T_2$. Die Schutzdiode hat auf den im Ruhezustand fließenden Basisstrom keinen Einfluss, da sie für diesen in Flussrichtung liegt. Anmerkung: Würde weder der Z-Dioden-Effekt auftreten noch der Transistor $T_2$ zerstört werden, so würde dies noch eine weitere nachteilige Erscheinung verursachen.

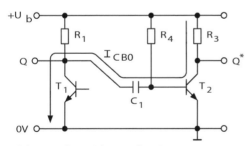 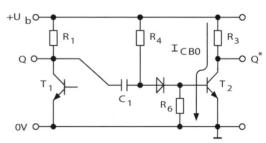

**Abb. 4.56:** Wirkung des Reststromes $I_{CB0}$ auf den Transistor

**Abb. 4.57:** Ableiten des Reststromes im Monoflop

Über die Kollektor-Basis-Strecke fließt nämlich ein Reststrom (Abb. 4.56), der auf Grund der hohen negativen Spannung an der Basis von $T_2$ seinen Weg über $C_1$ und den leitenden Transistor $T_1$ nehmen wird und somit als $I_{CB0}$ bezeichnet werden kann.

Dieser Reststrom, der stark temperaturabhängig ist, verändert die Aufladezeit von $C_1$. Durch die Diode (Abb. 4.57) wird dieser Effekt verhindert. $I_{CB0}$ wird über den zusätzlichen Widerstand $R_6$ abgeleitet.

### 4.4.5 Erholzeit eines Monoflops

Bei der Schaltung nach Abb. 4.58 ist der Transistor $T_1$ im instabilen Zustand leitend, sein Kollektorpotential also etwa 0 V. Beim Kippen in den Ruhezustand wird $T_1$ gesperrt, wobei die Spannung am Ausgang Q* sprunghaft auf $+U_b$ ansteigen sollte.

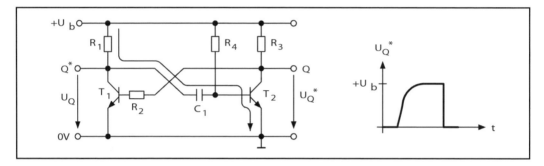

**Abb. 4.58:** *Darstellung des Kondensatorladestromes und Spannung am Ausgang Q\**

Da jedoch bei diesem Kippvorgang der Kondensator $C_1$ über $R_1$ und die Basis-Emitter-Strecke von $T_2$ aufgeladen wird, hat die Ausgangsspannung die Form einer e-Funktion. Der Kondensator $C_1$ benötigt also bis zur vollen Aufladung auf ca. $U_b$ eine gewisse Zeit. Mit anderen Worten: Die Aufladung von $C_1$ läuft nicht zeitverzugslos ab.

Um jedoch einen neuen Kippvorgang einleiten zu können, muss der Kondensator eine bestimmte Mindestladungsmenge aufgenommen haben, d. h. man muss eine bestimmte Zeitdauer bis zum nächsten Kippvorgang verstreichen lassen. Diese notwendige Zeitspanne wird als Erholzeit bezeichnet. Damit die Näherungsgleichung für die Verweildauer

$$t_Q \approx 0{,}7 \cdot R_4 \cdot C_1$$

ihre Gültigkeit beibehält, muss $C_1$ auf die Betriebsspannung (abzüglich der Basis-Emitter-Spannung von $T_2$) aufgeladen werden. Die hierzu benötigte Zeit beträgt

$$t_1 \approx 5 \cdot R_1 \cdot C_1$$

$t_1$ ist dann in etwa die notwendige Erholzeit.

## 4.4.6 Anwendungsbeispiele

Monostabile Kippglieder nehmen nach einem kurzen Eingangsimpuls den instabilen Zustand ein und verharren in diesem für eine definierte, von der Schaltungsdimensionierung abhängige Zeit. Aufgrund dieser Tatsache lassen sich monostabile Kippglieder als auslösbare Zeitgeber verwenden. So dienen sie z. B. als Zeitglieder in Ablaufsteuerungen, Frequenzteilern, Maschinensteuerungen. Ebenso verwendet man sie zur Impulsaufbereitung.

In der Impulstechnik ist oft von großer Wichtigkeit, dass Impulse in Bezug auf ihre Dauer (Impulslänge) genau bemessen sein müssen. Bei Impulsübertragungen treten jedoch besonders bei langen Übertragungsleitungen Verzerrungen auf. Zur Regeneration gleichförmiger Impulse leistet ein monostabiles Kippglied gute Dienste. Legt man die verzerrten Impulse als Eingangsspannung $U_e$ an den dynamischen Eingang C einer monostabilen Kippschaltung mit z. B. positiver Flankensteuerung, so verursacht jeder positive Potentialsprung einen Kippvorgang in den unstabilen Arbeitszustand. Aus dem Arbeitszustand kippt die Schaltung ohne äußeren Einfluss zurück in den Ruhezustand. Die regenerierten Impulse können an einem der beiden Ausgänge der Kippschaltung abgegriffen werden. Bedingung ist, dass die dimensionsabhängige Dauer der nicht stabilen Impulsregeneration des Arbeitszustandes der geforderten Impulslänge entspricht (Abb. 4.59).

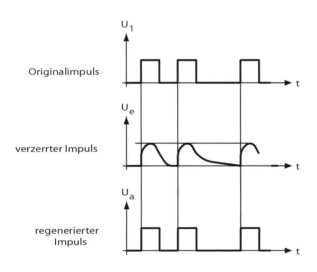

**Abb. 4.59:** *Impulsregeneration mit einer monostabilen Kippschaltung*

## 4.5 Astabile Kippschaltung (Multivibrator)

Astabile Kippschaltungen kennen keine stabile Lage, d. h., die Leitzustände der einzelnen Transistorschaltstufen wechseln ständig, und zwar ohne äußere Einwirkung. Die Kollektor-Emitter-Spannungen beider Transistoren verlaufen (nahezu) rechteckförmig. Astabile Kippschaltungen werden deshalb als Rechteckgeneratoren verwendet.

### 4.5.1 Grundschaltung einer astabilen Kippschaltung

Alle in der Praxis noch anzutreffenden astabilen Kippstufen mit Transistoren lassen sich sowohl schaltungstechnisch als auch von ihrer Funktionsweise her auf die Grundschaltung nach Abb. 4.60 zurückführen. Die beiden gleichartig aufgebauten Transistorschalter sind wechselstrommäßig über Kondensatoren miteinander verkoppelt. Gleichstrommäßig sind beide Transistorschalter so ausgelegt, dass sie bei fehlenden Kondensatoren voll leiten würden.

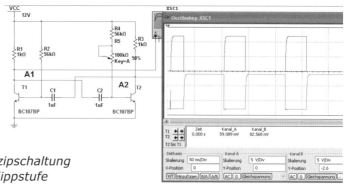

**Abb. 4.60:** Prinzipschaltung einer astabilen Kippstufe

Um das fortwährende und selbstständige Kippen auf möglichst einfache Weise zu erklären, darf hier nicht vom Einschaltvorgang ausgegangen werden. Vielmehr wird ein bestimmter Schaltzustand und eine diesen Zustand nachfolgende Änderung frei angenommen.

1. *Annahme:* Es ist $T_1$ gesperrt: $u_{a1} \approx 6$ V
   $T_2$ leitend: $u_{a2} \approx 0$ V

Die Spannung über den Kondensator $C_2$ beträgt demzufolge

$$U_{C2} = u_{a1} - u_{BE2} = 6 \text{ V} - 0{,}7 \text{ V} = 5{,}3 \text{ V}$$

wobei der linke Anschluss positiv und der rechte negativ ist.

Im Signal-Zeit-Plan nach Abb. 4.61 sind die Abläufe in übersichtlicher Form dargestellt.

## 4.5 ASTABILE KIPPSCHALTUNG (MULTIVIBRATOR)

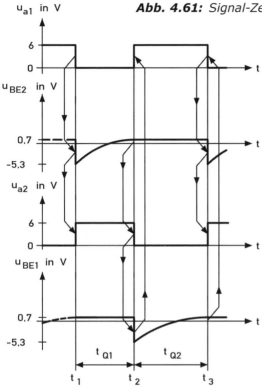

**Abb. 4.61:** Signal-Zeit-Plan für einen astabilen Multivibrator

Am Ausgang $A_2$ ergibt sich eine rechteckförmige Spannung $u_{a2}$ mit

- Impulsdauer $\quad t_i = 0{,}7 \cdot R_4 \cdot C_2$
- Impulspause $\quad t_p = 0{,}7 \cdot R_2 \cdot C_1$

Somit erhält man für die Periodendauer

$$T = t_i + t_p = 0{,}7 \cdot (R_4 \cdot C_2 + R_2 \cdot C_1)$$

*2. Annahme:* Der Transistor $T_1$ wird zum Zeitpunkt $t_1$ plötzlich leitend. (Der Grund hierfür ist aus den nachfolgenden Abhandlungen ersichtlich). Mit $u_{a1} = 0$ V ergibt sich im ersten Augenblick der Zustand:

$$u_{BE2} = -5{,}3 \text{ V}$$

und der Transistor $T_2$ wird gesperrt. Der Kondensator $C_2$ wird über den Widerstand $R_1$ und der Kollektor-Emitter-Strecke so lange umgeladen, bis $u_{BE2}$ einen Wert von 0,7 V erreicht hat (Zeitpunkt $t_2$). Hierzu ist folgende Zeit erforderlich:

$$t_{Q1} \approx 0{,}7 \cdot R_4 \cdot C_2 \quad \text{(Sperrzeit von } T_2\text{)}$$

# 4 TRANSISTOR ALS ELEKTRONISCHER SCHALTER

Die bisherigen Vorgänge entsprechen der Funktionsweise der monostabilen Kippstufe. Während der Umladezeit $t_{Q1}$ von Kondensator $C_2$ hat sich der Kondensator $C_1$, dies wird erst einmal vorausgesetzt, auf folgende Spannung aufgeladen:

$$U_{C1} = u_{a2} - u_{BE1} = 6\,V - 0{,}7\,V = 5{,}3\,V$$

wobei der rechte Anschluss der positive, der linke Anschluss der negative Pol ist.

Nach Ablauf der Zeit $t_{Q1}$ wird $T_2$ durchgesteuert. Mit $u_{a2} = 0\,V$ ergibt sich im ersten Augenblick:

$$U_{BE1} = -5{,}3\,V$$

und Transistor $T_1$ wird gesperrt.

Der Kondensator $C_1$ wird sich nun über den Widerstand $R_2$ aufladen und die Kollektor-Emitter-Strecke des leitenden Transistors $T_2$ so lange umladen, bis $u_{BE1}$ einen Wert von etwa 0,7 V erreicht hat (Zeitpunkt $t_3$). Hierzu ist folgende Zeit erforderlich:

$$t_{Q2} \approx 0{,}7 \cdot R_2 \cdot C_1 \quad \text{(Sperrzeit von } T_1\text{)}$$

Damit wird wiederum $T_1$ leitend und der Kondensator $C_2$, der sich zwischenzeitlich auf 5,3 V aufgeladen hat, bewirkt, dass $T_2$ gesperrt wird. Die Vorgänge wiederholen sich (2. Annahme).

Für die Impulsfrequenz der Ausgangsspannung $u_{a2}$ ergibt sich somit

$$f = \frac{1}{0{,}7 \cdot (R_4 \cdot C_2 + R_2 \cdot C_1)}$$

Um die Frequenz bzw. das Impuls-Pausen-Verhältnis zu verändern, wurde in der Schaltung nach Abbildung 4.62 ein Trimmer $R_5$ eingesetzt.

**Abb. 4.62:** Astabile Kippstufe mit einstellbarem Impuls-Pausen-Verhältnis

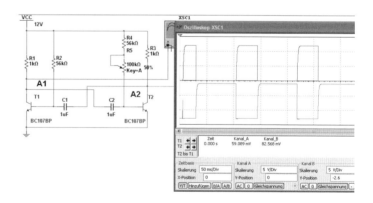

*Einfluss auf $u_{a2}$:*
Wenn der Trimmer $R_5$ hochohmiger wird, steigt die Impulspause $t_p$ an. Damit verringert sich die Frequenz und das Verhältnis $t_i/t_p$.

## 4.5 ASTABILE KIPPSCHALTUNG (MULTIVIBRATOR)

Der Verlauf der Ausgangsspannung ist nicht exakt rechteckförmig. Die Abflachung oder Verrundung der Anstiegsflanke kommt auf folgende Weise zustande: Zum Zeitpunkt $t_1$ wird Transistor $T_2$ sperrt. Die Folge ist, dass der Koppelkondensator $C_1$ über $R_3$ auf die Spannung

$$+U_b - u_{BE1} \approx +U_b$$

aufgeladen wird. Die Zeitkonstante

$$\tau = R_3 \cdot C_1$$

ist also ein Maß für die Zeit, die vergeht, bis die Ausgangsspannung den Endwert erreicht hat.

Man dimensioniert nun die Widerstände in den Kollektorleitungen so niederohmig, dass die Transistorschaltzeiten minimal werden. Anmerkung: Damit der Aufladevorgang in möglichst kurzer Zeit abläuft, könnten auch Koppelkondensatoren mit niedrigen Kapazitätswerten verwendet werden. Es muss jedoch bedacht werden, dass beide Koppelkondensatoren in Verbindung mit den zugehörigen Basiswiderständen die Impulsdauer bzw. Impulspause des Ausgangssignals bestimmen.

Die Dimensionierung dieser Basiswiderstände kann jedoch auch nicht beliebig erfolgen. Es sind mindestens zwei Kriterien zu beachten:

- Damit die Transistoren sicher durchgesteuert (übersteuert) werden, dürfen die Basiswiderstände nicht zu groß gewählt werden.

- Damit die Transistoren nicht durch zu hohe Basisströme zerstört werden, dürfen die Basiswiderstände nicht zu niederohmig sein.

Aus dem gleichen Grunde wie bei der monostabilen Kippstufe müssen auch hier in die Basisleitungen der Transistoren Schutzdioden eingefügt werden. Da hier beide Transistoren durch hohe negative Basispotentiale gefährdet werden (in Abb. 4.63 ist Transistor $T_2$ zum Zeitpunkt $t_1$ und Transistor $T_1$ zum Zeitpunkt $t_2$ dargestellt), sind zwei Dioden erforderlich.

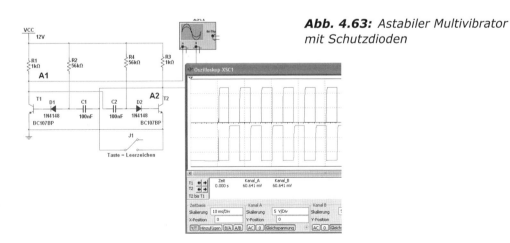

**Abb. 4.63:** *Astabiler Multivibrator mit Schutzdioden*

Für den astabilen Multivibrator wird das Schaltzeichen des Rechteckgenerators verwendet, wie Abb. 4.64 zeigt.

**Abb. 4.64:** Symbol der astabilen Kippstufe

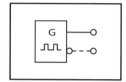

Meist wird nur ein Ausgang verwendet. Der zweite Ausgang ist deshalb gestrichelt eingezeichnet. Nur wenn der zweite Ausgang, der das negierte Signal liefert, benötigt wird, ist er im Symbol darzustellen. Aus der Darstellung muss aber dann die negierende Wirkung erkennbar sein.

## 4.5.2 Multivibrator mit Operationsverstärker

Astabile Kippstufen lassen sich auch relativ einfach mit Operationsverstärkern aufbauen. Das Prinzip beruht auf der Mitkopplung des Operationsverstärkers, sowie der abwechselnden Aufladung eines Kondensators bis zu einer oberen Schaltschwelle und der anschließenden Entladung des Kondensators bis zu einer unteren Schaltschwelle.

**Abb. 4.65:** Schaltung eines einfachen Multivibrators mit Operationsverstärker

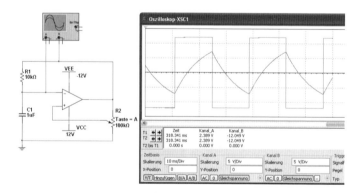

In Abbildung 4.65 ist die Schaltung einer astabilen Kippstufe mit Operationsverstärker dargestellt. Nachdem die gestrichelt eingezeichnete Betriebsspannung angelegt wurde, soll die Ausgangsspannung $u_a$ beispielsweise durch den Rauscheffekt kurzfristig ein minimal positives Potential annehmen. Über den Trimmer $R_2$, der die Mitkopplung bewirkt, wird ein Teil dieses Potentials auf den nicht invertierenden Eingang geführt. Unter der Voraussetzung, dass der Kondensator $C_1$ völlig entladen ist, liegt am invertierenden Eingang dabei das Potential 0 V. Die Differenzspannung zwischen den beiden Eingängen beträgt demzufolge:

$$u_D = u_+ - 0\,V = u_+$$

## 4.5 ASTABILE KIPPSCHALTUNG (MULTIVIBRATOR)

Diese Differenzspannung wird mit der sehr großen Leerlaufspannungsverstärkung $V_0$ verstärkt. Es ergibt sich somit die positive Ausgangsspannung

$$u_a = V_0 \cdot u_+$$

Über den Trimmer $R_2$ wird der entsprechende Anteil davon wiederum auf den nicht invertierenden Eingang zurückgeführt und erneut verstärkt. Die Schaltung kippt dadurch sehr schnell in die positive Sättigung. Damit ist

$$u_a = +U_b \quad \text{(Zeitpunkt } t_0\text{)}$$

Am nicht invertierenden Eingang liegt jetzt auf Grund der Einstellung des Trimmers $R_2$ eine bestimmte positive Spannung

$$U_{+1}$$

Der Kondensator lädt sich nun mit der Zeitkonstanten $t = R_1 \cdot C_1$ auf. $u_{C4}$ würde dabei den Wert $+U_b$ annehmen, wenn der Operationsverstärker nicht einen Kippvorgang hervorrufen würde. Ist nämlich $u_{C4}$ auf

$$u_{C1} \approx U_{+1}$$

angestiegen, wird $u_D$ so klein, dass die Ausgangsspannung abnimmt. Mit ihr verringert sich aber auch $u_+$, wodurch die Differenzspannung

$$u_D = u_+ - u_{C1}$$

noch kleiner wird. Bei $u_{C1} \approx +U_{+1}$ kippt die Schaltung also in die negative Sättigung. Jetzt ist

$$u_a = -U_b \quad \text{(Zeitpunkt } t_1\text{)}$$

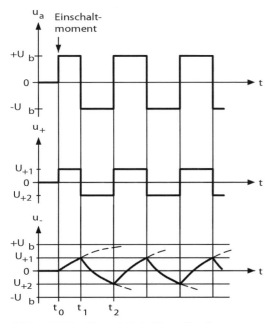

**Abb. 4.66:** Signal-Zeit-Plan für die Grundschaltung eines Multivibrators

Am nicht invertierenden Eingang liegt dadurch eine bestimmte negative Spannung $U_{+2}$.

Der Kondensator beginnt sich nun umzuladen und würde die Spannung $u_{C1} = -U_b$ annehmen, wenn nicht ein erneuter Kippvorgang einsetzen würde. Ist nämlich

$$u_{C1} \approx U_{+2}$$

kippt die Schaltung wieder in die positive Sättigung

$$u_a = +U_b \quad \text{(Zeitpunkt } t_2\text{)}$$

Die Kondensatorspannung $u_{C1}$ pendelt also zwischen der positiven Spannung $U_{+1}$ und der negativen Spannung $U_{+2}$ hin und her, wobei beim Erreichen dieser Werte jedesmal ein Kippvorgang hervorgerufen wird. In Abbildung 4.66 sind diese Vorgänge bildlich dargestellt.

# 4 TRANSISTOR ALS ELEKTRONISCHER SCHALTER

## Einstellung der Frequenz:

### a) Mittels der Zeitkonstanten $\tau = R_1 \cdot C_1$:
Verändert man den Widerstandswert von $R_1$ bzw. die Kapazität $C_1$ oder beide, so ändern sich die Zeiträume, die der Kondensator benötigt, um die zum Kippen notwendigen Spannungen und $U_{+1}$ und $U_{+2}$ zu erreichen.

### c) Mittels der Einstellung des Trimmers $R_2$:
Durch die Einstellung von $\pm U_b$ werden bei vorgegebener Betriebsspannung die Werte der Spannungen $U_{+1}$ und $U_{+2}$ festgelegt. Werden diese Werte z. B. erhöht, so ist aus Abbildung 4.66 ersichtlich, dass der Kondensator längere Zeit braucht, um sich auf diese Werte aufzuladen. Die Breite der Impulse wird vergrößert.

Ein Kippen ist unmöglich, wenn sich der Schleifer in Stellung a oder Stellung b befindet. Im ersten Fall wäre nach dem Einschalten $U_{+1} = +U_b$.

Da der Kondensator $C_1$ jedoch maximal die Spannung $u_{C1} = +U_b$ annehmen kann und $u_D = U_{+1} - U_b = 0$ V ergibt, ist ein Kippen in die negative Sättigung nicht möglich.

Im zweiten Fall fehlt die Mitkopplung.

Am Kondensator $C_1$ spielen sich gemäß Abbildung 4.66 abgebrochene Ladevorgänge ab. Da diese hinsichtlich ihrer zeitlichen Erfassung (dies trifft auch für den Einschaltmoment zu) oft Schwierigkeiten bereiten, soll hier die e-Funktion etwas genauer betrachtet werden.

Für ein RC-Glied mit der bestimmten Zeitkonstanten $\tau$ gelten folgende Zusammenhänge:

## Zusammenhang 1

Hat der Kondensator beim Anlegen der Betriebsspannung $U_b$ (Schaltmoment $t_0$) bereits eine beliebige Spannung $U_0$, so lädt er sich nach einer e-Funktion auf, die in ihrer Form identisch ist mit der Ladekurve, die sich ergibt, wenn man bei ungeladenem Kondensator eine Spannung der Größe

$$U_W = U_b - U_0 \quad (U_W: \text{wirksame Spannung})$$

zuschaltet.

Beispiel 1: $U_b = +12$ V  $\quad U_0 = -12$ V
$U_W = U_b - U_0 = 12$ V $- (-12$ V$) = 24$ V $= 2 \cdot U_b$

Der Ladevorgang ist also vergleichbar mit einer Ladung $U_W$, die von 0 ausgeht (Abb. 4.67).

Beide Kurven haben ein gleiche Form; greift man aus jeder einen gleichen Ladeabschnitt heraus, so sind die Zeiten $\Delta t$ gleich.

## 4.5 ASTABILE KIPPSCHALTUNG (MULTIVIBRATOR)

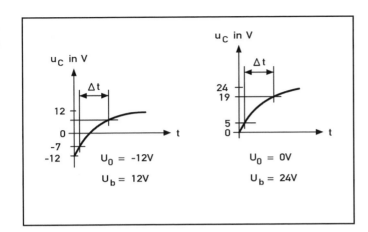

**Abb. 4.67:** Ladekurven zum Beispiel 1

## Zusammenhang 2

Eine Kondensatorladung von 0 auf $U_{b1}$ hat den gleichen Verlauf wie die Ladung eines Kondensators, der schon den Wert $U_0$ besitzt und nun um $U_{b1}$ weiter auf $U_{b2}$ geladen wird.

Beispiel 2:    $U_{b1} = 6\ V$
$U_{b2} = 12\ V$
$U_0 = U_{b2} - U_{b1} = 12\ V - 6\ V = 6\ V$

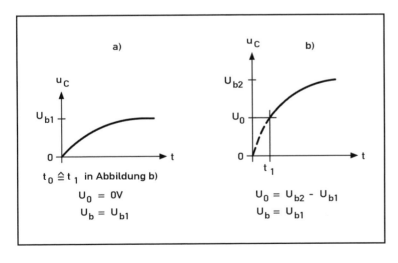

**Abb. 4.68:** Ladekurven zum Beispiel 2

Die Ladekurve (Abb. 4.68) von 6 V auf 12 V entspricht der von 0 V auf 6 V. Der Ladevorgang von $U_0 = -12\ V$ auf $U_b = +12\ V$ (gemäß Beispiel 1) ist vergleichbar mit einer Ladung von 0 auf $U_W = U_b - U_0 = 24\ V$, der Ladevorgang von $U_{b1} = 6\ V$ auf $U_{b2} = 12\ V$ (gemäß Beispiel 2) mit einer Ladung von 0 auf $U_W = U_{b2} - U_{b1} = 6\ V$.

# 4 TRANSISTOR ALS ELEKTRONISCHER SCHALTER

Für die Zeitabhängigkeit der Kondensatorspannung $u_C$ bei der Kondensatoraufladung gilt allgemein die Formel

$$u_C = U_W - U_W \cdot e^{-\frac{t}{\tau}}$$
$\qquad$ t = Zeit seit Ladungsbeginn

$$u_C = U_W \cdot \left(1 - e^{-\frac{t}{\tau}}\right)$$
$\qquad$ $\tau$ = Zeitkonstante (R · C)

Für einen Entladevorgang gilt die Formel: $u_C = U_W \cdot e^{-\frac{t}{\tau}}$

## 4.5.3 Multivibrator für positive Rechteckspannungen

Hierzu wird der Operationsverstärker nur mit einer positiven Betriebsspannung beschaltet (Abb. 4.69).

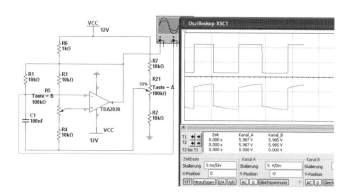

**Abb. 4.69:** Multivibrator mit Operationsverstärker für positive Rechteckspannungen

Die Arbeitsweise dieser Schaltung entspricht im Prinzip der Arbeitsweise der Grundschaltung nach Abbildung 4.65. Die notwendige Mitkopplung vom Ausgang zum nicht invertierenden Eingang erfolgt hier über den Spannungsteiler $R_6/R_3/R_4$, die Kondensatoraufladung vollzieht sich über $R_1$. Die zur Erzeugung der Eingangsspannungen $u_+$ und $u_-$ notwendige Beschaltung ist hier (gegenüber Abbildung 4.65) deutlicher als Brückenschaltung dargestellt. Der Fußpunkt der Brückenschaltung ist dabei mit Hilfe der Widerstände $R_7/R_{21}/R_2$ über das Nullpotential aufgehoben.

Der Widerstand $R_6$ muss vorhanden sein, weil der verwendete Operationsverstärker einen offenen Kollektor hat. Um die Erläuterung der sich bei dieser Schaltung abspielenden Vorgänge zu vereinfachen, werden folgende Voraussetzungen getroffen:

- Der Widerstandswert der Serienschaltung aus $R_7/R_{21}/R_2$ ist sehr klein gegenüber den Widerstandswerten beider Brückenzweige.

- R$_3$ ist ebenfalls vernachlässigbar klein gegenüber den Widerstandswerten der Brückenzweige.

Ferner werden die Trimmereinstellungen wie folgt festgelegt:
- R$_5$ wird so eingestellt, dass

$$U_{R5} = \frac{U_b}{2} = 6V$$

- R$_{21}$ wird so eingestellt, dass der Gesamtwiderstand dieses Brückenzweiges (R$_3$ + R$_5$ + R$_4$) gerade halbiert wird.

Wird zum Zeitpunkt t$_0$ die Betriebsspannung angelegt, so stellt sich gemäß den vorher genannten Voraussetzungen eine Fußpunktspannung der Brücke U$_{R2}$ = 6 V ein. Aufgestockt auf diese Fußpunktspannung treten auch Spannungsfälle über R$_3$/R$_5$/R$_4$ auf. Wegen des vernachlässigbar kleinen Widerstandes R$_6$ und der vorher festgelegten Trimmereinstellung R$_5$ liegt am nicht invertierenden Eingang die Spannung

$$u_+ = 9 \text{ V}$$

Die Fußpunktspannung U$_{R2}$ wird wegen der getroffenen Voraussetzungen durch die vernachlässigbar kleinen Ströme, die über die Brückenzweige fließen, nicht beeinflusst. Da der Kondensator C$_1$ im Einschaltmoment noch ungeladen ist, beträgt

$$u_{C1} = 0 \text{ V}$$

Damit liegt am invertierenden Eingang die Spannung

$$u_- = u_{R2} + u_{C1} = 6 \text{ V}$$

Die Differenzspannung u$_D$ zwischen den Eingängen des Operationsverstärkers beträgt also

$$u_D = u_+ - u_- = 9 \text{ V} - 6 \text{ V} = 3 \text{ V}$$

Durch diese hohe Spannung (darüber hinaus) ist auch noch die Mitkopplung zu berücksichtigen - kippt die Schaltung sehr schnell in die positive Sättigung.

$$u_a = 12 \text{ V}$$

## Erster Kippvorgang:

Bei der einsetzenden Kondensatoraufladung ist zwischen der Spannung u$_{C4}$ und der Spannung am invertierenden Eingang u$_-$ zu unterscheiden. Da die Fußpunktspannung U$_{R2}$ = 6 V beträgt, ergibt sich die für die Aufladung wirksame Spannung U$_W$ aus der Ausgangsspannung U$_a$ = 12 V abzüglich U$_{R2}$ = 6 V.

$$U_W = 12 \text{ V} - 6 \text{ V} = 6 \text{ V}$$

Würde die Aufladung nicht abgebrochen, so ergäbe sich die Ladekurve nach Abb. 4.70.

**Abb. 4.70:** Zeitlicher Verlauf der Spannung am Multivibrator

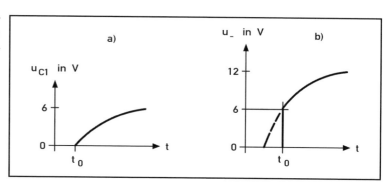

Aus dem Verlauf von $u_{C1}$ erhält man den in Abbildung 4.70 dargestellten Verlauf von $u_-$.

Der Zeitpunkt $t_0$ ist der Einschaltmoment. Es wird dabei angenommen, dass der Kippvorgang in die positive Sättigung, der beim Anlegen der Betriebsspannung erfolgt, zeitverzugslos verläuft.

Bei Abbildung 4.70 sei noch auf folgendes hingewiesen: Die Ladekurve ab dem Zeitpunkt $t_0$ ist Bestandteil der e-Funktion, die sich ergeben würde, wenn an das gleiche RC-Glied eine Spannung von 12 V angelegt würde.

Der Kondensator kann sich allerdings nicht auf 6 V aufladen, bzw. steigt $u_-$ nicht auf 12 V an. Wird nämlich die Differenzspannung an den Eingängen des Operationsverstärkers sehr klein, sinkt die Ausgangsspannung. Auf Grund der Mitkopplung kippt die Schaltung. Da keine negative Betriebsspannung vorhanden ist, wird $u_a = 0$ V.

Der Kippvorgang wird also ausgelöst, wenn

$$u_D = u_+ - u_- \approx 0 \text{ V, d. h. wenn}$$
$$u_+ \approx u_-$$
$$u_- \approx 9 \text{ V} \quad \text{(Zeitpunkt } t_1\text{)}$$

## Zweiter Kippvorgang:

Mit $u_a = 0$ V ergibt sich jetzt (auf Grund der Einstellung der beiden Trimmer $R_5$ und $R_{21}$) am nicht invertierenden Eingang eine Spannung von

$$u_+ = 3 \text{ V}$$

Der Kondensator wird umgeladen (entladen). Die Spannung $u_-$ nimmt nach einer e-Funktion ab. Zum Zeitpunkt $t_2$ ist

$$u_D = u_+ - u_- \approx 0$$

d. h., die Schaltung kippt wieder in die positive Sättigung.

Im Signal-Zeit-Plan (Abb. 4.71) sind diese Zusammenhänge bildlich dargestellt.

## 4.5 ASTABILE KIPPSCHALTUNG (MULTIVIBRATOR)

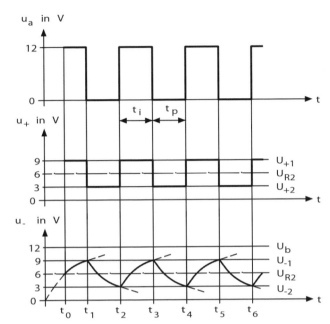

**Abb. 4.71:** Signal-Zeit-Plan für die Multivibratorschaltung nach Abb. 4.69

Da die Kurvenformen der ansteigenden und abfallenden e-Funktionen identisch sind und die Umladung um den Mittelwert

$$U_{R2} = \frac{U_b}{2} = 6V$$

erfolgt, sind Impulsdauer und Impulspause gleich groß.

$$t_i \approx t_p$$

### 4.5.4 Frequenzeinstellung

Für die Einstellung der Frequenz bieten sich folgende Möglichkeiten an:

#### a) Verändern des Widerstandes $R_1$ bzw. der Kapazität $C_1$:

Wird beispielsweise die Zeitkonstante $\tau = R_1 \cdot C_1$ vergrößert, so dauern die Ladevorgänge zwischen den Zeitpunkten $t_2/t_3$ und $t_3/t_4$ (Abb. 4.71) länger, die e-Funktionen verlaufen flacher. Impulsdauer und Impulspause werden größer, die Impulsfolgefrequenz der Ausgangsspannung $u_a$ wird kleiner.

#### b) Mittels des Trimmers $R_{21}$: $U_{R2}$ = 6 V

Wird beispielsweise der Trimmer $R_{21}$ so eingestellt, dass sich nach Abb. 4.72 folgendes Widerstandsverhältnis ergibt,

$$\frac{R_o}{R_u} = \frac{1}{2}$$

so erhält man für die Spannung $u_+$ am nicht invertierenden Eingang folgende zwei Werte:

bei $u_a = U_b = 12\,V$:   $U_{+1} = 10\,V$

bei $u_a = 0\,V$:   $U_{+2} = 2\,V$

**Abb. 4.72:** *Trimmereinstellung*

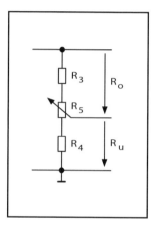

Damit Kippvorgänge ausgelöst werden, muss jetzt der Kondensator so lange aufgeladen werden, bis $u_- = 10\,V$ wird, d. h., der Kondensator $C_4$ muss gegenüber der in Abbildung 4.71 dargestellten Alternative um 1 V mehr aufgeladen werden. Die Aufladung dauert länger, die Impulsdauer $t_i$ wird größer. Das Gleiche gilt für die Impulspause. Die Frequenz wird kleiner (Abb. 4.73).

**Abb. 4.73:** *Ladekurven bei verändertem $R_5$*

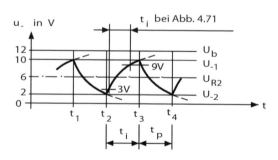

Da vorausgesetzt wurde, dass $U_{R2} = \dfrac{U_b}{2}$ ergibt, gilt natürlich auch hier: $t_i \approx t_p$

# 4.5 ASTABILE KIPPSCHALTUNG (MULTIVIBRATOR)

## Anmerkungen:

- Die Beziehung $t_i \approx t_p$ gilt unabhängig von der Trimmereinstellung $R_5$ immer dann, wenn $U_{R2} = U_b/2$ ist. Selbstverständlich muss dabei $\tau = R_1 \cdot C_1$ konstant sein.
- Die steigende und die fallende e-Funktion sind in ihrer Form identisch.
- Ist $U_{R2} = U_b/2$, so liegen die Spannungswerte $u_-$, bei denen die Schaltung kippt – unabhängig von der Trimmerstellung $R_5$ – immer symmetrisch zu $U_{R2}$. Auf Grund dieser Behauptung muss nach Abb. 4.74 gelten:

$$U_{-1} = \frac{U_b}{2} + \Delta U_1 \qquad U_{-2} = \frac{U_b}{2} + \Delta U_2$$

wobei $\Delta U_1 = \Delta U_2 = \Delta U$ ergibt.

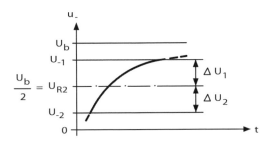

**Abb. 4.74:** Ladekurve mit Kippspannungswerten

## 4.5.5 Einstellung des Impuls-Pausen-Verhältnisses

Die Einstellung des Impuls-Pausen-Verhältnisses erfolgt mit dem Trimmer $R_5$.

### Einstellung a

$R_{21}$ wird so eingestellt, dass $U_{R2} = 9$ V ist. Der Trimmer $R_5$ wird so gewählt, dass der Gesamtwiderstand des Brückenzweiges $R_3 + R_5 + R_4$ genau halbiert wird.

$$u_a = +12 \text{ V}: \quad U_{+1} = 10,5 \text{ V}$$
$$u_a = 0 \text{ V}: \quad U_{+2} = 4,5 \text{ V}$$

Der Kondensator muss jetzt so lange aufgeladen werden, bis

$$U_{-1} = 10,5 \text{ V}$$

und so lange entladen werden, bis

$$U_{-2} = 4,5 \text{ V}$$

beträgt. In Abbildung. 4.75 sind diese Ladevorgänge dargestellt. Wie man aus dieser Abbildung ersieht, wird der Ladevorgang von $U_{-2} = 4,5$ V auf $U_{-1} = 10,5$ V mehr in den oberen flacheren Bereich der e-Funktion verlegt, der Entladevorgang mehr in den unteren steileren Bereich.

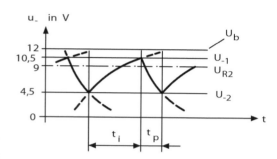

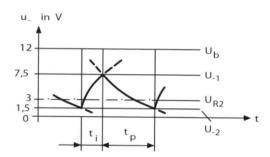

**Abb. 4.75:** Änderung von $t_i/t_p$: ($t_i > t_p$, oben) und Änderung von $t_i/t_p$: ($t_i < t_p$, unten)

## Einstellung b

$R_{21}$ wird so eingestellt, dass $U_{R2} = 3$ V ist. Die unter Einstellung a festgelegte Trimmereinstellung $R_5$ wird beibehalten.

$$u_a = +U_b = +12 \text{ V}: \quad U_{-1} = 7{,}5 \text{ V}$$
$$u_a = 0 \text{ V}: \quad U_{-2} = 1{,}5 \text{ V}$$

Die Auf- bzw. Entladung des Kondensators erfolgt nun also so, dass u sich zwischen den Werten

$$U_{-1} = 7{,}5 \text{ V und } U_{-2} = 1{,}5 \text{ V}$$

ändert. Jetzt liegt der Ladevorgang mehr im Bereich des steilen Teiles, während der Entladevorgang in flacheren Stück der e-Funktion liegt.

$$t_i < t_p$$

## 4.5.6 Anwendungs- und Dimensionierungsbeispiel

Rechteckspannungen werden oft als Zeittakt für elektronische Zeitmessungen, als Taktfrequenz in Ablaufsteuerungen und als Prüfspannung in allen möglichen Schaltungen angewendet. Deshalb gehören heute Rechteckgeneratoren zur Standardausstattung aller Werkstätten und Laboratorien, die sich mit elektronischen Schaltungen befassen. Die astabile Kippschaltung bietet sich als Schaltung für einen einfachen Rechteckgenerator an. Sie erzeugt mit einfachsten Mitteln eine für die meisten Fälle brauchbare Rechteckspannung. Eine sehr einfache, dimensionierte Schaltung einer astabilen Kippschaltung mit umschaltbarem Impuls-Pausen-Verhältnis zeigt Abb. 4.76.

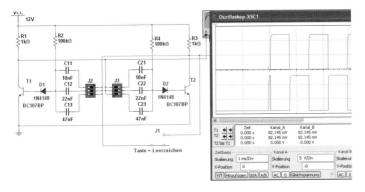

**Abb. 4.76:** Rechteckgenerator mit veränderbarer Frequenz und Impuls-Pausen-Verhältnis

Im Folgenden wird für alle Schalterstellungen die Rechteckfrequenz und das Impuls-Pausen-Verhältnis berechnet. Da beide Schaltstufen gleich dimensioniert sind, genügt die Ermittlung der Sperrzeiten einer Stufe.

$$t_{1.1} = 0{,}7 \cdot R_2 \cdot C_{1.1} = 0{,}7 \cdot 100 \text{ k}\Omega \cdot 10 \text{ nF} = 0{,}7 \text{ ms}$$
$$t_{1.2} = 0{,}7 \cdot R_2 \cdot C_{1.2} = 0{,}7 \cdot 100 \text{ k}\Omega \cdot 22 \text{ nF} = 1{,}5 \text{ ms}$$
$$t_{1.3} = 0{,}7 \cdot R_2 \cdot C_{1.3} = 0{,}7 \cdot 100 \text{ k}\Omega \cdot 47 \text{ nF} = 3{,}3 \text{ ms}$$

$$t_{2.1} = t_{1.1} \qquad t_{2.2} = t_{1.2} \qquad t_{2.3} = t_{1.3}$$

Zur Frequenzberechnung gilt die Formel $\quad f = \dfrac{1}{t_1 + t_2}$

Das Impuls-Pausen-Verhältnis ist $\quad f = \dfrac{t_2}{t_1}$

Durch entsprechende Bedienung der Schalter S1 und S2 können insgesamt neun verschiedene Kondensatorkombinationen eingestellt werden, bei denen sich unterschiedliche Frequenzen und Impuls-Pausen-Verhältnisse ergeben. Für drei Einstellungen ist der Rechengang angegeben.

# 4 TRANSISTOR ALS ELEKTRONISCHER SCHALTER

1. Schalter S1 und S2 in Stellung 1

$$f_{1.1} = \frac{1}{t_{1.1} + t_{2.1}} = \frac{1}{0,7ms + 0,7ms} = 710 Hz$$

$$\frac{t_{2.1}}{t_{..}} = \frac{0,7ms}{0,7ms} = 1,0$$

(Impuls und Pause gleich lang)

2. Schalter S1 in Stellung 1, S2 in Stellung 3

$$f_{1.1} = \frac{1}{t_{1.1} + t_{2.3}} = \frac{1}{0,7ms + 3,3ms} = 250 Hz$$

$$\frac{t_{2.3}}{t_{..}} = \frac{3,3ms}{0,7ms} = 4,7$$

(Impuls hat 4,7fache Pausendauer)

3. Schalter S1 in Stellung 3, S2 in Stellung 2.

$$f_{3.2} = \frac{1}{t_{1.3} + t_{2.2}} = \frac{1}{3,3ms + 1,5ms} = 210 Hz$$

$$\frac{t_{2.2}}{t_{..}} = \frac{1,5ms}{3,3ms} = 0,45$$

(Impuls hat 0,45fache Pausendauer)

# 5 Signalgeneratoren

Generatoren, oder besser ausgedrückt, Signalgeneratoren, werden in der Elektronik als Schaltungen bezeichnet, die nach Anlegen der Betriebsspannung eine periodische Wechselspannung erzeugen. Diese Wechselspannung steht dann an einem oder mehreren Ausgängen zur weiteren Verarbeitung, z. B. zur Ansteuerung nachfolgender Stufen zur Verfügung. Entsprechend der Schaltung der Generatoren können die erzeugten Wechselspannungen sehr unterschiedliche Kurvenverläufe aufweisen.

In der Digitaltechnik haben Wechselspannungen mit einem rechteckförmigen Verlauf als Takt- und Steuersignale eine ganz wesentliche Bedeutung. Wechselspannungen mit dreieck- oder sägezahnförmigem Verlauf werden dagegen häufig in der Messtechnik benötigt. Sinusförmige Wechselspannungen haben ihr Hauptanwendungsgebiet in der Hoch- und Niederfrequenztechnik. Diese vier charakteristischen Kurvenformen sind in Abb. 5.1 dargestellt.

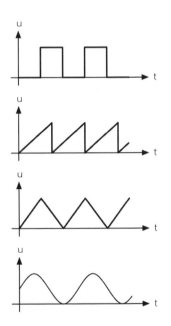

**Abb. 5.1:** Kurvenformen, wie man sie in der Elektronik verwendet

Sägezahn- und Dreieckspannungen sind miteinander verwandt. Während bei Dreieckspannungen die Anstiegs- und Abstiegszeiten meist gleich groß sind, ist bei der Sägezahnspannung lediglich die Anstiegszeit bedeutend größer als die Abstiegszeit oder umgekehrt. Die Definition der jeweiligen Kurvenform zwischen den beiden Extremen ist fließend.

# 5 SIGNALGENERATOREN

## 5.1 Generator und Oszillator

Entsprechend ihrer erzeugten Kurvenform werden die Generatorschaltungen als Rechteckgeneratoren, Sägezahngeneratoren oder Sinusgeneratoren bezeichnet. Anstelle des Begriffes Sinusgenerator wird häufig auch die Bezeichnung Oszillator verwendet. Liefert ein Signalgenerator zwei oder mehrere der genannten Kurvenformen, so spricht man von einem Funktionsgenerator. In den Abbildungen 5.2 bis 5.4 sind die genormten Schaltzeichen für drei verschiedene Signalgeneratoren angegeben. Sie enthalten Angaben über Kurvenform und Frequenz der erzeugten Wechselspannung sowie gegebenenfalls auch einen Hinweis auf einen einstellbaren Frequenzbereich.

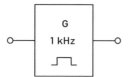

**Abb. 5.2:** Rechteckgenerator mit der Ausgangsfrequenz von $f = 1\ kHz$

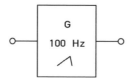

**Abb. 5.3:** Sägezahngenerator mit der Ausgangsfrequenz von $f = 100\ Hz$

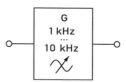

**Abb. 5.4:** Sinusgenerator mit einer einstellbaren Ausgangsfrequenz von $f = 1\ kHz$ bis $10\ kHz$

### 5.1.1 Rechteckgeneratoren mit Transistoren (astabile Kippschaltung)

Ein astabiler Multivibrator ist eine selbstschwingende Kippschaltung, die rechteckförmige Spannungen erzeugt. Die Funktionsweise wurde im vorherigen Kapitel behandelt.

Der Verlauf der Ausgangsspannung ist nicht ideal rechteckförmig. Die Verrundung der Anstiegsflanke kommt auf folgende Weise zustande: Geht man von der Situation aus, dass $T_2$ durchgeschaltet und $T_1$ gesperrt ist, so will sich der Kondensator $C_2$ über $R_2$ und $T_2$ auf die Spannung $+U_b$ aufladen. Bei $U_{BE} \approx 0{,}7\ V$ schaltet $T_1$ durch und $T_2$ sperrt, d. h., die Spannung am Punkt A2 müsste jetzt auf $U_{Amax} \approx U_b$ springen. Hierzu muss $C_1$ jedoch erst auf die Spannung

$$U_{C1} = U_b - U_{BE1}$$

aufgeladen werden. Diese Aufladung erfolgt über $R_3$ und die Basis-Emitter-Strecke des Transistors $T_1$. Die Zeitkonstante $\tau = R_3 \cdot C_1$ ist ein Maß für die Zeit, die vergeht, bis die Ausgangsspannung den Endwert erreicht hat. Die Kollektorwiderstände sind deshalb niederohmig zu dimensionieren, damit die Schaltzeiten der Transistoren minimal werden.

Die Frequenz und das Tastverhältnis der Ausgangsspannung berechnet sich für die Periodendauer T der Ausgangsspannung $U_{a2}$ zu:

$$T = t_i + t_p$$

## 5.1 GENERATOR UND OSZILLATOR

Gemäß der Ausführungen bei den Kippschaltungen gilt für die Schaltung:

$$t_i \approx 0{,}7 \cdot R_4 \cdot C_2$$
$$t_p \approx 0{,}7 \cdot R_2 \cdot C_1$$

Damit ergibt sich für die Periodendauer T:

$$T \approx 0{,}7 \cdot R_4 \cdot C_2 + 0{,}7 \cdot R_2 \cdot C_1$$
$$T \approx 0{,}7 \cdot (R_4 \cdot C_2 + R_2 \cdot C_1)$$

und somit für die Frequenz f:

$$f \approx \frac{1}{0{,}7 \cdot (R_4 \cdot C_2 + R_2 \cdot C_1)}$$

Um die Frequenz, bzw. das Impuls-Pausen-Verhältnis $t_i/t_p$ der Ausgangsspannung ändern zu können, wird in Abb. 5.5 der Trimmer R verwendet.

Die Dioden haben die Aufgabe, jeweils die Basis der Transistoren vor großen, negativen Spannungen zu schützen, die beim Kippvorgang auftreten können. Bezogen auf die Ausgangsspannung $U_{a2}$ kann man mit $R_5$ die Impulsdauer $t_i$ und die Impulspause $t_p$ verändern.

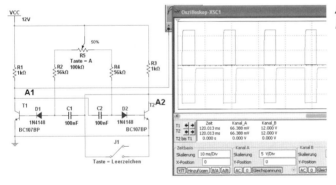

**Abb. 5.5:** Einstellbarer Rechteckgenerator

### 5.1.2 Astabile Kippstufe mit Operationsverstärkern

Astabile Kippstufen kann man auch relativ einfach mit Operationsverstärkern aufbauen.

In Abb. 5.6 ist die Schaltung einer astabilen Kippstufe mit Operationsverstärker dargestellt. Nachdem die Betriebsspannung angelegt wurde, soll die Ausgangsspannung $u_a$ beispielsweise durch den Rauscheffekt kurzfristig ein minimal positives Potential annehmen. Über den Trimmer $R_3$, der die Mitkopplung bewirkt, wird ein Teil dieses Potentials auf den nicht invertierenden Eingang geführt.

# 5 SIGNALGENERATOREN

**Abb. 5.6:** Schaltung eines einfachen Multivibrators mit Operationsverstärker

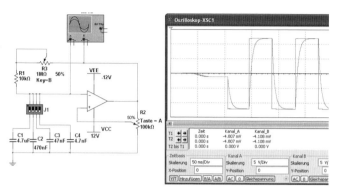

Mit dem vierpoligen Schalter wird eine Kapazität ausgewählt. Insgesamt vier Kondensatoren stehen zur Verfügung. Damit werden die vier Grundfrequenzen festgelegt, wie Tabelle 5.1 zeigt.

| Kondensator | Frequenzbereich |
|---|---|
| 4,7 µF | 1 Hz bis 10 Hz |
| 470 nF | 10 Hz bis 100 Hz |
| 47 nF | 100 Hz bis 1 kHz |
| 4,7 nF | 1 kHz bis 10 kHz |

**Tabelle 5.1:** Frequenzbereiche des einfachen Multivibrators mit Operationsverstärker

Mit dem Trimmer $R_2$ kann man die betreffende Frequenz festlegen. Der Trimmer $R_2$ setzt sich aus zwei Teilen zusammen, $R_{21}$ und $R_{22}$, je nach Stellung des Trimmers. Die Gesamtdauer ist

$$T = 2 \cdot R_1 \cdot C_1 \cdot \ln\left(1 + 2 \cdot \frac{R_{21}}{R_{22}}\right)$$

Der Trimmer $R_3$ soll 0 Ω aufweisen und der Widerstand $R_2$ soll auf 50 % eingestellt sein. Es gilt für den Kondensator mit 47 nF:

$$T = 2 \cdot 10k\Omega \cdot 47nF \cdot \ln\left(1 + 2 \cdot \frac{50k\Omega}{50k\Omega}\right) = 1ms \qquad f = \frac{1}{T} = \frac{1}{1ms} = 1kHz$$

Der Trimmer $R_3$ soll 1 MΩ aufweisen und der Widerstand $R_2$ soll auf 50 % eingestellt sein. Es gilt für den Kondensator mit 47 nF:

$$T = 2 \cdot 1{,}01M\Omega \cdot 47nF \cdot \ln\left(1 + 2 \cdot \frac{50k\Omega}{50k\Omega}\right) = 100ms \qquad f = \frac{1}{T} = \frac{1}{100ms} = 100Hz$$

Wenn man den Trimmer $R_2$ verstellt, wird die Ausgangsfrequenz geringfügig beeinflusst.

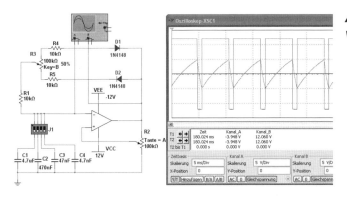

**Abb. 5.7:** Multivibrator mit veränderbarem Tastverhältnis

Bei der Schaltung in Abbildung 5.7 wird das Tastverhältnis durch die beiden Dioden gesteuert. Die obere Diode ist leitend, wenn die Spannung am Kondensator positiv und die Ausgangsspannung negativ ist. Die untere Diode ist leitend, wenn die Spannung am Kondensator negativ und die Ausgangsspannung positiv ist. Mit dem Trimmer beeinflusst man die Ladung bzw. die Entladung.

## 5.2 Sägezahngenerator

In der Oszilloskoptechnik mit Kathodenstrahlröhren und auf dem Gebiet der Fernsehtechnik wurden früher zur Zeitablenkung des Kathodenstrahles Spannungen benötigt, die zeitlinear ansteigen, nach Erreichen eines bestimmten Scheitelwertes auf den Anfangswert zurückspringen und von dort entweder sofort (oder nach einer gewissen Wartezeit) wieder gleichförmig ansteigen. Der ansteigende Teil soll dabei möglichst zeitlinear sein.

### 5.2.1 Prinzip der Sägezahnspannung

Praktisch arbeiten alle Generatoren für Sägezahnspannungen mit Kondensatorumladungen. Abb. 5.8 zeigt das Schaltungsprinzip.

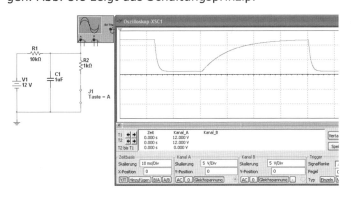

**Abb. 5.8:** Prinzip des Sägezahngenerators

# 5 SIGNALGENERATOREN

Über einen Ladewiderstand $R_1$ wird ein Kondensator $C_1$ aus einer Gleichspannungsquelle U aufgeladen. Der (elektronisch gesteuerte) Schalter $S_1$ ist hierbei geöffnet. Die Aufladung geschieht nach einer e-Funktion mit der Zeitkonstanten $\tau = R_1 \cdot C_1$. Nach Erreichen eines bestimmten Wertes wird $S_1$ geschlossen. Hat der Schalter einen kleinen Durchlasswiderstand $R_D$, so wird der Kondensator über ihn in äußerst kurzer Zeit bis auf Null entladen. Angestrebt wird in jedem Fall ein linearer Anstieg und ein schneller Abstieg. Wird jedoch ein Kondensator über einen ohm'schen Widerstand aufgeladen, so ändert sich seine Spannung stets nach einer e-Funktion. Wenn aber nur ein relativ kleiner Ausschnitt der gesamten Ladekurve ausgenutzt wird, so kann innerhalb eines solchen Abschnitts die Spannungsänderung näherungsweise als linear angesehen werden. Ferner kann die Linearität der Ladekurve durch die Größe der Zeitkonstanten $\tau$ beeinflusst werden.

Je größer die Zeitkonstante eines RC-Gliedes und je kleiner der genutzte Ausschnitt aus der e-Funktion ist, desto mehr nähert sich der Spannungsverlauf der erwünschten Geraden.

Eine große Zeitkonstante kann erreicht werden, indem entweder der Widerstand $R_1$ oder der Kondensator $C_1$ oder beide Bauelemente möglichst groß gewählt werden. Einer beliebigen Vergrößerung sind jedoch von den Bauelementen her schnell Grenzen gesetzt. Große Ladewiderstände können jedoch durch Konstantstromquellen, und große Kapazitäten durch Integratorschaltungen simuliert werden. Derartige Schaltungen werden im weiteren Verlaufe dieses Buches noch vorgestellt.

## 5.2.2 Einfacher Sägezahngenerator mit Unijunktiontransistor

Die Funktionsweise der Schaltung wird in ihren Grundsätzen als bekannt vorausgesetzt. Sie ist deshalb hier nur kurz aufgeführt: Da in der Schaltung nach Abb. 5.9 die Spannung $u_a$ nach Anlegen von $+U_b$ gemäß einer e-Funktion ansteigt, stellt der Kondensator für den UJT eine veränderbare Spannungsquelle dar, d. h., die Arbeitsgerade für $R_1$ verschiebt sich parallel nach oben. In Multisim ist kein Unijunktiontransistor vorhanden, sondern ein programmierbarer Unijunktiontransistor.

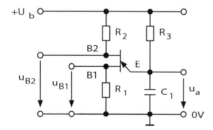

**Abb. 5.9:** Einfacher Sägezahngenerator mit UJT

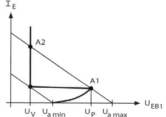

**Abb. 5.10:** Kennlinie des UJT mit Widerstandsgerade für $R_1$

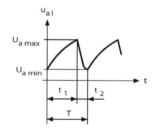

**Abb. 5.11:** Sägezahnspannung zur Schaltung nach Abb. 5.9

Bei $u_a = U_{amax}$ ist die Höckerspannung $U_p$ am UJT erreicht. Der UJT schaltet durch, der Arbeitspunkt kippt von $A_1$ nach $A_2$. Der Kondensator wird nun über die $EB_1$-Strecke des

UJT und den Widerstand $R_2$ entladen. Die Ausgangsspannung $u_a$ nimmt nach einer e-Funktion ab. Die Arbeitsgerade für $R_1$ verschiebt sich parallel nach unten. Bei $u_a = U_{amin}$ ist die Talspannung $U_V$ am UJT gerade unterschritten, so dass jetzt der UJT wieder in den gesperrten Zustand kippt. Der Vorgang beginnt nun, sich zu wiederholen.

Bei Dimensionierung der Schaltung ist auf folgende Punkte zu achten: Damit die Entladezeit $t_2$ sehr klein ist gegenüber der Aufladedauer $t_1$ (Abb. 5.11), damit also die Entladung trotz ständiger Nachladung über $R_3$ sehr schnell vor sich geht, muss für die Widerstände $R_1$ und $R_3$ folgendes Größenverhältnis gelten: $R_1$ darf nicht zu klein werden, weil dieser Widerstand den Strom im UJT begrenzen soll. Während der Durchschaltzeit des UJT ist die $EB_1$-Strecke niederohmig. Von der Spannungsquelle $U_b$ ausgehend, kann ein Stromfluss über $R_3$, die $EB_1$-Strecke und $R_1$ einsetzen. Dieser Strom darf den Haltestrom des UJT nicht überschreiten, da der UJT sonst nicht mehr in den gesperrten Zustand kippt.

$$R_3 > \frac{U_b - U_V}{I_H}$$

Ist der Widerstand $R_1$ sehr klein, so ist die Arbeitsgerade in Abbildung 5.12 steil. Für die Extremwerte von $u_a$ ergibt sich dann näherungsweise:

$$U_{amax} \approx U_P$$
$$U_{amin} \approx U_V$$

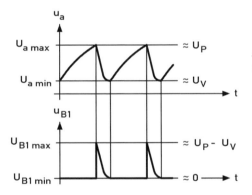

**Abb. 5.12:** *Zeitlicher Verlauf der Sägezahnspannung und der Nadelimpulse*

Während der Entladephase des Kondensators entsteht über $R_1$ ein Nadelimpuls, dessen Spitzenwert gleich der maximalen Kondensatorspannung $U_{amax}$, abzüglich des Spannungsfalls $U_V$ über die $EB_1$-Strecke des UJT ist. Mit obiger Festlegung gilt dann:

$$U_{B1max} \approx U_P - U_V$$

Während der Aufladezeit des Kondensators ist der UJT gesperrt. Über $R_1$ fließt nur ein sehr geringer Sperrstrom. Demzufolge ist $U_{B1min} \approx 0$ V.

Abschließend sei noch vermerkt, dass am Ausgang $B_2$ ein negativer Nadelimpuls abgenommen werden kann.

## 5.2.3 Sägezahngenerator mit UJT und Konstantstromquelle

Um die Linearität der ansteigenden Spannung wesentlich zu erhöhen, ersetzt man den Widerstand $R_3$ in Abbildung 5.9 durch eine Stromquelle. Abbildung 5.13 zeigt zwei derartige Schaltungen.

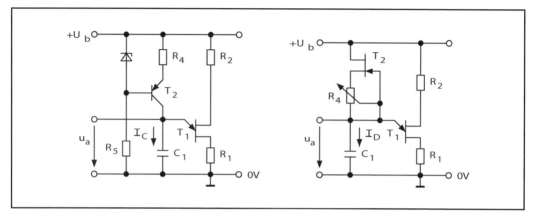

**Abb. 5.13:** *Sägezahngeneratoren mit UJT und Konstantstromquelle*

Konstantstromquellen weisen einen großen Innenwiderstand auf und liefern daher weitgehend unabhängig von der Belastung einen konstanten Strom $I_C$ bzw. $I_D$.

Mit diesem konstanten Strom wird nun der Kondensator $C_1$ aufgeladen. Für seine Spannung $u_a$ ergibt sich dann:

$$u_a = \frac{I_D \cdot t}{C_1} \quad bzw. \quad u_a = \frac{I_C \cdot t}{C_1}$$

Hat $u_a$ ungefähr den Wert der Höckerspannung erreicht, d. h., ist $u_a \approx U_P$, so schaltet der UJT durch und der Kondensator entlädt sich. Mit $I_D$ bzw. $I_C$, sowie der Höckerspannung $U_P$ und der Größe des Kondensators $C_1$ lässt sich die Frequenz der Sägezahnspannung näherungsweise ermitteln:

$$T \approx t_1 \qquad f = \frac{1}{t_1}$$

$$U_{a\,max} \approx U_P \approx \frac{I_D \cdot t_1}{C_1}$$

$$t_1 \approx \frac{U_P \cdot C_1}{I_D} \qquad f \approx \frac{I_D}{U_P \cdot C_1}$$

Die sehr kurze Entladezeit $t_2$ kann hierbei vernachlässigt werden. Dies gilt auch für die Talspannung $U_P$ des UJT.

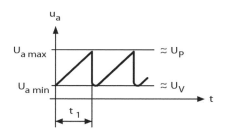

**Abb. 5.14:** *Sägezahnspannung nach Schaltung Abb. 5.13*

Bei der Schaltung mit pn-FET (Abb. 5.13 rechts) kann der Ladestrom $I_D$ mittels des Widerstandes $R_4$ eingestellt werden. Damit ist es möglich, in einfacher Weise die Frequenz der Sägezahnspannung zu verändern.

**Anmerkung:** Zur genauen Berechnung der Frequenz der Sägezahnspannung müsste berücksichtigt werden, dass einmal in obiger Näherungsgleichung der Wert $U_P$ - $U_V$ eingesetzt wird und zum anderen zur Ladezeit $t_1$ noch die Entladezeit $t_2$ zu addieren ist. Wegen des großen Streubereichs der Höckerspannung der UJT gibt eine Berechnung jedoch nur grobe Anhaltswerte, so dass die Näherungsgleichung für hinreichende Genauigkeit sorgt.

### 5.2.4 Erzeugung von Sägezahnspannungen mit Integratoren

Im vorherigen Abschnitt wurde die geforderte Linearität des Sägezahnes dadurch erreicht, dass ein Kondensator mittels einer Konstantstromquelle mit einem konstanten Ladestrom aufgeladen wurde. Eine andere Möglichkeit, einen konstanten Ladestrom zu erzeugen und damit eine zeitlich linear ansteigende Ladespannung zu erhalten, bietet der Integrator, auch Miller-Schaltung oder Miller-Integrator genannt.

In jeder elektronischen Schaltung gibt es störende Kapazitäten:

- Schaltkapazität, besonders in der Zuleitung
- Emitter-Basis-Kapazität
- Kollektor-Basis-Kapazität
- Kollektor-Emitter-Kapazität

Die Ersatzschaltung eines Transistors lässt eine Besonderheit erkennen: Die Kollektor-Basis- und die Kollektor-Emitter-Kapazität bilden mit dem parallel liegenden Kollektorwiderstand einen ausgangsseitigen Tiefpass. Sie verkleinern den dynamischen Kollektorwiderstand bei höheren Frequenzen und setzen dadurch die Spannungsverstärkung herunter. Eingangsseitig bilden die Schaltkapazität, die Emitter-Basis-Kapazität, die Kollektor-Basis-Kapazität und der Eingangswiderstand einen Tiefpass. Dies wird bei der Miller-Schaltung in Abbildung 5.15 berücksichtigt.

# 5 SIGNALGENERATOREN

**Abb. 5.15:** Prinzip der Miller-Schaltung

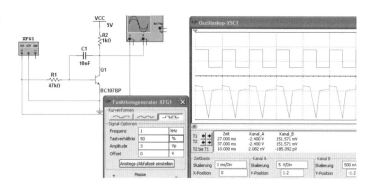

Legt man an die Schaltung eine Gleichspannung $U_1$ an, so wird ein Strom $i_R$ eingesetzt, der sich aus der Größe von $U_1$, dem Augenblickswert $u_e$ und dem Widerstand $R_1$ errechnet. Sind folgende Bedingungen erfüllt:

$i_e$ = konstant = 0 A   und   $u_e$ = konstant = 0 V

so ergibt sich für $i_R$:   $i_R \approx \dfrac{U_1}{R_1}$ = konstant

Somit würde sich der Kondensator $C_1$ mit dem konstanten Strom $i_C = i_R \approx \dfrac{U_1}{R_1}$ aufladen.

$u_C$ wäre also eine lineare Funktion der Zeit. Da mit $u_e$ = 0 V der Punkt 1 auf Massepotential liegt, kann man die Folgerung treffen:

$$u_a = -u_C$$

Das bedeutet: Mit den vorher genannten zwei Bedingungen würde die Ausgangsspannung (je nach Polarität von $U_1$) entweder linear ansteigen oder linear abfallen.

**Anmerkung:** Mit Hilfe der Maschenregel kann man folgende Beziehung aufstellen:

$$U_1 - u_R - u_C + u_a = 0$$
$$U_1 = u_R - u_C + u_a$$

Sind $u_C$ und $u_a$ entgegengesetzt gleich groß, so ergibt sich

$$u_R = U_1$$

Welche Eigenschaften muss nun der Verstärker aufweisen, damit die zwei Bedingungen, von denen die Linearität der Ausgangsspannung abhängt, erfüllt sind?

a) $i_e$ = 0 A

Hierzu muss der Eingangswiderstand des Verstärkers unendlich groß sein.

b) $u_e$ = 0 V

## 5.2 SÄGEZAHNGENERATOR

Der Verstärker verstärkt die Eingangsspannung $u_e$ mit dem Faktor V und bewirkt gleichzeitig eine Phasenumkehr zwischen Eingangs- und Ausgangsspannung:

$$u_a = -V \cdot u_e$$

Damit ergibt sich für die Eingangsspannung: $u_e = -\dfrac{u_a}{V}$

Soll nun $u_e$ bei einer beliebigen Ausgangsspannung $u_a$ verschwindend klein sein – im Idealfall also 0 V – so muss die Verstärkung V sehr groß sein – im Idealfall also unendlich. Diese Eigenschaften sind mit Operationsverstärkern realisierbar.

### 5.2.5 Integrator mit Operationsverstärker

Beim Miller-Integrator mit Transistoren bereiten die vorher herausgearbeiteten zwei Forderungen große Schwierigkeiten, denn diese Schaltung weist weder einen unendlich großen Widerstand noch eine sehr große Verstärkung auf. Wesentlich besser arbeitet der Miller-Integrator mit einem Operationsverstärker wie Abb. 5.16 zeigt.

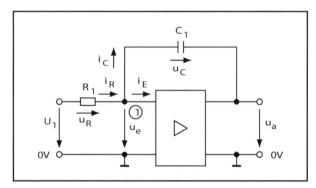

**Abb. 5.16:** *Miller-Schaltung als Integrator mit Operationsverstärker*

Wesentlich besser eignet sich der Operationsverstärker. Nachfolgend wird deshalb nur diese Schaltung weiter behandelt, wobei der Einfachheit halber vom idealen Operationsverstärker mit seinen bekannten Eigenschaften ausgegangen wird:

Eingangswiderstand: unendlich
Leerlaufverstärkung $V_0$: unendlich

Da $u_e$ = 0 V, ist der Ladestrom des Kondensators $\quad i_C = i_R = konst. = \dfrac{U_e}{R_1}$

Für die Spannung $u_C$ am Kondensator ermittelt man deshalb: $\quad u_C = \dfrac{Q}{C_1} \quad mit \quad Q = i_C \cdot t$

Daraus ergibt sich $u_C = \dfrac{U_1 \cdot t}{R_1 \cdot C_1}$

Da $u_a = -u_C$ ist, erhält man für $u_a$  $u_a = -\dfrac{U_1}{R_1 \cdot C_1} \cdot t$

Je nach Polarität der Eingangsspannung $u_e$ wird die Ausgangsspannung also linear steigen oder fallen. Hat $u_a$ dabei den Wert $+U_b$ oder $-U_b$ erreicht, so wird der lineare Anstieg oder Abfall zwangsläufig abgebrochen.

Wie schnell die Spannung ansteigt oder abfällt hängt (wie man aus obiger Gleichung ersehen kann) von zwei Faktoren ab:

a) von der Zeitkonstanten $\tau = R_1 \cdot C_1$. Je größer $R_1 \cdot C_1$, desto langsamer erfolgt die lineare Änderung von $u_a$. Durch entsprechende Wahl der Zeitkonstanten kann also die Steigung von $u_a$ beeinflusst werden.

b) von der Größe der Eingangsspannung $u_e$. Je größer $u_e$, desto schneller erfolgt die lineare Änderung von $u_a$ und umgekehrt. Da die Zeitkonstante $R_1 \cdot C_1$ bei einer konkreten Schaltung fest vorgegeben ist, besteht mit Hilfe von $u_e$ eine einfachere Möglichkeit, die Steigung von $u_a$ zu verändern.

Das Oszillogramm in Bild 5.17 zeigt die Ausgangsspannung $u_a$ in Abhängigkeit von der Eingangsspannung $u_e$ bei konstantem $R_1 \cdot C_1$ dargestellt. Die Eingangsspannung wird dabei immer in dem Augenblick umgeschaltet, wenn die Ausgangsspannung $u_a$ ihren Maximalwert $\pm U_b$ erreicht hat.

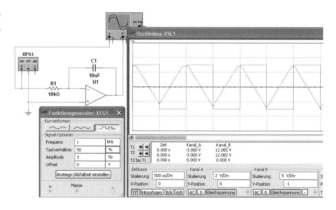

**Abb. 5.17:** Integrator mit Operationsverstärker

Wie aus dem Oszillogramm zu ersehen ist, formt der Integrator eine Rechteckspannung in eine Dreieckspannung um. Bei der Integratorschaltung handelt es sich also eigentlich um einen Dreieckgenerator. Durch die Größe der angelegten Spannung u kann jedoch die Flankensteilheit beeinflusst werden. Ist beispielsweise die negative Amplitude der 01-Flanke klein gegenüber der positiven Amplitude, so wird die Anstiegszeit der Dreieckspannung bis zum Erreichen von $+U_b$ erheblich größer sein als die Abfallzeit zum Wert $-U_b$. Auf diese Weise kann man der Dreieckspannung einen sägezahnförmigen Verlauf geben.

Es sollte nicht unerwähnt bleiben, dass bei steigender Eingangsfrequenz beim Umpolen am Eingang die Ausgangsspannung noch nicht ihr Maximum erreicht hat und daher die Amplitude der Dreieckspannung bei höheren Eingangsfrequenzen immer geringer wird. Im umgekehrten Fall (niedrige Rechteck-Eingangsfrequenz) hat die Dreieckspannung ihr Maximum bereits vor dem Umschalten erreicht, so dass sie ein Plateau erhält. Das Umwandeln von Rechteck- in Sägezahn- bzw. Dreiecksignale konstanter Amplitude ist daher nicht ganz unproblematisch.

### 5.2.6 Dreieck-Rechteck-Generator

Die Schaltung eines Dreieck-Rechteck-Generators besteht aus einer Kombination des Integrators und eines Schmitt-Triggers. Integrator und Schmitt-Trigger sind in Reihe geschaltet, wie Abbildung 5.18 zeigt.

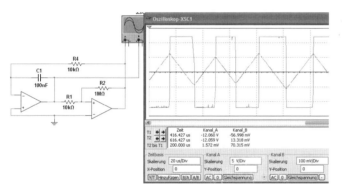

**Abb. 5.18:** Schaltung eines einfachen Dreieck-Rechteck-Generators

Links in der Schaltung hat man den Integrator und rechts den Schmitt-Trigger. Der Schmitt-Trigger erzeugt eine konstante Ausgangsspannung, die zwischen $+U_b$ und $-U_b$ wechselt. Bei $+U_b$ entlädt sich der Integrator, und bei $-U_b$ lädt er sich auf. Wie das Oszillogramm zeigt, wechselt die Ausgangsspannung und damit die Lade- und Entladezeiten des Kondensators. Die Frequenz errechnet sich aus:

$$f = -\frac{1}{4 \cdot R_4 \cdot C_1} \cdot \frac{R_2}{R_1}$$

Für die Schaltung ergibt sich eine Frequenz von:

$$f = -\frac{1}{4 \cdot 10k\Omega \cdot 100nF} \cdot \frac{1M\Omega}{10k\Omega} = 25kHz$$

Die Frequenz des Oszillogramms ist weitgehend mit der Rechnung identisch. Standard-Operationsverstärker haben mit den Flanken des Schmitt-Triggers aber erhebliche Probleme. Abbildung 5.18 zeigt die Schaltung eines einfachen Dreieck-Rechteck-Generators.

# 5 SIGNALGENERATOREN

Durch Änderung der Integrationskonstante lässt sich die Frequenz in einem weiten Bereich einstellen, wie Abb. 5.19 zeigt.

**Abb. 5.19:** Einstellbarer Dreieck-Rechteck-Generator

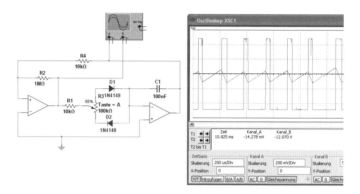

Mit dem Potentiometer kann man die Lade- und Entladezeit der Integrationskonstante einfach ändern. Das Impuls-Pausenverhältnis lässt sich dadurch beeinflussen. Wichtig sind die beiden Dioden, denn sie entkoppeln den Lade- und Entladestrom des Integrators.

## 5.2.7 Sperrschwinger

Sperrschwinger wurden früher häufig als Sägezahngeneratoren zur Erzeugung der Bildablenkspannung in Fernsehgeräten verwendet. Der Sperrschwinger ist mit dem Meißner-Oszillator verwandt, der im nächsten Abschnitt Sinusgenerator zu finden ist. Der wesentliche Unterschied zwischen beiden besteht darin, dass ein Sperrschwinger parallel zur Induktivität der Übertragerwicklung keinen Kondensator aufweist.

Von den verschiedenen Formen des Sperrschwingers soll hier nur der freilaufende Sperrschwinger behandelt werden, der wie folgt funktioniert: Auch beim Sperrschwinger wird der Ladevorgang eines Kondensators über einen ohm'schen Widerstand ausgenutzt. Die Ent- bzw. Umladung des Kondensators geschieht dann mit Hilfe einer mitgekoppelten Transistorstufe in Emitterschaltung.

**Abb. 5.20:** Schaltung eines einfachen Sperrschwingers

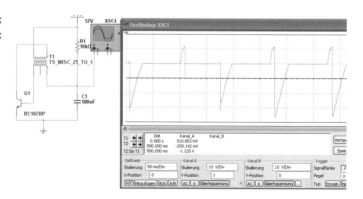

## 5.2 SÄGEZAHNGENERATOR

Wird bei dem ungeladenen Kondensator $C_1$ der Schaltung nach Abbildung 5.20 die Betriebsspannung $U_b$ angelegt, so liegt an der Basis des Transistors im ersten Augenblick die Spannung 0 V, der Transistor ist also gesperrt, der Basiseingang hochohmig. Es fließt der Ladestrom $i_C$, der den Kondensator mit der Zeitkonstanten $\tau = R_1 \cdot C_1$ auflädt. Dabei entsteht der sägezahnförmige Spannungsanstieg. Wenn die Kondensatorspannung $u_a$ den Schwellwert der Basis-Emitter-Diode (z. B. 0,6 V) erreicht, beginnt Basisstrom und damit auch Kollektorstrom zu fließen. Sie bewirkt eine Magnetfeldänderung im Übertrager, wodurch sekundärseitig ($N_2$) eine Spannung induziert wird. Die in Abb. 5.20 gezeichneten Punkte beim Übertrager kennzeichnen die Wicklungsenden gleicher Polarität.

Durch das Einsetzen von $i_C$ sinkt also das Kollektorpotential ab, so dass sekundärseitig eine Spannung der gezeichneten Polarität induziert wird, die sich zur Spannung $u_a$ addiert, wodurch der Transistor noch leitender wird. Dies wirkt sich über den Übertrager von neuem auf die Steuerseite und von dort in weiter verstärktem Maße wieder auf die Kollektorseite aus. Durch den Übertrager als Mitkoppelstrecke kippt der Transistor also sehr schnell in den übersteuerten Zustand.

Die hierbei an der Sekundärseite des Übertragers ($N_2$) induzierte Spannung lädt den Kondensator $C_1$ über die sehr niederohmige Basis-Emitter-Strecke des Transistors in kürzester Zeit fast zeitlinear auf. Wird das Übersetzungsverhältnis des Übertragers üblicherweise

$$\ddot{u} = \frac{N_1}{N_2}$$

gewählt, so wird die sekundärseitige Spannung $U_b - U_{CEsät} \approx U_b$ betragen. Die primärseitige Spannung ändert sich nämlich von 0 V beim gesperrten Transistor auf $U_b - U_{CEsät}$ beim leitenden Transistor ($U_{CEsät}$: Restspannung des leitenden Transistors). Da über die Basis-Emitter-Strecke die Spannung $U_{BE}$ abfällt und der Emitter auf Masse liegt, wird der Kondensator auf die Spannung

$$u_a \approx -(U_b - U_{BE})$$

oder stark näherungsweise auf die Spannung

$$u_a \approx -U_b$$

aufgeladen.

Ist der Kippvorgang des Transistors in den leitenden Zustand so weit fortgeschritten, dass sich der Kollektorstrom $i_C$ nicht mehr ändert, verändert sich auch das Magnetfeld im Übertrager nicht mehr. In der Sekundärwicklung wird nun keine Spannung mehr induziert, der Transistor wird also durch die an seiner Basis liegende Spannung $u_a \approx -U_b$ gesperrt.

Der Kondensator ist jetzt bestrebt, sich über den Widerstand $R_1$ mit der Zeitkonstanten $\tau = R_1 \cdot C_1$ von $u_a = -U_b$ aufzuladen. Wenn jedoch der Schwellwert der Basis-Emitter-Strecke (z. B. 0,6 V) erneut erreicht ist, wird der Transistor wieder leitend und der gesamte Vorgang wiederholt sich.

# 5 SIGNALGENERATOREN

Wie beim Thema Transistor als Schalter bereits festgestellt wurde, entsteht beim Sperrvorgang unter Verwendung einer induktiven Last ein hohes Kollektorpotential, das den Transistor gefährdet. Gemäß den Polaritätsangaben beim Übertrager (Abb. 5.21) bildet sich an der Basis des Transistors ein entsprechend hohes negatives Potential aus. Zum Schutze des Transistors werden deshalb zwei Dioden verwendet.

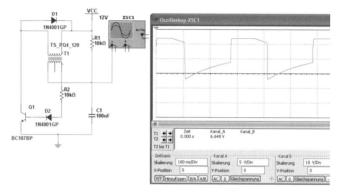

**Abb. 5.21:** Sperrschwinger mit Schutzdioden

## Frequenz der Sägezahnspannung:

Zur Berechnung der Frequenz werden folgende Vereinfachungen getroffen:

$$T = t_1 + t_2 \quad \text{mit} \quad t_2 \approx 0$$
$$T \approx t_1$$
$$U_{BE} \approx 0$$

Hierzu benötigt er die Zeit

$$t_1 \approx 0{,}7 \cdot \tau$$

Damit ergibt sich die Frequenz

$$f = \frac{1}{0{,}7 \cdot \tau} = \frac{1}{0{,}7 \cdot R_1 \cdot C_1}$$

**Anmerkung:** Die recht komplizierten Vorgänge beim Sperrschwinger wurden hier stark vereinfacht dargestellt.

## 5.3 Sinusgenerator

Häufig ist bei Verstärkerschaltungen feststellbar, dass bei anliegender Betriebsspannung, aber bei fehlendem Eingangssignal am Ausgang des Verstärkers bereits eine Wechselspannung vorhanden ist. Diese hier unerwünschten Erscheinungen werden als wilde Schwingung (parasitäres Verhalten) bezeichnet. Man sagt auch: der Verstärker schwingt. Kennt man die Ursachen und nutzt sie entsprechend, lässt sich ein derart schwingender Verstärker gezielt als Generator einsetzen. Wenn es um die Erzeugung von sinusförmigen Spannungen geht, wird häufig die Bezeichnung Oszillator verwendet. Ursache der auftretenden, wilden Schwingungen sind Rückkopplungen, d. h. eine teilweise Rückführung des Ausgangssignals $u_a$ des Verstärkers auf den Eingang (Abb. 5.22).

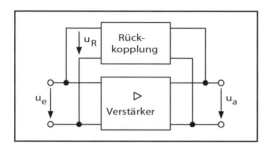

**Abb. 5.22:** Prinzip einer Rückkopplung bei einem Verstärker

Prinzipiell gibt es zwei Arten von Rückkopplungen: Gegenkopplung und Mitkopplung. Von den Verstärkerschaltungen her ist bekannt, dass die Gegenkopplung eine dämpfende Wirkung ausübt. Bei der Mitkopplung wird das zurückgeführte Signal phasengleich dem Eingangssignal beigefügt. Mitkopplung ist die Ursache der Schwingneigung.

## 5.3.1 Prinzip der Mitkopplung

Legt man an die Schaltung nach Abb. 5.23 die Betriebsspannung an, so wird sich gemäß Basisspannungsteiler ein bestimmter Arbeitspunkt einstellen, d. h., es fließt ein entsprechender Gleichstrom $I_C$. Am Ausgang A misst man eine gewisse Spannung $u_a$.

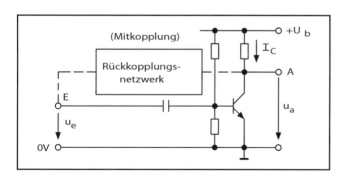

**Abb. 5.23:** Einfacher Transistorverstärker mit Rückkopplungsnetzwerk

Bei genauer Betrachtung kann man feststellen, dass diese beiden Größen z. B. durch den Effekt des Rauschens oder durch Betriebsspannungsänderungen kleinen Schwankungen unterworfen sind. Führt man nun die Ausgangsspannungsschwankung so auf den Eingang zurück, dass das zurückgeführte Signal die Ausgangsspannungsschwankung unterstützt (Mitkopplung), so wird sich die Schwankung im Kreise immer weiter verstärken, d. h., es läuft durch Selbsterregung ein Ausschwingvorgang ab.

Die Selbsterregung braucht natürlich nicht allein vom Ausgang A verursacht worden sein. Auch eine Spannungsschwankung (Stromschwankung) an einer beliebigen anderen Stelle der Schaltung (z. B. am Basisspannungsteiler) führt zum gleichen Erfolg. Da der Anschwingvorgang bei Oszillatoren häufig Vorstellungsschwierigkeiten bereitet, sei hier ein kurzer Hinweis für eine Erklärungsmöglichkeit gegeben: Die Rauschspannung, die z. B. an der Basis des Transistors auftritt, besteht aus einer Vielzahl von Frequenzen. Von der dadurch am Ausgang A erzeugten Spannung muss nun durch eine geeignete Maßnahme die Spannung mit der gewünschten Frequenz phasenrichtig wieder auf den Eingang geführt werden, so dass für diese Frequenz – und nur für diese Frequenz – ein Mitkopplungseffekt auftritt. Sämtliche anderen Frequenzen werden dadurch unterdrückt, d. h., diese Spannungsschwankungen klingen ab. Der Mitkopplungseffekt darf jetzt allerdings nicht dazu führen, dass der Verstärker übersteuert wird.

Diese Überlegungen deuten schon auf den prinzipiellen Aufbau eines Sinusgenerators hin, sowie auf die Bedingungen, die die Schaltung erfüllen muss:

### a) Frequenzbestimmendes Glied:

Die zur Selbsterregung führenden Spannungsschwankungen in der Schaltung enthalten eine Unmenge von Frequenzen, aus denen die gewünschte Frequenz herausgefiltert und gemäß den nachstehenden Bedingungen mitgekoppelt werden muss. Sämtliche anderen Frequenzen müssen unterdrückt werden. Frequenzbestimmende Glieder können Hochpässe, Tiefpässe, Schwingkreise oder Schwingquarze sein.

### b) Phasenbedingung:

Bei einer Emitterschaltung nach Abb. 5.23 besteht zwischen der Eingangsspannung $u_e$ und der Ausgangsspannung $u_a$ bekannterweise eine Phasenverschiebung $\varphi = 180°$. Würde die Ausgangsspannung ohne Phasendrehung auf den Eingang gelegt, erzielte man eine Gegenkopplung, die jegliche Schwingneigung unterdrücken würde. Die Ausgangsspannnng $u_a$ muss also (um phasenrichtig wieder am Eingang des Verstärkers anzuliegen) durch das Rückkoppelnetzwerk nochmals um 180° gedreht werden. Die Eingangsspannung $u_e$ erfährt also ausgehend vom Eingang über den Verstärker und das Rückkoppelnetzwerk bei einem Ringdurchlauf eine Phasenverschiebung von

$$\varphi = 360° \text{ bzw. } 0°$$

### c) Amplitudenbedingung:

Eine nach Abb. 5.23 am Verstärkereingang liegende Spannung $u_e$ wird mit dem Verstärkungsfaktor V verstärkt:

$$u_a = V \cdot u_e$$

Würde die Ausgangsspannung $u_a$ nun in ihrer vollen Größe phasenrichtig wieder auf den Eingang gelegt, so würde dies zu einer Übersteuerung des Verstärkers führen.

# 5.3 SINUSGENERATOR

Damit die Eingangsspannung nach einem Ringdurchlauf über Verstärker und Rückkoppelnetzwerk wieder in ihrer ursprünglichen Größe am Eingang anliegt, muss sie also nach der Verstärkung mit dem Verstärkungsfaktor V im Rückkopplungsnetzwerk durch den Kopplungsfaktor k um das gleiche Maß abgeschwächt werden.

$$u_e = k \cdot u_a$$

Da $u_e$ auch $u_a/V$ ist, erhält man:

$$u_a \cdot k = \frac{u_a}{V} \quad oder \quad k \cdot V = 1$$

Das Produkt $k \cdot V$ wird mit Ringverstärkung bezeichnet. Ist beispielsweise $k \cdot V < 1$, klingt eine momentane Schwingung wieder ab. Dies lässt sich an einem einfachen Beispiel schnell verdeutlichen:

Für V = 30 und k = 1/60 erhält man: $k \cdot V$ = 30/60 = 0,5.

Eine Eingangsspannung von $u_e$ = 0,1 V wird also auf $u_a = V \cdot u_e$ = 30 · 0,1 = 3 V verstärkt.

Das Rückkoppelnetzwerk schwächt diese Spannung auf $u_a \cdot k$ = 3 V · 1/60 = 0,05 V ab. Nach einem Ringdurchlauf beträgt die Eingangsspannnng also nur noch die Hälfte ihres ursprünglichen Wertes. Demzufolge wird die sich daraus ergebende Ausgangsspannnng $u_a$ auch nur noch den halben Wert aufweisen und nach Vollendung des zweiten Ringdurchlaufs nur 1/4 des Ursprungswertes betragen usw.

## d) Amplitudenbegrenzung:

Damit die sehr kleinen Spannungsschwankungen, die beispielsweise vom Rauschen verursacht werden, durch Selbsterregung zu einer Sinusspannung brauchbarer Amplitude führen, muss das Produkt $k \cdot V$ zunächst größer als 1 sein:

$$k \cdot V > 1$$

Dadurch nehmen bei jedem Ringdurchlauf $u_a$, damit $u_e$ und damit wiederum $u_a$ usw. zu. Die Spannung schaukelt sich auf. Ist die gewünschte Amplitude erreicht, so ist der Verstärkungsfaktor V so weit zu verkleinern, dass

$$k \cdot V = 1$$

wird. Dies kann auf sehr einfache Weise geschehen, wie die in den nächsten Abschnitten aufgeführten Schaltungsbeispiele zeigen. Andererseits verwendet man zum Beispiel bei Präzisionsgeneratoren wiederum recht aufwendige Schaltungserweiterungen.

## Zusammenfassung:

In Abbildung 5.24 sind sämtliche Schaltungseinheiten eines Sinusgenerators sowie ihr Zusammenwirken schematisch dargestellt. Hier kann man sich den geforderten Ringdurchlauf nochmals auf einfache Art verdeutlichen:

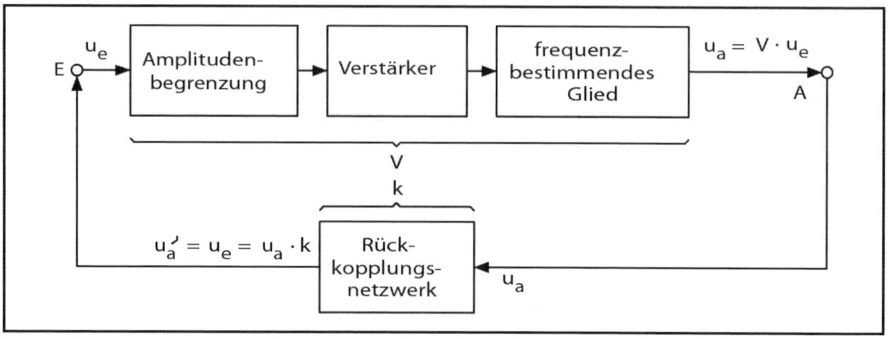

# 5 SIGNALGENERATOREN

**Abb. 5.24:** *Prinzipschaltung eines Sinusgenerators*

Eine Schwingung kann hier dann aufrechterhalten werden, wenn die entsprechenden Bedingungen erfüllt sind:

## Phasenbedingung:

$u_a$ muss phasengleich mit $u_e$ sein und muss nach einem Ringdurchlauf phasengleich wieder am Eingang E erscheinen.

$$\varphi = 0° \text{ bzw. } 360°$$

## Amplitudenbedingung:

Ist $u_a$ nach einem Ringdurchlauf gleich dem Wert von $u_e$, so gilt:

$u_e = k \cdot u_a$ und $u_a = V \cdot u_e$ und damit $k \cdot V = 1$

In Abb. 5.25 sind folgende Spannungsverläufe dargestellt:

$k \cdot V < 1$ (Abb. 5.25a für eine abklingende Schwingung)
$k \cdot V = 1$ (Abb. 5.25b für die abklingende Amplitudenbedingung)
$k \cdot V > 1$ (Abb. 5.25c für eine Übersteuerung)

Die Abb. 5.25d zeigt das Anschwingen des Generators mit $k \cdot V > 1$ sowie die darauffolgende Amplitudenbegrenzung durch $k \cdot V = 1$.

Die Einteilung der Sinusgeneratoren erfolgt entsprechend der verwendeten frequenzbestimmenden Glieder in drei Gruppen:

➠ LC-Oszillatoren
➠ RC-Oszillatoren
➠ Quarzoszillatoren

LC-Oszillatoren haben eine große Bedeutung zur Erzeugung höherer Frequenzen (Nachrichtentechnik). RC-Oszillatoren können dagegen recht gut für den Bereich der Niederfrequenz eingesetzt werden. Wird eine besonders hohe Frequenzkonstanz verlangt, so müssen Quarzoszillatoren verwendet werden.

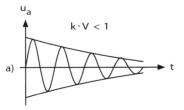
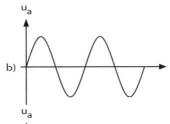
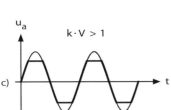
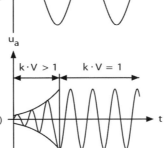

**Abb. 5.25:** Spannungsverläufe bei verschiedenen Ringverstärkungen

## 5.3.2 LC-Oszillatoren

Bei den Sinusgeneratoren mit LC-Gliedern werden Schwingkreise als frequenzbestimmende Glieder eingesetzt.

Von den drei typischen Grundschaltungen

- Meißner-Oszillator
- Colpitts-Oszillator
- Hartley-Oszillator

mit ihrer Vielzahl von Varianten wird hier der Meißner-Oszillator betrachtet.

### 5.3.2.1 Meißner-Oszillator

Der Meißner-Oszillator als älteste Form des selbsterregten Oszillators eignet sich besonders gut zur Erzeugung von Frequenzen, die etwa im Bereich von 10 kHz bis 300 MHz liegen. Abb. 5.26 zeigt die Grundschaltung. Der Arbeitspunkt wird durch den Basisspannungsteiler $R_1/R_2$ eingestellt und möglichst in die Mitte des Aussteuerbereichs gelegt, um eine gleichmäßige Aussteuerung in beide Amplitudenrichtungen zu ermöglichen. Die $R_3/C_3$-Kombination dient der unbedingt erforderlichen, thermischen Arbeitspunktstabilisierung.

Das frequenzbestimmende Glied: Die Frequenz, mit der ein LC-Oszillator schwingt, wird durch die Resonanzfrequenz des Schwingkreises bestimmt; in diesem Falle durch die Induktivität der Primärwicklung des Übertragers

$$f_r = \frac{1}{2 \cdot \pi \cdot \sqrt{C_1 \cdot L_1}}$$

**Abb. 5.26:** Grundschaltung des Meißner-Oszillators

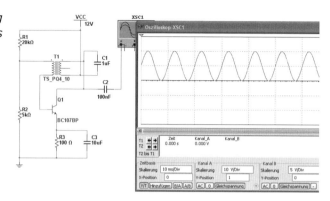

Dies lässt sich mit Hilfe der Phasenbedingung erklären:

- *Phasenbedingung:* Bei der Resonanzfrequenz hat der Schwingkreis einen rein ohm'schen Widerstand, d. h., der Kollektorstrom $i_C$ und die über dem Schwingkreis abfallende Spannung sind phasengleich. Unterhalb der Resonanzfrequenz zeigt der Schwingkreis induktives, oberhalb kapazitives Verhalten. Der Strom $i_C$ und der Spannungsfall über den Schwingkreis sind entsprechend phasenverschoben. Bei dem gezeichneten Wicklungssinn des Übertragers wird der Transistor demzufolge nur bei der Resonanzfrequenz phasenrichtig angesteuert. Vermerkt sei noch, dass der Schwingkreis, der ja den Kollektorwiderstand des Verstärkers darstellt, bei der Resonanzfrequenz sein Widerstandsmaximum hat, wodurch hier die Verstärkung der Transistorstufe am größten ist. Anmerkung: Die Verkleinerung des Verstärkerfaktors kann man sich mit Hilfe der entsprechenden Transistorkennlinien verdeutlichen. Zwei Übersteuerungseffekte sind zu unterscheiden: Die ausgangsseitige Übersteuerung und die eingangsseitige Übersteuerung.

- *Amplitudenbedingung:* Das Rückkoppelnetzwerk wird durch den Übertrager dargestellt. Bei vorgegebener Verstärkung V kann der notwendige Anteil der Schwingkreisspannung, die zur Erhaltung der Schwingung notwendig ist, durch das Übersetzungsverhältnis ü zwischen Schwingkreisspule und Mitkoppelspule entsprechend festgelegt werden. Der Wert ü bestimmt also den Kopplungsfaktor k.

- *Amplitudenbegrenzung:* Damit der Oszillator anschwingt, muss die Ringverstärkung k · V > 1 sein. Die Schwingung setzt dann nach Einschalten der Betriebsspannung ein und die Amplitude der Ausgangsspannung steigt (exponentiell) bis zur Aussteuergrenze an. Bei beginnender Übersteuerung verkleinert sich die Verstärkung des Transistors gerade so weit, dass die Ringverstärkung k · V = 1 wird und damit die Schwingungsamplitude konstant bleibt.

Die Verkleinerung des Verstärkungsfaktors kann man sich mit Hilfe der entsprechenden Transistorkennlinien verdeutlichen. Zwei Übersteuerungseffekte sind zu unterscheiden: Die ausgangsseitige Übersteuerung und die eingangsseitige Übersteuerung.

## 5.3 SINUSGENERATOR

Die ausgangsseitige Übersteuerung erkennt man am deutlichsten in der dynamischen Steuerkennlinie des Transistors (Abb. 5.27a). Wandert der Arbeitspunkt A nach oben über die Krümmung hinaus, so werden die Kollektorstromänderungen und damit die Ausgangsspannungsänderungen geringer. Die Verstärkung V sinkt also.

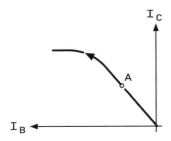

**Abb. 5.27a:** Dynamische Steuerkennlinie eines Transistors

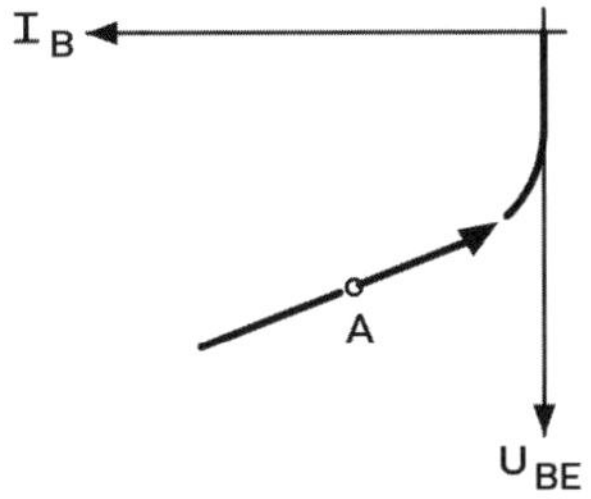

**Abb. 5.27b:** Eingangskennlinie eines Transistors

Zu einer eingangsseitigen Übersteuerung und einer Verkleinerung des Verstärkungsfaktors führt es, wenn die Eingangsspannung $u_{BE}$ so klein wird, dass in der Eingangskennlinie der gekrümmte Bereich erreicht wird (Abb. 5.27b). Hier verringert sich $\Delta I_B$, damit $\Delta U_{CE}$ und dadurch auch die Verstärkung.

Abschließend sei noch vermerkt, dass der Meißner-Oszillator auch in Basisschaltung betrieben werden kann. Das Ausgangssignal muss dann phasenrichtig nicht auf die Basis, sondern auf den Emitter des Transistors eingekoppelt worden. Da die Basisschaltung eine hohe Grenzfrequenz hat, bringt dies den Vorteil, dass diese Schaltungsvariante für hohe Frequenzen ausgelegt werden kann und somit früher Anwendung in UKW- und Fernsehempfängern fand.

### 5.3.2.2 Colpitts-Oszillator

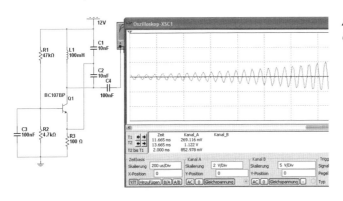

**Abb. 5.28:** Schaltung eines Colpitts-Oszillators

Abb. 5.28 zeigt die Schaltung eines Colpitts-Oszillators, der ähnlich ist wie der Meißner-Oszillator. Der Colpitts-Oszillator ist ein kapazitiver Dreipunktoszillator, da $X_1$ und $X_2$ kapazitiv, $X_3$ induktiv sind. Der Name Dreipunktschaltung definiert die drei Punkte am

# 5 SIGNALGENERATOREN

Schwingkreis. Als Folge der zwischen Schwingkreisspule und Kondensator hin- und herpendelnden Energie fließt durch die Spule und den Kondensator ein Wechselstrom mit der Frequenz $f_r$, der um den Faktor der Resonanzüberhöhung größer als der von der Transistorverstärkerstufe kommende Wechselstrom ist. Die Basisspannung ist mit der Kollektorspannung in Gegenphase, denn ein Anwachsen des Schwingkreiswechselstromes im Uhrzeigersinn hat zur Folge, dass das Basispotential positiver und das Kollektorpotential negativer wird.

Für die Berechnung gilt:

$$C = \frac{C_1 \cdot C_2}{C_1 + C_2} \qquad f_r = \frac{1}{2 \cdot \pi \cdot \sqrt{C \cdot L_1}}$$

Die Gesamtkapazität besteht aus einer Reihenschaltung von zwei Kondensatoren. Statt der zwei Kondensatoren kann man auch eine Spule mit Mittelanzapfung verwenden.

## 5.3.2.3 Hartley-Oszillator

**Abb. 5.29:** *Schaltung eines Hartley-Oszillators*

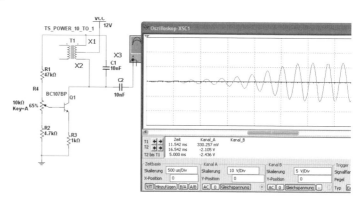

Abb. 5.29 zeigt die Schaltung eines Hartley-Oszillators, der ähnlich funktioniert wie der Meißner-Oszillator. Der Hartley-Oszillator ist ein induktiver Dreipunktoszillator, da $X_1$ und $X_2$ induktiv und $X_3$ kapazitiv sind. Der Name Dreipunktschaltung definiert die drei Punkte am Schwingkreis.

Die Induktivität L lässt sich bei vorgegebener Kapazität $C_1$ aus der gewünschten Oszillatorfrequenz $f_r$ berechnen

$$L = \frac{1}{(2 \cdot \pi \cdot f_r)^2 \cdot C_1}$$

Mit dem $A_L$-Wert der Spule ergibt sich die benötigte Windungszahl

$$N_1 + N_2 = \frac{L}{A_L}$$

Damit sich die Gleichspannung über $C_2$ während einer Schwingungsperiode möglichst wenig ändert, muss auch hier näherungsweise die Relation $C_2 (R_2||R_2) > 10/\omega_f$ eingehalten werden. Damit ist die Schaltung im Wesentlichen dimensioniert.

## 5.3.3 Sinusgeneratoren mit RC-Gliedern

Bei Sinusgeneratoren mit RC-Gliedern wird die Frequenz durch Hochpässe oder Tiefpässe, bei einigen Schaltungsvarianten auch durch Bandpässe bestimmt. Die genannten Filterschaltungen sind dabei jeweils aus Widerständen und Kondensatoren aufgebaut. Die Wirkungsweise beruht hier im Wesentlichen darauf, dass bei den RC-Gliedern die Amplitude und Phasenverschiebung der Ausgangsspannung gegenüber der Eingangsspannung von der Frequenz der Eingangsspannung abhängt. Als Verstärker werden diskret aufgebaute Transistorverstärker, heute meist jedoch Operationsverstärker eingesetzt.

Beim RC-Phasenkettengenerator wird durch die Reihenschaltung mehrerer RC-Schaltungen eine Phasendrehung von 180° erzielt. Somit ergibt sich im Rückkopplungsweg durch die 180°-Phasendrehung der Emitterschaltung und die zusätzliche 180°-Phasenverschiebung durch die RC-Kette der zum Schwingen erforderliche Verschiebungswinkel von insgesamt 360° $\triangleq$ 0°. Die Reihenschaltung eines Widerstands mit einer Kapazität ergibt eine Phasenverschiebung, die zwischen 0° und 90° liegt. Um die notwendige 180°-Phasendrehung zu erzielen, müssen also mindestens drei RC-Schaltungen hintereinander geschaltet werden. Der Einfachheit halber wählt man jeweils drei gleiche Widerstands- und drei gleiche Kapazitätswerte. Die Phasenbedingung wird somit erfüllt, wenn jede RC-Schaltung der Kette eine Phasendrehung von genau 60° hat.

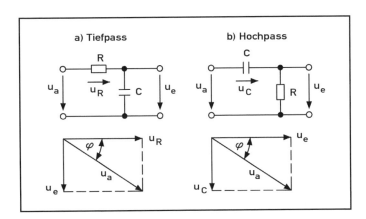

**Abb. 5.30:** Hoch- und Tiefpass mit Zeigerdiagramm für RC-Phasenschieberkette

Jedes RC-Glied erzeugt, da der Widerstandswert eines Kondensators frequenzabhängig ist, eine frequenzabhängige Phasenverschiebung zwischen Eingangs- und Ausgangsspannung. Als Beispiel sind in Abb. 5.30 ein Hochpass und ein Tiefpass mit den zugehörigen Zeigerdiagrammen der Spannungen dargestellt.

Die Phasenverschiebung kann für beide Schaltungen theoretisch höchstens 90° betragen. Dies gilt für den Tiefpass bei sehr (unendlich) hohen Frequenzen, für den Hochpass bei sehr tiefen Frequenzen. Bei endlichen Frequenzen bleibt die Phasenverschiebung von Hoch- und Tiefpass kleiner als 90°. Geht man von einem Verstärker mit 180° Phasenverschiebung zwischen Eingangs- und Ausgangsspannung aus, so muss der Mitkopplungszweig auch eine Phasendrehung von 180° bewirken. In der Praxis sind deshalb mindestens drei Glieder zusammenzuschalten, damit diese Phasenverschiebung von $\varphi = 180°$ möglich wird.

Beim Tiefpass eilt also die Ausgangsspannung $u_a$ der Eingangsspannung um den Phasenwinkel $\varphi$ nach, beim Hochpass um den Winkel $\varphi$ vor.

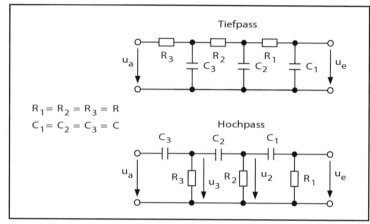

**Abb. 5.31:** Hoch- und Tiefpass-Phasenkette

In diesen Schaltungen sind jeweils die Eingangsspannungen mit $u_e$ – und die Ausgangsspannung mit $u_a$ bezeichnet. Auf Grund der Frequenzabhängigkeit des Widerstandswertes von C wird z. B. in Abbildung 5.30b die Ausgangsspannung $u_e$ der Spannung $u_a$, bei einer (und nur bei einer) ganz bestimmten Frequenz um den Phasenwinkel $\varphi = 60°$ vorauseilen.

Da in der Regel sämtliche Glieder der Schaltung gleichartig dimensioniert werden, eilt $u_2$ bei der gleichen Frequenz der Spannung $u_3$ wiederum um 60° voraus – und $u_3$ der Spannung $u_a$ ebenso. Zwischen der Ausgangsspannung $u_a$ und der Eingangsspannung $u_e$ besteht damit bei einer bestimmten Frequenz eine Phasenverschiebung von $\varphi = 180°$.

Diese Erscheinung nutzt man bei den RC-Generatoren aus. Die als Rückkoppelnetzwerke verwendeten Hoch- und Tiefpässe nach Abbildung 5.31 sind damit gleichzeitig die frequenzbestimmenden Glieder. Die Berechnung der Frequenz, bei der unter Vorgabe des Netzwerkes die gewünschte Phasendrehung auftritt, ist verhältnismäßig aufwendig. Es werden deshalb nur die Bestimmungsgleichungen für diese Frequenz $f_0$ nachstehend aufgeführt:

Dreigliedrige Tiefpasskette: $\quad f_0 \approx \dfrac{1}{2,5 \cdot R \cdot C}$

Dreigliedrige Hochpasskette: $\quad f_0 \approx \dfrac{1}{15,4 \cdot R \cdot C}$

Die Formeln gelten nur, wenn die Widerstände und Kondensatoren des RC-Glieds gleich sind.

## 5.3 SINUSGENERATOR

Bei der Ermittlung des Verhältnisses aus Ausgangs- und Eingangsspannung wird ebenfalls auf die umfangreiche Ableitung verzichtet.

$$\frac{u_e}{u_a} = \frac{1}{29}$$

Dieses Verhältnis ist der Kopplungsfaktor k.

$$k = \frac{1}{29}$$

### 5.3.4 Phasenschiebergenerator

Zum Aufbau von RC-Phasenschiebergeneratoren können sowohl in Verstärkerbetrieb arbeitende Emitterstufen als auch Operationsverstärker mit Gegenkopplung eingesetzt werden. Abb. 5.32 und Abb. 5.33 zeigen zwei derartige Schaltungen unter Verwendung eines Hoch- und Tiefpasses.

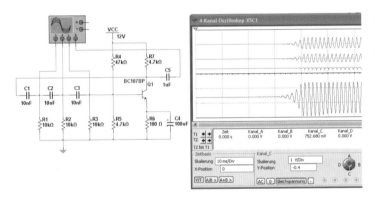

**Abb. 5.32:** RC-Phasenschiebergenerator (Hochpass) mit Transistorstufe. Das Oszillogramm zeigt das Anschwingverhalten

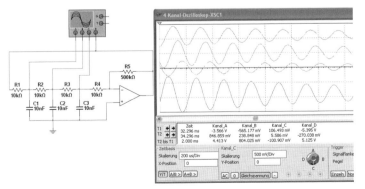

**Abb. 5.33:** RC-Phasenschiebergenerator (Tiefpass) mit Operationsverstärker

## a) Frequenzbestimmendes Glied:

Rückkoppelnetzwerk und gleichzeitig frequenzbestimmendes Glied ist der RC-Phasenschieber. Die Generatoren werden demnach auf folgenden Frequenzen schwingen:

$f_0 \approx \dfrac{1}{15{,}4 \cdot R \cdot C}$  RC-Phasenschiebergenerator (Hochpass) mit Transistorstufe

$f_0 \approx \dfrac{1}{2{,}5 \cdot R \cdot C}$  RC-Phasenschiebergenerator (Tiefpass) mit Operationsverstärker

## b) Phasenbedingung:

Für die nach den oben angegebenen Formeln berechneten Frequenzen ist die Phasenbedingung erfüllt, d. h., die am Ausgang $u_a$ anliegende Spannung wird phasenrichtig wieder auf die Eingänge der Verstärker eingekoppelt.

## c) Amplitudenbedingung:

Da das Rückkoppelnetzwerk die Ausgangsspannung $u_a$ des Verstärkers auf 1/29 herunterteilt, der Kopplungsfaktor demzufolge

$$k = \frac{1}{29}$$

ist, muss der Verstärker einen Verstärkungsfaktor

V = 29

aufweisen. Damit beträgt die Ringverstärkung

k · V = 1

## d) Amplitudenbegrenzung:

Bei der Schaltung mit Emitterstufe ist die bereits beim Meißner-Oszillator aufgeführte Amplitudenbegrenzung durch Übersteuerung des Transistors gegeben.

Bei der Schaltung mit dem Operationsverstärker ergibt sich der Verstärkungsfaktor durch das Verhältnis der Widerstände $R_4$ zu $R_5$.

$$V = \frac{R_5}{R_4}$$

Damit ist die Verstärkung V festgelegt. Zur Amplitudenbegrenzung (Abb. 5.34) sind zusätzliche Maßnahmen erforderlich. Die beiden Dioden sind antiparallel zum Widerstand $R_5$ geschaltet und stellen veränderliche Widerstände in der Form dar, dass deren jeweiliger Durchlasswiderstand mit der größer werdenden positiven und negativen Halbwelle kleiner wird. Dadurch sinkt auch der Verstärkungsfaktor V. Die durch $R_4/R_6$ festgelegte Verstärkung muss also zum Anschwingen größer als 29 sein. Mit der Diodenschaltung sinkt der Wert im eingeschwungenen Zustand auf V = 29 ab.

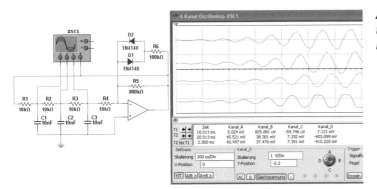

**Abb. 5.34:** RC-Generator mit Amplitudenbegrenzung

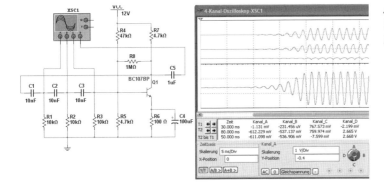

**Abb. 5.35:** RC-Generator mit Spannungsgegenkopplung

### e) Verbesserung des sinusförmigen Verlaufs der Ausgangsspannung:

Die zum richtigen Arbeiten der Generatoren notwendigen Amplitudenbegrenzungen verursachen häufig Verzerrungen der Sinusspannungen. Dagegen muss Abhilfe geschaffen werden. Der in Abbildung 5.35 eingezeichnete Widerstand $R_8$ bewirkt eine Spannungsgegenkopplung. Wie bereits bekannt ist, ist eine Gegenkopplung eine nicht lineare Verzerrung. Die Verzerrungen der Ausgangssignale sind nicht lineare Verzerrungen. Sie sind auch im Gegenkopplungssignal enthalten. Bei ihrer Rückwirkung auf die Eingangsseite wird das resultierende Eingangssignal so verzerrt, dass die ausgangsseitige Verzerrung je nach Gegenkopplungsgrad beträchtlich reduziert wird.

## 5.3.5 Sinusgenerator mit Wien-Robinson-Brücke

Wird bei Sinusgeneratoren als Verstärkerelement ein zweistufiger Verstärker oder ein Operationsverstärker in nicht invertierender Schaltung benutzt, so ist als frequenzbestimmendes Glied eine Schaltung erforderlich, bei der keine Phasenverschiebung

# 5 SIGNALGENERATOREN

zwischen ihrer Eingangs- und Ausgangsspannung besteht. Eine solche Schaltung stellt die Wienbrücke dar (Abb. 5.36).

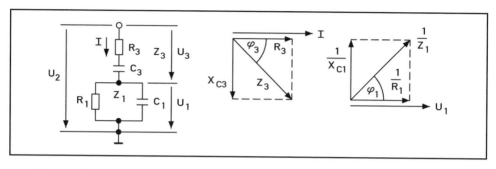

**Abb. 5.36:** Aufbau einer Wienbrücke und die Ermittlung von $Z_3$ und $1/Z_1$

Die Wienbrücke ist eine Reihenschaltung eines RC-Gliedes in Serienschaltung ($Z_3$) mit einem RC-Gliedes in Parallelschaltung ($Z_1$).

Unter der Voraussetzung, dass $R_1 = R_3$ und $C_1 = C_3$ ist, besitzen beide die gleiche Grenzfrequenz. Daher wird die Ausgangsspannung $u_a$ für sehr hohe und tiefe Frequenzen sehr klein und gleichzeitig phasenverschoben zu $u_e$ sein.

Nun soll untersucht werden, bei welcher Frequenz keine Phasenverschiebung zwischen Eingangsspannung $u_e$ und Ausgangsspannung $u_a$ besteht:

Der Widerstand $Z_3$ lässt sich durch geometrische Addition des ohm'schen Widerstandes $R_3$ und des frequenzabhängigen Widerstandes $X_{C3}$ des Kondensators C ermitteln. Der Winkel $\varphi_3$ kennzeichnet die Phasenverschiebung zwischen Strom I und Spannung $U_3$.

$$\tan \varphi_3 = \frac{X_{C3}}{R_3}$$

Für den Zweipol in Parallelschaltung führt man die geometrische Addition der Leitwerte $(1/R_1, 1/X_{C1})$ durch. Der Winkel kennzeichnet die Phasenverschiebung zwischen $U_1$ und dem Strom I.

$$\frac{X_C}{R} = \frac{R}{X_C}$$

Ist $\varphi_1 = \varphi_3$, so sind $U_1$ mit $U_3$ und ebenso auch $U_1$ mit $U_2$ phasengleich. $U_1$ mit $U_2$ können also arithmetisch addiert werden.

Schreibt man R für $R_1 = R_3$ und C für $C_1 = C_3$, so lässt sich für den Fall $\varphi_1 = \varphi_3$ die Frequenz $f_0$ ausrechnen

## 5.3 SINUSGENERATOR

$\varphi_1 = \varphi_3 \qquad \tan \varphi_1 = \tan \varphi_3 \qquad \dfrac{X_C}{R} = \dfrac{R}{X_C} \qquad X_C^2 = R^2 \qquad R^2 = \dfrac{1}{(2 \cdot \pi \cdot f_0 \cdot C)^2} \qquad k = \dfrac{1}{29}$

Bei der Frequenz $f_0$ ist die Ausgangsspannung der Wienbrücke phasengleich mit der Eingangsspannung. Gleichzeitig ist sie auch die Grenzfrequenz der beiden RC-Glieder.

**Anmerkung:** Sehr anschaulich lässt sich die Frequenz $f_0$ ermitteln, wenn man $Z_1$ durch folgendes geometrisches Verfahren gewinnt: Die Widerstände R und $X_C$ werden wie bei der Serienschaltung aufgetragen und die Pfeilspitzen miteinander verbunden. Die Höhe auf der Hypotenuse des gefundenen Dreiecks ist dann $Z_1$ (Abb. 5.37). Durch die geometrische Addition von $Z_1$ und $Z_3$ erhält man den Gesamtwiderstand $Z_2$.

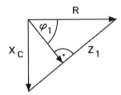

**Abb. 5.37:** Ermittlung von $Z_1$

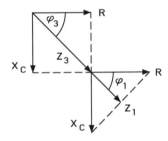

**Abb. 5.38:** Ermittlung von $Z_1 + Z_3$

Wie aus Abbildung 5.38 ersichtlich ist, werden $Z_1$ und $Z_3$ nur phasengleich sein, wenn R = X ist, also

$$R = \dfrac{1}{2 \cdot \pi \cdot f_0 \cdot C} \qquad f_0 = \dfrac{1}{2 \cdot \pi \cdot R \cdot C}$$

Hat man die Größe der Widerstände $Z_1$ und $Z_2$ zeichnerisch ermittelt, so ist es nicht mehr schwierig, auf das Verhältnis von $U_1/U_2$ zu schließen. Man erhält, da $U_1 \approx Z_1$ und $U_1 \approx Z_1 + Z_3$:

$$\dfrac{U_1}{U_2} = \dfrac{1}{3}$$

Auch rein rechnerisch kann das Verhältnis $U_1/U_2$ recht einfach festgestellt worden:

$$\dfrac{U_1}{U_2} = \dfrac{Z_1}{Z_1 + Z_3} \qquad Z_3 = \sqrt{R^2 + X_C^2} \qquad Z_1 = \dfrac{1}{\sqrt{\dfrac{1}{R^2} + \dfrac{1}{X_C^2}}}$$

$Z_1$ und $Z_2$ können arithmetisch addiert werden, da sie phasengleich sind. Da bei der Frequenz $f_0$ die Beziehung $R = X_C$ gilt, ergibt sich Folgendes:

$$Z_3 = \sqrt{2} \cdot R \qquad Z_1 = \frac{R}{\sqrt{2}} \qquad \frac{U_1}{U_2} = \frac{\frac{R}{\sqrt{2}}}{\frac{R}{\sqrt{2}} + \sqrt{2} \cdot R} = \frac{R}{3 \cdot R} \qquad \frac{U_1}{U_2} = \frac{1}{3}$$

### 5.3.6 Wiengenerator mit zweistufigem Transistorverstärker

Bei dem in Abb. 5.39 verwendeten zweistufigen Verstärker ist die Spannung am Verstärkerausgang phasengleich mit der Spannung am Verstärkereingang.

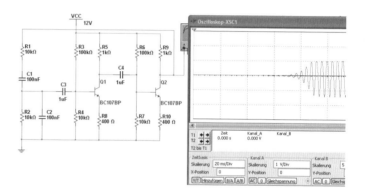

**Abb. 5.39:** Wiengenerator mit zweistufigem Transistorverstärker

Bei der Frequenz $f_0$, festgelegt durch die Wienbrücke, wird die Ausgangsspannung des Verstärkers also phasenrichtig wieder auf den Verstärkereingang eingekoppelt:

$$f_0 = \frac{1}{2 \cdot \pi \cdot R \cdot C}$$

Da die Wienbrücke die Ausgangsspannung des Verstärkers auf 1/3 herunterteilt, demzufolge also

$$k = \frac{1}{3}$$

ist, muss für den Verstärkungsfaktor V gelten

$$V = 3$$

Die Amplitudenbegrenzung erfolgt gemäß den Ausführungen beim Meißner-Oszillator.

## 5.3.7 Sinusgenerator mit Wien-Robinson-Brücke

Die Wien-Robinson-Brücke ist eine Wienbrücke, die wie in Abb. 5.40 um die Widerstände $R_3$ und $R_4$ erweitert wird. Da in der Fachliteratur Wienbrücke und Wien-Robinson-Brücke nicht strikt auseinandergehalten werden, soll die Bezeichnung hier als nebensächlich angesehen werden.

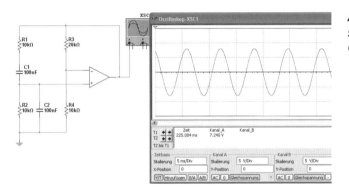

**Abb. 5.40:** Wien-Robinson-Generator mit Operationsverstärker

Die Wien-Robinson-Brücke besteht aus zwei Zweigen. Der erste ist wie bei der einfachen Wienbrücke aufgebaut und teilt sich bei $f_0$ die Eingangsspannung $U_2$ auf 1/3.

$$U_1 = \frac{U_2}{3}, \text{ damit ist } U_3 = \frac{2 \cdot U_2}{3} \text{ nur bei } f_0!$$

Der zweite Brückenzweig hat nun das gleiche Teilerverhältnis, das jedoch frequenzunabhängig ist. Es gilt

$$U_4 = \frac{U_2}{3}, \text{ damit ist } U_3 = \frac{2 \cdot U_2}{3} \text{ bei allen Frequenzen!}$$

Da $U_1$ und $U_3$ sich mit der Frequenz ändern (in Größe und Phasenlage), aber $U_4$ und $U_5$ von der Frequenz unbeeinflusst bleiben, ist nur bei der Frequenz f die Brückenspannung $U_D = 0$.

$$U_D = U_4 - U_1 = 0$$

$U_D$ ist die Spannung, mit der der nachfolgende Verstärker angesteuert wird. Bei der Verwendung eines Operationsverstärkers kann man die Widerstände gleichzeitig als Gegenkopplungswiderstände verwenden.

**Anmerkung:** Der Operationsverstärker müsste, da $U_D = 0$ ist und die Ausgangsspannung $U_a$ erwartet wird, eine unendlich hohe Verstärkung besitzen. Dies ist aber nicht der Fall. Damit die Schaltung funktionstüchtig wird, müsste der ohm'sche Brückenzweig $R_3/R_4$ etwas verändert werden. Diese Überlegung ist jedoch für die Praxis ohne Bedeutung, da die Gleichung, nach der Verstärkung V des Verstärker berechnet wird, eine

Näherungsformel ist, die genaugenommen nur dann gilt, wenn die Leerlaufverstärkung des Operationsverstärkers unendlich groß ist. Zum anderen ist der Faktor V auf Grund der Bauteiltoleranzen ohnehin mit Hilfe eines Trimmers einzustellen.

Nach dieser Überlegung kann man sich die Schaltung nach Abbildung 5.40 als Wiengenerator mit Operationsverstärker vorstellen, wobei die Widerstände $R_3$ und $R_4$ den Operationsverstärker auf die erforderliche Verstärkung V einstellen.

Da die Wienbrücke als Rückkopplungsnetzwerk die Ausgangsspannung des Verstärkers mit dem Faktor k auf 1/3 herunterteilt, muss der Verstärkungsfaktor V der Formel k · V = 1 entsprechend V = 3 betragen. Für $R_3$ und $R_4$ gilt damit als Dimensionierungsvorschrift

$$V = \frac{R_3}{R_4} + 1 = 3$$

Somit ist: $R_3 = 2 \cdot R_4$

Eingangs- und Ausgangssignal sind bei dem Verstärker phasengleich, so dass der Generator durch die Verwendung der Wienbrücke auf der Frequenz $f_0$ schwingt:

$$f_0 = \frac{1}{2 \cdot \pi \cdot R \cdot C}$$

Die Amplitudenbegrenzung kann beim Wien-Robinson-Generator nach Abb. 5.40 auch durch Einbeziehung von strom- bzw. temperaturabhängigen Widerständen in den ohm'schen Zweig ($R_3$, $R_4$) der Wien-Robinson-Brücke realisiert werden.

## 5.4 Oszillatoren mit Quarz

Wenn man Oszillatoren mit besonders hoher Frequenzkonstanz benötigt, wird ein Schwingquarz als frequenzbestimmendes Bauelement eingesetzt. Ein Schwingquarz ist ein piezoelektrischer Kristall (Quarzkristall) mit zwei Elektroden, ähnlich einem Kondensator. Durch Anlegen einer Wechselspannung entsteht im Kristall ein elektrisches Feld, das mechanische Schwingungen auslöst. Quarze arbeiten nach dem Prinzip eines inversen piezoelektrischen Effektes. Je nach Schnittwinkel zwischen den Kristallachsen und der Elektrodenanordnung wird ein bestimmter Schwingungstyp (Dicken-, Biege-, Torsionsschwinger) angeregt. Quarze bestehen aus $SiO_2$ (Siliziumdioxid).

Der Schwingquarz lässt sich durch das Ersatzschaltbild näherungsweise darstellen:

- L   die dynamische Induktivität, die die schwingende Masse des Quarzes moduliert
- C   die dynamische Kapazität, die die Elastizität des schwingenden Körpers moduliert
- R   der statische dynamische Verlustwiderstand als Folge verschiedener Reibungsverluste
- $C_0$   die statische Parallelkapazität (zwischen beiden Metallelektroden mit Quarzmaterial als Dielektrikum, Trägersystem)

## 5.4 OSZILLATOREN MIT QUARZ

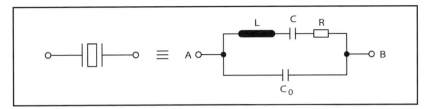

**Abb. 5.41:** Ersatzschaltbild eines Schwingquarzes

## 5.4.1 Eigenschaften von Quarzen

Wesentliche Eigenschaften von Schwingquarzen sind

- sehr hohe Güte ($Q \approx 10^4$ bis $10^6$)
- großes L/C-Verhältnis
- $C \approx C_p$
- Frequenzinstabilität $\Delta f/f_r \approx 10^{-4}$ bis $10^{-10}$

Das elektrische Verhalten eines Schwingquarzes lässt sich durch das Ersatzschaltbild von Abbildung 5.41 beschreiben. Die Größen C und L sind durch die mechanischen Eigenschaften des Quarzes sehr gut definiert. Der Widerstand R ist ein kleiner ohm'scher Widerstand, der die Dämpfung charakterisiert. Der Kondensator $C_0$ gibt die Größe der Kapazität an, die von den Elektroden und den Zuleitungen gebildet wird. Typische Werte für einen 1,5 MHz-Quarz sind

$$L = 100 \text{ mH}, C = 0{,}015 \text{ pF}, R = 100 \text{ }\Omega, Q = 25000, C_0 = 5 \text{ pF}$$

Der Frequenzgang des Blindanteils für einen Quarz ist in Abb. 5.42 dargestellt.

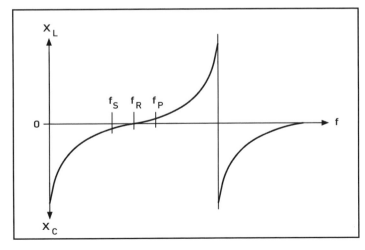

**Abb. 5.42:** Frequenzgang des Blindanteils bei einem Quarz. Die Darstellung ist nicht maßstabsgerecht!

$f_s$ = Serienresonanz
$f_p$ = Parallelresonanz
$f_R$ = Resonanz

Man erkennt, dass es eine Frequenz gibt, bei der $Z_q = 0$ wird, und eine andere Frequenz, bei der $Z_q = \infty$ wird (Abb. 5.42). Der Schwingquarz besitzt also eine Serien- und eine

Parallelresonanz. Zur Berechnung der Serienresonanzfrequenz $f_s$ setzt man den Zähler zu Null und erhält

$$f_S = \frac{1}{2 \cdot \pi \cdot \sqrt{L \cdot C}}$$

Die Parallelresonanzfrequenz $f_p$ ergibt sich durch Nullsetzen des Nenners:

$$f_p = \frac{1}{2 \cdot \pi \cdot \sqrt{L \cdot C}} \cdot \sqrt{1 + \frac{C}{C_0}}$$

Für die Berechnung der Parameterdefinitionen gelten folgende Gleichungen:

Serienresonanzfrequenz: $\quad f_S = \dfrac{1}{2 \cdot \pi \cdot \sqrt{C \cdot L}}$

Antiresonanzfrequenz: $\quad f_a = \dfrac{1}{2 \cdot \pi} \cdot \sqrt{\dfrac{C + C_0}{L \cdot C \cdot C_0}}$

Frequenzveränderung: $\quad \Delta f = \dfrac{f_S \cdot C}{2 \cdot (C_0 + C_L)}$

Dynamische Kapazität: $\quad C = \dfrac{2 \cdot (C_0 + C_L) \cdot \Delta f}{f_S}$

Dynamische Induktivität: $\quad L = \dfrac{1}{\left(2 \cdot \pi \cdot f_S\right)^2 \cdot C}$

Effektiver Serienwiderstand: $\quad R = \dfrac{2 \cdot \pi \cdot f_S \cdot L}{Q}$

Kapazitätsverhältnis: $\quad C_r = \dfrac{C_0}{C}$

Gütefaktor: $\quad Q = \dfrac{2 \cdot \pi \cdot f_S \cdot L}{R}$

Wirkwiderstand: $\quad R_W = \left(\dfrac{C_L + C_0}{R_L}\right)^2 \cdot R_S$

Parallelkapazität: $\quad C_0$

Lastkapazität: $\quad C_L$

## 5.4 OSZILLATOREN MIT QUARZ

Betrachtet man sich diese Gleichungen, ergibt sich näherungsweise das Verhalten eines Schwingkreises. Für einen 1-MHz-Quarz gelten zum Beispiel folgende Werte:

L = 0,025 H,
C = 0,01 pF
R = 70 Ω für die Elemente der inneren Ersatzschaltung
$C_0$ = 5 pF für die interne Elektrodenkapazität

Die Frequenzpunkte von Abbildung 5.42 lassen sich mit folgenden Gleichungen berechnen:

$$f_S = \frac{1}{2 \cdot \pi \cdot \sqrt{C \cdot L}}$$

$$f_R = f_S \cdot \sqrt{1 + \frac{R^2 \cdot C_0}{L}} \quad bei \quad \Delta \approx 10^{-6}$$

$$f_P = f_S \cdot \sqrt{1 + \frac{C}{C_0} - \frac{R^2 \cdot C_0}{L}} \quad bei \quad \Delta \approx 10^{-6}$$

Hierbei ist der Frequenzpunkt $f_S$ die Serienresonanzfrequenz der Spule L und des Kondensators C, bei dem sich der Quarz wegen $C_0$ etwas kapazitiv verhält. Bei nur geringfügig größerem Frequenzgang $f_R$ ist die Wirkung von $C_0$ kompensiert und das Verhalten ist jetzt ein geringfügig bedämpfter Reihenschwingkreis in Resonanz. Zwischen den Anschlüssen A und B erscheint ein rein ohm'scher Widerstand mit einem Wert von ungefähr R = 70 Ω für die Elemente der inneren Ersatzschaltung.

Bei dem Punkt $f_s$ liegt eine Serienresonanz von L und der Reihenschaltung von C und $C_0$ vor. Der Quarz hat jetzt die Wirkung eines stark bedämpften Reihenschwingkreises in Resonanz zwischen den Anschlüssen von A und B. Es ergibt sich ein sehr hoher Wert für den Widerstand R.

### 5.4.2 Operationsverstärker und Quarz

Wesentlich für die Anwendung eines Quarzes in Oszillatorschaltungen ist, dass sein Scheinwiderstand im Bereich zwischen der Reihen- und der Parallelresonanz induktiv – und außerhalb dieses Bereiches kapazitiv ist. Die Reihenresonanzfrequenz ist in hohem Maße konstant, wogegen man die Parallelresonanzfrequenz durch die äußere Schaltung geringfügig verändern kann.

Die Frequenz eines Quarzoszillators lässt sich von außen geringfügig ziehen, wenn man einen zusätzlichen einstellbaren Kondensator $C_S \approx C_R$ in Reihe zum Quarz schaltet. Die Frequenzänderung beträgt $\Delta f/f_R \approx \frac{1}{2} (C_r/C_S)$.

Quarze mit Resonanzfrequenzen unterhalb von etwa 100 kHz werden selten verwendet, da sie teuer und relativ groß sind. Günstiger ist es meist, eine Quarzfrequenz von 100 kHz bis zu einigen MHz mit Hilfe digitaler Frequenzteiler auf den gewünschten Wert herunterzuteilen.

Bestimmte Quarztypen sind für den Betrieb bei $f_R$, andere für den Betrieb bei $f_P$ optimiert. Nicht in jedem Falle lässt sich ein Parallelquarz in einem Serienoszillator betreiben und umgekehrt.

Die Quarzresonanzfrequenz wird bei seiner Herstellung bei einer bestimmten Lastkapazität $C_L$ abgeglichen. Betreibt man den Quarz mit einer davon abweichenden kapazitiven Last, so können Ungenauigkeiten von mehreren 100 ppm (part per million) auftreten.

Bei der Serienresonanz $f_R$ ist die Impedanz nahezu Null und der Phasenwinkel des Scheinwiderstandes Null. Bei der Parallelresonanz $f_P$ ist die Impedanz nahezu unendlich, und der Phasenwinkel des Scheinwiderstandes beträgt $\pi/2$. Daher schwingt der Quarz beim Anschalten an eine nicht invertierende Verstärkerschaltung auf seiner Serienresonanz und beim Anschalten an einen invertierenden Verstärker auf der Parallelresonanz (Abb. 5.43), Für Oszillatoren mit geringem Leistungsverbrauch (Uhren-, Mikroprozessoren und Mikrocontroller) wird häufig der Pierce-Oszillator verwendet, da er einen geringeren Stromverbrauch als der Serien-Oszillator aufweist. Allerdings ist seine Anschwingzeit größer (bis zu 1 s).

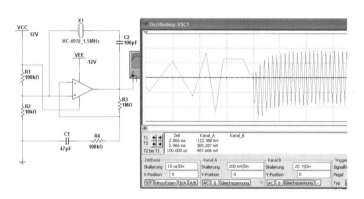

**Abb. 5.43:** 1,5-MHz-Quarzoszillator mit Operationsverstärker

### 5.4.3 Quarzoszillatoren mit TTL-Schaltkreisen

Im digitalen System werden Taktgeneratoren benötigt, an die je nach Anwendungsfall verschiedene Anforderungen an Ausgangsfrequenz und Frequenzkonstanz gestellt werden. In vielen Fällen werden keine hohen Ansprüche an die Genauigkeit gestellt. Meistens genügen einfache Multivibratoren oder ähnliche Oszillatoren. Häufig steuern diese Taktgeneratoren jedoch digitale Präzisionsmessgeräte (Frequenz- und Zeitmesser, Digitalvoltmeter u.ä.). Hierbei hängt die Genauigkeit des gesamten Systems meist von der verwendeten Oszillatorschaltung ab. Die dabei zulässigen Abweichungen der Oszillatorfrequenz vom Sollwert sollen so gering wie möglich sein. Aus diesem Grunde kommen für diese Anwendungsfälle nur quarzstabilisierte Schaltungen in Frage. Im Folgenden wird eine Schaltung für den Frequenzbereich von 100 kHz bis 20 MHz beschrieben. In den meisten Fällen werden einfache Berechnungshinweise gegeben, so dass die angegebenen Schaltungen für alle vorkommenden Frequenzen dimensioniert werden können. Für Frequenzen unter 100 kHz werden keine Schaltungen angegeben. In den meisten

## 5.4 OSZILLATOREN MIT QUARZ

Fällen sind die erforderlichen Quarze, wie bereits erwähnt, so teuer, dass es wirtschaftlicher ist, einen Oszillator höherer Frequenz zu verwenden, und die gewünschte Frequenz durch Frequenzteilung zu erzeugen.

Digitale Schaltkreise in TTL-Technik oder CMOS-Bausteine sind für einen Quarzoszillator kaum geeignet, da sie nicht für analoge Verstärkungen konzipiert sind. Insbesondere muss sichergestellt werden, dass der statische Arbeitspunkt des als Verstärker verwendeten digitalen Schaltkreises stets im linearen Teil der Übertragungskennlinie gehalten wird. Dies wird gewährleistet, wenn zwischen Eingang und Ausgang eines Inverters oder invertierenden Gatters ein Widerstand geschaltet wird. Die dadurch bewirkte Gleichspannungsgegenkopplung stabilisiert unter allen Umständen den Arbeitspunkt. Da in der verwendeten Schaltung der Quarz in Serienresonanz arbeitet und die Phase nicht dreht, müssen zwei Verstärkerstufen hintereinander geschaltet werden, um die geforderte Phasendrehung von insgesamt 360° zu erreichen. Ein Kondensator am Ausgang soll einen Teil der Oberwellen unterdrücken und somit verhindern, dass der Quarz zusätzlich auf einer Oberwelle erregt wird. Dem Oszillator wird noch ein Inverter nachgeschaltet, um ein einwandfreies TTL-Signal zu erhalten. Abbildung 5.44 zeigt einen Quarzoszillator mit TTL-Bausteinen.

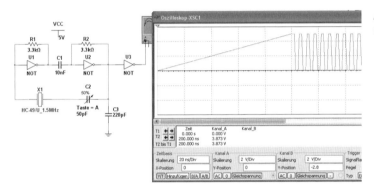

**Abb. 5.44:** Quarzoszillator mit TTL-Bausteinen

Bei dem Quarzoszillator wird jeweils ein Frequenzbereich angegeben, in dem die Schaltung verwendbar ist. Dabei werden folgende Anforderungen erfüllt: Der Oszillator muss bei Raumtemperatur (25 °C) und einer Betriebsspannung $U_b < 3{,}8$ V sicher anschwingen. Wird diese Forderung erfüllt, so arbeitet die Schaltung einwandfrei über den vollen Temperaturbereich (55 °C ... +125 °C). Dabei ist zu achten, dass die Quarze im Allgemeinen nur bis zu einer Temperatur von 105 °C spezifiziert sind.

Die Abhängigkeit der Qszillatorfrequenz von der Betriebsspannung soll möglichst gering sein. Bei der TTL-Schaltung von Abbildung 5.44 wurde eine maximale Fequenzabweichung von $10 \cdot 10^6$/V zugelassen. Bei größeren Abweichungen wird die Frequenz nicht mehr ausschließlich durch den Quarz, sondern in zunehmendem Maße von den übrigen Eigenschaften der Schaltung bestimmt.

Trotz der ungünstigen Eigenschaften der verwendeten Verstärker werden mit diesen Oszillatoren Werte erreicht, die denjenigen herkömmlicher Transistoroszillatoren kaum nachstehen.

## 5.4.4 Quarzoszillatoren mit Transistoren

Die Oszillatorschaltung aus Abb. 5.45 eignet sich für Quarze von 100 kHz bis 15 MHz.

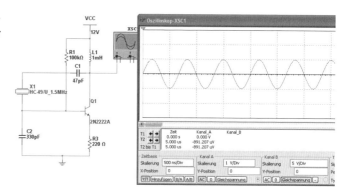

**Abb. 5.45:** Quarzoszillator für 1,5 MHz

In dieser Schaltung ist der Transistor als Colpitts-Oszillator geschaltet. Über einen kapazitiven Spannungsteiler wird die HF-Spannung dem zweiten Transistor zugeführt und verstärkt. Ein nachgeschalteter Schmitt-Trigger (7413) sorgt für eine ausreichende Flankensteilheit des Ausgangssignals. Bei Frequenzen über 1 MHz ist die Flankensteilheit am Kollektor des zweiten Transistors bereits so groß, dass als Impulsformer die im Schaltkreis enthaltenen Gatter verwendet werden können.

Dieser Oszillator weist bereits so gute Eigenschaften auf, dass in den meisten Fällen zusätzliche Stabilisierungsmaßnahmen unterbleiben können.

Einen weiteren Einfluss auf die Oszillatorfrequenz hat die Alterung der Bauelemente, insbesondere wiederum die der Kondensatoren. Für sehr genaue Oszillatoren empfiehlt es sich daher, die gesamte Schaltung künstlich zu altern. Dies geschieht im einfachen Fall in der Form, dass die gesamte Schaltung ungefähr dreimal auf 80 °C aufgeheizt und wieder abgekühlt wird. Danach kann die Langzeitänderung der Bauelemente gegenüber allen anderen Fehlern vernachlässigt werden.

# 6 Impulsformer mit Schmitt-Trigger und Komparator

Rechtecke und Nadelimpulse sind die am häufigsten in der Digitaltechnik vorkommenden Signalformen, die als Spannungen und Ströme vorliegen können. Dieser Abschnitt behandelt die wichtigsten Schaltungen, die zu den genannten Impulsformen führen. Dazu gehören:

- Schmitt-Trigger zur Formung von Rechteckspannungen aus beliebig sich ändernden Spannungen
- Amplitudenbegrenzerstufen mit Dioden - und
- RC-Glieder zur Umformung von Rechteckspannungen in Nadelimpulse und umgekehrt.

### Operationsverstärker

Ein Operationsverstärker besteht aus zwei Verstärkerstufen: Einem Eingangs-Differenzverstärker und einer nachgeschalteten Stromspiegelschaltung. Standard-Operationsverstärker besitzen eine begrenzte Spannungsanstiegsgeschwindigkeit - besonders dann, wenn sie kompensiert sind. Je nach Übersteuerung weisen sie jedoch zusätzlich eine oft beträchtliche Totzeit auf, d. h., die Ausgangsspannung beginnt sich erst einige Zeit nach Auftreten des Eingangssignals zu ändern. Dies liegt an der Ladungsträgerlebensdauer der bei Übersteuerung zumeist gesättigten Transistoren (Transistoren mit Basisstromüberschuss), und es liegt auch an den inneren Kapazitäten der Schaltung, die nach der Übersteuerung zuerst einmal umgeladen werden müssen, bevor bestimmte Transistoren überhaupt zu arbeiten beginnen. Aus diesem Grunde sind die gebräuchlichen Operationsverstärker zumeist ungeeignet, wenn es um den schnellen Vergleich zweier Spannungen geht. Daher verwendet man Komparatoren.

## 6.1 Schmitt-Trigger

Der Schmitt-Trigger ist ein zweistufiger Verstärker mit positiver Rückkopplung (Mitkopplung). Es handelt sich hierbei um eine bistabile Schaltung, die beim Überschreiten einer bestimmten Eingangsspannung $U_{Ein}$ kippt und beim Unterschreiten einer bestimmten Eingangsspannung $U_{Aus}$ zurückkippt. Der Schmitt-Trigger ist also eine potentialgesteuerte Kippschaltung, die als Schwellwertschalter und Rechteckformer verwendet wird. Man kann für langsame Schaltungen einen Operationsverstärker verwenden, und für hohe Geschwindigkeiten einen speziellen Operationsverstärker, einen Komparator.

# 6.1.1 Einfacher Schmitt-Trigger

Das RS-Flipflop wird jeweils dadurch zum Kippen gebracht, dass man auf die Basis des gerade sperrenden Transistors einen positiven Spannungsimpuls gibt, um ihn in den leitenden Zustand zu bringen. Eine andere Möglichkeit besteht darin, nur die Eingangsspannung zu verwenden und den Kippvorgang dadurch einzuleiten, dass sich die Eingangsspannung abwechselnd positiv (+$U_b$) und negativ (0 V) ändert. Ein so betriebenes Flipflop wird als Schmitt-Trigger bezeichnet. Abbildung 6.1 zeigt eine einfache Schaltung für den Schmitt-Trigger.

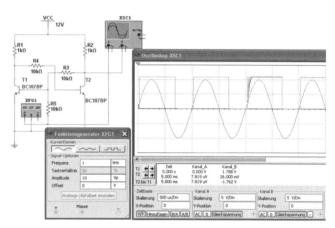

**Abb. 6.1:** Schaltung eines einfachen Schmitt-Triggers mit Oszillogramm

Wenn die Eingangsspannung die obere Triggerschwelle $U_{eEin}$ überschreitet, springt die Ausgangsspannung an die positive Übersteuerungsgrenze $U_{amax}$. Sie springt erst dann wieder auf Null zurück, wenn die Eingangsspannung die untere Triggerschwelle $U_{eAus}$ unterschreitet. Darauf beruht die Anwendung des Schmitt-Triggers als Rechteckformer. Infolge der Mitkopplung erfolgt der Umkippvorgang auch dann schlagartig, wenn sich die Eingangsspannung nur langsam ändert.

Die Übertragungskennlinie ist in dem Oszillogramm von Abb. 6.1 dargestellt, wenn man auf A/B-Betrieb umschaltet. Die Spannungsdifferenz zwischen dem Einschalt- und dem Ausschaltpegel heißt Schalthysterese. Sie wird umso kleiner, je kleiner die Differenz zwischen $U_{amax}$ und $U_{amin}$ ist, oder je größer die Abschwächung im Spannungsteiler $R_3$ und $R_5$ ist. Alle Maßnahmen, die Schalthysterese zu verkleinern, verschlechtern die Mitkopplung im Schmitt-Trigger und können dazu führen, dass er nicht mehr bistabil arbeitet. Die Schaltung geht in einen gewöhnlichen zweistufigen Verstärker über.

# 6.1.2 Emittergekoppelter Schmitt-Trigger

Den Schmitt-Trigger gibt es in verschiedenen Schaltungsvarianten; wobei das Arbeitsprinzip immer das Gleiche ist. Die Funktion wird an Hand der nachstehenden Schaltung Abb. 6.2 erläutert.

## 6.1 SCHMITT-TRIGGER

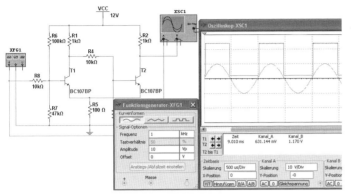

**Abb. 6.2:** Schaltung eines Schmitt-Triggers

### Betriebszustand nach Anlegen der Betriebsspannung +$U_b$ (Ruhezustand):

Da am Eingang von $T_1$ keine Spannung $u_e$ anliegt (bzw. die Annahme getroffen wird, dass $u_e$ = 0 ist), läuft wie bei den anderen Kippgliedern ein Einschaltvorgang ab.

Der Transistor $T_1$ sperrt, d. h. an seinem Kollektor liegt das Potential

$$U_{C1max} \approx +U_b$$

Hierbei wird vorausgesetzt, dass der nachgeschaltete Spannungsteiler $R_4$ und $R_5$ so hochohmig ist, dass er nur einen geringen Strom fließen lässt, die Schaltung also nur wenig belastet wird.

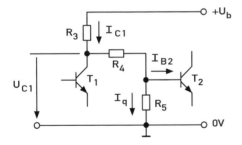

**Abb. 6.3:** Schaltungsauszug zur Berechnung von $U_{C1max}$

Bei genauerer Betrachtung der Abb. 6.3 unter Berücksichtigung von $R_4$ und $R_5$ ergibt sich für $U_{C1max}$:

$$U_{C1max} = U_b - R_3 \cdot I_{C1}$$

mit $I_{C1} = I_q + I_{B2}$ ergibt sich

$$U_{C1max} = U_b - R_3 \cdot (I_q + I_{B2})$$

Über den Spannungsteiler $R_4$ und $R_5$ wird $U_{C1max}$ heruntergeteilt und an die Basis von $T_2$ gelegt. Das Spannungsteilerverhältnis muss nun so bemessen sein, dass das Spannungspotential an der Basis hoch genug ist, um voll durchzusteuern.

# 6 IMPULSFORMER MIT SCHMITT-TRIGGER UND KOMPARATOR

Gemäß Kapitel Transistor als Schalter werden Transistoren im durchgeschalteten Zustand übersteuert, um sie so leitfähig wie nur möglich zu machen. Dies wird auch hier mit Hilfe des Spannungsteilerverhältnisses $R_4$ und $R_5$ durchgeführt. Wie zu ersehen ist, bewirkt diese Übersteuerung auch eine gewisse Sicherheit gegenüber Fehlschaltungen, d. h., die Schaltung spricht nicht gleich auf ungewollte, kleinere Spannungsschwankungen von $u_e$ an.

## Ausgangsspannung $U_{amin}$:

Da Transistor $T_2$ voll durchgesteuert ist, fließt über ihn der maximale Kollektorstrom $I_{C2sat}$. Abbildung 6.4 zeigt die Ausgangsspannung im Ruhezustand. Unter Vernachlässigung des Basisstromes ergibt sich hieraus für $U_{R7}$:

$$U_{R7} = I_{C2sat} \cdot R_7$$

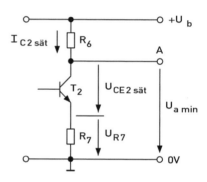

**Abb. 6.4:** Ausgangsspannung im Ruhezustand

Für $U_{amin}$ folgt daraus:

$$U_{amin} = U_{R7} + U_{CEsat} = I_{C2sat} \cdot R_7 + U_{CEsat} \quad (I_{B2} \text{ wird vernachlässigt})$$

**Zusammenfassung:** $T_1$: gesperrt
$T_2$: durchgesteuert (übersteuert)
$U_a = U_{amin} = U_{R7} + U_{CE2sat}$

## Erster Kippvorgang:

Wird gemäß Abbildung 6.5 an den Eingang von $T_1$ eine positive, ansteigende Spannung $u_1$ gelegt, so ändert sich am Zustand der Schaltung solange nichts, bis $u_e$ die Emitterspannung $U_{R7}$ und den Schwellenwert des Transistors $T_1$ (z. B. 0,7 V) überschritten hat. Bei

$$u_e = U_{R7} + 0{,}7 \text{ V}$$

beginnt $T_1$ durchzusteuern.

Dies zeigt zunächst jedoch keine Auswirkung auf Transistor $T_2$, da Transistor $T_2$ übersteuert ist. Zu dem über $R_7$ fließenden Strom $I_{C2sat}$ addiert sich der Strom $I_{C1}$, so dass sich für $U_{R7}$ ergibt:

$$U_{R7} = (I_{C2sat} + I_{C1}) \cdot R_7$$

## 6.1 SCHMITT-TRIGGER

Daraus folgt: Der Transistor $T_1$ ist gegengekoppelt.

Erst wenn $u_e = U_{B2}$ ist, beginnt $I_{C2}$ seinen Sättigungswert $I_{C2sat}$ zu unterschreiten, d. h., $I_{C2}$ nimmt ab. Durch die nun eintretende Mitkopplung verläuft alles Weitere automatisch und sehr schnell ab.

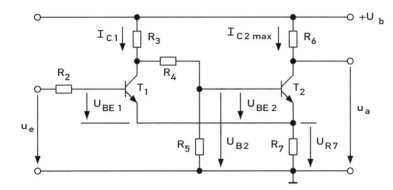

**Abb. 6.5:** Darstellung des 1. Kippvorganges

### Mitkopplung:

Unter der Voraussetzung, dass die Abnahme von $I_{C2}$ größer ist als die Zunahme von $I_{C1}$ ist, wird der über $R_7$ fließende Gesamtstrom

$$I_E = I_{C1} + I_{C2}$$

kleiner werden, wodurch auch $U_{R7}$ sinkt. Dadurch wird aber $T_1$ noch weiter durchgesteuert. Dieser Vorgang spielt sich nun so lange ab, bis $T_1$ voll durchgesteuert (bzw. übersteuert) und $T_2$ gesperrt ist - und zwar durch eine negative Spannung $U_{BE} = U_{B2} - U_{R7}$.

$U_{R7} = I_{C1sat} \cdot R_7$ ist größer als $U_{B2} = U_{C1min} \cdot \dfrac{R_5}{R_4 + R_5}$

Die Bedingung, dass die Abnahme von $I_{C1}$ größer ist als die Zunahme von $I_{C2}$, wird im Normalfall von der Schaltung automatisch erfüllt, da diese als zweistufiger Verstärker angesehen werden kann, wobei der Ausgang von $T_1$ den Transistor $T_2$ eingangsseitig ansteuert.

### Arbeitszustand:

$T_1$ leitend  
$T_2$ gesperrt  
$U_a \approx +U_b$

## Einschaltschwellspannung $U_{Ein}$:

Spannung, bei der der Kippvorgang ausgelöst wird:

$$U_{Ein} = U_{B2} = \frac{R_5}{R_4 + R_5} \cdot U_{C1max} \quad \text{wobei} \quad U_{C1max} = U_b - (I_q + I_{B2}) \cdot R_3$$

## Zweiter Kippvorgang:

Um die Schaltung durch Verringerung von $u_e$ zurückzukippen, muss dafür gesorgt werden, dass der Transistor $T_2$ leitend wird. Da die Spannung $U_{BE2}$ bei der Einschaltschwellspannung $U_{Ein}$ negativ wurde (bzw. $T_1$ bei $U_{Ein}$ aufgrund der Mitkopplung übersteuert wurde), muss $u_e$ unter $U_{Ein}$ abgesenkt werden.

$$U_e = U_{Aus} = \frac{R_5}{R_4 + R_5} \cdot U_{C1min}$$

Bei $U_{C1min} = U_b - R_3 \cdot I_{C1sat}$ beginnt $I_{C2}$ anzusteigen – bei gleichzeitiger Abnahme von $I_{C1}$. Da gemäß erstem Kippvorgang die Änderung von $I_{C2}$ größer ist als die von $I_{C1}$, wird $I_E$ ebenfalls ansteigen, wodurch $T_2$ noch mehr gesperrt wird.

## Ausschaltschwellspannung $U_{Aus}$:

Die Spannung $U_e$, bei der die Schaltung in den Ruhezustand zurückkippt, heißt Ausschaltschwellspannung $U_{Aus}$.

### 6.1.3 Schmitt-Trigger als Rechteckimpulsformer

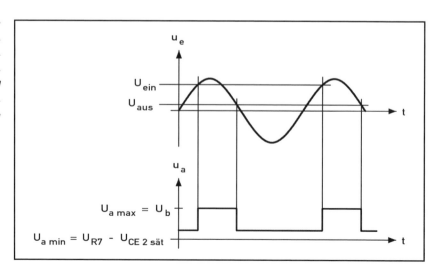

**Abb. 6.6:** Zeitlicher Verlauf von Eingangsspannung und Ausgangsspannung

## 6.1 SCHMITT-TRIGGER

Abbildung 6.6 zeigt die Abhängigkeit der Ausgangsspannung von der Eingangsspannung $u_e$. Bei der Darstellung der Ausgangsspannung $u_a$ über der Eingangsspannung $u_e$ tritt eine Hystereseschleife auf. Abb. 6.7 zeigt die Schalthysterese.

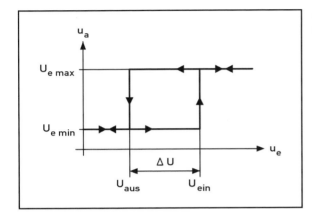

**Abb. 6.7:** Übertragungskennlinie (Schalthysterese)

Als Schalthysterese ergibt sich:

$$\Delta U = U_{Ein} - U_{Aus}$$

Da $U_{Ein} = \dfrac{R_5}{R_4 + R_5} \cdot U_{C1\,max}$ und $U_{Aus} = \dfrac{R_5}{R_4 + R_5} \cdot U_{C1\,min}$ gilt für $\Delta U$:

$$\Delta U = \dfrac{R_5}{R_4 + R_5} \cdot (U_{C1\,max} - U_{C1\,min})$$

Durch andere Wahl der Widerstände $R_5$, $R_6$ und $R_7$ lassen sich die Hysterese sowie die Schwellwerte $U_{Ein}$ und $U_{Aus}$ in gewissen Grenzen verändern. Eine Verkleinerung der Hysterese mittels $R_5$ oder $R_7$ wirkt sich jedoch nachteilig auf die Flankensteilheit bzw. die Sicherheit der Schaltung aus.

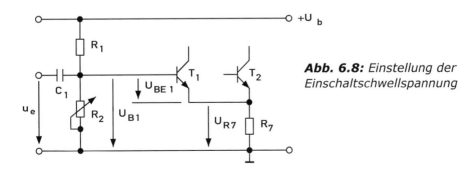

**Abb. 6.8:** Einstellung der Einschaltschwellspannung

## Einstellung der Einschaltschwellspannung $U_{EIN}$:

Gemäß Abbildung 6.8 kann der Transistor mit Hilfe des Spannungsteilers $R_1$, $R_2$ mit einer einstellbaren Gleichspannung $U_{B1}$ den jeweiligen Anforderungen entsprechend vorgespannt werden.

Der in Abbildung 6.8 dargestellte Schmitt-Trigger ist so dimensioniert (Größe von $R_1$ und $R_2$), dass im Ruhezustand, also ohne angelegte Eingangsspannung $u_e$, der Transistor $T_1$ gesperrt ist. In der gleichen Schaltung kann durch entsprechende Änderung von $R_2$ erreicht werden, dass im Ruhezustand der Transistor $T_1$ leitend wird. Es ist dann:

$$U_{B1} > U_{R7} + U_{BE1}$$

Ein Kippvorgang wird dann durch Anlegen einer negativen Spannung ausgelöst.

### 6.1.4 Schmitt-Trigger mit FET-Eingang

Ersetzt man den Eingangstransistor $T_1$ durch einen n-Kanal-PN-FET (BF245), so kommt für die Schaltung dessen hoher Eingangswiderstand zum Tragen. Abbildung 6.9 zeigt das Schaltungsprinzip. Der Leitzustand von $T_1$ ohne Eingangssignal ist von der Dimensionierung abhängig. Ist $T_1$ leitend, so wird zwangsläufig $T_2$ gesperrt. Ein Kippvorgang setzt bei negativer Eingangsspannung ein und umgekehrt. Der Kondensator $C_1$ arbeitet als Beschleunigungskondensator.

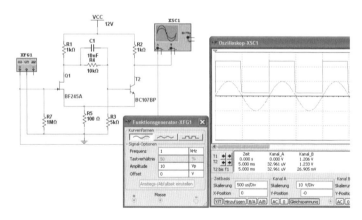

**Abb. 6.9:** *Schmitt-Trigger mit hohem Eingangswiderstand*

### 6.1.5 Schmitt-Trigger mit Spannungs-Mitkopplung

Dieser Schmitt-Trigger besteht ebenfalls aus einem galvanisch gekoppelten zweistufigen Verstärker, jedoch hier ohne gemeinsamen Emitterwiderstand. Die für die richtige Funktionsweise erforderliche Mitkopplung ist eine Spannungsrückkopplung vom Kollektor des zweiten Transistors auf die Basis des ersten Transistors. Abbildung 6.10 zeigt die Schaltung mit Spannungs-Mitkopplung.

## 6.1 SCHMITT-TRIGGER

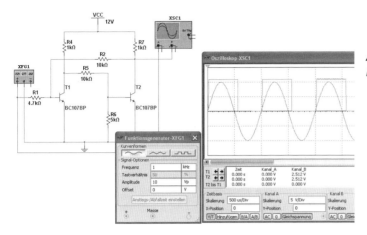

**Abb. 6.10:** Schmitt-Trigger mit Spannungs-Mitkopplung

Zur Betrachtung der Wirkungsweise wird zunächst davon ausgegangen, dass ohne Eingangsspannung der Transistor $T_1$ gesperrt und somit $T_2$ leitend ist. Unter Vernachlässigkeit der Restspannung $U_{CEsat}$ von Transistor $T_2$ ist

$$u_a \approx 0\ V$$

Über $U_{CE1}$ wird über den Spannungsteiler $R_5$ und $R_6$ die Basis von Transistor $T_2$ so angesteuert, dass der Transistor $T_2$ leitend wird.

$$U_{BE2} = U_{CE1} \cdot \frac{R_6}{R_5 + R_6}$$

Die Widerstände $R_5$ und $R_6$ werden so dimensioniert, dass $T_2$ leicht übersteuert.

Zur Umsteuerung in den entgegengesetzten Schaltungszustand wird an den Eingang eine positive Eingangsspannung $u_e$ gelegt. Die Widerstände $R_1$ und $R_2$ liegen dabei als Spannungsteiler zwischen dem Eingang $u_e$ und dem Kollektor von Transistor $T_2$ an der Eingangsspannung $u_e$.

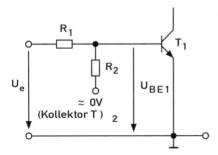

**Abb. 6.11:** Ansteuerung bei gesperrtem Transistor $T_1$

Wie man dem Schaltungsauszug in Abbildung 6.11 entnehmen kann, fällt an $R_1$ die Basis-Emitter-Spannung $U_{BE1}$ ab. Es gilt:

$$U_{BE1} = u_e \cdot \frac{R_2}{R_1 + R_2}$$

Sobald $u_{2e}$ den Wert erreicht, bei dem die Basis-Emitter-Spannung auf eine Höhe von etwa 0,7 V angestiegen ist, beginnt $T_1$ zu leiten. $U_{CE1}$ sinkt ab und sperrt über die Widerstände $R_5$ und $R_6$ den Transistor $T_2$ mit der Folge, dass $U_{CE2}$ positiv wird. Die Spannungsmitkopplung bringt über den Widerstand $R_4$ dieses positive Potential an die Basis von $T_1$ und beschleunigt damit dessen Durchsteuerung. Diejenige Spannung $u_e$, durch die die Umsteuerung ausgelöst wurde, ist die Einschaltschwelle $U_{Ein}$. Stellt man obige Gleichung für $U_{BE1}$ nach $U_{Ein}$ um und ersetzt $U_{BE1}$ durch 0,7 V, so erhält man zur Bestimmung der Einschaltschwelle:

$$U_{Ein} = 0,7V \cdot \frac{R_2}{R_1 + R_2}$$

Wird $u_e = U_{Ein}$, kippt also der Trigger in den eingeschalteten Zustand, so ist Transistor $T_1$ leitend und Transistor $T_2$ gesperrt. Dieser Zustand ist stabil, so lange $u_e$ die Ausgangsschaltschwelle nicht unterschreitet. Am Ausgang liegt dabei die Spannung

$$U_a \approx U_b$$

Zum Zurückkippen wird wie beim strommitgekoppelten Schmitt-Trigger die Eingangsspannung $u_e$ so weit abgesenkt, dass die Basis-Emitter-Spannung $U_{BE1}$ den Wert 0,7 V unterschreitet und infolgedessen $T_1$ sperrt. Aus dem Schaltungsauszug in Abb. 6.12 lassen sich die Verhältnisse für den eingeschalteten Zustand entnehmen.

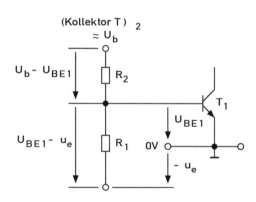

**Abb. 6.12:** Ansteuerung bei leitendem Transistor $T_1$

Die Basis von $T_1$ erhält über $R_2$ positives Potential vom Kollektor des Transistors $T_2$. $R_1$ und $R_2$ liegen dabei als Spannungsteiler zwischen diesem Kollektorpotential und dem Eingang. Nach Abb. 6.12 ist

## 6.1 SCHMITT-TRIGGER

$$\frac{U_b - U_{BE1}}{U_{BE1} - u_e} = \frac{R_2}{R_1}$$

Formt man die Gleichung nach U<sub>BE1</sub> um, so erhält man:

$$U_{BE1} = U_b \cdot \frac{R_1}{R_1 + R_2} + u_e \cdot \frac{R_2}{R_1 - R_2}$$

Die letzte Formel zeigt, dass u<sub>e</sub> negativ werden muss, wenn U<sub>BE1</sub> verringert werden soll. Diejenige Spannung u<sub>e</sub>, bei der U<sub>BE1</sub> kleiner als 0,7 V wird, ist die Ausschaltschwelle U<sub>Aus</sub>. Man erhält sie, wenn man die Gleichung für U<sub>BE1</sub> nach u<sub>e</sub> = U<sub>Aus</sub> umstellt und U<sub>BE1</sub> durch 0,7 V ersetzt.

$$U_{Aus} = -U_b \cdot \frac{R_1}{R_2} + 0,7V \cdot \frac{R_1 + R_2}{R_2}$$

In der Formel für U<sub>Aus</sub> ist der zweite Ausdruck die Einschaltschwelle U<sub>Ein</sub>. Daher lässt sie sich vereinfachen zu:

$$U_{Aus} = U_{Ein} - U_b \cdot \frac{R_1}{R_2}$$

Mit den Werten für U<sub>Ein</sub> und U<sub>Aus</sub> errechnet sich die Schalthysterese des spannungsmitgekoppelten Schmitt-Triggers zu

$$U_{Hy} = U_{EIN} - U_{AUS} = U_b \cdot \frac{R_1}{R_2}$$

Da der zweistufige Verstärker einen hohen Verstärkungsfaktor hat, ist die Dimensionierung im Gegensatz zum strommitgekoppelten Schmitt-Trigger unkritisch. Durch entsprechende Wahl der Widerstandswerte R<sub>1</sub> und R<sub>2</sub> können deshalb die Schaltschwellen und die Schalthysterese in weiten Grenzen eingestellt werden, wobei aber bei der Schaltung nach Abb. 6.10 meist die Ausschaltschwelle im Bereich negativer Spannungen liegt.

Beispiel: Ein Schmitt-Trigger nach Abb. 6.10 hat folgende Werte:

U<sub>b</sub> = 6 V, R<sub>1</sub> = 10 kΩ, R<sub>2</sub> = 33 kΩ

Damit ergeben sich

$$U_{Ein} = 0,7V \cdot \frac{R_1 + R_2}{R_2} = 0,7V \cdot \frac{10k\Omega + 33k\Omega}{33k\Omega} = 0,91V$$

$$U_{Aus} = U_{Ein} - U_b \cdot \frac{R_1}{R_2} = 0,91V - 6V \cdot \frac{10k\Omega}{33k\Omega} = -0,91V$$

$$U_{Hy} = U_{Ein} - U_{Aus} = 0{,}91V - (-0{,}91V) = 1{,}82V$$

Die Übertragungskennlinie dieses Schmitt-Triggers ist in Abb. 6.13 dargestellt.

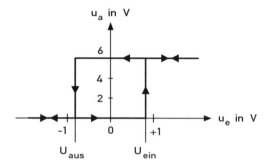

**Abb. 6.13:** Übertragungskennlinie des Schmitt-Triggers von Abb. 6.10

Die symmetrisch zum Massepotential liegenden Schaltschwellenpegel beim Beispiel in Abbildung 6.13 ermöglichen einen Wechselstrombetrieb ohne zusätzliche Gleichspannungsüberlagerung, d. h., für den Betrieb als Rechteckformer kann die Wechselspannung direkt an den Eingang $u_e$ angelegt werden. Unter der Voraussetzung, dass der Wert $u_{SS}$ der Eingangsspannung größer als die Schalthysterese $U_{Hy}$, (hier 1,82 V) ist, entstehen am Ausgang symmetrische Rechtecke.

Im Allgemeinen ist jedoch die im negativen Bereich liegende Ausschaltschwelle nachteilig. Zur Beseitigung dieses Nachteils sind zusätzliche Maßnahmen erforderlich, die im nächsten Kapitel beschrieben werden.

### 6.1.6 Schmitt-Trigger mit einstellbaren Triggerpegeln

Bei den spannungsmitgekoppelten Schmitt-Triggern nach Abb. 6.13 werden die Schaltschwellen $U_{Ein}$ und $U_{Aus}$ durch die Dimensionierung von $R_1$ und $R_2$ festgelegt. Führt man der Basis von $T_1$ eine zusätzliche Hilfsspannung $U_h$ zu, so lassen sich die Schaltschwellen in Abhängigkeit von dieser Hilfsspannung über einen großen Bereich verschieben, ohne dabei die sonstige Funktion des Triggers zu beeinflussen. Durch diese Maßnahme kann auch die dem spannungsrückgekoppelten Schmitt-Trigger eigene und oft nachteilige negative Ausschaltschwelle in Richtung positiver Werte verschoben werden. Abbildung 6.14 zeigt die notwendige Schaltungserweiterung.

Einstellung des Triggerpegels: Am Potentiometer $R_9$ wird eine Hilfsspannung $U_h$ abgegriffen, die über $R_3$ an die Basis von $T_1$ gelangt. Unter der Voraussetzung, dass $R_3 = R_1$ gewählt wird, addiert sich die an $R_9$ abgegriffene Hilfsspannung $U_h$ zur Eingangsspannung $u_e$. Bezieht man sich auf die Eingangsspannung, bei der der Trigger einschaltet (also die Spannung $u_{eEin}$), und die zum Ausschalten erforderliche Eingangsspannung $U_{eAus}$, so gelten die folgenden Beziehungen:

$$u_{eEin} + U_h \approx U_{Ein} \text{ und } u_{Aus} + U_h \approx U_{Aus}$$

## 6.1 SCHMITT-TRIGGER

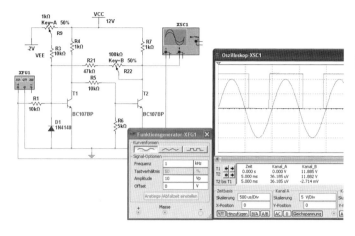

**Abb. 6.14:** Trigger mit Triggerniveaueinstellung

Diese Gleichungen sind jedoch nur als Näherungsgleichungen anzusehen, weil der Summierpunkt beider Spannungen (Basis von $T_1$) auf einem Niveau von etwa +0,7 V liegt. Zur genauen Berechnung müssten also die Summen aus $u_e$ und $U_h$, jeweils um 0,7 V verringert werden.

Für die mit $U_h$ verschiebbaren Triggerpegel erhält man aus obigen Formeln:

$$u_{eEin} \approx U_{Ein} - U_h \qquad u_{eAus} \approx u_{Aus} - U_h$$

Somit werden bei positiven Werten der Hilfsspannung $U_h$ die Triggerpegel in negativer und bei negativen Hilfsspannungen in positiver Richtung verschoben, während dabei die Schalthysterese unverändert bleibt,

Beispiel: Ein Schmitt-Trigger hat die Dimensionierung gemäß Abbildung 6.14. Mit $R_9$ wird das Niveau der Triggerpegel, und mit dem Trimmer $R_6$ die Schalthysterese eingestellt. Die Diode schützt den Transistor $T_1$ vor zu hohen negativen Basis-Emitter-Spannungen. Sie ist in spannungsmitgekoppelten Schmitt-Triggern häufig anzutreffen, da sie neben ihrer Schutzfunktion auch für eine gleichmäßige Belastung der vorgeschalteten Signalquelle sorgt.

Einstellbereich der Schalthysterese:

$$U_{Hy} = U_b \cdot \frac{R_1}{R_2} \qquad (R_2 = R_{21} + R_{22})$$

$$U_{Hy\,min} = 12V \cdot \frac{10k\Omega}{147k\Omega} = 0,8V$$

$$U_{Hy\,max} = 12V \cdot \frac{10k\Omega}{47k\Omega} = 2,55V$$

Für die größte einstellbare Hysterese ($R_{22} = 0$) errechnen sich die Schaltschwellen (ohne Hilfsspannung) zu

$$U_{Ein} = 0{,}7V \cdot \frac{R_1 + R_2}{R_2} = 0{,}7V \cdot \frac{10k\Omega + 47k\Omega}{47k\Omega} = 0{,}85V$$

$$U_{Aus} = U_{Ein} - U_b \cdot \frac{R_1}{R_2} = 0{,}85V - 12V \cdot \frac{10k\Omega}{47k\Omega} = -1{,}70V$$

und die Triggerpegel z. B. bei $U_h$ = -2,5 V zu

$u_{eEin} \approx U_{Ein} - U_h = (+0{,}85\ V) - (-2{,}5\ V) = +3{,}35\ V$

$u_{eAus} \approx U_{Aus} - U_h = (-1{,}70\ V) - (-2{,}5\ V) = +0{,}8\ V$

Die Abhängigkeit der Triggerpegel von der Hilfsspannung ist in Abb. 6.15 dargestellt.

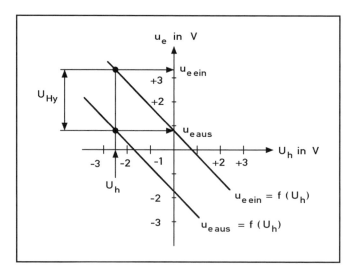

**Abb. 6.15:** Abhängigkeit der Triggerpegel von der Hilfsspannung

Durch die einfache Verstellbarkeit des Triggerpegels kann der spannungsmitgekoppelte Schmitt-Trigger allen Anforderungen problemlos angepasst werden und ist daher universell einsetzbar. Sein entscheidender Vorteil liegt darin, dass der Eingang mit Gleichspannung wie auch mit Wechselspannung gleich gut steuerbar ist. Dies wiederum ist darauf zurückzuführen, dass:

a)  die beiden Schaltschwellen für den Gleichspannungsbetrieb in den Bereich zwischen Masse- und Betriebsspannungspotential – und

b)  die beiden Schaltschwellen für den Wechselspannungsbetrieb symmetrisch zum Massepotential in den positiven und negativen Bereich gelegt werden können.

Koppelkondensatoren sind deshalb bei strommitgekoppelten Trigger nicht erforderlich, so dass die untere Grenzfrequenz $f_g = 0$ Hz ist.

## 6.2 Schaltungsbeispiele

Schmitt-Trigger werden als Schwellwertschalter und als Rechteckformer eingesetzt. Im Folgenden zwei typische Anwendungsbeispiele:

### 6.2.1 Dämmerungsschalter

In Abbildung 6.16 wird der Fotowiderstand durch einen Trimmer ($R_8$) simuliert, so dass wir annehmen können, die der Basis über den Spannungsteiler zugeführte Spannung sei abhängig vom einfallenden Licht. Solange Tageslicht auf den Fotowiderstand einwirkt, ist dieser niederohmig. Damit sind die Transistoren $T_1$ leitend und $T_2$ gesperrt. Die Leuchtdiode emittiert kein Licht. Bei Erreichen einer gewissen Dunkelheit kippt der Trigger d. h., $T_1$ wird gesperrt und $T_2$ leitend. Es fließt kein Kollektorstrom $I_{C1}$ und $T_2$ schaltet durch und die LED leuchtet. Bei zurückkehrendem Tageslicht schaltet der Dämmerungsschalter ebenso schnell wieder aus. Abb. 6.16 zeigt die Schaltung eines Dämmerungsschalters.

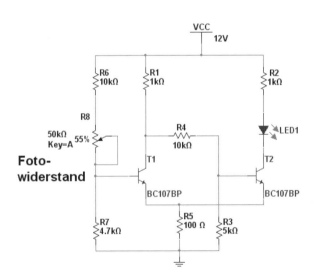

**Abb. 6.16:** Schaltung eines Dämmerungsschalters

### 6.2.2 Temperaturüberwachung

Ein in der Technik häufig vorkommendes Problem ist die Überwachung von Temperaturen, z. B. die Überwachung der Umgebungstemperatur wärmegefährdeter Bauteile. Als weiteres Beispiel für einen Schwellwertschalter wird deshalb die Schaltung eines Temperaturwächters beschrieben. Durch einen Schmitt-Trigger lässt sich die Aufgabe elektronisch lösen, wenn in die Eingangsschaltung wärmeabhängige Widerstände (z. B. NTC-Widerstände) einbezogen werden. Abb. 6.17 stellt die Schaltung eines als Temperaturwächter ausgelegten Schmitt-Triggers dar, an dessen Ausgang noch ein Lampenverstärker nachgeschaltet ist. Die Lampe leuchtet in dem Moment auf, in dem die Temperatur an der Messstelle (Lage des NTC-Widerstandes) einen bestimmten, mit $R_7$ vorgegebenen Grenzwert überschreitet.

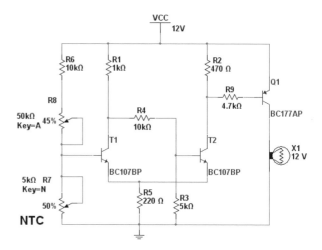

**Abb. 6.17:** Schaltung eines Temperaturwächters

### 6.2.3 Symbol des Schmitt-Triggers

In dem seit Juli 1976 geltenden Normblatt DIN 40700, Teil 14, ist auch ein Symbol für den Schmitt-Trigger enthalten. Dieses kann sowohl als Schaltzeichen als auch als Funktionssymbol verwendet werden. Es ist in Abb. 6.18 gezeigt.

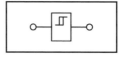

**Abb. 6.18:** Symbol des Schmitt-Triggers

Als Schaltzeichen steht das Symbol für eine Schaltung mit folgender Arbeitsweise: In Abhängigkeit von der Eingangsspannung $U_e$ entsteht eine Ausgangsspannung $U_a$, die nur zwei Extremwerte annehmen kann.

### 6.2.4 Schmitt-Trigger mit Operationsverstärker

Nach den Ausführungen in den vorherigen Kapiteln verstärkt der Operationsverstärker die Differenz der Eingangsspannungen $U_+$ und $U_-$ mit dem Leerlaufspannungsverstärkungsfaktor $V_0$.

Für die Differenz der Eingangsspannungen gilt

$$U_e = U_+ - U_-$$

und die Ausgangsspannung ist:

$$U_a = V_0 \cdot U_e = V (U_+ - U_-)$$

Wie aus der Kennlinie von Abb. 6.19 ersichtlich ist, wird der Operationsverstärker ab einer gewissen Eingangsspannung (hier +0,1 mV) übersteuert, so dass die Ausgangsspannung ihren positiven oder negativen Sättigungswert annimmt. Nur im Bereich zwischen $U_e = -0,1$ mV und $U_e = +0,1$ mV ist die Ausgangsspannung $U_a$ proportional der Differenzspannung.

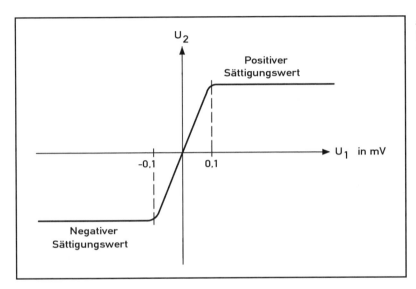

**Abb. 6.19:** Schwellwerte eines Schmitt-Triggers

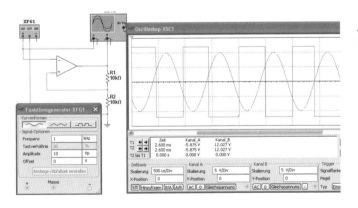

**Abb. 6.20:** Schaltung eines Dämmerungsschalters

An den Eingang der Schaltung aus Abbildung 6.20 wird eine positive Spannung $U_e$ zugeschaltet. Da der Operationsverstärker mit Zeitverzögerung arbeitet, ergibt sich für $U_a$ im ersten Augenblick des Zuschaltens:

$$U_a = 0$$

Daraus folgt für $U_e$:
$$U_e = U_+ - U_-$$

Da $U_a = 0$ ist, ist auch $U_+ = 0$
$$U_e = -U_-$$

Diese Eingangsspannungsdifferenz wird nun mit dem Leerlaufspannungsverstärkungsfaktor $V_0$ verstärkt, d. h., nach dem oben betrachteten ersten Augenblick strebt die Ausgangsspannung $U_a$ dem negativen Wert
$$U_a = -V_0 \cdot U_-$$

zu. Dadurch, dass $U_a$ negativ wird, wird jedoch auch
$$U_+ = \frac{R_2}{R_1 + R_2} \cdot U_a$$

negativ, was bedeutet, dass gemäß der Gleichung $U_e = U_+ - U_-$ die Differenzspannung $U_D$ einen größeren negativen Wert annimmt. Durch diese Mitkopplung über den Spannungsleiter $R_1$, $R_2$ wird die Ausgangsspannung $U_a$, also mit großer Flankensteilheit in die negative Sättigung gekippt. (Analog lässt sich die Schaltung durch Anlegen einer negativen Spannung $U_-$ in die positive Sättigung kippen).

Verringert man nun die Eingangsspannung $U_-$, so ändert sich in unserem Beispiel an der Ausgangsspannung $U_a$ gemäß Abb. 6.19 so lange nichts, so lange die Eingangsspannungsdifferenz $U_D$ dem Betrag nach größer als 0,1 mV ist. Erst wenn $U_a$ dem Betrag nach kleiner als 0,1 mV wird, wird nach Abbildung 6.19 auch $U_a$ dem Betrag nach kleiner. Damit verringert sich aber wiederum der Betrag von $U_e$. Die Schaltung kippt nun sehr schnell in die positive Sättigung.

**Beispiel:**

Der negative Sättigungswert von $U_a$ beträgt:
$U_a = -12$ V

Durch den Spannungsteiler $R_1$, $R_2$ ergibt sich hieraus für $U_+$:
$U_+ = -8$ V

Wird $U_-$ auf -7,9999 V gesenkt, so ergibt sich für $U_e$:
$U_e = U_+ = U_- = -8$ V + 7,9999 V = -0,0001 V = 0,1 mV,

d. h., wenn $U_-$ den Wert -7,9999 V unterschreitet, kippt die Schaltung in die positive Sättigung.

Positiver Sättigungswert von $U_a$:
$U_a = +12$ V

Durch den Spannungsteiler $R_1$, $R_2$ ergibt sich hieraus für $U_+$:
$U_+ = +8$ V

U₋ muss jetzt also auf +7,9999 V ansteigen, damit die Schaltung wieder in die negative Sättigung kippt.

Die Werte der Eingangsspannung U₋, bei der die Schaltung kippt, werden auch hier mit Einschaltschwellspannung $U_{Ein}$ und Ausschaltschwellspannung $U_{Aus}$ bezeichnet. Der Unterschied zwischen $U_{Ein}$ und $U_{Aus}$ ergibt die Schalthysterese $\Delta U$.

## 6.3 Nicht invertierender Schmitt-Trigger mit Operationsverstärker

Der eigentliche Verstärker des spannungsmitgekoppelten Schmitt-Triggers aus Abb. 6.10 ist zum Beispiel gleichstromgekoppelt, nicht invertierend und hat einen hohen Spannungsverstärkungsfaktor. Der Verstärker besitzt also alle Eigenschaften, die zu den Vorteilen eines Operationsverstärkers gehören. Es liegt daher nahe, Schmitt-Trigger mit Operationsverstärkern aufzubauen. Abb. 6.21 zeigt die sehr einfache und problemlose Beschaltung, die einen Operationsverstärker zum nicht invertierenden Schmitt-Trigger werden lässt.

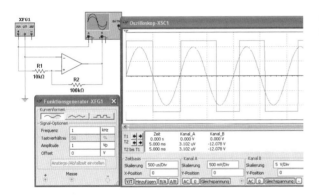

**Abb. 6.21:** Nicht invertierender Schmitt-Trigger

Als äußere Beschaltung ist lediglich ein Spannungsteiler ($R_1$ und $R_2$) zwischen Ausgang und nicht invertierendem Eingang zu schalten und der invertierende Eingang auf Massepotential zu legen. Dieser Spannungsteiler bildet, wie bei dem mit Transistoren aufgebauten Trigger, die Spannungs-Mitkopplung und zugleich den Eingang.

Da der Operationsverstärker von sich aus eine hohe Spannungsverstärkung besitzt und in der Schaltung in Abbildung 6.10 mitgekoppelt ist, kann die Ausgangsspannung $u_a$ jeweils nur einen der beiden Sättigungswerte des Operationsverstärkers annehmen.

a) In der positiven Sättigung hat der Operationsverstärker die höchste Ausgangsspannung $U_{amax}$; sie ist nur geringfügig kleiner als die über den Betriebsspannungsanschluss zugeführte, positive Betriebsspannung $U_b$.

$$u_a = U_{amax} \approx +U_b \text{ (bei eingeschaltetem Trigger)}$$

b) In der negativen Sättigung bringt der Ausgang die niedrigste Spannung $U_{amin}$; sie ist nur geringfügig höher als die über den Betriebsspannungsanschluss zugeführte, negative Betriebsspannung $-U_b$.

$$u_a = U_{amin} \approx -U_b \text{ (bei ausgeschaltetem Trigger)}$$

Die Schaltschwellen sind allein vom Widerstandsverhältnis $R_1$ und $R_2$ abhängig und liegen immer mit gegensätzlicher Polarität symmetrisch zum Massepotential, wenn beide Betriebsspannungen den Wert $\pm U_b = 12$ V besitzen.

$$U_{Ein} = U_{a\,max} \cdot \frac{R_1}{R_2} \approx +U_b \cdot \frac{R_1}{R_2} \qquad U_{Aus} = U_{a\,min} \cdot \frac{R_1}{R_2} \approx -U_b \cdot \frac{R_1}{R_2}$$

Die Differenz der Schalthysterese- aus $U_{Ein}$ und $U_{Aus}$ - ergibt sich somit aus:

$$U_{Hy} = +U_b \cdot \frac{R_1}{R_2} - (-U_b) \cdot \frac{R_1}{R_2} = \left(+U_b - (-U_b)\right) \cdot \frac{R_1}{R_2}$$

Zur Verschiebung der Schaltschwellen bieten sich hier zwei Möglichkeiten an:

a) Wie bei dem mit Transistoren aufgebauten Schmitt-Trigger wird zur Eingangsspannung $u_1$ eine Hilfsspannung $U_h$ summiert (Abb. 6.22). Es ergeben sich dabei die gleichen Abhängigkeiten, die schon von der Schaltung aus Abbildung 6.14 bekannt sind, d. h., positive Hilfsspannungen verschieben beide Triggerpegel in negativer Richtung, negative Hilfsspannungen in positiver Richtung. Bei $R_3 = R_1$ ist:

$$u_{eEin} = U_{Ein} - U_h \qquad u_{eAus} = U_{Aus} - U_h$$

**Abb. 6.22:** Triggerniveaueinstellung bei einem Schmitt-Trigger

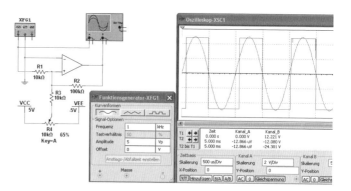

b) An den invertierenden Eingang wird eine Hilfsspannung $U_h$ angelegt (Abb. 6.23), wobei sich die Triggerpegel mit positiver Hilfsspannung in positiver Richtung und mit negativer Hilfsspannung in negativer Richtung verschieben lassen. Die Triggerpegel liegen in diesem Falle symmetrisch zum Potential der Hilfsspannung. Es gilt:

$$u_{eEin} = U_{Ein} + U_h \qquad u_{eAus} = U_{Aus} + U_h$$

## 6.3 NICHT INVERTIERENDER SCHMITT-TRIGGER MIT OPERATIONSVERSTÄRKER

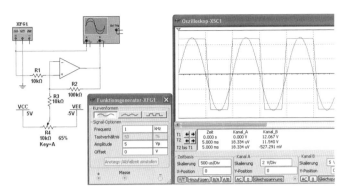

**Abb. 6.23:** Nicht invertierender Schmitt-Trigger

**Beispiel:** Ein Schmitt-Trigger mit einer Triggerniveaueinstellung nach Abbildung 6.23 wird von den Betriebsspannungen $U_b = \pm 12$ V gespeist und ist mit $R_1 = 10$ k$\Omega$ und $R_2 = 100$ k$\Omega$ bestückt.

$$U_{Ein} = +U_b \cdot \frac{R_1}{R_2} = +12V \cdot \frac{10k\Omega}{100k\Omega} = +1,2V$$

$$U_{Aus} = +U_b \cdot \frac{R_1}{R_2} = -12V \cdot \frac{10k\Omega}{100k\Omega} = -1,2V$$

$$U_{Hy} = U_{Ein} - U_{Aus} = (+1,2V) - (-1,2V) = 2,4V$$

Die errechneten Werte für $U_{Ein}$ und $U_{Aus}$ sind die Triggerpegel ohne Hilfsspannung bzw. bei $U_h = 0$ (Massepotential). Durch Veränderung von $U_h$, z. B. bei $U_h = +2,5$ V verschieben sich die Triggerpegel auf die Werte:

$u_{eEin} = U_{Ein} + U_h = (+1,2$ V$) + (+2,5$ V$) = +3,7$ V

$u_{eAus} = U_{Aus} + U_h = (-1,2$ V$) + (+2,5$ V$) = +1,3$ V

Die Schalthysterese $U_{Hy}$ bleibt davon unbeeinflusst.

Bei der Dimensionierung der beschriebenen Schaltungen ist darauf zu achten, dass die Grenzwerte des Operationsverstärkers, hier besonders die Grenzen der zulässigen Eingangsspannungen (meist etwa gleich der angelegten Betriebsspannung), nicht überschritten werden.

Schmitt-Trigger mit Operationsverstärkern sind zwar in ihrem Aufbau sehr einfach, zeigen aber für verschiedene Anwendungszwecke auch Nachteile. So ist beispielsweise die Anstiegsgeschwindigkeit der Ausgangsspannung bei einem Operationsverstärker recht begrenzt, Dies führt dazu, dass der Spannungsübergang von $U_{amax}$ auf $U_{amin}$ (oder umgekehrt) beim Kippvorgang eine merkliche Zeit in Anspruch nimmt, obwohl dieser theoretisch zeitlos ablaufen soll. Dem Betrieb mit höheren Frequenzen wird daher frühzei-

# 6 IMPULSFORMER MIT SCHMITT-TRIGGER UND KOMPARATOR

tig eine Grenze gesetzt, denn die obere Grenzfrequenz ist relativ gering. Die Werte der Ausgangsspannung der beiden möglichen Schaltungszustände liegen im positiven und negativen Bereich. Digitalschaltungen fordern aber Spannungen einer Polarität (z. B. L-Pegel von 0 V und H-Pegel mit positiver Spannung). Zum Angleichen an diese Forderung kann der Operationsverstärker auch mit nur einer Betriebsspannung $U_b$ betrieben werden; dabei ist der invertierende Eingang auf ein mittleres Potential zwischen 0 V (Massepotential) und $U_b$ zu legen. In Abbildung 6.24 ist das Schaltungsprinzip dargestellt.

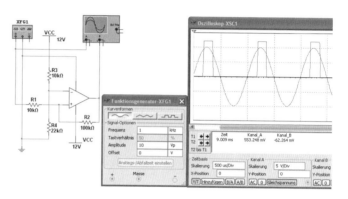

**Abb. 6.24:** Schmitt-Trigger mit asymmetrischer Speisung

Die Schalthysterese beträgt in diesem Fall

$$U_{Hy} = +U_b \cdot \frac{R_1}{R_2}$$

und die Triggerniveaus hängen, wie bei der Schaltung von Abbildung 6.24, vom Potential am invertierenden Eingang ab.

## 6.4 TTL-Schmitt-Trigger 74132

Zu praktisch allen digitalen Geräten werden Oszillatoren bzw. Taktgeneratoren zur Steuerung der Funktionsabläufe benötigt. Je nach Anwendungsfall werden unterschiedliche Anforderungen an die Frequenzkonstanz der Schaltungen gestellt. Während z. B. für ein Zeitnormal in Frequenzmessgeräten nur hochstabile Quarzoszillatoren in Frage kommen, ist in vielen anderen Fällen die Genauigkeit und Stabilität der Frequenz weniger kritisch. Abweichungen bis 10 % können oft zugelassen werden, ohne dass die Funktionsfähigkeit der Anlage beeinträchtigt wird. In allen diesen Fällen soll dieser Abschnitt helfen, eine dem Verwendungszweck optimal angepasste Schaltung zu finden.

## 6.4 TTL-SCHMITT-TRIGGER 74132

In der TTL-Technik werden folgende Bausteine verwendet:

7413:   Zwei NAND-Schmitt-Trigger mit je vier Eingängen
7414:   Sechs invertierende Schmitt-Trigger
7418:   Sechs invertierende Schmitt-Trigger
7419:   Sechs invertierende Schmitt-Trigger
7424:   Vier NAND-Schmitt-Trigger mit je zwei Eingängen
74132:  Vier NAND-Schmitt-Trigger mit je zwei Eingängen

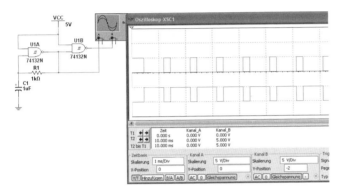

**Abb. 6.25:** Rechteckgenerator mit dem Schmitt-Trigger 74132

Alle vier NAND-Gatter können unabhängig voneinander verwendet werden, wobei in Abbildung 6.25 nur zwei Schmitt-Trigger vorhanden sind. Bei jedem Gatter nimmt der Ausgang den Zustand H ein, wenn einer oder beide Eingänge den Zustand L aufweisen. Sind beide Eingänge auf H-Pegel, erscheint am Ausgang ein L-Pegel. Dieser Baustein kann auch als gewöhnliches NAND-Gatter verwendet werden, denn durch die interne Hysterese an den Eingängen lässt sich der Baustein bei verrauschten oder bei sich langsam ändernden Eingangspegeln einsetzen.

Bei einer in positiver Richtung ansteigenden Eingangsspannung wird sich der Ausgang bei ca. 1,7 V ändern. In negative Richtung erfolgt die Änderung der Ausgangsspannung bei einer Eingangsspannung von ca. 0,9 V. Daher beträgt die Hysterese $U_{Hy} \approx 0,8$ V. Infolgedessen können die Bausteine durch sehr flache Eingangsflanken und durch Gleichspannung getriggert werden, wobei sie ein sauberes Ausgangssignal abgeben. Die Hysterese ist intern temperaturkompensiert. Die Anschlussbelegung entspricht dem 7400.

Der einfachste Oszillator lässt sich mit dem Schmitt-Trigger 74132 aufbauen. Wenn auch die Frequenzkonstanz nicht sehr groß ist (Abweichungen von ±20 % vom Sollwert können durch Bauelemente- und Schaltkreisstreuungen auftreten), ist diese Schaltung doch auf Grund ihrer Preiswürdigkeit und Einfachheit zu empfehlen, wenn an die Genauigkeit der Ausgangsfrequenz keine hohen Anforderungen gestellt werden müssen. Hervorzuheben ist der große Frequenzbereich (0,1 Hz bis 10 MHz). Von Nachteil ist unter Umständen, dass das Tastverhältnis des Ausgangssignals nicht verändert werden kann.

Das Ausgangssignal wird über einen Widerstand, der zwischen 330 Ω bis 2,7 kΩ liegen kann, rückgekoppelt. Liegt am Ausgang eine 1, wird der Kondensator C aufgeladen, bis dessen Spannung die obere Schwelle des Schmitt-Triggers erreicht. In diesem Moment wird der Ausgang zu 0 und der Kondensator wird über den Widerstand bis zur unteren Schwellspannung entladen. Der Schaltkreis kippt erneut. Dieser Vorgang wiederholt sich periodisch. Die Ausgangsfrequenz errechnet sich aus:

$$f \approx \frac{1}{3 \cdot R \cdot C}$$

Da das Signal durch die große Belastung des RC-Gliedes stark verschliffen ist, ist es ratsam, den zweiten im Schaltkreis enthaltenen Schmitt-Trigger als Impulsformer nachzuschalten, um ein einwandfreies TTL-Signal zu erhalten.

Schmitt-Trigger sind Schwellwertschalter, die zum Beispiel ein analoges Eingangssignal in ein digitales Ausgangssignal umwandeln. Überschreitet die Eingangsspannung die Triggerschwelle $U_{T1}$, so kippt der Trigger. Das Zurückkippen erfolgt, wenn die Eingangsspannung die Triggerschwelle $U_{T2}$ unterschreitet, wobei sich immer ein Wert ergibt von:

$$U_{T1} > U_{T2}$$

Die Differenz beider Schwellspannungen ($U_{T1}$ - $U_{T2}$) bezeichnet man als Schalthysterese. Sie ergibt als Übertragungskennlinie die bekannte Rechteckkurve, die auch in dem NICHT-Gatter als Schaltsymbol für Schmitt-Trigger verwendet wird. Die Schalthysterese, d. h. die Tatsache, dass das Zurückkippen bei einer kleineren Spannung erfolgt als das Umkippen, ist aus Stabilitätsgründen erforderlich. Ist sie zu klein, erfolgt ein Hin- und Zurückkippen des Schmitt-Triggers bereits ungewollt durch Störsignale, die dem Nutzsignal überlagert sind. Andererseits soll die Schalthysterese nicht zu groß sein, weil dann die Ausgangsimpulslänge zu stark beeinflusst wird.

Durch die Schalthysterese eines Schmitt-Triggers lassen sich in Verbindung mit TTL- und CMOS-Bausteinen einfache, aber sehr sicher arbeitende Rechteckgeneratoren realisieren.

Bei der Schaltung soll das NAND-Gatter am Ausgang den Pegel 1 aufweisen. Über den Widerstand kann sich der Kondensator nach einer e-Funktion aufladen. Erreicht die Spannung den Kippwert von $U \approx 1{,}7$ V, erkennt das NICHT-Gatter den Pegel 1 und setzt den Ausgang auf 0. Damit kann sich der Kondensator über den Widerstand nach einer e-Funktion entladen, bis die Spannung den Kippwert von $U \approx 0{,}7$ V unterschreitet. Das NICHT-Gatter erkennt eine 0 und setzt den Ausgang auf 1. Damit lädt sich der Kondensator C über den Widerstand R auf.

Lädt sich der Kondensator auf, so liegt am Ausgang eine 1 (Impulsdauer $t_i$) und bei der Entladung eine 0 (Impulspause $t_p$). Es ergeben sich folgende Formeln:

$$t_i = R \cdot C \cdot \ln \frac{U_{Q1} - U_{aus}}{U_{Q1} - U_{ein}} \qquad t_p = R \cdot C \cdot \ln \frac{U_{Q0} - U_{Hein}}{U_{Q0} - U_{Haus}} \qquad f = \frac{1}{t_i + t_p}$$

## 6.4 TTL-SCHMITT-TRIGGER 74132

Liegt am Ausgang des TTL-Bausteins eine 1, so ist am Ausgang $U_{Q1}$ eine Spannung von etwa 3,3 V – und am Ausgang $U_{Q0}$ eine Spannung von etwa 0,2 V messbar. Die beiden Schwellwerte betragen $U_{HEin} \approx 1,7$ V und $U_{HAus} \approx 0,9$ V. Für die Schaltung von Abb. 6.25 ergeben sich folgende Werte:

$$t_i = 1k\Omega \cdot 1\mu F \cdot \ln \frac{3,3V - 0,9V}{3,3V - 1,7V} \approx 1k\Omega \cdot 1\mu F \cdot 0,4 \approx 0,4 ms$$

$$t_p = 1k\Omega \cdot 1\mu F \cdot \ln \frac{0,2V - 1,7V}{0,2V - 0,9V} \approx 1k\Omega \cdot 1\mu F \cdot 0,78 \approx 0,78 ms$$

$$f = \frac{1}{0,4ms + 0,78ms} \approx 850 Hz \qquad \frac{t_i}{t_p} = \frac{0,4ms}{0,78ms} = 0,5$$

Bei dieser Schaltung wurde ein NICHT-Gatter mit Schmitt-Trigger-Eingang verwendet. Setzt man dagegen ein NAND-Gatter mit Schmitt-Trigger-Eingang ein, lässt sich der zweite Eingang als Start/Stopp-Eingang verwenden.

### 6.4.1 Rechteckgenerator mit CMOS-NICHT-Gattern

Der wesentliche Vorteil bei CMOS-Bausteinen liegt darin, dass die Betriebsspannung von 3 V bis 15 V reicht. Ein CMOS-NICHT-Gatter besteht aus einem n- und einem p-Kanal-MOSFET. Liegt am Eingang eine 1, so ist der obere MOSFET geschlossen, während der untere MOSFET leitend ist. Am Ausgang erscheint eine 0. Gibt man auf den Eingang eine 0, ist der obere MOSFET leitend und der untere MOSFET gesperrt. Am Ausgang erscheint eine 1. Betrachtet man sich die Übertragungscharakteristik eines CMOS-NICHT-Gatters, ergibt sich bei etwa $+U_b/2$ der Umschaltmoment.

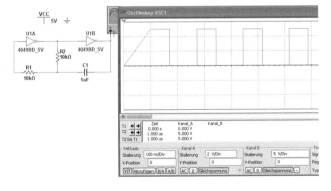

**Abb. 6.26:** Rechteckgenerator mit dem CMOS-NICHT-Gatter 4049

Der Rechteckgenerator aus Abbildung 6.26 funktioniert folgendermaßen: Im Einschaltmoment hat die Ausgangsspannung des rechten NICHT-Gatters den Pegel 1. Seine Größe ist von der Betriebsspannung $+U_b$ abhängig. Wenn der Ausgang des rechten NICHT-Gatters auf 1 liegt, muss der Eingang eine 0 aufweisen. Dadurch kann sich der Kondensator C über den Widerstand R nach einer e-Funktion entladen. Die Spannung zwischen dem Kondensator C und dem Widerstand R ist mit dem Eingang des linken NAND-Gatters verbunden und stellt damit einen Spannungsteiler dar.

Erreicht die Spannung zwischen dem Kondensator und dem Widerstand den Wert von ca. $+U_b/2$, so kippt das linke NICHT-Gatter und am Ausgang erscheint eine 1. Damit schaltet das rechte NICHT-Gatter am Ausgang auf 0. Ab diesem Moment kann sich der Kondensator über den Widerstand aufladen, bis der Schwellwert des linken NICHT-Gatters wieder erreicht wird. Die Ausgangsfrequenz errechnet sich aus

$$f = \frac{0{,}721}{R \cdot C}$$

Der Widerstand zum linken NICHT-Gatter hat keinen Einfluss auf die Frequenzberechnung.

Bei der CMOS-Serie 4000B gibt es mehrere Bausteine, die als NICHT-Funktion arbeiten, aber nicht für einen Rechteckgenerator geeignet sind.

- 4009: Dieser CMOS-Baustein hat am Ausgang einen offenen Sourceanschluss. Daher ist ein pull-down-Widerstand erforderlich, um den Sourcestrom gegen Masse ableiten zu können. Der Ausgang des CMOS-Bausteins kann aber einen Strom von 8 mA erzeugen.
- 4041: Dieser CMOS-Baustein enthält vier NICHT-Gatter und vier nicht invertierende Buffer, aber die Eingänge vom NICHT-Gatter und vom nicht invertierendem Buffer sind zusammengeschaltet. Im Gegensatz zum 4009 sind die Ausgänge mit einer Gegentaktendstufe ausgerüstet.
- 4049: Dieser CMOS-Baustein hat den 4009 abgelöst. Am Ausgang ist er mit einer Gegentaktendstufe ausgerüstet. Da der Baustein nur eine einfache Betriebsspannung von 3 V bis 15 V benötigt, lässt er sich als Inverter, Stromtreiber oder Logikpegel-Konverter einsetzen. Für Anwendungen als Oszillator sind der 4009 und der 4049 inkompatibel. Eine äußere Beschaltung hat deshalb einen Einfluss auf die Funktionen einer Schaltung.

CMOS-Schaltkreise sind (ebenso wie alle digitalen MOS-Schaltungen) ausschließlich mit MOSFET-Transistoren (MOS-Feldeffekttransistoren) vom Anreicherungstyp (Enhancement) aufgebaut, d. h. sie sind selbstsperrend (bei einer Gatespannung von $U_{GS} = 0$ V) und ergeben dadurch den geringsten Stromverbrauch.

Ein NICHT-Gatter besteht aus einem n- und p-Kanal-MOS-Transistor. Jeder der beiden Transistoren vom n- und p-Kanaltyp ist im Prinzip ein spannungsgesteuerter Schalter mit hochohmigem, rein kapazitivem Eingang.

Die Drain-Source-Strecke bildet einen ohm'schen Widerstand, der im gesperrten Zustand hochohmig ($\approx 10$ M$\Omega$) und im leitenden Zustand niederohmig ($\approx 500$ $\Omega$) ist. Im Prinzip ist der Kanalwiderstand des leitenden Transistors unabhängig von der Stromrichtung. Deshalb werden viele MOSFET auch symmetrisch, d. h. in umgekehrter Stromrichtung betrieben. Die vom bipolaren Transistor bekannte Sättigungserscheinung und die damit verbundenen Probleme gibt es bei MOSFET nicht. Die Verwendung von zwei zueinander komplementären Transistoren (p-Kanal- und n-Kanal) hat dieser Art von Schaltungsaufbau den Namen CMOS (Complementary-MOS) gegeben.

Im Gegensatz zu den üblichen Bezeichnungen bei vielen unipolaren Schaltkreisen ist die positive Betriebsspannung mit $U_{DD}$ – und die negative Betriebsspannung mit $U_{SS}$ zu bezeichnen. Außerdem werden für CMOS-Bausteine ebenso wie für TTL-Schaltkreise die einheitlichen Bezeichnungen $U_{CC}$ ($\triangleq U_{DD}$) und Masse ($\triangleq U_{SS}$) verwendet. Bei einem H-Potential am Eingang, d. h. $U_I > U_{CC}/2$, ist der untere Transistor (n-Kanal) leitend und der obere (p-Kanal) gesperrt. Der Ausgang des NICHT-Gatters ist über den Drainkanal mit ca. 500 $\Omega$ mit Masse verbunden und hat L-Potential.

Bei L-Potential am Eingang, d. h. $U_I < U_{CC}/2$, ist der obere Transistor leitend und der untere gesperrt. Der gesperrte Transistor ist immer der Lastwiderstand für den leitenden Transistor. Infolge der Serienschaltung beider Drain-Source-Strecken kann als Betriebsstrom im Ruhezustand in beiden logischen Zuständen immer nur der Rest- oder Leckstrom (µA- bis nA-Bereich) fließen. Bei diesen geringen Strömen beträgt die Kanalspannung (Drain-Source-Strecke des leitenden Transistors) nur etwa 1 mV. Der Spannungshub der CMOS-Schaltung ist damit praktisch gleich der Betriebsspannung, d. h. $U_{OL} \approx 0$ V und $U_{OH} \approx U_{CC}$. H- und L-Pegel sind nahezu unabhängig vom Lastfaktor, d. h. von der Anzahl der angeschalteten CMOS-Eingänge.

Das NICHT-Gatter arbeitet nach dem gleichen Gegentaktprinzip wie ein Totem-pole-Ausgang der TTL-Familie, aber ohne Kollektorwiderstand. Der Ausgang wird entweder vom oberen Transistor mit $U_{CC}$ (pull up) oder vom unteren Transistor mit Masse (pull down) verbunden. Beim NICHT-Gatter der 4000-Reihe erreicht der Querstrom $I_D$ (Drainstrom) Werte bis 2,2 mA ($U_{CC}$ = 10 V) und 6,6 mA ($U_{CC}$ =15 V).

# 6.5 Begrenzerschaltungen

Es handelt sich hierbei um Schaltungen, die die Spannung eines Signals auf einen bestimmten Höchstwert begrenzen. Wird der positive und oder negative Signalteil begrenzt, so spricht man von doppelseitiger oder zweiseitiger Begrenzung, ist nur der positive oder nur der negative Signalteil betroffen, von einer einseitigen Begrenzung.

## 6.5.1 Amplitudenbegrenzer mit Dioden

Die einfachste Schaltung für eine doppelseitige Begrenzung ist ein Amplitudenbegrenzer mit zwei antiparallel geschalteten Dioden (Abb. 6.28). Die beiden Dioden bleiben hochohmig, wenn die positive oder negative Eingangsspannung den Wert der Schleusenspannung $U_D$ von Diode $D_1$ bzw. $U_D$ der Diode $D_2$ nicht überschreitet. Sobald jedoch das Ein-

# 6 IMPULSFORMER MIT SCHMITT-TRIGGER UND KOMPARATOR

gangssignal größer als die Schleusenspannung wird, bildet die dazu in Flussrichtung liegende Diode für den die Schleusenspannung überschüssigen Betrag einen Nebenschluss. Das Ausgangssignal $U_a$ ist also auf den Wert der Schleusenspannung $U_D$ begrenzt.

$$U_{amax} = U_D$$

Liegen am Eingang der Amplitudenbegrenzung nur Signale einer Polarität, so genügt in der Schaltung eine Diode, die für das entsprechende Signal in Flussrichtung geschaltet sein muss (einseitige Begrenzung).

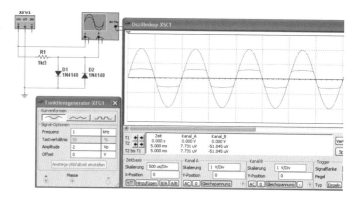

**Abb. 6.27:** Schaltung eines Amplitudenbegrenzers mit antiparallelen Dioden

**Beispiel:** Ein Amplitudenbegrenzer soll positive Impulse unterschiedlicher Amplitude auf 0,6 V begrenzen. Hierzu ist die Schaltung nach Abb. 6.27 mit einer Diode auszustatten. Es ist ein Siliziumtyp zu wählen.

Der Wert, den die Schaltung nach Abb. 6.27 begrenzt, ist durch die Schleusenspannung (0,2 V bei Germaniumdioden und 0,6 V bei Siliziumdioden) festgelegt.

**Bemerkung:** Exakt konstant bleibt $U_a$ allerdings nicht. Mit steigender Spannung $U_e$ wird auch $U_a$ etwas ansteigen. Diese Erscheinung kann dadurch vermindert werden, dass man den Vorwiderstand $R_1$ möglichst groß wählt, oder Dioden mit möglichst kleinem dynamischem Widerstand verwendet.

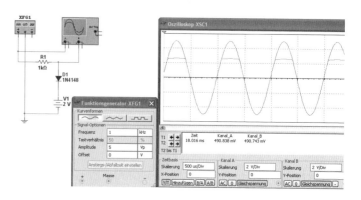

**Abb. 6.28:** Amplitudenbegrenzer mit vorgespannter Diode

## 6.5 BEGRENZERSCHALTUNGEN

Für die Begrenzung höherer Eingangsspannungen kann man die Schaltung von Abb. 6.28 verwenden. Hierzu werden die Dioden in Sperrrichtung vorgespannt.

Der Grenzwert der Ausgangsspannung $U_{amax}$ erhöht sich um die Größe der Vorspannung $U_V$:

$$U_{amax} = U_V + U_D$$

Die Schaltung aus Abbildung 6.29 zeigt ein Beispiel für unsymmetrische doppelseitige Begrenzung.

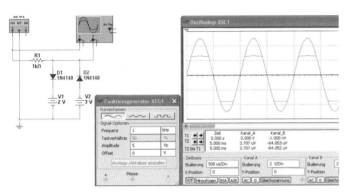

**Abb. 6.29:** Amplitudenbegrenzer mit vorgespannten Dioden (unsymmetrische Ausgangsspannung)

$D_1$ begrenzt in Verbindung mit $U_{V1}$ die positive Halbwelle auf 2,7 V und $D_2$ in Verbindung mit $U_{V2}$ die negative Halbwelle auf 3,7 V.

### 6.5.2 Amplitudenbegrenzer mit Z-Dioden

Zur Begrenzung von Spannungen bei Werten, die größer als die Schleusenspannung von Dioden sind, können anstelle der negativ vorgespannten Dioden auch Z-Dioden eingesetzt werden. In Abb. 6.30 ist eine entsprechende Schaltung dargestellt. Man beachte

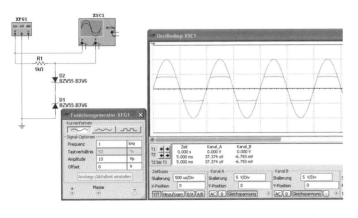

**Abb. 6.30:** Amplitudenbegrenzer mit Z-Dioden

dabei, dass die beiden Z-Dioden im Gegensatz zu den Schaltungen mit Dioden in Reihe gegeneinander geschaltet sind. Der Maximalwert $U_{amax}$ der Ausgangsspannung errechnet sich nach:

$$U_{amax} = U_Z + U_D$$

Es werden zwei Z-Dioden vom Typ 3V6 verwendet, d. h. die Z-Spannung beträgt 3,6 V. Addiert man noch die Schleusenspannung von 0,6 V dazu, ergibt sich ein Maximalwert $U_{amax} = 4,2\ V$.

### 6.5.3 Amplitudenbegrenzer mit Transistoren

Häufig werden auch Transistoren zur Amplitudenbegrenzung eingesetzt. Es ist bekannt, dass bei Übersteuerung einer Transistorverstärkerstufe eine Begrenzung des Ausgangssignals durch den Reststrombereich (gesperrter Transistor) und durch die Sättigung (völlig leitender Transistor) erfolgt. Diese Erscheinung wird zur Amplitudenbegrenzung ausgenutzt. Die Spannung, bei der die Begrenzung einsetzt, ist nahezu gleich der Betriebsspannung des Verstärkers.

## 6.6 Differenzier- und Integrierschaltungen

Die Grundlagen der Differentiation und Integration von Impulsspannungen mit RC-Gliedern wurden bereits behandelt. Hier sollen nun diese Erkenntnisse erweitert und die praktische Bedeutung der Schaltungen durch einige Anwendungsbeispiele gezeigt werden.

Da beim Differenzierglied der Kondensator im Längszweig und der Widerstand im Querzweig liegt, müsste eigentlich von einem CR-Glied gesprochen werden. Dieser terminologische Unterschied wird jedoch hier nicht durchgeführt.

**Abb. 6.31:** RC-Glied (Differenzierglied) an einer rechteckförmigen Spannung

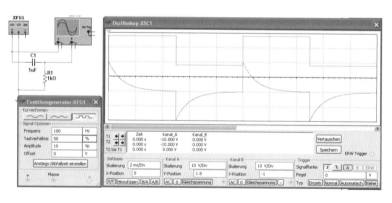

An das RC-Glied nach Abb. 6.31 wird eine symmetrische rechteckförmige Spannung gelegt. Ferner werden folgende Voraussetzungen getroffen:

$$t_i = t_p$$

## 6.6 DIFFERENZIER- UND INTEGRIERSCHALTUNGEN

Die Zeitkonstante $\tau = R \cdot C$ ist $\tau = 1/10 \cdot t_i$ oder $t_i/\tau = 10$.

Da der Kondensator zur Aufladung auf die Spannung U die Zeit $5 \cdot \tau$ benötigt, wird er nach der Zeit $0{,}5 \cdot t_i$ aufgeladen bzw. nach $0{,}5 \cdot t_p$ entladen sein. Ausgangsseitig ergeben sich für $u_R$ positive und negative Nadelimpulse.

Unabhängig vom Verhältnis zwischen $\tau$ und $t_i$ bzw. $t_p$ gilt immer: In jedem Augenblick ist die Summe der beiden Teilspannungen $u_C$ und $u_R$ gleich der Gesamtspannung $u_e$:

$$u_e = u_C + u_R$$

Da bei dieser Betrachtung die absolute Größe von $\tau$ nicht interessiert, vielmehr jedoch das Verhältnis $t_1/\tau$, wird jeweils nur dieses Verhältnis angegeben. Wie beim vorhergehenden Abschnitt gilt auch hier wieder:

$$t_i = t_p$$

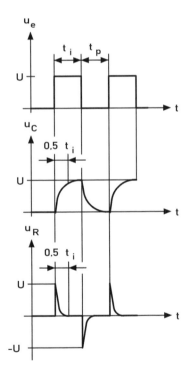

**Abb. 6.32:** Verformung der Rechteckspannung bei einem Integrierglied und dem Differenzierglied

Für die Diskussion der Spannungen stehen in Abbildung 6.32 verschiedene Spannungskurven für das Integrierglied (Mitte) und dem Differenzierglied (unten) zur Verfügung.

Mit $t_1/\tau = 50$ ergibt sich für die Zeitkonstante:

$$\tau = t_1/50$$

Da die Aufladung des Kondensators nach der Zeit $5\,\tau$ erfolgt, bedeutet das

$$5\tau = 5 \cdot \frac{t_i}{50} = \frac{t_i}{10}$$

d. h., die Aufladezeit des Kondensators beträgt 1/10 der Impulsdauer, die Entladezeit demzufolge 1/10 der Impulspause. Am Widerstand R entstehen ausgeprägte Nadelimpulse.

Bei den beiden Gleichungen

$$\frac{t_i}{\tau} = \frac{t_i}{1} \quad \text{und} \quad \frac{t_i}{\tau} = \frac{t_i}{10}$$

sind die Impulsdauer und die Impulspause gleich bzw. kleiner als die Zeitkonstante $\tau$. Während der Impulsdauer kann sich der Kondensator nicht mehr ganz aufladen und während der Impulspause nicht mehr vollständig entladen. Nach dem Einschwingvorgang ergibt sich am Kondensator eine Spannung, die sich um den Wert U/2 bewegt, während am Widerstand R stark verformte Rechteckimpulse mit positivem und negativem Anteil erscheinen.

Die Zeitkonstante

$$\frac{t_i}{\tau} = \frac{t_i}{100}$$

ist gegenüber der Impulsdauer bzw. Impulspause so groß, dass Auf- und Entladung kaum bemerkbar sind. Am Kondensator bildet sich eine Gleichspannung der Größe U/2 und am Widerstand R entstehen Rechteckimpulse.

## 6.6.1 Differentiation mit RC-Gliedern

Da bei der Differentiation mit RC-Gliedern aus Rechteckspannungen Nadelimpulse erzeugt werden sollen, sind zwei Voraussetzungen zu treffen:
- die Ausgangsspannung $u_a = u_R$ muss am Widerstand R abgegriffen werden.
- die Impulsdauer $t_i$ (auch hier gilt wieder $t_i = t_p$) muss groß sein gegenüber der Zeitkonstanten $\tau$.

Die zweite der beiden Voraussetzungen ist bei Abbildung 6.33 im Falle $t_i/\tau$ gegeben.

Wird bei konstant beibehaltenem $\tau$ die Zeit $t_i$ (und damit $t_p$ ) immer mehr verkleinert, d. h., die Frequenz des Eingangsimpulses $u_e$ immer weiter erhöht, so erscheint schließ-

## 6.6 DIFFERENZIER- UND INTEGRIERSCHALTUNGEN

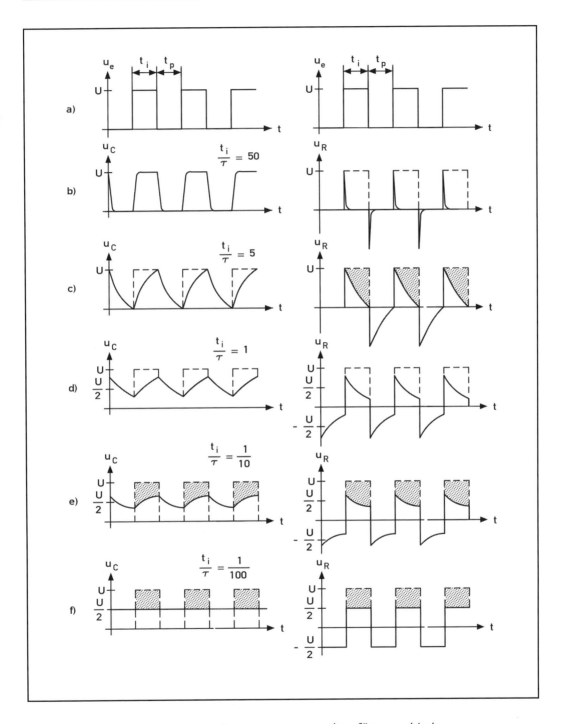

**Abb. 6.33:** zeigt Spannungen $u_C$ und $u_R$ für verschiedene Quotienten $t_i/\tau$ bei einem Integrier- und Diffenzierglied.

lich die Eingangsspannung nahezu unverändert am Ausgang

$$\frac{t_i}{\tau} = \frac{t_i}{100}$$

Daraus folgt ein Hochpassverhalten.

Sollen Nadelimpulse nur einer Polarität erzeugt werden, so wird eine Diode parallel zum Widerstand R geschaltet.

### 6.6.2 Differentiator mit Operationsverstärker

Operationsverstärker lassen sich aufgrund ihrer charakteristischen Eigenschaften vorteilhaft zur Verbesserung der Eigenschaften von Differenziergliedern einsetzen. In Abb. 6.34 ist ein als Differentiator beschalteter Operationsverstärker - und im Oszillogramm die zugehörige Eingangs- und Ausgangsspannung dargestellt. Abbildung 6.34 zeigt einen Differentiator mit Operationsverstärker.

**Abb. 6.34:** Differentiator mit Operationsverstärker

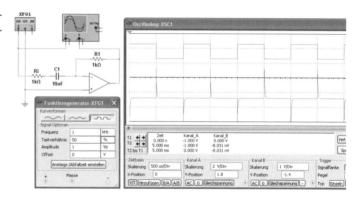

Der Vorteil dieser Schaltung liegt in der weitaus besseren Belastbarkeit am Ausgang, denn der Ausgangswiderstand ist nahezu null.

Auch hier gilt als Voraussetzung: $t_i \approx \tau$.

### 6.6.3 Integrierglieder

Vertauscht man den Kondensator und den Widerstand, ergibt sich ein RC-Integrierglied. An die Schaltung wird eine Rechteckspannung $u_e$ angelegt. Hier soll die Aufladung des Kondensators C während des ersten Impulses unter der Voraussetzung betrachtet werden, dass die Zeitkonstante $\tau$ groß ist gegenüber der Impulsdauer $t_i$. Der zeitliche Verlauf der Spannung $u_a$ wird sich demzufolge als flach ansteigende e-Funktion darstellen.

## 6.6 DIFFERENZIER- UND INTEGRIERSCHALTUNGEN

In der Nähe des Zeitpunktes $t_0$ kann mit hinreichender Genauigkeit gesagt werden, dass $u_a$ mit größer werdender Zeit linear ansteigt, oder die Größe von $u_a$ ist direkt proportional der Zeitdauer, die seit dem Anstieg der Spannung $u_e$ ($t_0$) vergangen ist.

Gemäß den eben gemachten Ausführungen müssen zwei Voraussetzungen getroffen werden:

- Abgriff der Ausgangsspannung am Kondensator C
- die Impulsdauer $t_i$ muss klein sein gegenüber der Zeitkonstanten $\tau$

Wie bekannt ist, besteht eine Rechteckspannung aus einer Vielzahl von Sinusspannungen unterschiedlicher Frequenzen, sowie einem Gleichspannungsanteil, der hierbei U/2 beträgt.

Das Integrierglied kann nun auch als Tiefpass angesehen werden. Nimmt man an, dass die untere Grenzfrequenz dieses Tiefpasses so klein ist, bzw. die Frequenz von $u_e$ so groß ist, dass sämtliche Sinusspannungen durch den Kondensator kurzgeschlossen werden, so erscheint an Ausgang nur der Gleichspannungsanteil

$$u_a = u_c = \frac{U}{2}$$

Dies ist bei Abb. 6.34 mit

$$\frac{t_i}{\tau} = \frac{t_i}{100}$$

dargestellt. Das hierzu gehörende rechte Spannungsdiagramm ($u_R$) ist nun auch leicht verständlich. Da der Kondensator für den Gleichstromanteil einen unendlich großen Widerstand darstellt, sämtliche Sinusspannungen jedoch kurzschließt, kann über R der Rechteckimpuls ohne Gleichspannungsanteil abgegriffen werden.

Im Fall

$$\frac{t_i}{\tau} = \frac{t_i}{10}$$

(siehe Abb. 6.34) bildet der Kondensator für die Sinusspannungen niederer Frequenzen noch keinen Kurzschluss.

### 6.6.4 Integrator mit Operationsverstärker

Wie bei der Differenzierschaltung können durch Anwendung eines Operationsverstärkers auch die Eigenschaften des Integrators verbessert werden. Abb. 6.35 zeigt einen Integrator mit Operationsverstärker. Er zeichnet sich gegenüber der einfachen RC-Schaltung besonders durch höhere Belastbarkeit am Ausgang und durch die Linearisierung der Spannungsänderungen am Ausgang aus.

**Abb. 6.35:** Operationsverstärker als Integrator

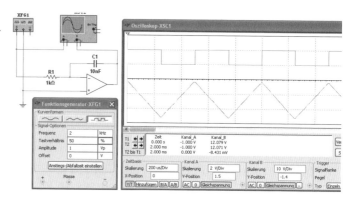

Das Verhalten kommt also dem des idealen Integrators sehr viel näher. Da in dieser Schaltung das RC-Glied an den invertierenden Eingang angeschaltet ist, erscheint die Ausgangsspannung $U_a$ mit entgegengesetzter Polarität. Eine an den Eingang angelegte Rechteckspannung $U_e$ wird durch die integrierende Wirkung zu einer dreieckförmigen Ausgangsspannung $U_a$.

# Index

7-Segment-Anzeige 3, 81, 82, 83

**A**
AB-Betrieb 4, 117, 127 f.
A-Betrieb 4, 117 ff., 123 f.
Abfallzeit 22 f., 218, 293
AC 12, 18 ff., 25 ff., 161
Addierer 4, 203 f., 208
Addiererschaltung 203
Amplitude 11, 20 ff., 28, 56, 89, 101, 120 ff., 141, 145, 195, 210 f., 242, 292 f., 299, 302, 305, 348
Amplitudenbegrenzer 6, 121, 347 ff.
Amplitudenbegrenzung 299 f., 302, 308 f., 312, 314, 348, 350
Anreicherungstyp 346
Anstiegszeit 22, 78, 218, 281, 292
AQL 41
Arbeitsbereich 66 f., 70, 74, 138
Arbeitsgerade 86, 94, 101, 220 f., 286 f.
Arbeitspunkt 40, 70, 73, 94, 96 f., 101 ff., 110, 113, 117, 129, 142, 155, 193 f., 198, 214 ff., 220, 286, 297, 301, 303, 319
Arbeitspunktstabilisierung 4, 96, 100 f., 114 ff., 164, 301
astabilen Kippstufen 264
Ausgangskapazität 133
Ausgangskennlinienfeld 85 f., 96, 101, 118, 124, 214, 220 f.
Ausschaltvorgang 217
Avalanche-Effekt 65, 68

**B**
Balkenanzeige 83 f.
Basisquerwiderstand 110
Basisschaltung 90, 92 f., 173, 303
Basiswiderstand 94, 228
B-Betrieb 4, 125, 127 f., 129, 198, 322
Begrenzerdiode 64 f.
Begrenzerwirkung 75

Beschleunigungskondensator 219 f., 328
Breitbandverstärker 137 f.
Brückengleichrichter 3, 48 ff., 75
Brückenspannungsverstärker 4, 169, 207
Brummsiebung 3, 75 f.
Brummspannung 3, 34, 43 ff., 46 ff., 76

**C**
CA-Typen 81
CC-Typen 81
CMOS-Baustein 346
Codierschaltung 54
Colpitts-Oszillator 6, 301, 303, 320
Cursor 24

**D**
Darlingtonstufe 106 f.
DC 12 f., 18 f., 25, 27
Differenzierer 4, 210 f.
Differenzierglied 64 f., 141, 240, 244, 350, 351
Differenzierglieder 141, 239
Differenziergliedern 239 f., 354
Differenzverstärker 4, 166 ff., 180, 182, 205, 210, 321
Differenzverstärkung 182
Diffusionskapazität 132, 138, 140, 143
Diffusionsspannung 50 f., 62, 64, 74
DIN 40, 121, 138, 166, 235, 246, 336
Diode 3, 35 ff., 42, 44 ff., 50 ff., 56 f., 60, 62 f., 65 ff., 78, 80, 133, 201 ff., 219, 234, 238, 241, 243 f., 257 ff., 261 f., 285, 295, 333, 347 ff., 354
Drain 160, 165, 346 f.
Dreieck-Rechteck-Generator 6, 293 f.
Dreieckspannung 22, 292 f.
Durchlassbereich 37 f., 67, 74
Durchlassrichtung 37, 44, 47, 49, 50 ff., 55, 60, 62, 64, 74, 76, 80, 83, 127, 202, 243

**E**
Effektivwert 10
e-Funktion 211, 256, 262, 270, 274, 277 f., 286 f., 344, 346, 354
Eingangsfehlspannung 193, 195
Eingangsoffsetspannung 195
Eingangsruheströme 193 f., 196, 198
Eingangsstufe 154, 179, 180, 184, 193
Eingangswiderstand 10, 93, 102, 105 f., 110 f., 130, 133, 135, 138, 140 ff., 147, 149 ff., 153 ff., 158, 165, 171, 173, 183 f., 189, 191 ff., 196, 204, 218, 289 ff., 328
Einkoppelkondensator 138, 141 f.
Einschaltvorgang 217, 231, 255, 264, 323
Eintakt-A-Betrieb 117 f., 124
elektrische Arbeit 27 f.
Emitterfolger 104, 150, 198 f., 200
Emitterschaltung 4, 90, 92 f., 95, 96, 100, 103, 117 f., 130, 131, 133 f., 137 f., 140 f., 145, 149, 155, 157 f., 161, 164 f., 177 f., 294, 298, 305
Enhancement 346
Entkoppler 3, 53
Erholzeit 5, 186, 262

**F**
Feldeffekttransistor 159 f., 161
FFT-Punkte 123
Flankensteilheit 238, 292, 320, 327, 338
Flankensteuerung 5, 246 f., 249, 254, 257, 259, 263
Flipflop 5, 230, 232, 234, 237 ff., 245 ff., 248, 251 ff., 259, 322
Fotowiderstand 207, 335
Fourier-Analyse 123
Freilaufdiode 3, 54 ff.
Frequenzgang 139 f., 195 f., 315 f.

# INDEX

Frequenzkonstanz 300, 314, 318, 342 f.
Funktionsgenerator 3, 9, 20 ff., 65, 110, 152, 161, 168, 211, 282

**G**
Gate 159 ff., 165
Gegenkoppelnetzwerk 145 ff.
Gegenkopplung 4, 100 f., 111 ff., 145 ff., 165, 168, 173, 176, 178, 187, 190, 196, 200, 208, 297 f., 307, 309
Germanium 35, 41
Gesamtverstärkung 105, 107, 108, 116, 146
Gleichspannungsgegenkopplung 153, 319
Gleichspannungsverstärker 4, 166 f., 168
Gleichstromgegenkopplung 97, 164
Gleichtaktunterdrückung 170, 175, 183
Gleichtaktverstärkung 183
Grenzdaten 40 f.
Grenzfrequenz 100, 106, 111 ff., 127, 138 ff., 145, 164, 167, 195, 303, 310 f., 334, 342, 355
Grundschwingung 120 ff.

**H**
Harmonische 120 f.
Helligkeitssteuerung 76 ff.
Hochpasskette 306
Hystereseschleife 327

**I**
IG-FET 159
Impedanzwandler 90, 192 f.
Impulsdauer 141, 222, 240, 257, 265 f., 275 f., 283, 344, 352 ff.
Impulsfolgefrequenz 275
Impulsregeneration 263
Innenwiderstand 3, 9, 10 ff., 16 ff., 37 ff., 45 f., 72 f., 102, 111, 113, 132, 135, 139, 143, 150, 152, 154, 156, 158, 166, 172 f., 176, 194, 211, 256, 288
Integrator 4 ff., 208, 211, 289, 291 ff., 355, 356
Integrierglied 144, 351, 354 f.
Intermodulation 123

invertierende 181, 184, 189, 193, 196, 203 f., 318, 339, 342 f., 346

**J**
JEDEC 36, 40
JK-Kippglied 249, 251, 253

**K**
Kippschaltung 5, 230 f., 236 ff., 245, 250, 254 f., 263 f., 279, 282, 321
Kippvorgang 230, 232, 234, 240 ff., 245 f., 248 ff., 257, 259, 260, 262 f., 269, 273 f., 283, 295, 322, 324, 326, 328, 341
Klipperschaltung 63
Klirrdämpfungsmaß 122
Klirrfaktor 92, 117, 119, 121 ff., 199
Klirrfaktormessgerät 121, 123
Kollektorschaltung 4, 90, 92, 103 f., 123 ff., 148 ff., 158, 173, 224
Komparator 4, 6, 184 ff., 321
Konstantstromquelle 5, 10, 132, 152 f., 172, 288 f.
Konstantstromquellen 286, 288
Koppelkondensator 102, 105, 127, 142, 267
Kopplungsfaktor 151, 299, 302, 307 f.
Kreisfrequenz 119
Kurzschlussstromverstärkung 137, 157

**L**
Ladekondensator 3, 45 f., 49 f., 75
Ladekurve 270 ff., 277, 286
Ladungsträger 35, 96, 217 f.
Lastwiderstand 42 f., 47, 49, 69, 117, 125, 131 f., 134, 138, 156, 166, 235, 347
LC-Oszillator 301
LED 3, 76 ff., 83 f., 335
Leerlaufspannung 45 f., 72
Leerlaufverstärkung 182, 184, 189, 195, 211, 291, 314
Leistungsendstufe 4, 128, 154, 179 f., 198, 200
Leistungshyperbel 70
Leistungsreduzierung 3, 44
Leistungstransistor 107

Leistungsverstärker 4, 89, 117, 125 ff., 158
Leistungsverstärkung 92, 137
Leuchtdiode 36, 77 ff., 84 ff., 335
Leuchtdioden 3, 36, 76 ff., 83 f.
Lichtwellenlänge 77
Lissajous 11, 25

**M**
Master-Slave-Kippglied 252 f.
Maximalspannung 11
Meißner 6, 294, 301 ff., 308, 312
Miller-Integrator 289, 291
Mischspannung 34, 46
Mitkopplung 6, 112, 145, 186 f., 196, 254, 256, 268, 270, 272 ff., 283, 297 f., 321 f., 325 f., 328 f., 338 f.
Mitkopplungseffekt 298
Mittelwert 3, 11, 29 ff., 43 f., 46 ff., 195, 275
Monoflop 5, 230, 255, 257 ff.
monostabile Kippglied 256, 259
MOSFET 345 ff.
Multimeter 3, 9 f., 12 f., 17, 19, 22
Multimeterwerte 19
Multivibrator 5, 230, 264 f., 267 f., 272, 274, 282, 285

**N**
Nadelimpulse 64, 239 ff., 258, 287, 321, 351 f., 354
NAND-Schmitt-Trigger 343
NF-Verstärker 112 ff., 117, 197
NTC-Widerstände 335
Nullpunktunterdrückung 3, 74 f.
Nutzsignal 123, 344

**O**
Oberschwingung 120 f.
ODER-Glied 3, 59 ff.
Offset 22 f., 27, 161, 166, 203
Offsetabgleich 174, 182
Ohmmeter 13, 16 f.
Operationsverstärker 4 ff., 90, 170, 175, 178 ff., 190 ff., 208 ff., 268 f. 272, 283 f., 291 ff., 305 ff., 313 f., 317 f., 321, 336 f., 339, 341 f., 354 ff.

# INDEX

Optokoppler 3, 84 ff.7
Oszillator 5, 6, 9, 282, 294, 297, 301 ff. 308, 312, 318 ff., 343, 346
Oszilloskop 3, 9, 11 f., 22 ff., 43, 52, 94, 96, 98 f., 103, 110, 168

## P
Parallelresonanzfrequenz 316 f.
parasitäres Verhalten 296
Periodendauer 22, 119 f., 222, 249, 265, 282 f.
Phasenumkehrstufe 103, 148
Phasenwinkel 120, 306, 318
Pierce-Oszillator 318
PN-FET 328
Polwechselschalter 52
Prellungen 51
pull-down 346

## Q
Quarzkristall 314
Quarzoszillator 318 f.
Querstrom 94 f., 347

## R
Rauscheffekt 268, 283
Rauschspannung 298
RC-Kopplung 105 f., 109
RC-Phasenkettengenerator 305
Rechteckformer 321 f., 332, 335
Rechteckgenerator 6, 279, 283, 343 ff.
Rechteckspannung 9, 22 f., 29, 64, 222 f., 239 ff., 249, 279, 292, 351, 354 ff.
Resonanzfrequenz 72, 301 f.
Resonanzüberhöhung 304
rms 14
RS-Kippglied 232, 234 ff., 246 f., 249 f., 254
Rückkoppelnetzwerk 298 f., 302, 308
Rückkopplung 111 f., 145, 187, 297, 321
Rückkopplungsnetzwerk 189, 191, 297, 299, 314
Rücksetzzustand 233 f., 247, 250, 252 f.

## S
Sägezahnspannung 5, 9, 22, 281, 285 ff., 296
Sättigungsspannung 101

Schaltdioden 41
Schalterdiode 51
Schalthysterese 322, 327, 331 ff., 339 ff.
Schaltkapazität 289
Schalttransistor 213
Schleifenverstärkung 112, 182, 192
Schmitt-Trigger 6, 293, 320 ff., 326, 328 ff., 339 ff.
Schnittwinkel 314
Schottky-Diode 36
Schutzdiode 261
Schwellspannung 344
Schwellwertschalter 321, 335, 344
Schwingquarz 314 f.
Selbsterregung 112, 298 f.
Selbsterregung: 112
Selbstinduktion 56 f.
Selbstinduktionsspannung 55 f.
selbstsperrend 346
Serienresonanz 315, 317 ff.
Serienresonanzfrequenz 316 f.
Setzzustand 233, 247, 250, 252
Signalpegel 5, 58 f., 235
Silizium 35, 77, 160, 244
Source 160 ff., 165, 346 f.
Spannungsfolger 192 f.
Spannungsgegenkopplung 98 f., 115, 116 f., 133, 140, 145, 151 ff., 309
Spannungs-Mitkopplung 6, 328 f., 339
Spannungssteuerung 102, 155 f. 158
Spannungsvergleicher 186
Spannungsverstärkerstufe 179 f.
Spannungsverstärkung 4, 92 ff., 96, 98 ff., 103 f., 106, 126, 135, 140, 146 ff., 151 ff., 158, 165 f., 176 ff., 180, 192, 289, 339
Speicherzeit 218
Spektralkurven 77
Sperrbereich 37 f., 65 f., 74, 117, 214
Sperrkennlinie 70
Sperrschichttemperatur 41, 67
Sperrstrom 38, 66, 162 f., 287
Spitzenstrom 47, 50

Stabilisierungsschaltung 3, 70, 72 f.
Steuerkennlinie 101, 156 ff., 162 f., 303
Störabstand 234
Störspannungsabstand 5, 226, 228 f.
Stromgegenkopplung 4, 97 f., 103, 114, 126, 145, 147, 150 f., 171, 177
Stromspitze 47
Stromsteuerung 102 f., 151, 154, 156 ff.
Stromübertragungsverhältnisse 85
Stromverstärkung 92, 106, 111, 137, 140, 148, 151, 157, 225, 228, 231
Subtrahierer 4, 205 ff., 210

## T
Tastverhältnis 9, 20 ff., 282, 285, 343
Temperaturänderung 96 f., 170
Temperaturdrift 194, 198
Temperaturwächter 335
Tiefpasskette 306
T-Kippglied 5, 247 ff.
Transformator 42
Transistorschaltstufe 5, 214, 219
Transistorstufe 92, 96 ff., 103, 105, 116, 150, 221 f., 228, 294, 302, 307 f.
Transistorverstärker 4, 6, 89 f., 130, 297, 305, 312
Triggerpegel 26, 333 f., 340 f.
Triggerschwelle 322, 344
Triggerung 26 f.

## U
Übersteuerung 101, 110, 186, 215, 218, 298, 300, 302 f., 308, 321, 324, 350
Übersteuerungsfaktor 5, 215 f., 226 f.
Übertrager 106, 295 f., 302
Übertragungskennlinie 4, 85, 183, 319, 322, 327, 332, 344
Umkehraddierer 204
UND-Glied 3, 58 f., 61 f.
Unijunktiontransistor 5, 286
Universaldioden 41, 66

359

# INDEX

**V**

Verlustleistung 5, 65 ff., 74, 78, 90, 101, 117, 220, 223, 226
Verlustleistungshyperbel 101, 220 f.
Verstärker 4, 9, 10, 72, 89, 102, 105 f., 108, 111 ff., 137, 138, 145 f., 159, 170, 178 f., 189 ff., 196 f., 205, 208, 210, 290 f., 296 ff., 305, 308 f., 312 ff., 318 f., 321 f., 325, 328, 331 339
Verstärkerbetrieb 4, 95, 125, 187 f., 196, 214, 307
Verstärkungsfaktor 100, 145 f., 176 f., 182, 184, 191 f., 200, 202, 204 f., 298 f., 308 f., 312, 314, 331
Verweildauer 220, 257 f., 260, 262

Verzerrungen 72, 92, 96, 102 f., 117, 121 ff., 126, 146, 158, 199 f., 214, 263, 309
Verzögerungszeit 218
Vielfachinstrument 10
virtueller Kurzschluss 189
Vorbereitungseingang 242 f., 245, 250, 260
Vorwiderstand 16, 64, 67, 69 ff., 79, 207, 348
Vorzugslage 5, 237 f.

**W**

Wechselspannungsverstärker 4, 114, 167, 196
Wechselstromeigenschaft 130
Wechselstromeingangswiderstand 130, 152
Wechselstromgegenkopplung 4, 99 f., 108, 112 f., 164

Wechselstromschalter 52
Wienbrücke 310 ff.
Wien-Robinson-Brücke 6, 309, 313 f.
Winkelgeschwindigkeit 119
Wirkungsgrad 77, 78, 101, 117, 119, 125, 127

**Z**

Z-Diode 3, 36, 65 ff., 69 ff.
Zeitbasis 24
Zeitglieder 263
Zeitkonstante 46, 55, 209, 240, 256, 267, 272, 275, 282, 286, 292, 351 f. 354
Zeitmessung 24
Zweiflankensteuerung 251